化学工业出版社“十四五”普通高等教育本科规划教材

大学数学21讲

DAXUE SHUXUE
21JIANG

吴会咏 主编
王欣彦 里莉 副主编

化学工业出版社
·北京·

内容简介

《大学数学 21 讲》以《高等数学》《线性代数》《概率论与数理统计》等国内主流教材为基础，对教材内重要知识点进行梳理，对重点题型进行解析，对易错点进行着重强调。同时，为配合“建立理工类高校分阶段递进式数学教学新模式”的教学改革研究，本书内容和难度均具有分阶段递进式的特点，在掌握基础知识的前提下，注重层次的提高。全书内容包括《高等数学》相关 8 讲、《线性代数》相关 6 讲、《概率论与数理统计》相关 7 讲及 3 门课程的知识点总结。

本书可作为高等学校理工类专业本科生的大学数学辅助教材，也可作为考研的主要学习参考资料，同时也可供自学人员参考。

图书在版编目（CIP）数据

大学数学 21 讲/吴会咏主编；王欣彦，里莉副主编
. —北京：化学工业出版社，2022.8（2023.8 重印）
ISBN 978-7-122-41634-6

Ⅰ.①大… Ⅱ.①吴…②王…③里… Ⅲ.①高等数学-高等学校-教材 Ⅳ.①O13

中国版本图书馆 CIP 数据核字（2022）第 100387 号

责任编辑：汪　靓　宋林青　　文字编辑：蔡晓雅　师明远
责任校对：杜杏然　　装帧设计：史利平

出版发行：化学工业出版社（北京市东城区青年湖南街 13 号　邮政编码 100011）
印　　装：河北鑫兆源印刷有限公司
787mm × 1092mm　1/16　印张 18½　字数 456 千字
2023 年 8 月北京第 1 版第 2 次印刷

购书咨询：010-64518888　　售后服务：010-64518899
网　　址：http://www.cip.com.cn
凡购买本书，如有缺损质量问题，本社销售中心负责调换。

定　　价：45.00 元

前言

《大学数学 21 讲》是理工类高校分阶段递进式教学新模式的配套使用教材，以实现理工类相关专业强化提升数学能力为目标，融合《高等数学》《线性代数》《概率论与数理统计》三门课程于一体，适用于需提升数学能力的本科生。全书内容包括《高等数学》相关 8 讲、《线性代数》相关 6 讲、《概率论与数理统计》相关 7 讲及 3 门课程的知识点总结。

教材编写时注重分阶段递进式这一教学理念，将数学学习周期分成两个阶段及两个层次。第一阶段基础层次内容适用于大学一年级的基础课程，可供所有相关专业的学生进行基础性学习使用，以帮助学生掌握本科教学大纲要求的知识，同时具备人才培养方案要求的数学思维和数学应用能力。第二阶段提高层次内容适用于本科高年级学生的提升课程，面向有继续深造和提升创新能力需求的学生，编写时注意拓宽内容、加深难度、强化知识的系统性梳理，以使学生能运用数学知识解决理论问题、开展创新实践。

参加本书编写工作的有沈阳化工大学吴会咏、吴茂全、王江、李婉宁、刘丹、刘欣、季晓蕾、里莉、王玉鑫、王欣彦、洪宗友、李明辉、白春艳、李慧林、鲁亚男、张永平、徐涛、张宁、靳舒春、李洪坤、杨童童、周子潍，沈阳理工大学李扬，沈阳药科大学姜希伟，辽宁大学辛宗普等老师，全书由吴会咏负责统稿并任主编。

限于编者水平，同时编写时间也比较仓促，因而教材中不妥之处在所难免，希望广大读者批评指正。

编者

2022 年 3 月

目录

第 1 讲 函数、极限与连续

1.1 函数

1.1.1 映射

映射：设 X、Y 是两个非空集合，存在对应法则 f，使得对 X 中每个元素 x，按法则 f，在 Y 中有唯一确定的元素 y 与之对应，则称 f 为从 X 到 Y 的映射，记作

$$f: X \to Y$$

Y 中元素 y 称为元素 x（在映射 f 下）的像，并记作 $f(x)$.

X 中元素 x 称为元素 y（在映射 f 下）的一个原像.

注：每个原像都有像，且有唯一的像；

Y 中不是每个元素都称为像，也就是说不是每个元素都有原像；

集合 X 称为映射 f 的定义域，记作 D_f；

Y 中像的集合称为 f 的值域，记作 R_f.

单射：不同的原像，像不同.

例如：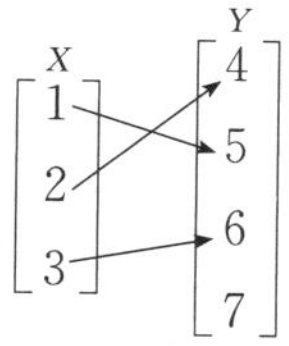

满射：Y 中每个元素 y 都有原像（错误定义，每个像都有原像，因为像一定有原像）.

例如：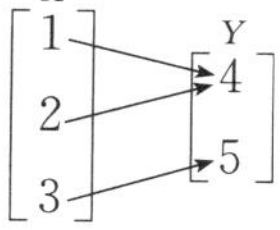

双射：既是单射又是满射.

例如：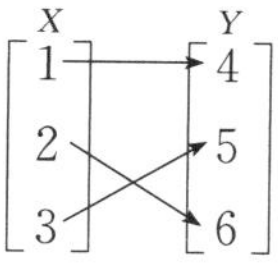

逆映射存在条件：只有单射才存在逆映射.

$$原映射有逆映射 \Leftrightarrow 原映射是单射$$

注：为什么不是大家通常理解的双射才有逆映射呢？原因是逆映射的定义没有理解清晰.

原映射：
$$X \xrightarrow{f} Y$$

逆映射：
$$X \xleftarrow{f^{-1}} R_f \subset Y$$

值域 R_f 是 Y 的子集，也就是说逆映射不是把 Y 映射回 X，而是把 R_f 映射回 X，所以只要是单射就可以有逆映射.

1.1.2 反函数

反函数的导数与原函数的导数互为倒数，即

$$\frac{\mathrm{d}y}{\mathrm{d}x}=\frac{1}{\frac{\mathrm{d}x}{\mathrm{d}y}} \text{或} [f^{-1}(x)]'=\frac{1}{f'(y)}.$$

易错理解：

原函数 $y=\sin x$，$x\in\left(-\frac{\pi}{2},\frac{\pi}{2}\right)$，导数为 $y=\cos x$；

反函数 $y=\arcsin x$，$x\in(-1,1)$，导数为 $y=\frac{1}{\sqrt{1-x^2}}$.

发现，原函数的导数与反函数的导数并不互为倒数，为什么呢？

原因是，原函数是 $y=\sin x$，$x\in\left(-\frac{\pi}{2},\frac{\pi}{2}\right)$，其对应的反函数应表示为 $x=\arcsin y$，$y\in(-1,1)$，此时原函数的导数与反函数的导数就互为倒数.

$$\frac{\mathrm{d}x}{\mathrm{d}y}=\frac{1}{\sqrt{1-y^2}}=\frac{1}{\sqrt{1-\sin^2 x}}=\frac{1}{|\cos x|}=\frac{1}{\cos x}=\frac{1}{\frac{\mathrm{d}y}{\mathrm{d}x}}$$

注：

(1) 原函数的导数与反函数的导数互为倒数，需满足：

① x 与 y 未发生改变，原函数是 $y=f(x)$，反函数是 $x=f^{-1}(y)$；

② 始终是求关于自变量的导数，原函数是关于自变量 x 求导，反函数是关于自变量 y 求导.

(2) 只有一一对应的函数才有反函数.

(3) 原函数与反函数的图像关于 $y=x$ 对称.

[例 1] 设函数 $f(x)=\int_{-1}^{x}\sqrt{1-\mathrm{e}^x}\,\mathrm{d}x$，则 $y=f(x)$ 的反函数 $x=f^{-1}(y)$ 在 $y=0$ 处的导数 $\left.\frac{\mathrm{d}x}{\mathrm{d}y}\right|_{y=0}=$ ________.

解：(这种题型不要想把反函数的表达式求出来再求导，这样一定是错误的解题思路.)

由变积分限函数的求导方法得到原函数的导数

$$f'(x)=\sqrt{1-\mathrm{e}^x}$$

由反函数的导数与原函数的导数互为倒数得

$$\frac{dx}{dy}=\frac{1}{[f(x)]'}=\frac{1}{\sqrt{1-e^x}}$$

由反函数存在的条件必须是双射和定积分的性质得

$$y=0 \text{ 唯一对应 } x=-1$$

所以，$\left.\frac{dx}{dy}\right|_{y=0}=\left.\frac{1}{\sqrt{1-e^x}}\right|_{x=-1}=\frac{1}{\sqrt{1-e^{-1}}}$.

1.1.3 初等函数

基本初等函数：常函数、幂函数、指数函数、对数函数、三角函数、反三角函数.

初等函数：基本初等函数经过有限次的四则运算和复合运算得到的函数.

初等函数在其定义域上连续、可导、可积.

1.1.4 复合函数

定义：若 $u=g(x)$，$y=f(u)$，当 $g(x)$ 的值域与 $f(u)$ 的定义域的交集非空时，称 $y=f[g(x)]$ 是由中间变量 u 复合而成的复合函数，记为$(f\circ g)(x)=f[g(x)]$.

[例 2] 设 $f(x)=\begin{cases} e^x, & x<1 \\ x, & x\geqslant 1 \end{cases}$，$\varphi(x)=\begin{cases} x+2, & x<0 \\ x^2-1, & x\geqslant 0 \end{cases}$，求 $f(\varphi(x))$.

解：$f(\varphi(x))=\begin{cases} e^{\varphi(x)}, & \varphi(x)<1 \\ \varphi(x), & \varphi(x)\geqslant 1 \end{cases}$

当 $\varphi(x)<1$ 时，$\varphi(x)=\begin{cases} x+2, & x<-1 \\ x^2-1, & 0\leqslant x<\sqrt{2} \end{cases}$

当 $\varphi(x)\geqslant 1$ 时，$\varphi(x)=\begin{cases} x+2, & -1\leqslant x<0 \\ x^2-1, & \sqrt{2}\leqslant x \end{cases}$

所以 $f(\varphi(x))=\begin{cases} e^{x+2}, & x<-1 \\ x+2, & -1\leqslant x<0 \\ e^{x^2-1}, & 0\leqslant x<\sqrt{2} \\ x^2-1, & \sqrt{2}\leqslant x \end{cases}$.

1.1.5 函数及其性质

(1) 有界性

① $f(x)$ 在$[a,b]$上连续，则 $f(x)$ 在 $[a,b]$ 上有界.

② $f(x)$ 在(a,b)上连续，且 $\lim\limits_{x\to a^+}f(x)=A$，$\lim\limits_{x\to b^-}f(x)=B$，则 $f(x)$ 在 (a,b) 上有界.

③ $f'(x)$ 在有限区间 I 上有界，则 $f(x)$ 在 I 上有界.

(2) 奇偶性

① $f(x)$ 是可导的奇（偶）函数，则 $f'(x)$ 是偶（奇）函数.

② $f(x)$ 是连续的奇函数，则其所有原函数都是偶函数.

$f(x)$ 是连续的偶函数，则其所有原函数中只有一个是奇函数（$c=0$），其余是非奇非偶函数.

③ 设 $f(x)$ 在 $(-a,a)$ 上有定义，则 $f(x)+f(-x)$ 是偶函数，$f(x)-f(-x)$ 是奇函数.

(3) 周期性

① $f(x)$ 是可导的以 T 为周期的周期函数，则 $f'(x)$ 也以 T 为周期.

② $f(x)$ 是以 T 为周期的连续函数，且 $\int_0^T f(t)\mathrm{d}t=0$，则 $F(x)=\int_0^x f(t)\mathrm{d}t+C$ 以 T 为周期.

③ $f(x)$ 是以 T 为周期的连续函数，则 $F(x)=\int_0^x f(t)\mathrm{d}t-\frac{\int_0^T f(t)\mathrm{d}t}{T}x$ 以 T 为周期.

(4) 单调性

设 $f(x)$ 在区间上可导，则：

① $\forall x\in I$，$f'(x)>0\Rightarrow f(x)$ 在 I 上单调递增；

$\forall x\in I$，$f'(x)<0\Rightarrow f(x)$ 在 I 上单调递减.

② $\forall x\in I$，$f'(x)\geqslant 0\Leftrightarrow f(x)$ 在 I 上单调不减；

$\forall x\in I$，$f'(x)\leqslant 0\Leftrightarrow f(x)$ 在 I 上单调不增.

说明：在用单调性说明方程的根的唯一性问题时，只能使用①中的严格单调增（减），而不能使用②中的单调不减（不增）.

[例 3] 设 $F(x)$ 是连续函数 $f(x)$ 的一个原函数，"$M\Leftrightarrow N$"表示"M 的充分必要条件是 N"则必有（　　）.

(A) $F(x)$ 是偶函数 $\Leftrightarrow f(x)$ 是奇函数

(B) $F(x)$ 是奇函数 $\Leftrightarrow f(x)$ 是偶函数

(C) $F(x)$ 是周期函数 $\Leftrightarrow f(x)$ 是周期函数

(D) $F(x)$ 是单调函数 $\Leftrightarrow f(x)$ 是单调函数

答案：(A).

解：(B) 如 $f(x)=\cos x$，$F(x)=\sin x+1$；(C) 如 $f(x)=C$，$F(x)=Cx+C_1$；(D) 如 $f(x)=x$，$F(x)=\frac{1}{2}x^2$.

1.2 极限

1.2.1 函数极限的性质

(1) 唯一性

若 $\lim f(x)$ 存在，则极限唯一.

（2）局部有界性

若 $\lim\limits_{x\to x_0} f(x)$ 存在，则存在 $\mathring{U}(x_0)$，在 $\mathring{U}(x_0)$ 内 $f(x)$ 有界.

（3）保号性

若 $\lim\limits_{x\to x_0} f(x)=A>0$，则 $\exists \mathring{U}(x_0)$，当 $x\in\mathring{U}(x_0)$，$f(x)>0$（$A<0$ 有类似结论），或当 $x\in\mathring{U}(x_0)$，$f(x)>0$，则 $A\geqslant 0$.（$f(x)<0$ 有类似结论）

保号性推广：

已知 $\lim\limits_{x\to x_0} f(x)=A$，$\lim\limits_{x\to x_0} g(x)=B$，若 $A>B$，则 $\exists \mathring{U}(x_0)$，当 $x\in\mathring{U}(x_0)$ 时，$f(x)>g(x)$.

若 $\exists \mathring{U}(x_0)$，当 $x\in\mathring{U}(x_0)$ 时，$f(x)\geqslant g(x)$，则 $A\geqslant B$.

[例 4] 若 $\lim\limits_{n\to\infty} a_n=a$（$a\neq 0$），存在 N，当 $n>N$ 时有（　　）.

（A）$|a_n|\geqslant\dfrac{|a|}{2}$　　（B）$|a_n|\leqslant\dfrac{|a|}{2}$　　（C）$a_n\leqslant a+\dfrac{1}{n}$　　（D）$a_n\geqslant a-\dfrac{1}{n}$

答案：（A）.

1.2.2 数列极限的性质

（1）两边夹准则（夹逼准则）

$$\left.\begin{array}{l} y_n\leqslant x_n\leqslant z_n \\ \lim\limits_{n\to\infty} y_n=\lim\limits_{n\to\infty} z_n=a \end{array}\right\}\Rightarrow \lim_{n\to\infty} x_n=a$$

推论： $\left.\begin{array}{l} g(x)\leqslant f(x)\leqslant h(x) \\ \lim g(x)=\lim h(x)=a \end{array}\right\}\Rightarrow \lim f(x)=a$

[例 5] 求极限 $\lim\limits_{n\to\infty}\left(\dfrac{1}{n^2+n+1}+\dfrac{2}{n^2+n+2}+\cdots+\dfrac{n}{n^2+n+n}\right)$.

解： 因为 $\dfrac{1+2+\cdots+n}{n^2+n+n}\leqslant\left(\dfrac{1}{n^2+n+1}+\dfrac{2}{n^2+n+2}+\cdots+\dfrac{n}{n^2+n+n}\right)\leqslant\dfrac{1+2+\cdots+n}{n^2+n+1}$

$$\frac{\frac{1}{2}n(n+1)}{n^2+2n}\leqslant\left(\frac{1}{n^2+n+1}+\frac{2}{n^2+n+2}+\cdots+\frac{n}{n^2+n+n}\right)\leqslant\frac{\frac{1}{2}n(n+1)}{n^2+n+1}$$

所以，原式 $=\dfrac{1}{2}$.

注：两边夹准则易在多元函数求极限和多元函数证明题中出现.

[例 6] 证明 $\lim\limits_{x\to 0}\dfrac{\sin x}{x}=1$.

证明： 因为 $A_{\triangle AOB}\leqslant A_{扇 AOB}\leqslant A_{\triangle AOC}$（图 1-1）

$$\frac{1}{2}\times 1\times\sin x\leqslant\frac{1}{2}\times 1^2\times x\leqslant\frac{1}{2}\times 1\times\tan x$$

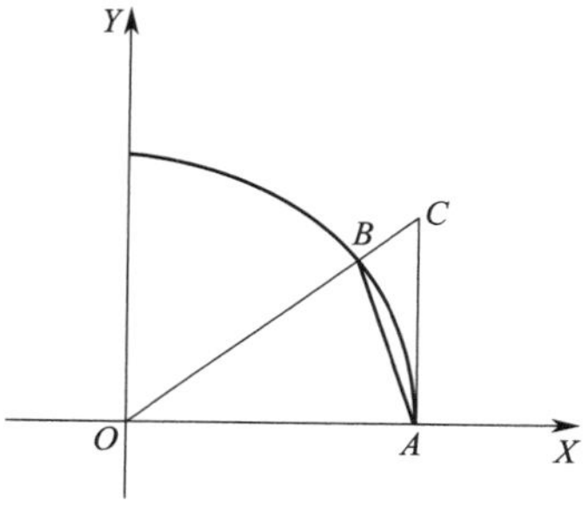

图 1-1

$$1\leqslant\frac{x}{\sin x}\leqslant\frac{1}{\cos x}$$

$$\cos x\leqslant\frac{\sin x}{x}\leqslant 1$$

$$\lim_{x\to 0}\cos x=1=\lim_{x\to 0}1$$

所以，$\lim\limits_{x\to 0}\frac{\sin x}{x}=1$.

[例 7] 设 $f(x,y)$ 连续，且 $f(0,0)\neq 0$，又有 $I(R)=\iint\limits_{x^2+y^2\leqslant R^2}\sqrt{x^2+y^2}f(x,y)\mathrm{d}\sigma$，当 $R\to 0$ 时，关于 R 的 n 阶无穷小，则 $n=$__________.

解： $f(x,y)$ 在 $x^2+y^2\leqslant R^2$ 这一闭区域上连续，则 $m\leqslant f(x,y)\leqslant M$

$$I(R)=\iint\limits_{x^2+y^2\leqslant R^2}\sqrt{x^2+y^2}f(x,y)\mathrm{d}\sigma=\int_0^{2\pi}\mathrm{d}\theta\int_0^R rf(r\cos\theta,r\sin\theta)r\,\mathrm{d}r$$

$$\int_0^{2\pi}\mathrm{d}\theta\int_0^R rmr\,\mathrm{d}r\leqslant I(R)\leqslant\int_0^{2\pi}\mathrm{d}\theta\int_0^R rMr\,\mathrm{d}r$$

$$\frac{2}{3}\pi mR^3\leqslant I(R)\leqslant\frac{2}{3}\pi MR^3$$

当 $R\to 0$ 时，$\lim\limits_{R\to 0}m=\lim\limits_{R\to 0}M=f(0,0)\neq 0$.

由两边夹准则 $I(R)=\frac{2}{3}\pi f(0,0)R^3$，所以 $n=3$.

注：多元函数闭区域最值定理、二重积分极坐标计算、两边夹准则在不等式证明、多元函数部分和二重积分相关题型中经常使用.

(2) 定积分定义求极限

引例：曲边梯形的面积（图 1-2）

$$\Delta A\approx f(x_i)\Delta x_i$$

$$A\approx\sum_{i=1}^{n}f(x_i)\Delta x_i$$

$$A=\lim_{\lambda\to 0}\sum_{i=1}^{n}f(x_i)\Delta x_i$$

这里 λ 是每个划分外接圆直径的最大值.

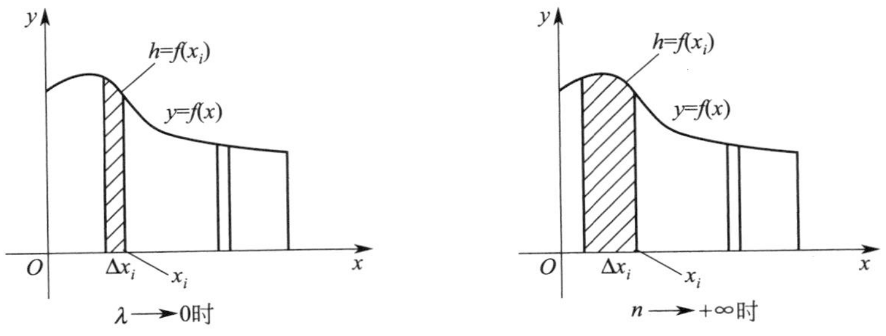

图 1-2

这里有一个问题，$A=\lim\limits_{\lambda\to 0}\sum\limits_{i=1}^{n}f(x_i)\Delta x_i$ 是否等同于 $A=\lim\limits_{n\to\infty}\sum\limits_{i=1}^{n}f(x_i)\Delta x_i$ 呢？答案是不同于，原因是 $\lambda\to 0$ 既保证每个划分都非常细小又保证划分无穷多块，而 $n\to\infty$ 只能保证划分无穷多块，但每个划分的大小不能保证，会产生较大的误差. $\lambda\to 0$ 是定性描述，要想求出极限需要定量描述，用 $n\to\infty$ 去定量描述，只有在等分的时候才可以.

在 n 等分时候，$A=\lim\limits_{n\to\infty}\sum\limits_{i=1}^{n}f(x_i)\Delta x_i=\lim\limits_{n\to\infty}\sum\limits_{i=1}^{n}f\left(\frac{i}{n}\right)\frac{1}{n}$.

例如用定积分的定义描述

$$\int_0^1\frac{1}{1+x}\mathrm{d}x=\lim_{n\to\infty}\sum_{i=1}^{n}f(x_i)\Delta x_i=\lim_{n\to\infty}\sum_{i=1}^{n}\frac{1}{1+\frac{i}{n}}\times\frac{1}{n}=\lim_{n\to\infty}\sum_{i=1}^{n}\frac{1}{n+i}$$

问题可以转化为求极限

$$\lim_{n\to\infty}\sum_{i=1}^{n}\frac{1}{n+i}=\lim_{n\to\infty}\sum_{i=1}^{n}\frac{1}{1+\frac{i}{n}}\times\frac{1}{n}=\lim_{n\to\infty}\sum_{i=1}^{n}f(x_i)\Delta x_i$$

$$=\int_0^1\frac{1}{1+x}\mathrm{d}x=[\ln|1+x|]_0^1=\ln 2$$

这里要注意：$\frac{1}{n}=\mathrm{d}x$，$\frac{i}{n}=x$，$0=\lim\limits_{n\to\infty}\frac{1}{n}\leqslant\frac{i}{n}\leqslant\lim\limits_{n\to\infty}\frac{n}{n}=1$，$[0,1]$ 即为积分区间.

[例 8] 求极限 $\lim\limits_{n\to\infty}\frac{1}{n^2}\left(\sin\frac{1}{n}+2\sin\frac{2}{n}+\cdots+n\sin\frac{n}{n}\right)=$________.

解：原式 $=\lim\limits_{n\to\infty}\sum\limits_{i=1}^{n}\frac{1}{n^2}i\sin\frac{i}{n}$

$=\lim\limits_{n\to\infty}\sum\limits_{i=1}^{n}\frac{1}{n}\times\frac{i}{n}\sin\frac{i}{n}$

$=\int_0^1 x\sin x\,\mathrm{d}x$

$=[-x\cos x]_0^1+\int_0^1\cos x\,\mathrm{d}x$

$=\sin 1-\cos 1$.

注：需同时关注二重积分与极限的转化

$$\frac{i}{n}\sim x,\ \frac{j}{n}\sim y,\ \frac{1}{n^2}\sim\mathrm{d}x\mathrm{d}y.$$

(3) 单调有界数列必有极限

[例 9] 数列 $\sqrt{2}$，$\sqrt{2+\sqrt{2}}$，$\sqrt{2+\sqrt{2+\sqrt{2}}}$，…的极限是否存在，若存在求此极限.

解：$\because \sqrt{2}\leqslant x_n=\sqrt{2+\sqrt{2+\sqrt{2+\cdots+\sqrt{2+\sqrt{2}}}}}\leqslant\sqrt{2+\sqrt{2+\sqrt{2+\cdots+\sqrt{2+2}}}}=2$

$\therefore \{x_n\}$ 有界.

又 $\because x_{n+1}=\underbrace{\sqrt{2+\sqrt{2+\sqrt{2+\cdots+\sqrt{2+\sqrt{2}}}}}}_{n+1}\geqslant\underbrace{\sqrt{2+\sqrt{2+\sqrt{2+\cdots+\sqrt{2+0}}}}}_{n}=x_n$

$\therefore \{x_n\}$ 单调递增.

因此$\{x_n\}$有极限.

设$\lim\limits_{n\to\infty} x_n=A$

$\because x_{n+1}=\sqrt{2+x_n}$

$\therefore \lim\limits_{n\to\infty} x_{n+1}=\lim\limits_{n\to\infty}\sqrt{2+x_n}$.

$A=\sqrt{2+A}$

$A^2=2+A$

$A^2-A-2=0$

$\therefore A=-1$(舍)，$A=2$.

[例 10] 设 $x_1=10$，$x_{n+1}=\sqrt{6+x_n}$，$n=1,2,\cdots$，试证：$\{x_n\}$极限存在，并求此极限.

证明：$x_1=10$，$x_2=\sqrt{6+x_1}=\sqrt{6+10}=4<x_1$

假设 $x_{k-1}>x_k$，则 $x_k=\sqrt{6+x_{k-1}}>\sqrt{6+x_k}=x_{k+1}$.

由数学归纳法知：对于一切正常数 n，都有 $x_n>x_{n+1}$（单调性证明完毕).

又 $x_1=10>3$，$x_2=4>3$（这里 3 的选取是经验判断).

设 $x_k>3$，则 $x_{k+1}=\sqrt{6+x_k}>\sqrt{6+3}=3$，有数学归纳法可知数列$\{x_n\}$单调递减有下界，即有界.

设$\lim\limits_{n\to\infty} x_n=A$，可得 $A=\sqrt{6+A}$，解得 $A=3$.

[例 11] 设 $f(x)$ 是在 $[0,+\infty)$ 内单调递减且非负的连续函数，且

$a_n=\sum\limits_{k=1}^{n} f(k)-\int_1^n f(x)\mathrm{d}x$，$(n=1,2,3,\cdots)$，证明数列 $\{a_n\}$ 收敛.

证明：$\because a_{n+1}-a_n=f(n+1)-\int_n^{n+1} f(x)\mathrm{d}x=f(n+1)-f(\xi)(n+1-n)\leqslant 0$

$$\text{又}\because a_1\geqslant a_n=\sum_{k=1}^{n} f(k)-\int_1^n f(x)\mathrm{d}x=\sum_{k=1}^{n} f(k)-\sum_{k=1}^{n-1}\int_k^{k+1} f(x)\mathrm{d}x$$

$$=\sum_{k=1}^{n-1}\left[f(k)-\int_k^{k+1} f(x)\mathrm{d}x\right]+f(n)\geqslant 0$$

$\therefore$ 数列 $\{a_n\}$ 单调有界必有极限，$\{a_n\}$ 收敛.

1.2.3 两个重要极限

(1) $\lim\limits_{x\to 0}\dfrac{\sin x}{x}=1$；$\lim\limits_{f(x)\to 0}\dfrac{\sin f(x)}{f(x)}=1$.

(2) $\lim\limits_{x\to 0}(1+x)^{\frac{1}{x}}=\mathrm{e}$；$\lim\limits_{f(x)\to 0}(1+f(x))^{\frac{1}{f(x)}}=\mathrm{e}$.

注意简单的变形.

$\lim\limits_{x\to \pi}\dfrac{\sin x}{x}=1$(正解 0)　　$\lim\limits_{x\to\infty} x\sin\dfrac{1}{x}=1$

$\lim\limits_{x\to\infty}\dfrac{1}{x}\sin\dfrac{1}{x}=1$(正解 0)　　$\lim\limits_{x\to\infty}\dfrac{\sin x}{x}=1$（正解 0)(无穷小与有界变量之积还是无穷小)

$\lim\limits_{x\to 0^+}\left(1+\frac{1}{x}\right)^x=\mathrm{e}$（正解 1）

$\lim\limits_{x\to\infty}\left(1-\frac{1}{x}\right)^x=\mathrm{e}\left(\text{正解}\frac{1}{\mathrm{e}}\right)$

$\lim\limits_{x\to\infty}\left(1+\frac{1}{x}\right)^{-x}=-\mathrm{e}\ \left(\frac{1}{\mathrm{e}}\right)$

1.2.4 函数极限与数列极限

（1）对极限定义的理解

明确：极限是无限接近问题，与最初的某些项无关.

[例 12] 设$\{a_n\}$，$\{b_n\}$，$\{c_n\}$均为非负数列，且$\lim\limits_{n\to\infty}a_n=0$，$\lim\limits_{n\to\infty}b_n=1$，$\lim\limits_{n\to\infty}c_n=\infty$，则必有（　　）.

（A）$a_n<b_n$，对任意 n 成立　　（B）$b_n<c_n$，对任意 n 成立

（C）极限$\lim\limits_{n\to\infty}a_nc_n$ 不存在　　（D）极限$\lim\limits_{n\to\infty}b_nc_n$ 不存在

答案：(D).

解：局部保号性强调 N 项之后项具有保号（保序性），所以 A，B 错. $0\cdot\infty$型是未定式，所以 C 错.

$\{b_n\}$有极限说明$\{b_n\}$有界，有界变量与无穷大量乘积的极限不存在.

假设$\lim\limits_{n\to\infty}b_nc_n=A$ 存在，则$\lim\limits_{n\to\infty}c_n=\lim\limits_{n\to\infty}\frac{b_nc_n}{b_n}=\frac{\lim\limits_{n\to\infty}b_nc_n}{\lim\limits_{n\to\infty}b_n}=\frac{A}{1}=A$ 存在.

这与$\lim\limits_{n\to\infty}c_n=\infty$矛盾，故$\lim\limits_{n\to\infty}b_nc_n$ 不存在.

注：$\lim f(x)=\infty$，我们称 $f(x)$ 的极限为∞是人为规定，其实它的极限是不存在的.

（2）数列极限与子数列极限的关系

数列$\{x_n\}$收敛$\Leftrightarrow\{x_n\}$的任一子数列收敛；

数列$\{x_n\}$有两个子数列收敛于不同的值$\Rightarrow\{x_n\}$发散.

经常使用：$\lim\limits_{n\to\infty}x_n=A\Leftrightarrow\lim\limits_{n\to\infty}x_{2n}=\lim\limits_{n\to\infty}x_{2n+1}=A$.

（3）海涅定理

设 $f(x)$ 在 $\mathring{U}(x_0,\delta)$ 内有定义，$\lim\limits_{x\to x_0}f(x)=A$ 存在$\Leftrightarrow$对任何以 x_0 为极限的数列$\{x_n\}$（$x_n\neq x_0$），$\lim\limits_{n\to\infty}f(x_n)=A$ 存在.

[例 13] 证明$\lim\limits_{x\to 0}\frac{1}{x^2}\sin\frac{1}{x}$不存在.

证明：取 $x_n=\frac{1}{n\pi}$，$\lim\limits_{n\to\infty}x_n=0$，$\lim\limits_{n\to\infty}n^2\pi^2\sin n\pi=0$（数列与子数列关系；海涅定理），

取 $y_n=\frac{1}{2n\pi+\frac{\pi}{2}}$，$\lim\limits_{n\to\infty}y_n=0$，$\lim\limits_{n\to\infty}\left(2n+\frac{1}{2}\right)^2\pi^2\to\infty$，

故极限不存在.

1.2.5 极限运算法则

(1) 极限四则运算法则

如果 $\lim f(x)=A, \lim g(x)=B$，那么

① $\lim[f(x)\pm g(x)]=\lim f(x)\pm \lim g(x)=A\pm B$；

② $\lim[f(x)g(x)]=\lim f(x)\lim g(x)=AB$；

③ 若又有 $B\neq 0$，则 $\lim \dfrac{f(x)}{g(x)}=\dfrac{\lim f(x)}{\lim g(x)}=\dfrac{A}{B}$.

极限四则运算法则强调后验性，即使用的时候一定要后验证是否满足极限四则运算法则的前提 $\lim f(x)=A$，$\lim g(x)=B$ 极限都存在.

[例 14] 求$\lim\limits_{x\to 0}\dfrac{\sqrt{1+x}+\sqrt{1-x}-2}{x^2}$.

错解： $\lim\limits_{x\to 0}\dfrac{\sqrt{1+x}+\sqrt{1-x}-2}{x^2}=\lim\limits_{x\to 0}\dfrac{\sqrt{1+x}-1}{x^2}+\lim\limits_{x\to 0}\dfrac{\sqrt{1-x}-1}{x^2}$

$=\infty-\infty$

不符合极限四则运算法则，因为单独看$\lim\limits_{x\to 0}\dfrac{\sqrt{1+x}-1}{x^2}=\infty$和$\lim\limits_{x\to 0}\dfrac{\sqrt{1-x}-1}{x^2}=\infty$极限都是不存在的（正确解法：洛必达法则）.

(2) 复合运算法则

$\lim f(g(x))=f(\lim g(x))$，其中 $f(x)$ 为连续函数（这里只是强化结论，没有对条件展开分析）.

(3) 幂指函数的极限

如果 $\lim f(x)=a(a>0)$，$\lim g(x)=b$，且 a，b 均为常数，则

$$\lim f(x)^{g(x)}=[\lim f(x)]^{\lim g(x)}=a^b$$

注：当 a，b 不是常数，或 a 不大于 0，上述命题不成立.

[例 15] 求$\lim\limits_{x\to 0}(\cos x)^{-x^2}$.

解： $\lim\limits_{x\to 0}(\cos x)^{-x^2}=1^0=1$.

[例 16] 求$\lim\limits_{x\to 0}(1+x)^{\frac{2}{x}}$.

解： $\lim\limits_{x\to 0}(1+x)^{\frac{2}{x}}=e^2$，利用重要极限求解，不能用上面方法求解，因为$\lim\limits_{x\to 0}\dfrac{2}{x}=\infty$极限不存在（$b$ 不是常数）.

1.2.6 无穷小与无穷大

设 α，β 是在自变量同一变化过程中的两个无穷小，则：

① 若 $\lim\dfrac{\beta}{\alpha}=0$，则称 β 是比 α 高阶的无穷小，记作 $\beta=O(\alpha)$；

② 若 $\lim\dfrac{\beta}{\alpha}=\infty$，则称 β 是比 α 低阶的无穷小，记作 $\alpha=O(\beta)$；

③ 若 $\lim \frac{\beta}{\alpha}=C\neq 0$，则称 β 是与 α 同阶的无穷小；

④ 若 $\lim \frac{\beta}{\alpha}=1$，则称 β 与 α 是等价无穷小，记做 $\beta\sim\alpha$；

⑤ 若 $\lim \frac{\beta}{\alpha^k}=C\neq 0$，则称 β 是 α 的 k 阶的无穷小.

（1）常用的等价无穷小

在 $x\to 0$ 时：

$$\sin x\sim x \qquad \arcsin x\sim x$$

$$\tan x\sim x \qquad \arctan x\sim x$$

$$1-\cos x\sim\frac{1}{2}x^2 \qquad e^x-1\sim x$$

$$\ln(1+x)\sim x \qquad a^x-1\sim x\ln a$$

$$(1+x)^\alpha-1\sim\alpha x \qquad \sqrt{1+x}-1\sim\frac{1}{2}x$$

还需掌握的等价无穷小，在 $x\to 0$ 时：

$$x-\sin x\sim\frac{1}{6}x^3 \qquad x-\arcsin x\sim-\frac{1}{6}x^3$$

$$x-\tan x\sim-\frac{1}{3}x^3 \qquad x-\arctan x\sim\frac{1}{3}x^3$$

$$\tan x-\sin x\sim\frac{1}{2}x^3 \qquad x-\ln(1+x)\sim\frac{1}{2}x^2$$

注：无穷小代换只能在乘除中使用不能在加减中使用.

（2）无穷小量的性质

① 有限个无穷小量的代数和还是无穷小量；

② 有限个无穷小量的乘积还是无穷小量；

③ 无穷小量与有界变量之积还是无穷小量；

④ 无穷小代换只能用于乘、除（整个式子，而不是部分式子），不能用于加减.

[例 17] 求 $\lim\limits_{x\to 0}\frac{\tan x-\sin x}{x^3}$.

解： $\lim\limits_{x\to 0}\frac{\tan x-\sin x}{x^3}=\lim\limits_{x\to 0}\frac{\frac{1}{2}x^3}{x^3}=\frac{1}{2}$.

错解： $\lim\limits_{x\to 0}\frac{\tan x-\sin x}{x^3}=\lim\limits_{x\to 0}\frac{\tan x}{x^3}+\lim\limits_{x\to 0}\frac{-\sin x}{x^3}=\lim\limits_{x\to 0}\frac{x}{x^3}-\lim\limits_{x\to 0}\frac{x}{x^3}=0$.

[例 18] 已知 $\lim\limits_{x\to 0}\frac{x-\arctan x}{x^k}=c\neq 0$，则 $k=?$，$c=?$

注：运用等价无穷小或麦克劳林公式，绝对不能用洛必达法则.

答案：$k=3$，$c=\frac{1}{3}$.

[例 19] 求 $\lim\limits_{x\to 0}\left(\frac{a_1^x+a_2^x+\cdots+a_n^x}{n}\right)^{\frac{1}{x}}$.

解： $\lim\limits_{x\to 0}\left(\dfrac{a_1^x+a_2^x+\cdots+a_n^x}{n}\right)^{\frac{1}{x}}$

$=\lim\limits_{x\to 0}\left(1+\dfrac{a_1^x+a_2^x+\cdots+a_n^x-n}{n}\right)^{\frac{n}{a_1^x+a_2^x+\cdots+a_n^x-n}\times\frac{a_1^x+a_2^x+\cdots+a_n^x-n}{n}\times\frac{1}{x}}$

$=e^{\lim\limits_{x\to 0}\frac{a_1^x-1}{nx}}e^{\lim\limits_{x\to 0}\frac{a_2^x-1}{nx}}\cdots e^{\lim\limits_{x\to 0}\frac{a_n^x-1}{nx}}=\sqrt[n]{a_1a_2\cdots a_n}$.

（3）等价代换的原理

若 $\alpha\sim\alpha'$，$\beta\sim\beta'$ 则 $\lim\dfrac{\alpha}{\beta}\sim\lim\dfrac{\alpha'}{\beta'}$.

如果 $\alpha\sim\alpha'$，$\beta\sim\beta'$，则：

① 当 $\lim\dfrac{\alpha'}{\beta'}=A\neq 1$，那么 $\alpha-\beta\sim\alpha'-\beta'$；

② 当 $\lim\dfrac{\alpha'}{\beta'}=A\neq -1$，那么 $\alpha+\beta\sim\alpha'+\beta'$.

补充几个重要的麦克劳林展开式及对应的级数形式：

$$e^x=1+x+\frac{1}{2!}x^2+\frac{1}{3!}x^3+\cdots+\frac{1}{n!}x^n+O(x^n)=\sum_{n=0}^{\infty}\frac{1}{n!}x^n$$

$$\sin x=x-\frac{1}{3!}x^3+\frac{1}{5!}x^5+\cdots+\frac{(-1)^n}{(2n+1)!}x^{2n+1}+O(x^{2n+1})=\sum_{n=0}^{\infty}\frac{(-1)^n}{(2n+1)!}x^{2n+1}$$

$$\cos x=1-\frac{1}{2!}x^2+\frac{1}{4!}x^4+\cdots+\frac{(-1)^n}{(2n)!}x^{2n}+O(x^{2n})=\sum_{n=0}^{\infty}\frac{(-1)^n}{(2n)!}x^{2n}$$

$$\ln(1+x)=x-\frac{1}{2}x^2+\frac{1}{3}x^3+\cdots+\frac{(-1)^n}{n+1}x^{n+1}+O(x^{n+1})=\sum_{n=0}^{\infty}\frac{(-1)^n}{n+1}x^{n+1}=\sum_{n=1}^{\infty}\frac{(-1)^{n-1}}{n}x^n$$

$$(1+x)^\alpha=1+\alpha x+\frac{\alpha(\alpha-1)}{2!}x^2+\cdots$$

$$\tan x=x+\frac{1}{3}x^3+O(x^3)$$

$$\arctan x=x-\frac{1}{3}x^3+O(x^3)$$

$$\arcsin x=x+\frac{1}{3!}x^3+O(x^3)$$

[例 20] 若 $\lim\limits_{x\to 0}\left(-\dfrac{f(x)}{x^3}+\dfrac{\sin x^3}{x^4}\right)=5$，则 $f(x)$ 是 x 的（　　）.

（A）等价无穷小量　　（B）同阶但不等价的无穷小量

（C）高阶无穷小量　　（D）低阶无穷小量

答案：（C）.

解： $\because\lim\limits_{x\to 0}\dfrac{\sin x^3-xf(x)}{x^4}=5$

$\sin x^3-xf(x)=5x^4+O(x^4)$

$\therefore f(x)=\dfrac{\sin x^3-5x^4+O(x^4)}{x}$

则$\lim\limits_{x\to 0}\dfrac{f(x)}{x}=\lim\limits_{x\to 0}\dfrac{\sin x^3}{x^2}-5\lim\limits_{x\to 0}\dfrac{x^4}{x^2}+\lim\limits_{x\to 0}\dfrac{O(x^4)}{x^2}=0$.

(4) 变限积分的等价

设 $f(x)$，$f^*(x)$ 连续，$g(x)$，$g^*(x)$ 可导，则：

① 如果 $g(x)\sim g^*(x)$，$f(x)\sim f^*(x)$，则 $\int_0^{g(x)}f(t)\mathrm{d}t\sim\int_0^{g^*(x)}f^*(t)\mathrm{d}t$；

② 如果 $g(x)\sim g^*(x)$，$f(x)\to A(A\neq 0)$，则 $\int_0^{g(x)}f(t)\mathrm{d}t\sim\int_0^{g^*(x)}A\mathrm{d}t$.

(5)极限值与无穷小的关系

$\lim f(x)=A\Leftrightarrow f(x)=A+\alpha$，其中 $\lim\alpha=0$（α 是无穷小量).

[例 21] 当 $x\to 0$ 时，$f(x)=\dfrac{1}{x^2}\sin\dfrac{1}{x}$是(　　).

(A) 无穷小量

(B) 无穷大量

(C) 有界但非无穷小量

(D) 无界但非无穷大量

答案：(D).

[例 22] (1) 设当 $x\to 0$ 时，$(1-\cos x)\ln(1+x^2)$ 是比 $x\sin x^n$ 高阶的无穷小，而 $x\sin x^n$ 是比 $e^{x^2}-1$ 高阶的无穷小，则正整数 $n=$____.

(2) 当 $x\to 0$ 时，有常数 $C=$____，$k=$____，使得 $3\sin x-\sin 3x\sim Cx^k$.

答案：$n=2$，$C=4$，$k=3$.

1.2.7 求函数的极限

(1) 单侧极限

左极限：$\lim\limits_{x\to x_0^-}f(x)=f(x_0^-)$

右极限：$\lim\limits_{x\to x_0^+}f(x)=f(x_0^+)$

说明：单侧极限是间断点判别的唯一方法.

需要分别求左右极限的情形：

分段函数在分段点处的连续问题、求导问题；

含绝对值函数、取整函数在相应点的极限问题.

当 $x\to 0$ 时，“$e^{\frac{1}{x}}$” “$\arctan\dfrac{1}{x}$” 型的极限往往需要分别考虑左、右极限 $e^{+\infty}=+\infty$，$e^{-\infty}=0$，$\arctan(+\infty)=\dfrac{\pi}{2}$，$\arctan(-\infty)=-\dfrac{\pi}{2}$.

[例 23] 当 $x\to 1$ 时，函数$\dfrac{x^2-1}{x-1}e^{\frac{1}{x-1}}$的极限（　　）.

(A) 2　　(B) 0　　(C) ∞　　(D) 不存在但不为∞

答案：(D).

解： $\lim\limits_{x\to1^-}\dfrac{x^2-1}{x-1}e^{\frac{1}{x-1}}=\lim\limits_{x\to1^-}(x+1)e^{\frac{1}{x-1}}=0$

$\lim\limits_{x\to1^+}\dfrac{x^2-1}{x-1}e^{\frac{1}{x-1}}=\lim\limits_{x\to1^+}(x+1)e^{\frac{1}{x-1}}=+\infty$

则$\lim\limits_{x\to1}\dfrac{x^2-1}{x-1}e^{\frac{1}{x-1}}$的极限不存在，但不是$\infty$.

[例 24] 求$\lim\limits_{x\to0}\dfrac{e^{\frac{1}{x}}+1}{e^{\frac{1}{x}}-1}\arctan\dfrac{1}{x}$.

解： $\lim\limits_{x\to0^-}\dfrac{e^{\frac{1}{x}}+1}{e^{\frac{1}{x}}-1}\arctan\dfrac{1}{x}=\dfrac{0+1}{0-1}\times\left(-\dfrac{\pi}{2}\right)=\dfrac{\pi}{2}$

$\lim\limits_{x\to0^+}\dfrac{e^{\frac{1}{x}}+1}{e^{\frac{1}{x}}-1}\arctan\dfrac{1}{x}=1\times\dfrac{\pi}{2}=\dfrac{\pi}{2}$

所以$\lim\limits_{x\to0}\dfrac{e^{\frac{1}{x}}+1}{e^{\frac{1}{x}}-1}\arctan\dfrac{1}{x}=\dfrac{\pi}{2}$.

[例 25] 设函数 $f(x)=\begin{cases}x^2+b, & -1<x<0\\ a, & x=0\\ \dfrac{\ln(1+2x)}{\sqrt{1+x}-\sqrt{1-x}}, & 0<x<1\end{cases}$，求 a，b 使 $f(x)$ 连续的值.

(分段点的连续性，反求参数问题)

解： $f(0^-)=\lim\limits_{x\to0^-}f(x)=\lim\limits_{x\to0^-}x^2+b=b$

$f(0^+)=\lim\limits_{x\to0^+}f(x)=\lim\limits_{x\to0^+}\dfrac{\ln(1+2x)}{\sqrt{1+x}-\sqrt{1-x}}=\lim\limits_{x\to0^+}\dfrac{2x(\sqrt{1+x}+\sqrt{1-x})}{2x}=2$

$f(0^-)=f(0)=f(0^+)$

$a=b=2$.

(2) 多项式之比的极限

① 自变量趋于无穷大量.

$$\lim_{x\to\infty}\frac{a_mx^m+a_{m-1}x^{m-1}+\cdots+a_1x+a_0}{b_nx^n+b_{n-1}x^{n-1}+\cdots+b_1x+b_0}=\begin{cases}0 & m<n\\ \dfrac{a_m}{b_m} & m=n\\ \infty & m>n\end{cases}$$

注：分子分母整体的最高次系数比.

[例 26] 求$\lim\limits_{x\to\infty}\dfrac{3x^3-4x^2+5x-6}{4x^3+5x^2+x+8}$.

解： $\lim\limits_{x\to\infty}\dfrac{3x^3-4x^2+5x-6}{4x^3+5x^2+x+8}=\lim\limits_{x\to\infty}\dfrac{3-\dfrac{4}{x}+\dfrac{5}{x^2}-\dfrac{6}{x^3}}{4+\dfrac{5}{x}+\dfrac{1}{x^2}+\dfrac{8}{x^3}}=\dfrac{3}{4}$.

[例 27] 求 $\lim\limits_{x\to\infty}\dfrac{3x^2-2x-1}{2x^3-x^2+5}$.

解：$\lim\limits_{x\to\infty}\dfrac{3x^2-2x-1}{2x^3-x^2+5}=\lim\limits_{x\to\infty}\dfrac{\dfrac{3}{x}-\dfrac{2}{x^2}-\dfrac{1}{x^3}}{2-\dfrac{1}{x}+\dfrac{5}{x^3}}=\dfrac{0}{2}=0$.

[例 28] 求 $\lim\limits_{x\to\infty}\dfrac{2x^3-x^2+5}{3x^2-2x-1}$.

解：$\lim\limits_{x\to\infty}\dfrac{2x^3-x^2+5}{3x^2-2x-1}=\lim\limits_{x\to\infty}\dfrac{2-\dfrac{1}{x}+\dfrac{5}{x^3}}{\dfrac{3}{x}-\dfrac{2}{x^2}-\dfrac{1}{x^3}}=\dfrac{2}{0}=\infty$.

② 自变量趋于无穷小量.

$$\lim_{x\to 0}\frac{a_m x^m+a_{m-1}x^{m-1}+\cdots+a_1x+a_0}{b_n x^n+b_{n-1}x^{n-1}+\cdots+b_1x+b_0}\text{（常与麦克劳林结合）}$$

注：分子分母整体的最低次系数比.

[例 29] $\lim\limits_{x\to 0}\dfrac{3x^3-4x^2+5x-6}{4x^3+5x^2+x+8}=\dfrac{-6}{8}=-\dfrac{3}{4}$

$\lim\limits_{x\to 0}\dfrac{3x^3-4x^2}{4x^3+5x^2+x+8}=\dfrac{0}{8}=0$

$\lim\limits_{x\to 0}\dfrac{3x^3-4x^2+5x-6}{4x^3+5x^2+x}=\dfrac{6}{0}=\infty$.

[例 30] 求 $\lim\limits_{x\to-\infty}\dfrac{\sqrt{4x^2+x-1}+x+1}{\sqrt{x^2+\cos x}}$.

解：$\lim\limits_{x\to-\infty}\dfrac{\sqrt{4x^2+x-1}+x+1}{\sqrt{x^2+\cos x}}=\lim\limits_{x\to-\infty}\dfrac{\sqrt{4+\dfrac{1}{x}-\dfrac{1}{x^2}}-1-\dfrac{1}{x}}{\sqrt{1+\dfrac{1}{x^2}\cos x}}=1$.

注：① 因为 $x\to-\infty$，所以分子分母除以“$-x$”，才能移进根号.

② 当 $x\to+\infty$时，以下各函数趋于$+\infty$的速度

$$\underbrace{\ln x, x^a(a>0), a^x(a>1), x^x}_{\to\text{快}}$$

当 $n\to+\infty$时，以下各函数趋于$+\infty$的速度

$$\underbrace{\ln n, n^a(a>0), a^n(a>1), n!, n^n}_{\to\text{快}}.$$

（3）洛必达法则（七种未定式的极限）

洛必达法则定义：① 当 $x\to a$ 时（$x\to\infty$），函数 $f(x)$ 及 $F(x)$ 都趋于零或无穷大量；

② $f'(x)$ 及 $F'(x)$ 都存在且 $F'(x)\neq 0$；

③ $\lim\limits_{\substack{(x\to a)\\(x\to\infty)}}\dfrac{f'(x)}{F'(x)}$存在（或为无穷大），则 $\lim\dfrac{f(x)}{F(x)}=\lim\dfrac{f'(x)}{F'(x)}$.

注：① 洛必达法则可重复多次使用；

② 恰当使用无穷小代换可有效简化运算；

③ 若使用洛必达法则求极限，求导后的极限不存在，不能得出原极限不存在，例 $\lim\limits_{x\to\infty}\dfrac{x+\sin x}{x}$.

说明：$\dfrac{0}{0}$型，$\dfrac{\infty}{\infty}$型，可以直接使用洛必达法则.

$\infty\cdot 0\to\dfrac{0}{\frac{1}{\infty}}$或$\dfrac{\infty}{\frac{1}{0}}$（看谁放分母上求导简单）.

$\infty-\infty\to\dfrac{1}{0}-\dfrac{1}{0}\to\dfrac{0}{0}\left(\text{通分变成}\dfrac{0}{0}\right)$，或提因子的方法（说明：现阶段考研通过提“$x$”较多）.

$$\left.\begin{matrix}0^0\\1^\infty\\\infty^0\end{matrix}\right\}\xrightarrow{\text{用指数“e”抬起来}}\left\{\begin{matrix}e^{0\ln 0}\\e^{\infty\ln 1}\\e^{0\ln\infty}\end{matrix}\right\}\to e^{0\cdot\infty}.$$

$y=u(x)^{v(x)}$类型求极限：

类型Ⅰ：形如 $\ln u(x)=a>0$ 且 $\ln v(x)=b\Rightarrow\ln u(x)^{v(x)}=a^b$.

类型Ⅱ：形如 1^∞ 型，方法①使用重要极限Ⅱ，方法②使用洛必达法则.

[例 31] 求 $\lim\limits_{x\to0}\dfrac{\arctan x-\sin x}{x^3}$的极限$\left(\dfrac{0}{0}\text{型}\right)$.

解：
$$\lim_{x\to0}\frac{\arctan x-\sin x}{x^3}=\lim_{x\to0}\frac{\frac{1}{1+x^2}-\cos x}{3x^2}$$
$$=\lim_{x\to0}\frac{1-(1+x^2)\cos x}{3x^2(1+x^2)}=\lim_{x\to0}\frac{1-(1+x^2)\cos x}{3x^2}$$
$$=\lim_{x\to0}\frac{-2x\cos x+(1+x^2)\sin x}{6x}$$
$$=-\frac{1}{3}+\frac{1}{6}=-\frac{1}{6}.$$

[例 32] 求 $\lim\limits_{x\to0^+}x^n\ln x\,(x>0)$ 的极限（$0\cdot\infty$型）.

解： $\lim\limits_{x\to0^+}x^n\ln x=\lim\limits_{x\to0^+}\dfrac{\ln x}{x^{-n}}=\lim\limits_{x\to0^+}\dfrac{\frac{1}{x}}{-nx^{-n-1}}=\lim\limits_{x\to0^+}\dfrac{x^n}{-n}=0.$

[例 33] 求 $\lim\limits_{x\to\frac{\pi}{2}}(\sec x-\tan x)$ 的极限（$\infty-\infty$型）.

解： $\lim\limits_{x\to\frac{\pi}{2}}(\sec x-\tan x)=\lim\limits_{x\to\frac{\pi}{2}}\dfrac{1-\sin x}{\cos x}=\lim\limits_{x\to\frac{\pi}{2}}\dfrac{-\cos x}{-\sin x}=0.$

[例 34] 求 $\lim\limits_{x\to\infty}\left[2x-x^2\ln\left(1+\dfrac{2}{x}\right)\right]$的极限（$\infty-\infty$型）.

解：$\lim\limits_{x\to\infty}\left[2x-x^2\ln\left(1+\frac{2}{x}\right)\right]=\lim\limits_{x\to\infty}\dfrac{\frac{2}{x}-\ln\left(1+\frac{2}{x}\right)}{\frac{1}{x^2}}=\lim\limits_{t\to0}\dfrac{2t-\ln(1+2t)}{t^2}$

$$=\lim_{t\to0}\frac{2-\frac{2}{1+2t}}{2t}$$

$$=\lim_{t\to0}\frac{4t}{2t(1+2t)}=\lim_{t\to0}\frac{2}{1+2t}=2.$$

[例 35] 求$\lim\limits_{x\to0}(\cos x)^{\frac{1}{\ln(1+x^2)}}$的极限（$1^{\infty}$型）.

解：$\lim\limits_{x\to0}(\cos x)^{\frac{1}{\ln(1+x^2)}}=e^{\lim\limits_{x\to0}\frac{\ln\cos x}{\ln(1+x^2)}}=e^{\lim\limits_{x\to0}\frac{\frac{\sin x}{\cos x}}{\frac{2x}{1+x^2}}}=e^{\lim\limits_{x\to0}\frac{-x(1+x^2)}{2x}}=e^{-\frac{1}{2}}.$

[例 36] 求$\lim\limits_{x\to\infty}\left(\dfrac{2x+3}{2x+1}\right)^{x+1}$的极限.

解：$\lim\limits_{x\to\infty}\left(\dfrac{2x+3}{2x+1}\right)^{x+1}=\lim\limits_{x\to\infty}\left(1+\dfrac{2}{2x+1}\right)^{\frac{2x+1}{2}\times\frac{2}{2x+1}\times(x+1)}=e^{\lim\limits_{x\to\infty}\frac{2(x+1)}{2x+1}}=e.$

[例 37] 求$\lim\limits_{x\to0}\left(\dfrac{1+\tan x}{1+\sin x}\right)^{\frac{1}{x^3}}$的极限.

解：$\lim\limits_{x\to0}\left(\dfrac{1+\tan x}{1+\sin x}\right)^{\frac{1}{x^3}}=\lim\limits_{x\to0}\left(1+\dfrac{\tan x-\sin x}{1+\sin x}\right)^{\frac{1+\sin x}{\tan x-\sin x}\times\frac{\tan x-\sin x}{1+\sin x}\times\frac{1}{x^3}}=e^{\lim\limits_{x\to0}\frac{\tan x-\sin x}{x^3(1+\sin x)}}=e^{\frac{1}{2}}.$

注：1^{∞}型什么时候使用重要极限什么时候使用洛必达法则？

形如$\lim\left(\dfrac{ax+b}{cx+d}\right)^{f(x)}$类型，用重要极限Ⅱ更为简单.

[例 38] 求$\lim\limits_{x\to+\infty}(\sqrt[3]{x^3+3x^2}-\sqrt[4]{x^4+2x^3})$的极限（提$x$）.

解：$\lim\limits_{x\to+\infty}(\sqrt[3]{x^3+3x^2}-\sqrt[4]{x^4+2x^3})=\lim\limits_{x\to+\infty}x\left(\sqrt[3]{1+\frac{3}{x}}-\sqrt[4]{1+\frac{2}{x}}\right)$

$$=\lim_{x\to+\infty}\frac{\sqrt[3]{1+\frac{3}{x}}-\sqrt[4]{1+\frac{2}{x}}}{\frac{1}{x}}$$

$$\overset{\frac{1}{x}=t}{=}\lim_{t\to0^+}\frac{\sqrt[3]{1+3t}-\sqrt[4]{1+2t}}{t}$$

$$=\lim_{t\to0^+}\frac{1+t-\left(1+\frac{1}{2}t\right)+O(t)}{t}=\frac{1}{2}.$$

[例 39] 求$\lim\limits_{n\to\infty}n\sin\sqrt{4n^2+1}\times\pi$的极限.

解：$\lim\limits_{n\to\infty}n\sin\sqrt{4n^2+1}\times\pi$

$$=\lim_{n\to\infty} n\sin(\sqrt{4n^2+1}\times\pi-2n\pi)\text{（周期性）}$$

$$=\lim_{n\to\infty} n\sin\frac{1}{\sqrt{4n^2+1}+2n}\pi$$

$$=\lim_{n\to\infty}\frac{n}{\sqrt{4n^2+1}+2n}\pi=\frac{\pi}{4}.$$

（4）已知极限反求参数问题

注：此类型题的正确解法是使用麦克劳林公式.

[例 40] 若$\lim\limits_{x\to 0}\frac{\sin x}{e^x-a}(\cos x-b)=5$，求 a，b.

解：分子极限为 0，分母极限也必须为 0，否则整体极限不能为 5，所以 $a=1$.

$\lim\limits_{x\to 0}\frac{\sin x(\cos x-b)}{e^x-1}=\lim\limits_{x\to 0}\frac{x(\cos x-b)}{x}=\lim\limits_{x\to 0}(\cos x-b)=5$，$b=-4$.

注：此题是用无穷小代换处理，而非洛必达法则.

[例 41] 设$\lim\limits_{x\to 0}\frac{\ln(1+x)-(ax+bx^2)}{x^2}=2$，则（　　）.

(A) $a=1$，$b=-\frac{5}{2}$　　　　(B) $a=0$，$b=-2$

(C) $a=0$，$b=-\frac{5}{2}$　　　　(D) $a=1$，$b=-2$

答案：(A).

解：$\lim\limits_{x\to 0}\frac{x-\frac{1}{2}x^2+O(x^2)-ax-bx^2}{x^2}=\lim\limits_{x\to 0}\frac{(1-a)x-\left(\frac{1}{2}+b\right)x^2+O(x^2)}{x^2}=2$

$\therefore a=1$，$-\frac{1}{2}-b=2$ 即 $b=-\frac{5}{2}$.

注：此类型题的正确解法是使用麦克劳林公式，使用洛必达法则是错误的.

（5）含有变积分限函数的极限问题

变积分限函数的定义：

形如 $F(x)=\int_{v(x)}^{u(x)}f(t)\mathrm{d}t$ 的函数，称为变积分限函数.

特别地，形如 $F(x)=\int_{a}^{u(x)}f(t)\mathrm{d}t$，称为变积分上限函数；形如 $F(x)=\int_{v(x)}^{b}f(t)\mathrm{d}t$，称为变积分下限函数.

方法：只要出现变积分限函数大概率需要求导.

结合题型：极限、定积分证明不等式和微分方程.

变积分限函数求导问题：

类型Ⅰ：

$$F(x)=\int_{v(x)}^{u(x)}f(t)\mathrm{d}t$$

$$F'(X)=f(u(x))u'(x)-f(v(x))v'(x)$$

类型Ⅱ：

$$F(x)=\int_{v(x)}^{u(x)} g(x)f(t)\mathrm{d}t=g(x)\int_{v(x)}^{u(x)} f(t)\mathrm{d}t$$

$$F'(x)=g'(x)\int_{v(x)}^{u(x)} f(t)\mathrm{d}t+g(x)[f(u(x))u'(x)-f(v(x))v'(x)]$$

类型Ⅲ：

$$F(x)=\int_{v(x)}^{u(x)} f(g(x)+t)\mathrm{d}t \xlongequal{\text{设}g(x)+t=z}\int_{g(x)+v(x)}^{g(x)+u(x)} f(z)\mathrm{d}z$$

$$F'(x)=f(g(x)+u(x))(g'(x)+u'(x))-f(g(x)+v(x))(g'(x)+v'(x))$$

① 题型一：直接求导.

[例 42] 设 $f(x)=\int_{\cos x}^{\sin x}\sin(\pi t^2)\mathrm{d}t$ ，求 $f'(x)$.

解：$f'(x)=\sin(\pi\sin^2 x)\cos x-\sin(\pi\cos^2 x)(-\sin x)$.

[例 43] 求 $\frac{\mathrm{d}}{\mathrm{d}x}\int_{x^2}^{0} x\cos t^2\mathrm{d}t$.

解：$\int_{x^2}^{0} x\cos t^2\mathrm{d}t=x\int_{x^2}^{0}\cos t^2\mathrm{d}t$

$$\frac{\mathrm{d}}{\mathrm{d}x}\int_{x^2}^{0} x\cos t^2\mathrm{d}t=\int_{x^2}^{0}\cos t^2\mathrm{d}t+x(-2x\cos x^4).$$

[例 44] 设 $F(x)=\int_{0}^{x^2} xf(x-t)\mathrm{d}t$ ，求 $F'(x)$.

解：$F(x)=x\int_{0}^{x^2} f(x-t)\mathrm{d}t$，设 $x-t=u$，则 $F(x)=-x\int_{x}^{x-x^2} f(u)\mathrm{d}u$

$$F'(x)=-\int_{x}^{x-x^2} f(u)\mathrm{d}u-x[f(x-x^2)(1-2x)-f(x)].$$

[例 45] 设 $F(x)=\int_{1}^{x}\left(\int_{1}^{y^2}\frac{\sqrt{1+t^4}}{t}\mathrm{d}t\right)\mathrm{d}y$，求 $F'(x)$.

解：$F'(x)=\int_{1}^{x^2}\frac{\sqrt{1+t^4}}{t}\mathrm{d}t$.

② 题型二：变积分限函数与极限结.

[例 46] $\lim\limits_{x\to+\infty}\frac{\int_{1}^{x}[t^2(\mathrm{e}^{\frac{1}{t}}-1)-t]\mathrm{d}t}{x^2\ln\left(1+\frac{1}{x}\right)}$

$$=\lim_{x\to+\infty}\frac{\int_{1}^{x}[t^2(\mathrm{e}^{\frac{1}{t}}-1)-t]\mathrm{d}t}{x^2\ \frac{1}{x}}$$

$=\lim\limits_{x\to+\infty}\frac{x^2(\mathrm{e}^{\frac{1}{x}}-1)-x}{1}$ （$\infty-\infty$ 型）注：这里 $\mathrm{e}^{\frac{1}{x}}-1$ 能不能用等价无穷小？不能

$$=\lim_{x\to+\infty}\frac{\mathrm{e}^{\frac{1}{x}}-1-\frac{1}{x}}{\frac{1}{x^2}}\xlongequal{\frac{1}{x}=t}\lim_{t\to0^+}\frac{\mathrm{e}^t-1-t}{t^2}$$

$$=\lim_{t\to0^+}\frac{e^t-1}{2t}$$

$$=\frac{1}{2}.$$

③ 题型三：不涉及求导的变积分限函数类型题.

[例 47] 已知$\lim\limits_{x\to0}\dfrac{ax^2+b\cos x-1}{\int_0^{x^2}\ln(1+ct)\mathrm{d}t}=1(c\neq0)$，求实数 a，b，c 值.

解：原式$=\lim\limits_{x\to0}\dfrac{ax^2+b-\dfrac{b}{2}x^2+\dfrac{b}{4!}x^4+O(x^4)-1}{\int_0^{x^2}[t+O(t)]\mathrm{d}t}$

$$=\lim_{x\to0}\frac{b-1+\left(a-\dfrac{b}{2}\right)x^2+\dfrac{b}{4!}x^4+O(x^4)}{\dfrac{c}{2}x^4+O(x^4)}=1$$

所以$\begin{cases}b-1=0\\a-\dfrac{b}{2}=0\\\dfrac{\frac{b}{4!}}{\frac{c}{2}}=1\end{cases}$ 得$\begin{cases}b=1\\a=\dfrac{1}{2}\\c=\dfrac{1}{12}.\end{cases}$

[例 48] 已知函数 $F(x)=\dfrac{\int_0^x\ln(1+t^2)\mathrm{d}t}{x^a}$，设$\lim\limits_{x\to+\infty}F(x)=\lim\limits_{x\to0^+}F(x)=0$，试求 a 的取值范围.

解：$\lim\limits_{x\to0^+}F(x)=\lim\limits_{x\to0^+}\dfrac{\int_0^x[t^2+O(t^2)]\mathrm{d}t}{x^a}=\lim\limits_{x\to0^+}\dfrac{\frac{1}{3}x^2+O(x^3)}{x^a}=0$

$\therefore a<3$

$\lim\limits_{x\to\infty}F(x)=\lim\limits_{x\to\infty}\dfrac{\ln(1+\xi^2)(x-0)}{x^a}=\lim\limits_{x\to\infty}\dfrac{\ln(1+\xi^2)}{x^{a-1}}=0$

$\therefore a>1$

$\therefore 1<a<3.$

(6) 含有抽象函数的极限

三种基本处理方法：

① 利用基本的恒等变形，把待求极限与已知极限联系起来；

② 对其中的已知函数使用泰勒（麦克劳林）公式；

③ 利用极限值与无穷小的关系表示出抽象函数.

[例 49] 若$\lim\limits_{x\to0}\dfrac{\sin6x+xf(x)}{x^3}=0$，则$\lim\limits_{x\to0}\dfrac{6+f(x)}{x^2}$为（　　）.

(A) 0　　(B) 6　　(C) 36　　(D) ∞

解：三种方法.

方法 1：$\lim\limits_{x\to 0}\dfrac{\sin 6x+xf(x)}{x^3}$

$=\lim\limits_{x\to 0}\dfrac{\sin 6x-6x+6x+xf(x)}{x^3}$

$=\lim\limits_{x\to 0}\dfrac{\sin 6x-6x}{x^3}+\lim\limits_{x\to 0}\dfrac{6x+xf(x)}{x^3}$

$=-36+\lim\limits_{x\to 0}\dfrac{6+f(x)}{x^2}=0$

$\therefore\lim\limits_{x\to 0}\dfrac{6+f(x)}{x^2}=36.$

方法 2：对 $\sin 6x$ 使用麦克劳林展开式

$$\lim_{x\to 0}\frac{\sin 6x+xf(x)}{x^3}=\lim_{x\to 0}\frac{6x-\frac{1}{6}(6x)^3+O(x^3)+xf(x)}{x^3}=\lim_{x\to 0}\frac{6+f(x)}{x^2}-36=0.$$

方法 3：$\because\lim\limits_{x\to 0}\dfrac{\sin 6x+xf(x)}{x^3}=0$

$\therefore\dfrac{\sin 6x+xf(x)}{x^3}=0+\alpha$，其中$\lim\limits_{x\to 0}\alpha=0$

$\therefore xf(x)=-\sin 6x+O(x^3)$

$$\therefore\lim_{x\to 0}\frac{6+f(x)}{x^2}=\lim_{x\to 0}\frac{6-\frac{1}{x}\sin 6x+O(x^2)}{x^2}=\lim_{x\to 0}\frac{6x-\sin 6x}{x^3}=36.$$

1.3 连续性与间断点

1.3.1 间断点问题

（1）连续的两种定义

$$\lim_{x\to x_0}f(x)=f(x_0)\text{或}\lim_{\Delta x\to 0}\Delta y=\lim_{\Delta x\to 0}[f(x_0+\Delta x)-f(x_0)]=0$$

连续函数的运算性质：

① 两个连续函数的和、差、积、商（分母不为 0）所得的函数仍是连续函数；

② 连续函数与连续函数复合所得函数还是连续函数；

③ 基本初等函数在其定义区间内连续.

（2）间断点的定义

设函数 $f(x)$ 在点 x_0 的某去心邻域内有定义，在此前提下，如果函数 $f(x)$ 有下列三种情形之一：

① 在 $x=x_0$ 没有定义；

② 虽在 $x=x_0$ 有定义，但 $\lim\limits_{x\to x_0} f(x)$ 不存在；

③ 虽在 $x=x_0$ 有定义，且 $\lim\limits_{x\to x_0} f(x)$ 存在，但 $\lim\limits_{x\to x_0} f(x)\neq f(x_0)$.

那么函数 $f(x)$ 在点 x_0 为不连续，而点 x_0 称为函数 $f(x)$ 的不连续点或间断点.

表 1-1 为间断点的分类情况：

表 1-1

按图形划分	按左右极限存在状况
可去间断点 $\lim\limits_{x\to x_0^-} f(x)=\lim\limits_{x\to x_0^+} f(x)$ 跳跃间断点 $\lim\limits_{x\to x_0^-} f(x)\neq\lim\limits_{x\to x_0^+} f(x)$	第一类间断点：左右极限都存在的间断点
无穷间断点 $\lim\limits_{x\to x_0^-} f(x)=\infty$ 或 $\lim\limits_{x\to x_0^+} f(x)=\infty$ 振荡间断点 如：$y=\sin\dfrac{1}{x}$ 在 $x=0$ 处	第二类间断点：不是第一类间断点的任何间断点

前提：函数 $f(x)$ 在 $\mathring{U}(x_0)$ 内有定义，$f(x)$ 在 x_0 的左右两侧有定义（若左右两侧中有一侧没定义，该点也不可能是间断点）.

强调：间断点判别的唯一方法——单侧极限.

[例 50] $f(x)$ 在点 x_0 处连续是 $|f(x)|$ 在 x_0 处连续的（　　）.

（A）充分条件，但不是必要条件　　（B）必要条件，但不是充分条件

（C）充要条件　　（D）既不是充分条件，也不是必要条件

答案：(A).

解：利用复合函数的连续性可知，若 $f(x)$ 在 x_0 点连续，则 $|f(x)|$ 在 x_0 点连续，反之不成立，例如 $f(x)=\begin{cases}1, & x\geqslant 0\\ -1, & x<0\end{cases}$ 故选（A）.

[例 51] $x=\dfrac{1}{n}(n=2,3\cdots)$ 是函数 $f(x)=x\left[\dfrac{1}{x}\right]$ 的（　　）.

（A）无穷间断点　　（B）跳跃间断点　　（C）可去间断点　　（D）连续点

答案：(B).

[例 52] 研究函数 $f(x)=\lim\limits_{n\to\infty}\dfrac{1-x^{2n}}{1+x^{2n}}x$ 的连续性，如果有间断点，说明间断点的类型.

答案：$x=\pm 1$ 为跳跃间断点.

[例 53] 函数 $f(x)=\dfrac{(e^x+e)\tan x}{x(e^{\frac{1}{x}}-e)}$ 在 $[-\pi,\pi]$ 上的第一类间断点是 $x=$（　　）.

（A）0　　（B）1　　（C）$-\dfrac{\pi}{2}$　　（D）$\dfrac{\pi}{2}$

答案：(A).

解：可能的间断点 0，1，$-\dfrac{\pi}{2}$，$\dfrac{\pi}{2}$，用单侧极限判别，$x=0$ 是跳跃间断点，其余三点为无穷间断点.

[例 54] 设 $f(x)$ 在 $(-\infty, +\infty)$ 内有定义，且 $\lim\limits_{x\to\infty} f(x)=a$，$g(x)=\begin{cases} f\left(\dfrac{1}{x}\right), & x\neq 0 \\ 0, & x=0 \end{cases}$，则（　　）.

（A）$x=0$ 必是 $g(x)$ 的第一类间断点

（B）$x=0$ 必是 $g(x)$ 的第二类间断点

（C）$x=0$ 必是 $g(x)$ 的连续点

（D）$g(x)$ 在点 $x=0$ 处的连续性与 a 的取值有关

答案：(D).

解：$\lim\limits_{x\to 0} g(x)=\lim\limits_{x\to 0} f\left(\dfrac{1}{x}\right) \xlongequal{t=\frac{1}{x}} \lim\limits_{t\to\infty} f(x)=a$

当 $a=0$ 时，$\lim\limits_{x\to 0} g(x)=g(0)$，则 $g(x)$ 在 $x=0$ 处连续

当 $a\neq 0$ 时，$\lim\limits_{x\to 0} g(x)\neq g(0)$，则 $g(x)$ 在 $x=0$ 处不连续

故答案为 (D).

[例 55] 设函数 $f(x)=\begin{cases} \dfrac{1-e^{\tan x}}{\arcsin \dfrac{x}{2}}, & x>0 \\ a e^{2x}, & x\leqslant 0 \end{cases}$ 在 $x=0$ 处连续，则 $a=$？

答案：$a=-2$.

解：$\lim\limits_{x\to 0^-} f(x)=\lim\limits_{x\to 0^-} a e^{2x}=a$

$$\lim_{x\to 0^+} f(x)=\lim_{x\to 0^+} \frac{1-e^{\tan x}}{\arcsin \frac{x}{2}}=\lim_{x\to 0} \frac{-x}{\frac{x}{2}}=-2$$

又∵ $\lim\limits_{x\to 0^-} f(x)=\lim\limits_{x\to 0^+} f(x)=f(0)$

∴$a=-2$.

[例 56] 设 $f(x)=\lim\limits_{n\to\infty} \dfrac{(n-1)x}{nx^2+1}$，则 $f(x)$ 的间断点为 $x=$？并判别其类型.

解：当 $x=0$ 时 $f(x)=0$

当 $x\neq 0$ 时 $f(x)=\lim\limits_{n\to\infty} \dfrac{x(n-1)}{x^2 n+1}=\dfrac{1}{x}$

即 $f(x)=\begin{cases} 0 & x=0 \\ \dfrac{1}{x} & x\neq 0 \end{cases}$

又∵ $\lim\limits_{x\to 0^+} f(x)=\infty$

∴$x=0$ 为无穷间断点.

1.3.2 闭区间连续函数的性质

定理 1（有界性及最值定理）：

在闭区间上连续的函数，在该区间上有界且一定能取得它的最大值和最小值.

定理 2（零点定理）：

若 $f(x)$ 在闭区间 $[a,b]$ 上连续，且 $f(a)f(b)<0$（区间端点函数值异号），则至少存在一点 $\xi\in(a,b)$，使得 $f(\xi)=0$.

证明方程根的问题：零点定理、罗尔定理.

唯一性的证明方法：单调性、反证法.

定理 3（介值定理）：

设函数 $f(x)$ 在闭区间 $[a,b]$ 上连续，且在这区间的端点取不同值，且

$$f(a)=A \text{ 及 } f(b)=B$$

则对于 A 与 B 之间的任意一个数 C，在开区间 (a,b) 内至少有一点 ξ，使得 $f(\xi)=C$ $(a<\xi<b)$.

推论：闭区间上连续函数可取得介于最大值和最小值之间的任意值.

注：最值与介值一起考.

[例 57] 证明方程 $x=a\sin x+b$，其中 $a>0$，$b>0$，至少有一个正根，并且它不超过 $a+b$.

证明：$f(x)=x-a\sin x-b$，$f(x)$ 在 $[0,a+b]$ 上连续，又

$$f(0)<-b<0，f(a+b)=a-a\sin(a+b)\geqslant 0$$

若 $f(a+b)=0$，则 $a+b$ 即为所求正根；

若 $f(a+b)>0$，则由零点定理，至少存在一点 $\xi\in(0,a+b)$，使 $f(\xi)=0$.

即原方程有一正根介于 0 与 $a+b$ 之间.

∴命题得证.

[例 58] 设 $f(x)$ 在 $[0,1]$ 上连续，且 $f(0)=f(1)$.

证明：(1) 存在 $\xi\in[0,1]$，使得 $f(\xi)=f\left(\xi+\frac{1}{2}\right)$；

(2) 存在 $\eta\in[0,1]$，使得 $f(\eta)=f\left(\eta+\frac{1}{n}\right)$（$n>2$ 且 n 为正整数）.

证明：(1) 令 $F(x)=f(x)-f\left(x+\frac{1}{2}\right)$，则 $F(x)$ 在 $\left[0,\frac{1}{2}\right]$ 上连续.

由闭区间连续函数的最值定理和介值定理，得

$F(x)$ 在 $\left[0,\frac{1}{2}\right]$ 上存在最大值 M 和最小值 m，且对于任意 $x\in\left[0,\frac{1}{2}\right]$

有 $m\leqslant F(x)\leqslant M$

$F(0)=f(0)-f\left(\frac{1}{2}\right)$，$F\left(\frac{1}{2}\right)=f\left(\frac{1}{2}\right)-f(1)$

则 $m\leqslant F(0)\leqslant M$，$m\leqslant F\left(\frac{1}{2}\right)\leqslant M$，即

$$m\leqslant\frac{F(0)+F\left(\frac{1}{2}\right)}{2}\leqslant M$$

利用介值定理得到存在 $\xi\in\left[0,\frac{1}{2}\right]$，使得

$$F(\xi)=\frac{F(0)+F\left(\frac{1}{2}\right)}{2}=\frac{1}{2}\left[f(0)-f\left(\frac{1}{2}\right)+f\left(\frac{1}{2}\right)-f(1)\right]=0$$

即 $\frac{1}{2}\left[f(\xi)-f\left(\xi+\frac{1}{2}\right)\right]=0$ 得到 $f(\xi)=f\left(\xi+\frac{1}{2}\right)$.

注：也可以用零点定理.

$$F(x)=f(x)-f\left(x+\frac{1}{2}\right)$$

$$F(0)=f(0)-f\left(\frac{1}{2}\right)$$

$$F\left(\frac{1}{2}\right)=f\left(\frac{1}{2}\right)-f(1)$$

若 $f\left(\frac{1}{2}\right)\neq f(0)$，则由零点定理存在 $\xi\in\left(0,\frac{1}{2}\right)$

若 $f\left(\frac{1}{2}\right)=f(0)$，则 $\xi=0$，$\xi=\frac{1}{2}$ 即可使 $f(\xi)=f\left(\xi+\frac{1}{2}\right)$

$\therefore \xi\in\left[0,\frac{1}{2}\right]\subset[0,1]$.

(2) 令 $F(x)=f(x)-f\left(x+\frac{1}{n}\right)$，则 $F(x)$ 在 $\left[0,\frac{n-1}{n}\right]$ 上连续，根据闭区间上连续函数的最值定理和介值定理，得 $F(x)$ 在 $\left[0,\frac{n-1}{n}\right]$ 上存在最大值 M 和最小值 m.

对 $\forall x\in\left[0,\frac{n-1}{n}\right]$，有 $m\leqslant F(x)\leqslant M$

$F(0)=f(0)-f\left(\frac{1}{n}\right), F\left(\frac{1}{n}\right)=f\left(\frac{1}{n}\right)-f\left(\frac{2}{n}\right),\cdots,F\left(\frac{n-1}{n}\right)=f\left(\frac{n-1}{n}\right)-f(1)$

则 $m\leqslant F(0)\leqslant M, m\leqslant F\left(\frac{1}{n}\right)\leqslant M,\cdots,m\leqslant F\left(\frac{n-1}{n}\right)\leqslant M$

即 $m\leqslant\frac{F(0)+F\left(\frac{1}{n}\right)+\cdots+F\left(\frac{n-1}{n}\right)}{n}\leqslant M$

利用介值定理得到 $\eta\in\left[0,\frac{n-1}{n}\right]$，使得

$$\begin{aligned}F(\eta)&=f(\eta)-f\left(\eta+\frac{1}{n}\right)\\&=\frac{F(0)+F\left(\frac{1}{n}\right)+\cdots+F\left(\frac{n-1}{n}\right)}{n}\\&=\frac{1}{n}\left[f(0)-f\left(\frac{1}{n}\right)+f\left(\frac{1}{n}\right)-f\left(\frac{2}{n}\right)+\cdots+f\left(\frac{n-1}{n}\right)-f(1)\right]\\&=\frac{1}{n}[f(0)-f(1)]=0\end{aligned}$$

即 $f(\eta)=f\left(\eta+\frac{1}{n}\right)$.

1.3.3 渐近线

（1）水平渐近线

若 $\lim\limits_{\substack{x\to+\infty\\(x\to-\infty)}} f(x)=C$，则 $y=C$ 为 $y=f(x)$ 的水平渐近线.

（2）垂直渐近线

若 $\lim\limits_{\substack{x\to x_0^-\\(x\to x_0^+)}} f(x)=\infty$，则 $x=x_0$ 称为 $y=f(x)$ 的垂直渐近线.

（3）斜渐近线

若 $\lim\limits_{\substack{x\to+\infty\\(x\to-\infty)}} \dfrac{f(x)}{x}=k$ 且 $\lim\limits_{\substack{x\to+\infty\\(x\to-\infty)}} (f(x)-kx)=b$，则 $y=kx+b$ 称为 $y=f(x)$ 的斜渐近线.

[例 59] 求曲线 $y=(2x-1)e^{\frac{1}{x}}$ 的斜渐近线.

解： $k=\lim\limits_{x\to+\infty}\dfrac{f(x)}{x}=\lim\limits_{x\to+\infty}\dfrac{2x-1}{x}e^{\frac{1}{x}}=2$

$$
\begin{aligned}
b &= \lim_{x\to+\infty}[f(x)-2x]=\lim_{x\to+\infty}[(2x-1)e^{\frac{1}{x}}-2x]\\
&=\lim_{x\to+\infty}2x(e^{\frac{1}{x}}-1)-\lim_{x\to+\infty}e^{\frac{1}{x}}\\
&=\lim_{x\to+\infty}2\frac{e^{\frac{1}{x}}-1}{\frac{1}{x}}-1\\
&=1
\end{aligned}
$$

$\therefore y=2x+1$.

第2讲 一元函数微分学

2.1 导数与微分的定义及应用

（1）导数的定义

$$\lim_{\Delta x \to 0}\frac{\Delta y}{\Delta x}=\lim_{x\to x_0}\frac{f(x)-f(x_0)}{x-x_0}$$
$$=\lim_{\Delta x\to 0}\frac{f(x_0+\Delta x)-f(x_0)}{\Delta x}$$
$$=\lim_{\Delta h\to 0}\frac{f(x_0+\Delta h)-f(x_0)}{\Delta h}$$

记作：$y'|_{x=x_0}$，$f'(x_0)$，$\left.\frac{\mathrm{d}y}{\mathrm{d}x}\right|_{x=x_0}$，$\left.\frac{\mathrm{d}f(x)}{\mathrm{d}x}\right|_{x=x_0}$.

（2）导数定义的应用

① 利用导数的定义求极限；

② 利用导数的定义求导数；

③ 利用导数的定义判定可导性.

[例 1] 设 $f(x)$ 在 $x=a$ 的某个邻域内有定义，则 $f(x)$ 在 $x=a$ 处可导的一个充分条件是（　　）.

(A) $\lim\limits_{h\to+\infty}h\left[f\left(a+\frac{1}{h}\right)-f(a)\right]$存在　　(B) $\lim\limits_{h\to 0}\frac{f(a+2h)-f(a+h)}{h}$存在

(C) $\lim\limits_{h\to 0}\frac{f(a+h)-f(a-h)}{2h}$存在　　(D) $\lim\limits_{h\to 0}\frac{f(a)-f(a-h)}{h}$存在

答案：(D).

[例 2] （1）$\lim\limits_{h\to 0}\frac{f(x_0+\alpha h)-f(x_0+\beta h)}{h}$存在是函数 $y=f(x)$ 在点 x_0 处可导的（　　）.

(A) 充分非必要条件　　(B) 充分必要条件

(C) 必要非充分条件　　(D) 既非充分也非必要条件

答案：(C).

解：函数 $y=f(x)$ 在点 x_0 处可导，即

$f'(x_0)\lim\limits_{\Delta x\to 0}\dfrac{f(x_0+\Delta x)-f(x_0)}{\Delta x}$存在

$$\Rightarrow\lim_{h\to 0}\frac{f(x_0+\alpha h)-f(x_0+\beta h)}{h}=\lim_{h\to 0}\frac{f(x_0+\alpha h)-f(x_0)+f(x_0)-f(x_0+\beta h)}{h}$$

$$=\alpha\lim_{h\to 0}\frac{f(x_0+\alpha h)-f(x_0)}{\alpha h}+\beta\lim_{h\to 0}\frac{f(x_0-\beta h)-f(x_0)}{-\beta h}=(\alpha+\beta)f'(x_0)$$

但是，极限$\lim\limits_{h\to 0}\dfrac{f(x_0+\alpha h)-f(x_0+\beta h)}{h}$存在不能推出函数 $y=f(x)$ 在点 x_0 处可导，例如 $y=|x|$在点 $x=0$ 处不可导，故选（C）.

（2）设 $f(x)$ 在区间（$-\delta,\delta$）内有定义，若当 $x\in(-\delta,\delta)$ 时，恒有$|f(x)|\leqslant x^2$，则 $x=0$ 必是 $f(x)$ 的（　　）.

（A）连续但不可导点　　（B）间断点

（C）可导点，且 $f'(0)=0$　　（D）可导点，且 $f'(0)\neq 0$

答案：（C）.

解：涉及不等式条件的问题，通常用两边夹准则.

当 $x\in(-\delta,\delta)$ 时，恒有$|f(x)|\leqslant x^2$，故$|f(0)|\leqslant 0\Rightarrow f(x)=0$

又 $0\leqslant|f(x)|\leqslant x^2\to 0(x\to 0)\Rightarrow\lim\limits_{x\to 0}|f(x)|=0\Rightarrow\lim\limits_{x\to 0}f(x)=0$

$$|f(x)|\leqslant x^2\Rightarrow\left|\frac{f(x)}{x}\right|\leqslant|x|\to 0(x\to 0)$$

$$\Rightarrow\lim_{x\to 0}\frac{f(x)}{x}=\lim_{x\to 0}\frac{f(x)-f(0)}{x}=0$$

即 $f'(0)=0$，故 $x=0$ 是 $f(x)$ 的可导点，且 $f'(0)=0$，选择（C）.

[例 3]（1）设 $f(x)$ 在（$-\infty,+\infty$）上有定义，当 $x\in[0,2]$，有 $f(x)=x(x^2-4)$，且 $\forall x\in(-\infty,+\infty)$，有 $f(x)=kf(x+2)$，问 k 为何值时，$f(x)$ 在点 $x=0$ 处可导？

（2）设 $f(x)$ 在点 $x=0$ 处连续且$\lim\limits_{x\to 0}\dfrac{f(x)}{x}=A$，讨论 $f'(0)$ 的存在性，若存在，并求之.

（3）设 $f(0)>0$，$f'(0)$ 存在，求$\lim\limits_{x\to\infty}\left[\dfrac{f\left(\frac{1}{x}\right)}{f(0)}\right]^x$.

（4）设 $f(x)$ 在点 $x=0$ 处连续，且$\lim\limits_{x\to 0}\dfrac{f(x)}{x}=1$，求曲线 $y=f(x)$ 在点（$0,f(0)$）处的切线方程.

解：（1）当 $x\in[0,2]$ 时，$f(x)=x(x^2-4)$，则 $f'_+(0)=\lim\limits_{x\to 0^+}\dfrac{x(x^2-4)}{x}=-4$

当 $x\in[-2,0)$，$x+2\in[0,2]$，$f(x)=k(x+2)(x^2+4x)$

则 $f'_-(0)=\lim\limits_{x\to 0^-}\dfrac{k(x+2)(x^2+4)}{x}=8k$

当 $k=-\dfrac{1}{2}$时，$f'_-(0)=f'_+(0)$，$f(x)$ 在点 $x=0$ 处可导.

（2）由$\lim\limits_{x\to 0}\dfrac{f(x)}{x}=A$，得$\lim\limits_{x\to 0}f(x)=0$，因为 $f(x)$ 在点 $x=0$ 处连续，故 $f(0)=0$，因

此$\lim\limits_{x\to 0}\dfrac{f(x)}{x}=\lim\limits_{x\to 0}\dfrac{f(x)-f(0)}{x-0}=A=f'(0)$.

(3) 这是一个“1^{∞}”型未定式，可以化为第二个重要极限的形式，然后利用函数导数的定义求解.

$$\begin{aligned}\lim_{x\to\infty}\left[\frac{f\left(\frac{1}{x}\right)}{f(0)}\right]^{x}&=\lim_{x\to\infty}\left[1+\frac{f\left(\frac{1}{x}\right)-f(0)}{f(0)}\right]^{\frac{f(0)}{f\left(\frac{1}{x}\right)-f(0)}\times\frac{f\left(\frac{1}{x}\right)-f(0)}{f(0)}\times x}\\&=e^{\lim\limits_{x\to\infty}\frac{f\left(\frac{1}{x}\right)-f(0)}{\frac{1}{x}-0}\times\frac{1}{f(0)}}\\&=e^{\frac{f'(0)}{f(0)}}.\end{aligned}$$

(4) 由 $f(x)$ 在点 $x=0$ 处连续，$\lim\limits_{x\to 0}\dfrac{f(x)}{x}=1$，得$\lim\limits_{x\to 0}f(x)=0$，$f(0)=0$，则 $f'(0)=1$，切点为 $(0,0)$，斜率为 $f'(0)=1$，故曲线 $y=f(x)$ 在点 $(0,f(0))$ 处的切线方程为 $y=x$.

[例 4] 设函数 $f(x)$ 在点 $x=0$ 处连续，下列命题错误的是（　　）.

(A) 若$\lim\limits_{x\to 0}\dfrac{f(x)}{x}$存在，则 $f(0)=0$　　(B) 若$\lim\limits_{x\to 0}\dfrac{f(x)+f(-x)}{x}$存在，则 $f(0)=0$

(C) 若$\lim\limits_{x\to 0}\dfrac{f(x)}{x}$存在，则 $f'(0)$ 存在　　(D) 若$\lim\limits_{x\to 0}\dfrac{f(x)-f(-x)}{x}$存在，则 $f'(0)$ 存在

答案：(D).

解：(A) 因为函数 $f(x)$ 在点 $x=0$ 处连续，所以$\lim\limits_{x\to 0}f(x)=f(0)$，又$\lim\limits_{x\to 0}\dfrac{f(x)}{x}$存在，必有$\lim\limits_{x\to 0}f(x)=0$，所以 $f(0)=0$.

(B) $\lim\limits_{x\to 0}[f(x)+f(-x)]=0$ 即有 $f(0)+f(-0)=0$，故 $f(0)=0$.

(C) 在 (A) 的基础上，$\lim\limits_{x\to 0}f(x)=\lim\limits_{x\to 0}\dfrac{f(x)-f(0)}{x-0}=f'(0)$ 存在.

(D) $y=|x|$在 $x=0$ 处不可导，但满足$\lim\limits_{x\to 0}\dfrac{f(x)-f(-x)}{x}$.

[例 5] 函数 $f(x)=(x^2-x-2)|x^3-x|$不可导点的个数是（　　）.

(A) 3　　(B) 2　　(C) 1　　(D) 0

答案：(B).

补充定理：$f(x)=\varphi(x)|x-a|$，则 $f(x)$ 在 $x=a$ 处可导的充要条件是 $\varphi(a)=0$.

(3) 利用导数定义求导数

用导数定义求函数在某点处的导数，有以下几种情况：

① 若函数表达式中含有抽象函数符号，且仅知其连续，不知其是否可导，求其导数时必须用导数的定义；

② 求分段函数（包括绝对值函数）在分段点处的导数时，必须用导数的定义；

③ 求某些简单函数在某处的导数时，有时也用导数的定义.

[例 6] (1) 设函数 $f(x)$ 在 $(0,+\infty)$ 内有定义，$f'(x)=1$，且对任意 $x,y\in(0,+\infty)$，有 $f(xy)=f(x)+f(y)$，求 $f(x)$.

(2) 设 $f(x+1)=af(x)$ 恒成立，$f'(0)=b$，求 $f'(1)$ 的值.

解：

(1) 函数方程通常利用求导化为微分方程，本题没有求导条件，只能用导数定义求导. 由 $f(xy)=f(x)+f(y)$ 可知 $f(1)=0$

$$f'(x)=\lim_{\Delta x\to 0}\frac{f(x+\Delta x)-f(x)}{\Delta x}=\lim_{\Delta x\to 0}\frac{f\left[x\left(1+\frac{\Delta x}{x}\right)\right]-f(x)}{\Delta x}$$

$$=\lim_{\Delta x\to 0}\frac{f(x)+f\left(1+\frac{\Delta x}{x}\right)-f(x)}{\Delta x}=\lim_{\Delta x\to 0}\frac{f\left(1+\frac{\Delta x}{x}\right)}{\frac{\Delta x}{x}}\times\frac{1}{x}=f'(1)\times\frac{1}{x}=\frac{1}{x}$$

积分可得 $f(x)=\int\frac{1}{x}\mathrm{d}x=\ln x+C$， 又 $f(1)=0+C=C$ $\quad\therefore C=0$

故 $f(x)=\ln x$，$x\in(0,+\infty)$.

(2) 本题只能用导数定义.

$f(x+1)=af(x)\Rightarrow f(1)=af(0)$

$$f'(1)=\lim_{\Delta x\to 0}\frac{f(1+\Delta x)-f(1)}{\Delta x}=\lim_{\Delta x\to 0}\frac{af(\Delta x)-af(0)}{\Delta x}=af'(0)=ab.$$

[例 7] 已知函数 $f(x)=\begin{cases}x, & x\leqslant 0\\ \frac{1}{n} & \frac{1}{n+1}<x\leqslant\frac{1}{n}, n=1,2\cdots\end{cases}$ 则（ ）.

(A) $x=0$ 是 $f(x)$ 的第一类间断点 (B) $x=0$ 是 $f(x)$ 的第二类间断点

(C) $f(x)$ 在 $x=0$ 处连续但不可导 (D) $f(x)$ 在 $x=0$ 处可导

答案：(D).

解：

$$f'_-(0)=\lim_{x\to 0^-}\frac{f(x)-f(0)}{x-0}=\lim_{x\to 0^-}\frac{x}{x}=1$$

但对于 $f'_+(0)=\lim\limits_{x\to 0^+}\frac{f(x)-f(0)}{x-0}$，需要这样写才严谨，有题设，

当 $\frac{1}{n+1}<x\leqslant\frac{1}{n}$ 时 $f(x)=\frac{1}{n}$，$1<\frac{f(x)}{x}\leqslant\frac{n+1}{n}$

当 $x\to 0^+$ 时 $n\to\infty$，$\lim\limits_{n\to\infty}\frac{n+1}{n}=1$

$\therefore$ 由两边夹准则知 $\lim\limits_{n\to 0^+}\frac{f(x)}{x}=1$

$\therefore f'_+(0)=1$.

由此可知 $f'_-(0)=f'_+(0)=f'(0)=1$.

说明：此题中 $f'_+(0)$ 是否可写成 $\lim\limits_{\frac{1}{n}\to 0^+}\frac{f\left(0+\frac{1}{n}\right)}{\frac{1}{n}}$ 呢？

答：不行，因为 $\frac{1}{n}\to 0^+$ 是离散的.

从逻辑上讲，上述证明过程已经得出 $f'(0)$ 存在，故自然可以这样写，所以具体问题具体分析.

但是一般而言，$f'_+(0)$ 并不一定等于 $\lim\limits_{\frac{1}{n}\to 0^+}\dfrac{f\left(0+\frac{1}{n}\right)}{\frac{1}{n}}$，如 $f(x)=\begin{cases}1, & x\text{ 为有理数}\\0, & x\text{ 为无理数}\end{cases}$，处处有定义，但处处不连续，处处不可导. 不过 $\lim\limits_{\frac{1}{n}\to 0^+}\dfrac{f\left(0+\frac{1}{n}\right)-f(0)}{\frac{1}{n}}=\lim\limits_{\frac{1}{n}\to 0^+}\dfrac{1-1}{\frac{1}{n}}=0$ 是存在的，显然 $f'_+(0)$ 不存在，故有 $f'_+(0)\neq\lim\limits_{\frac{1}{n}\to 0^+}\dfrac{f\left(0+\frac{1}{n}\right)-f(0)}{\frac{1}{n}}$.

2.2 求各类函数的导数与微分

2.2.1 复合函数求导

设 $y=f(u)$，而 $u=g(x)$ 且 $f(u)$ 及 $g(x)$ 都可导，则复合函数 $y=f[g(x)]$ 的导数为：

$$\frac{dy}{dx}=\frac{dy}{du}\times\frac{du}{dx}\text{或 } y'(x)=f'(u)g'(x)$$

复合函数求导的关键是搞清楚函数的复合关系，从外层到内层逐层求导，既不能重复，也不能遗漏. 当所给函数既有四则运算，又有复合运算时，应根据所给函数表达式的结构，决定先用导数的四则运算法则还是先用复合函数求导法则. 对于某些形式复杂的复合函数，还可以利用微分形式的不变性求导.

[例 8] 已知 $y=e^{\sin\left(\frac{x^2}{2}\right)}$，求 y'.

解： $y=e^{\sin\left(\frac{x^2}{2}\right)}$

$y'=e^{\sin\left(\frac{x^2}{2}\right)}\times\cos\dfrac{x^2}{2}\times x$

$y'=\left(e^{\sin\left(\frac{x^2}{2}\right)}\right)'\left(\sin\dfrac{x^2}{2}\right)'\left(\dfrac{x^2}{2}\right)'$（错）.

2.2.2 隐函数求导

由方程 $F(x,y)=0$ 所确定的隐函数 $y=f(x)$ 的求导方法：

① 方程两边同时对 x 求导数，注意把 y 看作 x 的函数来求导，然后解出 y'，要是继续求 y''，利用复合函数求导法则而不要用解方程方法；

② 利用隐函数存在定理，直接用公式：$y'=\frac{\mathrm{d}y}{\mathrm{d}x}=-\frac{F'_x(x,y)}{F'_y(x,y)}$；

③ 利用一阶微分的形式不变性，求含 $\mathrm{d}x$ 和 $\mathrm{d}y$ 的关系式后，解出$\frac{\mathrm{d}y}{\mathrm{d}x}=y'$.

[例 9] 求由方程 $x-y+\frac{1}{2}\sin y=0$ 所确定的隐函数的一阶及二阶导数.

解： 略.

2.2.3 抽象函数求导

[例 10] 设 $y=f\left(\frac{3x-2}{3x+2}\right)$，$f'(x)=\arctan x^2$，求$\left.\frac{\mathrm{d}y}{\mathrm{d}x}\right|_{x=0}$.

解： $\frac{\mathrm{d}y}{\mathrm{d}x}=f'\left(\frac{3x-2}{3x+2}\right)\times\frac{3(3x+2)-3(3x-2)}{(3x+2)^2}=\arctan\left(\frac{3x-2}{3x+2}\right)^2\times\frac{12}{(3x+2)^2}$.

$$\left.\frac{\mathrm{d}y}{\mathrm{d}x}\right|_{x=0}=\frac{3}{4}\pi$$

2.2.4 反函数求导

函数 $y=f(x)$ 的反函数求导公式为

$$\frac{\mathrm{d}x}{\mathrm{d}y}=\frac{1}{y'},\ \frac{\mathrm{d}^2x}{\mathrm{d}y^2}=\left(\frac{\mathrm{d}x}{\mathrm{d}y}\right)'_y=\left(\frac{1}{y'}\right)'_y=\left(\frac{1}{y'}\right)'_x\frac{\mathrm{d}x}{\mathrm{d}y}=-\frac{y''}{(y')^3}$$

[例 11] 设函数 $f(x)=\int_{-1}^{x}\sqrt{1-\mathrm{e}^t}\,\mathrm{d}t$，则 $y=f(x)$ 的反函数 $x=f^{-1}(y)$ 在 $y=0$ 处的导数$\left.\frac{\mathrm{d}x}{\mathrm{d}y}\right|_{y=0}=$________.

解：（这种题型不要想把反函数的表达式求出来再求导，这样一定是错误的解题思路.）

由变积分限函数的求导方法得到原函数的导数

$$f'(x)=\sqrt{1-\mathrm{e}^x}$$

由反函数的导数与原函数的导数互为倒数得

$$\frac{\mathrm{d}x}{\mathrm{d}y}=\frac{1}{[f(x)]'}=\frac{1}{\sqrt{1-\mathrm{e}^x}}$$

由反函数存在的条件必须是双射和定积分的性质得

$$y=0 \text{ 唯一对应 } x=-1$$

所以，$\left.\frac{\mathrm{d}x}{\mathrm{d}y}\right|_{y=0}=\left.\frac{1}{\sqrt{1-\mathrm{e}^x}}\right|_{x=-1}=\frac{1}{\sqrt{1-\mathrm{e}^{-1}}}$.

2.2.5 参数方程所确定的函数求导（数一、二）

$$\begin{cases}x=x(t)\\y=y(t)\end{cases}$$

$$\frac{\mathrm{d}y}{\mathrm{d}x}=\frac{\frac{\mathrm{d}y}{\mathrm{d}t}}{\frac{\mathrm{d}x}{\mathrm{d}t}}=\frac{y'(t)}{x'(t)} \qquad \frac{\mathrm{d}^2 y}{\mathrm{d}x^2}=\frac{y''(t)x'(t)-y'(t)x''(t)}{[x'(t)]^3}$$

[例 12] 求由参数方程$\begin{cases}x=a\cos t\\ y=b\sin t\end{cases}$所确定函数的二阶导数$\frac{\mathrm{d}^2 y}{\mathrm{d}x^2}$.

答案：$-\frac{b}{a^2\sin^3 t}$.

2.2.6 幂指函数求导（幂指函数类型和多因子乘除类型求导）

① $y=u(x)^{v(x)}\rightarrow y=\mathrm{e}^{v(x)\ln u(x)}$，再利用复合函数求导法则；

② $y=u(x)^{v(x)}\rightarrow \ln y=v(x)\ln u(x)$，再利用隐函数求导法则（对数求导法则）.

[例 13] 求 $y=x^{\sin x}$ $(x>0)$ 的导数.

答案：$y'=x^{\sin x}\left(\cos x\ln x+\frac{\sin x}{x}\right)$.

[例 14] 求 $y=\sqrt{\frac{(x-1)(x-2)}{(x-3)(x-4)}}$的导数.

答案：$y'=\frac{1}{2}\sqrt{\frac{(x-1)(x-2)}{(x-3)(x-4)}}\left(\frac{1}{x-1}+\frac{1}{x-2}-\frac{1}{x-3}-\frac{1}{x-4}\right)$

[例 15] (1)（复合函数求导）$y=\ln(x+\sqrt{1+x^2})$，求$y'''\big|_{x=\sqrt{3}}$.

解： $y'=\frac{1}{x+\sqrt{1+x^2}}\left(1+\frac{2x}{2\sqrt{1+x^2}}\right)=\frac{1}{\sqrt{1+x^2}}=(1+x^2)^{-\frac{1}{2}}$

$y''=-x(1+x^2)^{-\frac{3}{2}}$

$y'''=-(1+x^2)^{-\frac{3}{2}}+3x^2(1+x^2)^{-\frac{5}{2}}$

故$y'''\big|_{x=\sqrt{3}}=\frac{5}{32}$.

(2)（幂函数求导）$y=x^2\sqrt[4]{\frac{(x-1)^3(2x+5)^5}{(x^2+2)(x^3+3)^2}}+x^{\cos x}$，求 y'.

解： $y'=x^2\left(\sqrt[4]{\frac{(x-1)^3(2x+5)^5}{(x^2+2)(x^3+3)^2}}\right)'+(x^{\cos x})'+2x\sqrt[4]{\frac{(x-1)^3(2x+5)^5}{(x^2+2)(x^3+3)^2}}=x^2y_1'+y_2'+2xy_1$

$y_1=\mathrm{e}^{\frac{1}{4}[3\ln(x-1)+5\ln(2x+5)-\ln(x^2+2)-2\ln(x^3+3)]}$

$y_1'=\frac{1}{4}\sqrt[4]{\frac{(x-1)^3(2x+5)^5}{(x^2+2)(x^3+3)^2}}\left(\frac{3}{x-1}+\frac{10}{2x+5}-\frac{2x}{x^2+2}-\frac{6x^2}{x^3+3}\right)$

$y_2=x^{\cos x}$

$y_2'=\mathrm{e}^{\cos x\ln x}\left(-\sin x\ln x+\frac{\cos x}{x}\right)$.

(3)（隐函数求导）$\ln(x^2+y)+\mathrm{e}^{xy}=\cos(x+y^2)$，求 y'.

解：方法 1：解方程

$$\frac{1}{x^2+y}(2x+y')+e^{xy}(x+xy')=-\sin(x+y^2)(1+2yy')$$

$$y'=-\frac{\dfrac{2x}{x^2+y}+ye^{xy}+\sin(x+y^2)}{\dfrac{1}{x^2+y}+xe^{xy}+2y\sin(x+y^2)}.$$

方法 2：公式法

$$令\ F(x,y)=\ln(x^2+y)+e^{xy}-\cos(x+y^2)$$

$$F'_x=\frac{2x}{x^2+y}+ye^{xy}+\sin(x+y^2)$$

$$F'_y=\frac{1}{x^2+y}+xe^{xy}+2y\sin(x+y^2)$$

$$\therefore \frac{dy}{dx}=-\frac{F'_x}{F'_y}=-\frac{\dfrac{2x}{x^2+y}+ye^{xy}+\sin(x+y^2)}{\dfrac{1}{x^2+y}+xe^{xy}+2y\sin(x+y^2)}.$$

方法 3：微分形式不变性

$$d[\ln(x^2+y)+e^{xy}]=d[\cos(x+y^2)]$$

$$\frac{d(x^2+y)}{x^2+y}+e^{xy}d(xy)=-\sin(x^2+y)d(x+y^2)$$

$$\frac{2x\,dx+dy}{x^2+y}+e^{xy}(y\,dx+x\,dy)=-\sin(x^2+y)(dx+2y\,dy)$$

得到 $\dfrac{dy}{dx}=-\dfrac{\dfrac{2x}{x^2+y}+ye^{xy}+\sin(x+y^2)}{\dfrac{1}{x^2+y}+xe^{xy}+2y\sin(x+y^2)}.$

[例 16] 已知 $\dfrac{dx}{dy}=\dfrac{1}{y'}$，证明（1）$\dfrac{d^2x}{dy^2}=-\dfrac{y''}{(y')^3}$；（2）$\dfrac{d^3x}{dy^3}=\dfrac{3(y'')^2-y'y'''}{(y')^5}$.

证明：（1）$\dfrac{d^2x}{dy^2}=\dfrac{d}{dy}\left(\dfrac{dx}{dy}\right)=\dfrac{d\dfrac{1}{y'}}{dy}=\dfrac{d\dfrac{1}{y'}}{dx}\times\dfrac{dx}{dy}=\dfrac{-y''}{(y')^2}\times\dfrac{1}{y'}=-\dfrac{y''}{(y')^3}.$

（2）略.

2.2.7 分段函数的导数

对于分段函数，若函数在每小段的开区间内可导，则按导数的运算法则求导即可；而分段点处，通常情况下按导数定义求导.

例如，已知 $f(x)=\begin{cases}\sin x & x<0\\ x & x\geqslant 0\end{cases}$，则 $f(x)$ 的导数为 $f'(x)=\begin{cases}\cos x & x<0\\ 1 & x=0\\ 1 & x>0\end{cases}$，在 $x=0$

处要分别求左右导数，因为 $x=0$ 两侧 $f(x)$ 的表达式不一样，最终结果记为 $f'(x)=\begin{cases}\cos x & x<0\\ 1 & x\geqslant 0\end{cases}$.

[例 17] 设 $g(x)$ 在 $x=x_0$ 的某邻域内有定义，$f(x)=|x-x_0|g(x)$，则 $f(x)$ 在 $x=x_0$ 处可导的充要条件是（　）.

(A) $\lim\limits_{x\to x_0} g(x)$ 存在　　(B) $g(x)$ 在 $x=x_0$ 处连续

(C) $g(x)$ 在 $x=x_0$ 处可导　　(D) $\lim\limits_{x\to x_0^+} g(x)$ 与 $\lim\limits_{x\to x_0^-} g(x)$ 都存在，且互为相反数

答案：(D).

解：$f(x)$ 在 $x=x_0$ 处可导的充要条件为：

$$\lim_{x\to x_0^+}\frac{f(x)-f(x_0)}{x-x_0}=\lim_{x\to x_0^-}\frac{f(x)-f(x_0)}{x-x_0}$$

$$f'_-(x_0)=\lim_{x\to x_0^+}\frac{f(x)-f(x_0)}{x-x_0}=\lim_{x\to x_0^+}\frac{(x-x_0)g(x)}{x-x_0}=\lim_{x\to x_0^+}g(x)$$

$$f'_+(x_0)=\lim_{x\to x_0^-}\frac{f(x)-f(x_0)}{x-x_0}=\lim_{x\to x_0^-}\frac{-(x-x_0)g(x)}{x-x_0}=-\lim_{x\to x_0^-}g(x)$$

若 $f'_-(x_0)=f'_+(x_0)$，则 $\lim\limits_{x\to x_0^+}g(x)=-\lim\limits_{x\to x_0^-}g(x)$.

[例 18] 设 $f(x)=\begin{cases}x^a\sin\dfrac{1}{x} & x\neq 0\\ 0 & x=0\end{cases}$，试问当 a 取何值时，$f(x)$ 在点 $x=0$ 处：(1) 连续；(2) 可导；(3) 一阶导数连续；(4) 二阶导数存在.

解：(1) 当 $a\leqslant 0$ 时，极限 $\lim\limits_{x\to 0}x^a\sin\dfrac{1}{x}$ 不存在，而当 $a>0$ 时，$\lim\limits_{x\to 0}x^a\sin\dfrac{1}{x}=0$，故当 $a>0$ 时，$f(x)$ 在点 $x=0$ 处连续.

(2) 因 $f'(0)=\lim\limits_{x\to 0}\dfrac{f(x)-f(0)}{x-0}=\lim\limits_{x\to 0}x^{a-1}\sin\dfrac{1}{x}$，当 $a\leqslant 1$ 时，$f'(0)$ 不存在；当 $a>1$ 时，$f'(0)=0$，即 $f(x)$ 在 $x=0$ 可导.

(3) $f'(x)=\begin{cases}ax^{a-1}\sin\dfrac{1}{x}-x^{a-2}\cos\dfrac{1}{x} & x\neq 0\\ 0 & x=0\end{cases}(a>1)$

因极限 $\lim\limits_{x\to 0}f'(x)=\lim\limits_{x\to 0}\left(ax^{a-1}\sin\dfrac{1}{x}-x^{a-2}\cos\dfrac{1}{x}\right)$，当 $a\leqslant 2$ 时极限不存在，当 $a>2$ 时，$\lim\limits_{x\to 0}f'(x)=C$，即 $\lim\limits_{x\to 0}f'(x)=f'(0)$，故当 $a>2$ 时，一阶导数连续.

(4) $f''(0)=\lim\limits_{x\to 0}\dfrac{f'(x)-f'(0)}{x-0}=\lim\limits_{x\to 0}\left(ax^{a-2}\sin\dfrac{1}{x}-x^{a-3}\cos\dfrac{1}{x}\right)$

类似地，当 $a\leqslant 3$ 时 $f''(0)$ 不存在；

当 $a>3$ 时，$f''(0)=0$，即 $f(x)$ 在 $x=0$ 点二阶可导.

[例 19] (1) $f(x)=\begin{cases}x\arctan\dfrac{1}{x^2}, & x\neq 0\\ 0, & x=0\end{cases}$ 试讨论 $f'(x)$ 在点 $x=0$ 处的连续性.

(2) $F(x)=\begin{cases}\dfrac{f(x)}{x}, & x\neq 0\\ f'(0), & x=0\end{cases}$，其中 $f(x)$ 在 $(-\infty,+\infty)$ 上具有二阶连续导数，且 $f(0)=0$，求 $F'(x)$，并讨论 $F'(x)$ 的连续性.

解：(1) 当 $x\neq 0$ 时，$f'(x)=\arctan\dfrac{1}{x^2}+x\times\dfrac{1}{1+\dfrac{1}{x^4}}\times\dfrac{-2}{x^3}=\arctan\dfrac{1}{x^2}-\dfrac{2x^2}{1+x^4}$

当 $x=0$ 时，$f'(0)=\lim\limits_{x\to 0}\dfrac{f(x)-f(0)}{x-0}=\lim\limits_{x\to 0}\dfrac{\arctan\dfrac{1}{x^2}}{x}=\dfrac{\pi}{2}$

$$\lim_{x\to 0}f'(x)=\lim_{x\to 0}\left(\arctan\frac{1}{x^2}-\frac{2x^2}{1+x^4}\right)=\frac{\pi}{2}=f'(0)$$

故 $f'(x)$ 在 $x=0$ 连续.

(2) 当 $x\neq 0$ 时，$F'(x)=\dfrac{xf'(x)-f(x)}{x^2}$

当 $x=0$ 时，$F'(0)=\lim\limits_{x\to 0}\dfrac{F(x)-F(0)}{x}=\lim\limits_{x\to 0}\dfrac{\dfrac{f(x)}{x}-f'(0)}{x}$

$$=\lim_{x\to 0}\frac{f(x)-xf'(0)}{x^2}=\lim_{x\to 0}\frac{f'(x)-f'(0)}{2x}=\frac{f''(0)}{2}$$

$$F'(x)=\begin{cases}\dfrac{xf'(x)-f(x)}{x^2}, & x\neq 0\\ \dfrac{f''(0)}{2}, & x=0\end{cases}$$

$$\lim_{x\to 0}F'(x)=\lim_{x\to 0}\frac{xf'(x)-f(x)}{x^2}=\lim_{x\to 0}\frac{xf''(x)}{2x}=\frac{f''(0)}{2}=F'(0)$$

故 $F'(x)$ 在 $x=0$ 连续，又 $F'(x)$ 在 $x\neq 0$ 连续，所以 $F'(x)$ 在 $(-\infty,+\infty)$ 上连续.

[例 20] 求函数 $f(x)=\begin{cases}\dfrac{x}{1+e^{\frac{1}{x}}}, & x\neq 0\\ 0, & x=0\end{cases}$ 的 $f'_-(0),f'_+(0)$，以及 $f'(0)$ 是否存在？

解：略.

2.2.8 高阶导数

求高阶导数的方法：

① 莱布尼兹公式：$(uv)^{(n)}=\sum\limits_{k=0}^{n}C_n^k u^{(k)}v^{(n-k)}=\sum\limits_{k=0}^{n}C_n^k u^{(n-k)}v^{(k)}$；

② 利用泰勒公式中 n 次项的系数与 n 阶导数的关系：$f^{(n)}(x_0)=n!\ a_n$；

③ 用数学归纳法；

④ 利用已知函数的高阶导数.

[例 21] (1) 已知 $y=xe^{-x}$，求 $y^{(n)}$；

(2) 已知 $y=x^2e^x$，求 $y^{(20)}(x)$.

解：(1) 令 $u(x)=x$，$v(x)=e^{-x}$

$$\begin{aligned}y^{(n)}&=(uv)^{(n)}=C_n^0x(e^{-x})^{(n)}+C_n^1x'(e^{-x})^{(n)}\\&=(-1)^nxe^{-x}+n(-1)^{n-1}e^{-x}\\&=(-1)^n(x-n)e^{-x}.\end{aligned}$$

(2) 略.

[例 22] 求函数 $f(x)=x^2\ln(x+1)$ 在 $x=0$ 处的 n 阶导数 $f^{(n)}(0)(n\geqslant3)$.

解：方法 1：莱布尼兹公式法

已知$[\ln(1+x)]^{(n)}=(-1)^{(n-1)}\dfrac{(n-1)!}{(1+x)^n}$

$$f^{(n)}(x)=x^2(-1)^{n-1}\frac{(n-1)!}{(1+x)^n}+2nx(-1)^{n-2}\frac{(n-2)!}{(x+1)^{n-1}}+n(n-1)(-1)^{n-3}\frac{(n-3)!}{(x+1)^{n-2}}$$

$$\begin{aligned}f^{(n)}(0)&=(-1)^{n-3}n(n-1)(n-3)!\\&=(-1)^{n-3}\frac{n!}{n-2}.\end{aligned}$$

方法 2：利用麦克劳林公式

$$\begin{aligned}x^2\ln(x+1)&=x^2\left[x-\frac{x^2}{2}+\frac{x^3}{3}+\cdots+(-1)^{n-3}\frac{x^{n-2}}{n-2}+o(x^{n-2})\right]\\&=x^3-\frac{x^4}{2}+\frac{x^5}{3}+\cdots+(-1)^{n-3}\frac{x^n}{n-2}+o(x^n)]\end{aligned}$$

比较 x^n 的系数得$\dfrac{f^{(n)}(0)}{n!}=\dfrac{(-1)^{n-3}}{n-2}$

$$f^{(n)}(0)=(-1)^{n-3}\frac{n!}{n-2}.$$

补充内容：麦克劳林公式

$$e^x=1+x+\frac{1}{2!}x^2+\frac{1}{3!}x^3+\cdots+\frac{1}{n!}x^n+O(x^n)=\sum_{n=0}^{\infty}\frac{1}{n!}x^n\quad x\in(-\infty,+\infty)$$

$$\sin x=x-\frac{1}{3!}x^3+\frac{1}{5!}x^5+\cdots+\frac{(-1)^n}{(2n+1)!}x^{2n+1}+O(x^{2n+1})=\sum_{n=0}^{\infty}\frac{(-1)^n}{(2n+1)!}x^{2n+1}\quad x\in(-\infty,+\infty)$$

$$\cos x=1-\frac{1}{2!}x^2+\frac{1}{4!}x^4+\cdots+\frac{(-1)^n}{(2n)!}x^{2n}+O(x^{2n})=\sum_{n=0}^{\infty}\frac{(-1)^n}{(2n)!}x^{2n}\quad x\in(-\infty,+\infty)$$

$$\ln(1+x)=x-\frac{1}{2}x^2+\frac{1}{3}x^3+\cdots+\frac{(-1)^n}{n+1}x^{n+1}+O(x^{n+1})=\sum_{n=0}^{\infty}\frac{(-1)^n}{n+1}x^{n+1}\quad x\in(-1,1]$$

$$(1+x)^\alpha=1+\alpha x+\frac{\alpha(\alpha-1)}{2!}x^2+\cdots$$

$\tan x = x + \frac{1}{3!}x^3 + O(x^3)$

$\arctan x = x - \frac{1}{3!}x^3 + O(x^3)$

$\arcsin x = x + \frac{1}{3!}x^3 + O(x^3)$

2.3 函数曲线的性态

2.3.1 极值的定义及判别

(1) 极值的定义（极值是局部概念）

设 $f(x)$ 在 $U(x_0)$ 内有定义，对任一 $x \in \mathring{U}(x_0)$，有 $f(x) < f(x_0)$ [或 $f(x) > f(x_0)$] 那么就称 $f(x_0)$ 是函数 $f(x)$ 的一个极大值（或极小值）.

(2) 函数的极值

① 函数取极值的必要条件：函数 $f(x)$ 在 $x = x_0$ 处取极值，则 $f'(x_0) = 0$ 或 $f'(x_0)$ 不存在.

极值点的来源：驻点、不可导点.

② 极值判别的充分条件：

a. 极值的第一充分条件（用一阶导数判别，万能）

设函数 $f(x)$ 在 $x = x_0$ 处连续，且在 x_0 的某去心邻域 $\mathring{U}(x_0, \delta)$ 可导：

若 $x \in (x_0 - \delta, x_0)$ 时，$f'(x) > 0$，而 $x \in (x_0, x_0 + \delta)$ 时，$f'(x) < 0$，则 $f(x)$ 在 $x = x_0$ 处取得极大值；

若 $x \in (x_0 - \delta, x_0)$ 时，$f'(x) < 0$，而 $x \in (x_0, x_0 + \delta)$ 时，$f'(x) > 0$，则 $f(x)$ 在 $x = x_0$ 处取得极小值；

若 $x \in \mathring{U}(x_0, \delta)$ 时，$f'(x)$ 的符号保持不变，则 $f(x)$ 在 x_0 处没有极值.

b. 极值的第二充分条件（只能判别驻点）

设函数 $f(x)$ 在 x_0 处具有二阶导数且 $f'(x_0) = 0$，$f''(x_0) \neq 0$，则：

当 $f''(x_0) < 0$ 时，函数 $f(x)$ 在 x_0 处取得极大值；

当 $f''(x_0) > 0$ 时，函数 $f(x)$ 在 x_0 处取得极小值；

当 $f''(x_0) = 0$ 时，无法判别.

c. 极值的第三充分条件

设 $f(x)$ 在 x_0 处 n 阶可导，且 $f'(x_0) = f''(x_0) = \cdots = f^{(n-1)}(x_0) = 0$，$f^{(n)}(x_0) \neq 0$，$n$ 是偶数，则 $f^{(n)}(x_0) > 0$ 时，$x = x_0$ 是 $f(x)$ 的极小值点；$f^{(n)}(x_0) < 0$ 时，$x = x_0$ 是 $f(x)$ 的极大值点.

③ 求极值的步骤（基本不考）：

a. 求导数 $f'(x)$；

b. 求 $f(x)$ 的驻点和不可导点；

c. 利用第一充分条件或是第二充分条件判别；

d. 求出极值点的函数值.

2.3.2 最值的判别

比较区间端点、驻点、不可导点处的函数值，最大的为最大值，最小的为最小值.

注：① $f(x)$ 在一个区间（有限或无限，开或闭）内可导且只有一个驻点 x_0，并且这个驻点 x_0 是函数 $f(x)$ 的极值点，那么，当 $f(x_0)$ 是极大值时，$f(x_0)$ 就是 $f(x)$ 在该区间上的最大值；当 $f(x_0)$ 是极小值时，$f(x_0)$ 就是 $f(x)$ 的最小值.

② 在应用题中，如果 $f(x)$ 在定义区间内只有一个驻点 x_0，那么不必讨论 $f(x_0)$ 是不是极值，就可以断定 $f(x_0)$ 是最大值或最小值.

2.3.3 曲线的凹凸性与拐点

（1）曲线凹凸性定义

设 $f(x)$ 在区间 I 上连续，如果对 I 上任意两点 x_1，x_2 恒有 $f\left(\frac{x_1+x_2}{2}\right)<\frac{f(x_1)+f(x_2)}{2}$，那么称曲线 $f(x)$ 在 I 上的图形是凹的（也可定义为 $f(\lambda x_1+(1-\lambda)x_2)<\lambda f(x_1)+(1-\lambda)f(x_2),0<\lambda<1$).

设 $f(x)$ 在区间 I 上连续，若果对 I 上任意两点 x_1，x_2 恒有 $f\left(\frac{x_1+x_2}{2}\right)>\frac{f(x_1)+f(x_2)}{2}$，那么称曲线 $f(x)$ 在 I 上的图形是凸的（也可定义为 $f(\lambda x_1+(1-\lambda)x_2)>\lambda f(x_1)+(1-\lambda)f(x_2)$，$0<\lambda<1$).

（2）拐点的来源及判别

来源：二阶导数为零的点和二阶导数不存在的点.

判别：二阶导数在 $x=x_0$ 两侧是否变号.

① 曲线取拐点的必要条件（极值点的来源）

若 $(x_0,f(x_0))$ 是曲线 $f(x)$ 的拐点，则 $f''(x_0)=0$ 或 $f''(x_0)$ 不存在.

② 拐点的第一充分条件（用二阶导）

设 $y=f(x)$ 在点 $x=x_0$ 处连续，且在点 x_0 的某去心邻域内二阶可导：

a. 若 $f''(x_0)$ 在 $x=x_0$ 的左右两侧变号，则点 $(x_0,f(x_0))$ 是曲线的拐点；

b. 若 $f''(x_0)$ 在 $x=x_0$ 的左右两侧不变号，则点 $(x_0,f(x_0))$ 不是曲线的拐点.

注：上述“拐点的第一充分条件”反映在连续函数 $f(x)$ 的导函数 $f'(x)$ 的图形上，就是 $f'(x)$ 的单调性相反的点.

③ 拐点的第二充分条件（用三阶导数）

设 $f(x)$ 在 $x=x_0$ 处三阶可导，且 $f''(x_0)=0$，$f'''(x_0)\neq 0$，则 $(x_0,f(x_0))$ 是曲线的拐点.

④ 拐点的第三充分条件（用高阶导数）

设 $f(x)$ 在 $x=x_0$ 处 n 阶可导，且 $f'(x_0)=f''(x_0)=\cdots=f^{(n-1)}(x_0)=0$，$f^{(n)}(x_0)\neq 0$，

这里 n 是奇数，且 $n \geqslant 3$，则 $(x_0, f(x_0))$ 是曲线的拐点.

注：拐点的表示形式必须是坐标形式，如拐点为 $(x_0, f(x_0))$.

[例 23] 设函数 $f(x)$ 在 $(-\infty, +\infty)$ 内连续，其导数的图形如图 2-1 所示，则有（　　）.

（A）一个极小值点，两个极大值点

（B）两个极小值点，一个极大值点

（C）两个极小值点，两个极大值点

（D）三个极小值点，一个极大值点

答案：(C).

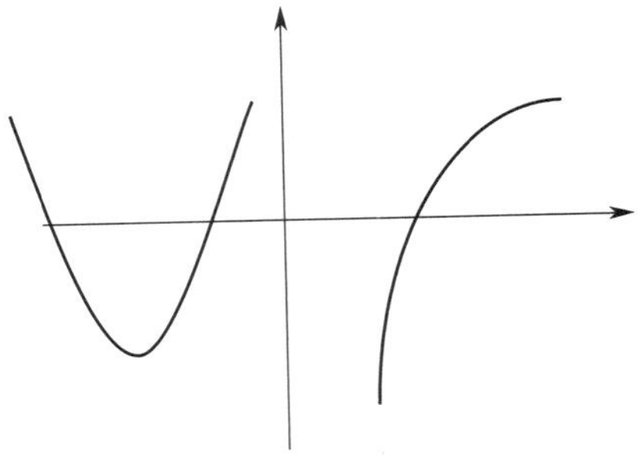

图 2-1

[例 24] 设函数 $f(x)$ 在 $(-\infty, +\infty)$ 内连续，其二阶导数 $f''(x)$ 的图形如图 2-2 所示，则曲线 $y=f(x)$ 的拐点个数为（　　）.

（A）0　　（B）1　　（C）2　　（D）3

答案：(C).

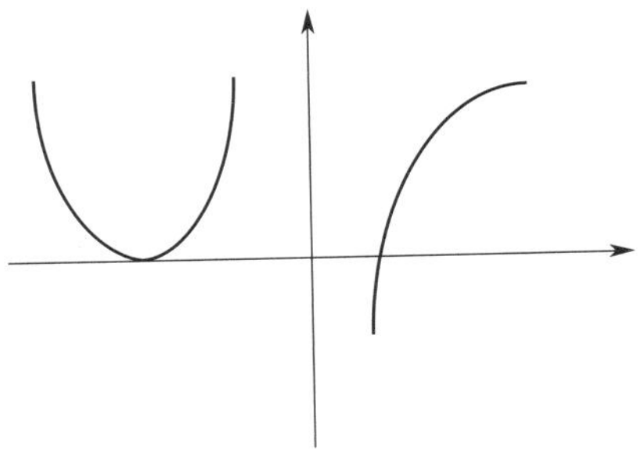

图 2-2

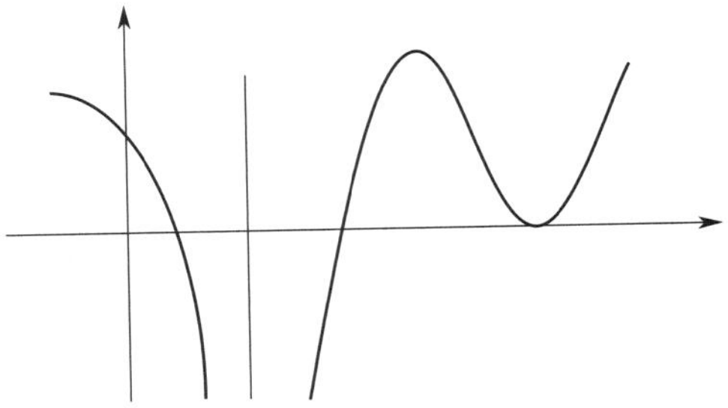

图 2-3

[例 25] 设函数 $f(x)$ 在 $(-\infty, +\infty)$ 内连续，其导数的图形如图 2-3 所示，则有（　　）。

（A）两个极值点，两个拐点　　（B）两个极值点，三个拐点

（C）三个极值点，一个拐点　　（D）三个极值点，两个拐点

答案：(B).

2.4 证明方程根的方法

（1）证明根的存在性的常用方法

① 连续函数的零点定理；

② 罗尔定理.

（2）证明根的唯一性的常用方法

① 单调性；

② 利用反证法去说明；

③ 罗尔定理的推论：若在 $[a,b]$ 上 $f^{(n)}(x)\neq 0$，则 $f(x)=0$ 在 $[a,b]$ 上至多只有 n 个根.

2.5 证明等式的方法

主要有：①零点定理；②罗尔定理；③常数的导数为零；④积分中值定理.

[例 26] 证明：若函数 $f(x)$ 在 $(-\infty,+\infty)$ 内满足关系式 $f'(x)=f(x)$，且 $f(0)=1$，则 $f(x)=e^x$.

证明：设 $F(x)=\dfrac{f(x)}{e^x}$，$F'(x)=\dfrac{f'(x)e^x-f(x)e^x}{e^{2x}}=0$

所以，$F(x)=c$，又 $f(0)=1$，所以 $F(0)=1$，$c=1$，

得 $\dfrac{f(x)}{e^x}=1$，即 $\dfrac{f(x)}{e^x}=1$，$f(x)=e^x$.

问题：常数的导数为零证明等式不同于其他方法的显著特点？

证明等式时常数的导数为 0 的方法不同于其他方法的显著特点是结论中无"ξ"，对定义域内的任意 x 都成立.

[例 27] 设 $f(x)$ 在 $[0,1]$ 上连续，在 $(0,1)$ 内可导，且 $f(0)=0, f\left(\dfrac{1}{2}\right)=1$，$f(1)=\dfrac{1}{2}$，证明：在 $(0,1)$ 内至少存在一点 ξ，使得 $f'(\xi)=1$.（罗尔＋零点）

证明：$F(x)=f(x)-x$　$\because F\left(\dfrac{1}{2}\right)=f\left(\dfrac{1}{2}\right)-\dfrac{1}{2}=\dfrac{1}{2}>0$　$F(1)=f(1)-1=-\dfrac{1}{2}<0$

$\therefore$ 由零点定理，存在 $y\in\left(\dfrac{1}{2},1\right)$，使 $F(y)=0$

在 $[0,y]$ 上 $F(0)=F(y)$，故由罗尔定理

$\exists\xi\in(0,y)\subset(0,1)$，使 $F'(\xi)=0$ 即 $f'(\xi)=1$.

[例 28] 证明恒等式：$\arcsin x+\arccos x=\dfrac{\pi}{2}(-1\leqslant x\leqslant 1)$.

证明：设 $f(x)=\arcsin x+\arccos x-\dfrac{\pi}{2}$

$f'(x)=0$，有 $f(x)=c$

$f(0)=0=c$

所以 $f(x)=0$，即 $\arcsin x+\arccos x=\dfrac{\pi}{2}$.

[例 29] 设函数 $f(x)$，$g(x)$ 在 (a,b) 内可导，且 $f(a)=f(b)=0$，证明：

$$\exists c\in(a,b)，使得\ f'(c)+f(c)g'(c)=0$$

证明：令 $F(x)=f(x)e^{g(x)}$

$F(x)$ 在 $[a,b]$ 上连续，在 (a,b) 内可导，且

$F'(x)=[f'(x)+f(x)g'(x)]e^{g(x)}$

又 $\because F(a)=F(b)=0$

$\therefore$由罗尔定理，$\exists c\in(a,b)$，使得 $F'(c)=0$

又$\because e^{g(x)}\neq 0$

$\therefore f'(c)+f(c)g'(c)=0$.

构造辅助函数常用方法：

① 若方程为 $f'(x)+f(x)g'(x)=0$，则令 $F(x)=f(x)e^{g(x)}$；

② 若方程为 $f(x)=0$，且 $f(x)$ 连续，则令 $F(x)=\int_a^x f(t)\mathrm{d}t$.

[例 30] 设函数 $f(x)$ 在 $[0,1]$ 上连续，在 $(0,1)$ 内可导，且 $f(0)=0$，$f(1)=1$.

证明：(1) 存在 $\xi\in(0,1)$，使得 $f(\xi)=1-\xi$；

(2) 存在两个不同的点 η，$\xi\in(0,1)$，使得 $f'(\eta)f'(\xi)=1$.

证明：(1) $F(x)=f(x)-(1-x)$

$F(0)=f(0)-(1-0)=f(0)-1<0$

$F(1)=f(1)-(1-1)=f(1)=1>0$

$\therefore$由零点定理，至少存在一点 $\xi\in(0,1)$ 使得 $F(\xi)=0$，即 $f(\xi)=1-\xi$.

(2) $[0,\xi]$，$[\xi,1]$ 上使用拉格朗日定理.

$$f'(\eta)f'(\xi)=\frac{f(\xi)-f(0)}{\xi-0}\times\frac{f(1)-f(\xi)}{1-\xi}$$

$$=\frac{f(\xi)}{\xi}\times\frac{f(1)-f(\xi)}{1-\xi}=\frac{1-\xi}{\xi}\times\frac{1-(1-\xi)}{1-\xi}=1.$$

2.6 证明不等式的方法

证明题的一般步骤（关键点）：构造辅助函数、定区间.

证明不等式的常用方法：

① 利用函数的单调性；

② 利用中值定理；

③ 利用最值；

④ 利用泰勒公式（麦克劳林公式）；

⑤ 利用定积分；

⑥ 利用曲线的凹凸性.

[例 31] 证明：$\dfrac{e^x+e^y}{2}>e^{\frac{x+y}{2}}$.

证明：设 $f(t)=e^t$，$f''(t)=e^t>0$

$\therefore$曲线是凹的

$\therefore\dfrac{f(x)+f(y)}{2}>f\left(\dfrac{x+y}{2}\right)$.

[例 32] 设 $e<a<b<e^2$，证明$\ln^2 b-\ln^2 a>\dfrac{4}{e^2}(b-a)$.

证明：方法 1：设 $\varphi(x)=\ln^2 x-\dfrac{4}{e^2}x$，则

$$\varphi'(x)=2\frac{\ln x}{x}-\frac{4}{e^2},\ \varphi''(x)=\frac{2(1-\ln x)}{x^2}$$

所以当 $x>e$ 时，$\varphi''(x)<0$，故 $\varphi'(x)$ 单调减少

从而当 $e<x<e^2$ 时，$\varphi'(x)>\varphi'(e^2)=\frac{4}{e^2}-\frac{4}{e^2}=0$

即当 $e<x<e^2$ 时，函数 $\varphi(x)$ 单调增加

因此当 $e<a<b<e^2$ 时，$\varphi(b)>\varphi(a)$，即

$$\ln^2 b-\frac{4}{e^2}b>\ln^2 a-\frac{4}{e^2}a$$

故 $\ln^2 b-\ln^2 a>\frac{4}{e^2}(b-a)$.

方法 2：设 $f(x)=\ln^2 x$，在 $[a,b]$ 上使用拉格朗日中值定理

$$\ln^2 b-\ln^2 a=f'(\xi)(b-a)=\frac{2\ln\xi}{\xi}(b-a),\ a<\xi<b$$

设 $\varphi(x)=\frac{\ln x}{x}$

$\varphi'(x)=\frac{1-\ln x}{x^2}$，当 $x>e$ 时，$\varphi'(x)<0$

$\varphi(x)$ 在 $(e,+\infty)$ 上单调减少，故 $\varphi(\xi)>\varphi(e^2)=\frac{\ln e^2}{e^2}=\frac{2}{e^2}$

所以 $\ln^2 b-\ln^2 a>\frac{4}{e^2}(b-a)$.

[例 33] 设 $\lim\limits_{x\to 0}\frac{f(x)}{x}=1$，且 $f''(x)>0$，则（　　）.

(A) $x<0$ 时 $f(x)<x$，$x\geqslant 0$ 时 $f(x)\geqslant x$

(B) $x<0$ 时 $f(x)>x$，$x\geqslant 0$ 时 $f(x)\leqslant x$

(C) $f(x)\leqslant x$

(D) $f(x)\geqslant x$

答案：(D).

解：方法 1：最值证明

∵ $f''(x)$ 存在 ∴ $f'(x)$ 连续　∵ $f'(x)$ 存在　∴ $f(x)$ 连续

又 ∵ $\lim\limits_{x\to 0}\frac{f(x)}{x}=1$

∴ $f(0)=0$，$f'(0)=\lim\limits_{x\to 0}\frac{f(x)-f(0)}{x-0}=1$

设 $F(x)=f(x)-x$ 即 $F(0)=0$，$F'(0)=f'(0)-1=0$

又 ∵ $F''(x)-f''(x)>0$

∴ $x=0$ 是 $F(x)=f(x)-x$ 的唯一极小值

∵ $F(x)$ 无不可导点且只有唯一驻点

∴ $F(x)$ 在 $x=0$ 处取得最小值，即对一切 x，$F(x)\geqslant F(0)=0$

∴ 对一切 x，$f(x)\geqslant x$.

方法 2：麦克劳林公式证明

$\because \lim\limits_{x\to 0}\dfrac{f(x)}{x}=1$

$\therefore f(0)=0$，$f'(0)=1$

$f(x)=f(0)+\dfrac{f'(0)}{1!}x+\dfrac{f''(3)}{2!}x^2$ 又 $\because f''(x)>0$

$\therefore f(x)\geqslant f(0)+\dfrac{f'(0)}{1!}x=0+x=x.$

[例 34] 证明不等式 $1+x\ln(x+\sqrt{1+x^2})\geqslant\sqrt{1+x^2}$，$-\infty<x<+\infty$.

证明： 设 $f(x)=1+x\ln(x+\sqrt{1+x^2})-\sqrt{1+x^2}$

则 $f'(x)=\ln(x+\sqrt{1+x^2})$，令 $f'(x)=0$，解得唯一驻点 $x=0$

由于 $f''(x)=\dfrac{1}{\sqrt{1+x^2}}>0$，知 $x=0$ 为极小值点及最小值点

即对一切 $x\in(-\infty,+\infty)$，有 $f(x)\geqslant 0$，从而 $1+x\ln(x+\sqrt{1+x^2})\geqslant\sqrt{1+x^2}$.

[例 35] 设函数在 (a,b) 内二阶可导，且 $f''(x)\geqslant 0$，证明对 (a,b) 内任意两点 x_1，x_2 及 $0\leqslant t\leqslant 1$，有 $f[(1-t)x_1+tx_2]\leqslant(1-t)f(x_1)+tf(x_2)$.

证明： $f(x)=f(x_0)+f'(x_0)(x-x_0)+\dfrac{f''(\xi)}{2!}(x-x_0)^2$

$\because f''(x)\geqslant 0 \quad \therefore f(x)\geqslant f(x_0)+f'(x_0)(x-x_0).$

提示：令 $x_0=(1-t)x_1+tx_2$

$f(x)\geqslant f((1-t)x_1+tx_2)+f'((1-t)x_1+tx_2)(x-(1-t)x_1-tx_2)$

$f(x_1)\geqslant f((1-t)x_1+tx_2)+f'((1-t)x_1+tx_2)(x_1-(1-t)x_1-tx_2)$

$f(x_2)\geqslant f((1-t)x_1+tx_2)+f'((1-t)x_1+tx_2)(x_2-(1-t)x_1-tx_2)$

$(1-t)f(x_1)\geqslant(1-t)f((1-t)x_1+tx_2)+(1-t)tf'((1-t)x_1+tx_2)(x_1-x_2)$

$tf(x_2)\geqslant tf((1-t)x_1+tx_2)+t(1-t)f'((1-t)x_1+tx_2)(x_2-x_1)$

$(1-t)f(x_1)+tf(x_2)\geqslant f[(1-t)x_1+tx_2].$

泰勒公式证明的要点：

① 不构成辅助函数；

② 关键点在 x_0 的设定；

③ x_0 通常选结论中最复杂的点.

说明：若证明题中不出现具体函数形式，通常需用泰勒公式证明.

第3讲 一元函数积分学

3.1 不定积分（本节强调积分的方法与技巧的学习）

3.1.1 第一换元法（凑微分法求不定积分）

前期基础：导数计算

（1）定义

$$\int f(x)\mathrm{d}x \underset{\text{观察}}{=} \int g(\varphi(x))\varphi'(x)\mathrm{d}x$$

$$=G(\varphi(x))+C$$

[例 1] 求$\int \csc x\,\mathrm{d}x$.

解：$\int \csc x\,\mathrm{d}x=\int \frac{1}{2\sin\frac{x}{2}\cos\frac{x}{2}}\mathrm{d}x=\int \frac{\sec^2\frac{x}{2}}{\tan\frac{x}{2}}\mathrm{d}\frac{x}{2}=\ln\left|\tan\frac{x}{2}\right|+C$

$$=\ln\left|\frac{2\sin^2\frac{x}{2}}{2\cos\frac{x}{2}\sin\frac{x}{2}}\right|=\ln\left|\frac{1-\cos x}{\sin x}\right|=\ln|\csc x-\cot x|+C.$$

[例 2] 求$\int \sec x\,\mathrm{d}x$.

解：$\int \sec x\,\mathrm{d}x=\int\frac{1}{\cos x}\mathrm{d}x=\int\frac{1}{\cos^2\frac{x}{2}-\sin^2\frac{x}{2}}\mathrm{d}x=\int\frac{\sec^2\frac{x}{2}}{1-\tan^2\frac{x}{2}}\mathrm{d}x=\ln\left|\frac{1+\tan\frac{x}{2}}{1-\tan\frac{x}{2}}\right|+C$

$$=\ln\left|\frac{\cos\frac{x}{2}+\sin\frac{x}{2}}{\cos\frac{x}{2}-\sin\frac{x}{2}}\right|+C=\ln\left|\frac{1+\sin x}{\cos x}\right|+C=\ln|\sec x+\tan x|+C.$$

[例 3] 求$\int\frac{\mathrm{d}x}{\mathrm{e}^x+\mathrm{e}^{-x}}$.

解：提出e^{-x}

$$\int \frac{dx}{e^x+e^{-x}}=\int \frac{1}{e^{-x}[(e^x)^2+1]}dx=\int \frac{1}{1+e^{2x}}de^x=\arctan e^x+C.$$

[例 4] 求 $\int \frac{\arctan \frac{1}{x}}{1+x^2}dx$.

解： $\int \frac{\arctan \frac{1}{x}}{1+x^2}dx=\int \frac{\arctan \frac{1}{x}}{x^2\left(\frac{1}{x^2}+1\right)}dx=-\int \frac{\arctan \frac{1}{x}}{\left(\frac{1}{x^2}+1\right)}d\frac{1}{x}=-\frac{1}{2}\arctan^2\frac{1}{x}+C.$

[例 5] 求 $\int \frac{\sin x\cos x}{\sin x+\cos x}dx$.

解：

$$\begin{aligned}\int \frac{\sin x\cos x}{\sin x+\cos x}dx&=\frac{1}{2}\int \frac{2\sin x\cos x+1-1}{\sin x+\cos x}dx\\&=\frac{1}{2}\int\left(\sin x+\cos x-\frac{1}{\sin x+\cos x}\right)dx\\&=\frac{1}{2}(-\cos x+\sin x)-\frac{1}{2\sqrt{2}}\int \frac{1}{\sin\left(x+\frac{\pi}{4}\right)}dx\\&=\frac{1}{2}(-\cos x+\sin x)-\frac{1}{2\sqrt{2}}\ln\left|\csc\left(x+\frac{\pi}{4}\right)-\cot\left(x+\frac{\pi}{4}\right)\right|+C.\end{aligned}$$

（2）三角函数积分

① 形如 $\int(\sin x)^m(\cos x)^n dx$ 的积分.

a. 若 m 与 n 中有一个为奇数，拿出奇数部分凑微分求解；

b. 若 $m+n=$偶数，则先用降幂化简，然后再凑微分求解.

三角函数转化公式：$\sin^2 x=\frac{1-\cos 2x}{2}$；$\cos^2 x=\frac{1+\cos 2x}{2}$；$2\sin\frac{x}{2}\cos\frac{x}{2}=\sin x$.

[例 6] 求 $\int \sin^2 x\cos^3 x\,dx$.

解：

$$\begin{aligned}\int \sin^2 x\cos^3 x\,dx&=\int \sin^2 x(1-\sin^2 x)d\sin x\\&=\frac{1}{3}\sin^3 x-\frac{1}{5}\sin^5 x+C.\end{aligned}$$

[例 7] 求 $\int \sin^2 x\cos^4 x\,dx$.

解：

$$\begin{aligned}\int \sin^2 x\cos^4 x\,dx&=\frac{1}{4}\int \sin^2 2x\,\frac{1+\cos 2x}{2}dx\\&=\frac{1}{8}\int \sin^2 2x\cos 2x\,dx+\frac{1}{8}\int \sin^2 2x\,dx\\&=\frac{1}{48}\sin^3 2x+\frac{1}{16}x-\frac{1}{64}\sin 4x+C.\end{aligned}$$

[例 8] 求 $\int \sin^3 x\cos^3 x\,dx$.

解：$\int \sin^3 x\cos^3 x\mathrm{d}x=\frac{1}{8}\int \sin^3 2x\mathrm{d}x=-\frac{1}{16}\int \sin^2 2x\mathrm{d}\cos 2x$

$$=-\frac{1}{16}\int (1-\cos^2 2x)\mathrm{d}\cos 2x$$

$$=-\frac{1}{16}\cos 2x+\frac{1}{48}\cos^3 2x+C.$$

② 形如 $\int \frac{a\sin x+b\cos x}{c\sin x+d\cos x}\mathrm{d}x$ 的积分.

因式分解法，把被积函数中的分子写成分母和分母导数的线性组合，即 $a\sin x+b\cos x=A(c\sin x+d\cos x)+B(c\sin x+d\cos x)'$，其中 A，B 为待定参数.

[例 9] 求 $\int \frac{3\sin x+4\cos x}{2\sin x+\cos x}\mathrm{d}x$.

解：令 $3\sin x+4\cos x=A(2\sin x+\cos x)+B(2\cos x-\sin x)$，解出 $A=2$，$B=1$

$$\int \frac{3\sin x+4\cos x}{2\sin x+\cos x}\mathrm{d}x=\int 2\mathrm{d}x+\int \frac{2\cos x-\sin x}{2\sin x+\cos x}\mathrm{d}x$$

$$=2x+\ln|2\sin x+\cos x|+C.$$

[例 10] 求 $\int \frac{\sin x}{\sin x+\cos x}\mathrm{d}x$.

解：设 $x=\frac{\pi}{2}-t$，是否可行？

$$\int \frac{\sin x}{\sin x+\cos x}\mathrm{d}x \xlongequal{x=\frac{\pi}{2}-t} -\int \frac{\cos t}{\cos t+\sin t}\mathrm{d}t=-\int \frac{\cos x}{\sin x+\cos x}\mathrm{d}x$$

$$\int \frac{\sin x}{\sin x+\cos x}\mathrm{d}x=\frac{1}{2}\left[\int \frac{\sin x}{\sin x+\cos x}\mathrm{d}x-\int \frac{\cos x}{\sin x+\cos x}\mathrm{d}x\right]=\frac{1}{2}\int \frac{\sin x-\cos x}{\sin x+\cos x}\mathrm{d}x$$

$$=-\frac{1}{2}\ln|\sin x+\cos x|+C.$$

设 $x=\frac{\pi}{2}-t$ 不可行，因为不定积分换元后 x 不是同一个 x，而定积分可以，因为定积分换元后上、下积分限跟着变动.

正解：$\int \frac{\sin x}{\sin x+\cos x}\mathrm{d}x=\frac{1}{2}\int \frac{\sin x+\cos x+\sin x-\cos x}{\sin x+\cos x}\mathrm{d}x$

（上式，直接观察得出或因式分解法待定参数解出）

$$=\frac{1}{2}\int 1\mathrm{d}x-\frac{1}{2}\int \frac{1}{\sin x+\cos x}\mathrm{d}(\sin x+\cos x)$$

$$=\frac{1}{2}x-\ln|\sin x+\cos x|+C.$$

3.1.2 第二换元法

(1) 定义

$$\int f(x)\mathrm{d}x \xlongequal{x=\varphi(t)} \int f(\varphi(t))\varphi'(t)\mathrm{d}t \qquad \text{第二换元法}$$

$$\xlongequal{\text{观察}} \int g(\psi(t))\psi'(t)\mathrm{d}t \qquad \text{第一换元法}$$

$=G(\psi(t))+C$

$\xlongequal{t=\varphi^{-1}(x)} G(\psi(\varphi^{-1}(x)))+C$

（2）第二换元法的主要方式（四种）

① 三角代换

$\sqrt{a^2-x^2}$，　　$x=\sin t$，　$t\in\left(-\dfrac{\pi}{2},\dfrac{\pi}{2}\right)$

$\sqrt{a^2+x^2}$，　　$x=a\tan t$，　$t\in\left(-\dfrac{\pi}{2},\dfrac{\pi}{2}\right)$

$\dfrac{1}{(a^2+x^2)^n}$ $(n\neq1)$，　$x=a\tan t$，　$t\in\left(-\dfrac{\pi}{2},\dfrac{\pi}{2}\right)$

$$\sqrt{x^2-a^2}\ ,\begin{cases}x>0,\ x=a\sec t, t\in\left(0,\dfrac{\pi}{2}\right)\\ x<0, x=-a\sec t, t\in\left(0,\dfrac{\pi}{2}\right)\end{cases}$$

注：三角代换积分完毕，必须画图返回 t 与 x 的关系.

[例 11] 求 $\int x^2\sqrt{4-x^2}\,\mathrm{d}x$.

解：设 $x=2\sin t$，$t\in\left[-\dfrac{\pi}{2},\ \dfrac{\pi}{2}\right]$

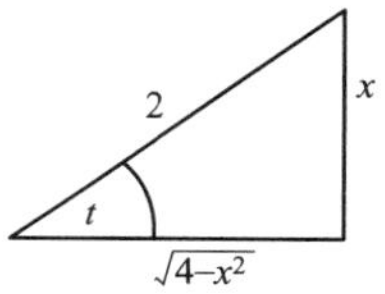

$$\begin{aligned}\int x^2\sqrt{4-x^2}\,\mathrm{d}x&=\int 4\sin^2 t\,2\cos t\,2\cos t\,\mathrm{d}t\\&=\int 4\sin^2 2t\,\mathrm{d}t\\&=\int 2(1-\cos4t)\,\mathrm{d}t\\&=2t-\frac{1}{2}\sin4t+C=2t-2\sin t\cos t(1-2\sin^2 t)+C\\&=2\arcsin\frac{x}{2}-\frac{x}{2}\sqrt{4-x^2}\left(1-\frac{1}{2}x^2\right)+C.\end{aligned}$$

[例 12] 求 $\int\dfrac{\mathrm{d}x}{(1+2x^2)\sqrt{1+x^2}}$.

解：设 $x=\tan t$，$t\in\left(-\dfrac{\pi}{2},\dfrac{\pi}{2}\right)$

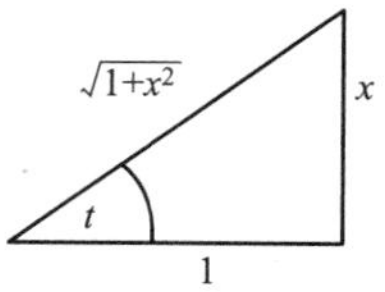

$$\begin{aligned}\int\frac{\mathrm{d}x}{(1+2x^2)\sqrt{1+x^2}}&=\int\frac{\sec^2 t\,\mathrm{d}x}{(1+2\tan^2 t)\sec t}\\&=\int\frac{\cos t}{\cos^2 t+2\sin^2 t}\mathrm{d}t=\int\frac{\mathrm{d}\sin t}{1+\sin^2 t}\\&=\arctan(\sin t)+C=\arctan\frac{x}{\sqrt{1+x^2}}+C.\end{aligned}$$

[例 13] 求 $\int\dfrac{\mathrm{d}x}{x\sqrt{x^2-1}}$.

解：当 $x>0$ 时，$x=\sec t$，$t\in\left(0,\dfrac{\pi}{2}\right)$

$$\int \frac{dx}{x\sqrt{x^2-1}} = \int \frac{\sec t\tan t}{\sec t\tan t}dt = \int 1dt = t + c = \arctan\sqrt{x^2-1} + C$$

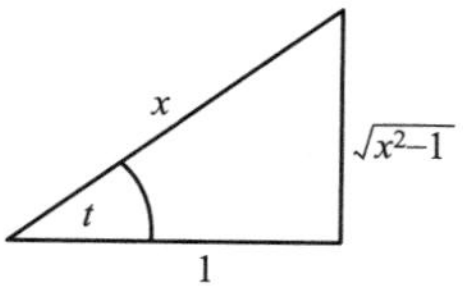

当 $x<0$ 时，$x=-\sec t, t\in\left(0,\frac{\pi}{2}\right)$

$$\int \frac{dx}{x\sqrt{x^2-1}} = \int \frac{-\sec t\tan t}{-\sec t\tan t}dt = \int 1dt = t + c = \arctan\sqrt{x^2-1} + C.$$

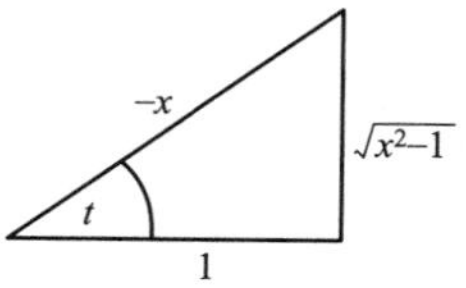

② 根式代换

当被积函数中出现$\sqrt{x}$、$\sqrt[3]{x}$、$\sqrt[n]{ax+b}$、$\sqrt[m]{\frac{ax+b}{cx+d}}$时，通常使用根式代换，设$\sqrt{x}=t$，$\sqrt[3]{x}=t$，$\sqrt[n]{ax+b}=t$，$\sqrt[m]{\frac{ax+b}{cx+d}}=t$.

特别地，当被积函数中既有$\sqrt[n]{x}$又有$\sqrt[m]{x}$时，设$\sqrt[nm]{x}=t$.

[例 14] 求$\int \frac{dx}{1+\sqrt{x+1}}$.

解：设$\sqrt{x+1}=t$，$x=t^2-1$

$$\int \frac{dx}{1+\sqrt{x+1}} = \int \frac{2t\,dt}{1+t} = 2t - 2\int \frac{1}{1+t}dt$$

$$= 2t - 2\ln|1+t| + C = 2\sqrt{x+1} - 2\ln(\sqrt{x+1}+1) + C.$$

[例 15] 求$\int \frac{\sqrt[3]{x}}{x(\sqrt{x}+\sqrt[3]{x})}dx$.

解：设$\sqrt[6]{x}=t$，$x=t^6$

$$\int \frac{\sqrt[3]{x}}{x(\sqrt{x}+\sqrt[3]{x})}dx = \int \frac{t^2}{t^6(t^3+t^2)}6t^5dt$$

$$= 6\int \frac{1}{t(t+1)}dt = 6\int\left(\frac{1}{t} - \frac{1}{t+1}\right)dt$$

$$= 6\ln|t| - 6\ln|t+1| + C = \ln x - 6\ln\left|\sqrt[6]{x}+1\right| + C.$$

三角代换与根式代换的特点：

a. 三角代换根号内是 x 的平方项，根式代换根号内是 x 的一次项；

b. 三角代换和根式代换的目标都是脱掉根号.

[例 16] 求$\int \frac{dx}{\sqrt[3]{(x+1)^2(x-1)^4}}$.

解：令$\sqrt[3]{\frac{x-1}{x+1}}=t$，即 $x=\frac{2}{1-t^3}-1$，$dx=\frac{6t^2}{(1-t^3)^2}dt$，则

$$\int \frac{dx}{\sqrt[3]{(x+1)^2(x-1)^4}} = \int \frac{dx}{(x^2-1)\sqrt[3]{\frac{x-1}{x+1}}} = \int \frac{1}{\frac{4t^3}{(1-t^3)^2}\times t} \times \frac{6t^2}{(1-t^3)^2}dt$$

$$= \frac{3}{2}\int \frac{1}{t^2}dt = -\frac{3}{2t} + C$$

$$=-\frac{3}{2}\left(\frac{x+1}{x-1}\right)^{\frac{1}{3}}+C.$$

③ 倒代换

当被积函数分母次数较高时，令 $t=\frac{1}{x}$.

[例 17] 求 $\int\frac{1}{x+x^9}\mathrm{d}x$.

解：倒代换 $x=\frac{1}{t}$

$$\int\frac{1}{x+x^9}\mathrm{d}x=\int\frac{1}{\frac{1}{t}+\frac{1}{t^9}}\times\frac{-1}{t^2}\mathrm{d}t=\int\frac{-t^7}{t^8+1}\mathrm{d}t$$

$$=-\frac{1}{8}\ln|t^8+1|+C=-\frac{1}{8}\ln\left(\frac{1}{x^8}+1\right)+C$$

凑微分

$$\int\frac{1}{x+x^9}\mathrm{d}x=\int\frac{1}{x(1+x^8)}\mathrm{d}x=\int\frac{x^7}{x^8(1+x^8)}\mathrm{d}x$$

$$=\frac{1}{8}\int\left(\frac{1}{x^8}-\frac{1}{1+x^8}\right)\mathrm{d}x^8=\frac{1}{8}\ln\frac{x^8}{1+x^8}+C.$$

[例 18] 求 $\int\frac{1}{x^4(1+x^2)}\mathrm{d}x$.

解：$\int\frac{1}{x^4(1+x^2)}\mathrm{d}x\overset{x=\frac{1}{t}}{=}\int\frac{-t^4}{t^2+1}\mathrm{d}t=\int\frac{-t^4-1+1}{t^2+1}\mathrm{d}t$

$$=-\int(t^2-1)\mathrm{d}t-\int\frac{1}{t^2+1}\mathrm{d}t$$

$$=t-\frac{1}{3}t^3-\arctan t+C$$

$$=\frac{1}{x}-\frac{1}{3x^3}-\arctan\frac{1}{x}+C.$$

④ 复杂函数的直接代换

当被积函数中含有 a^x、e^x、$\ln x$、$\arcsin x$、$\arctan x$ 等时，可考虑直接定复杂函数为 t，但当 $\ln x$，$\arcsin x$，$\arctan x$ 与 $P_n(x)$ 或 e^{ax} 作乘除时，优先考虑分部积分法.

[例 19] 求 $\int\frac{\mathrm{e}^x}{\mathrm{e}^{2x}-2\mathrm{e}^x-3}\mathrm{d}x$.

解：$\int\frac{\mathrm{e}^x}{\mathrm{e}^{2x}-2\mathrm{e}^x-3}\mathrm{d}x\xlongequal[\mathrm{d}x=\frac{1}{t}\mathrm{d}t]{\mathrm{e}^x=t}\int\frac{t}{t^2-2t-3}\times\frac{1}{t}\mathrm{d}t$

$$=\frac{1}{4}\int\left(\frac{1}{t-3}-\frac{1}{t+1}\right)\mathrm{d}t=\frac{1}{4}\ln\left|\frac{t-3}{t+1}\right|+C$$

$$=\frac{1}{4}\ln\left|\frac{\mathrm{e}^x-3}{\mathrm{e}^x+1}\right|+C.$$

[例 20] 求 $\int \frac{-x^2-2}{(x^2+x+1)^2}\mathrm{d}x$.

注：拼凑法＋三角代换

解： $\int \frac{-x^2-2}{(x^2+x+1)^2}\mathrm{d}x=\int \frac{-x^2-x-1+x-1}{(x^2+x+1)^2}\mathrm{d}x$

$$=-\int \frac{1}{x^2+x+1}\mathrm{d}x+\frac{1}{2}\int \frac{2x-2}{(x^2+x+1)^2}\mathrm{d}x$$

$$=-\int \frac{1}{x^2+x+1}\mathrm{d}x+\frac{1}{2}\int \frac{2x+1-3}{(x^2+x+1)^2}\mathrm{d}x$$

$$=-\int \frac{1}{x^2+x+1}\mathrm{d}x+\frac{1}{2}\int \frac{2x+1}{(x^2+x+1)^2}\mathrm{d}x-\frac{3}{2}\int \frac{1}{(x^2+x+1)^2}\mathrm{d}x$$

$$=-\int \frac{1}{x^2+x+1}\mathrm{d}x+\frac{1}{2}\int \frac{1}{(x^2+x+1)^2}\mathrm{d}(x^2+x+1)$$

$$-\frac{3}{2}\int \frac{1}{\left(\frac{3}{4}+\left(x+\frac{1}{2}\right)^2\right)^2}\mathrm{d}x$$

$$=-\frac{x+1}{x^2+x+1}-\frac{4}{\sqrt{3}}\arctan\frac{2x+1}{\sqrt{3}}+C.$$

3.1.3 分部积分法

$$\int u\,\mathrm{d}v=uv-\int v\,\mathrm{d}u$$

这个方法主要适用于求 $\int u\,\mathrm{d}v$ 比较困难而 $\int v\,\mathrm{d}u$ 比较容易积分的情形.

u 的选取	L	I	A	T	E 法则
	对数函数	反三角函数	幂函数	三角函数	指数函数

优先选定为 u→

[例 21] $\int x^2\cos3x\,\mathrm{d}x=\int \frac{1}{3}x^2\mathrm{d}\sin3x=\frac{1}{3}x^2\sin3x+\frac{2}{9}x\cos3x-\frac{3}{27}\sin3x+C$.

[例 22] $\int \mathrm{e}^{ax}\cos bx\,\mathrm{d}x=\int \frac{1}{a}\cos bx\,\mathrm{d}\mathrm{e}^{ax}=\frac{\mathrm{e}^{ax}}{a^2+b^2}(a\cos bx+b\sin bx)+C$.

[例 23] $\int \sec^3x\,\mathrm{d}x=\int \sec x\,\mathrm{d}\tan x=\frac{1}{2}\sec x\cdot\tan x+\frac{1}{2}\ln|\sec x+\tan x|+C$.

（分部积分中的循环积分类型）

3.1.4 有理函式积分（数一、二）

形如 $\int \frac{P(x)}{Q(x)}\mathrm{d}x=\int \frac{P(x)}{(x-a)^k(x^2+px+q)^t}\mathrm{d}x$，其中 $\Delta=p^2-4q<0$.

① 将 $Q(x)$ 在实数范围内分解因式；

② 将 $R(x)=\dfrac{P(x)}{Q(x)}$表示为部分分式之和.

a. 若 $Q(x)$ 有因式 $(x-a)^k$（称为一次因子），则分解式中含下列 k 项之和$\dfrac{A_1}{x-a}+\dfrac{A_2}{(x-a)^2}+\cdots+\dfrac{A_k}{(x-a)^k}$.

b. 若 $Q(x)$ 有因式$(x^2+px+q)^k(p^2-4q<0)$（称为二次因子），则分解式中含有下列 k 项之和$\dfrac{B_1x+C_1}{(x^2+px+q)}+\dfrac{B_2x+C_2}{(x^2+px+q)^2}+\cdots+\dfrac{B_kx+C_k}{(x^2+px+q)^k}$.

Ⅰ. 用待定系数法求出各部分分式的系数；

Ⅱ. 求出积分.

[例 24] 求 $\displaystyle\int\frac{x+2}{(2x+1)(x^2+x+1)}dx$（既有一次因子又有二次因子）.

解： $\dfrac{x+2}{(2x+1)(x^2+x+1)}=\dfrac{A}{2x+1}+\dfrac{Bx+C}{x^2+x+1}$ $A=2$，$B=-1$，$C=0$

$$\begin{aligned}\int\frac{x+2}{(2x+1)(x^2+x+1)}dx&=\int\left(\frac{2}{2x+1}-\frac{x}{x^2+x+1}\right)dx\\&=\ln|2x+1|-\frac{1}{2}\int\frac{2x+1-1}{x^2+x+1}dx\\&=\ln|2x+1|-\frac{1}{2}\int\frac{d(x^2+x+1)}{x^2+x+1}+\frac{1}{2}\int\frac{dx}{\left(x+\frac{1}{2}\right)^2+\frac{3}{4}}\\&=\ln|2x+1|-\ln(x^2+x+1)+\frac{1}{\sqrt{3}}\arctan\frac{2x+1}{\sqrt{3}}+C.\end{aligned}$$

[例 25] 求 $\displaystyle\int\frac{x+3}{x^2-5x+6}dx$（只有一次因子）.

解： $\dfrac{x+3}{x^2-5x+6}=\dfrac{x+3}{(x-2)(x-3)}=\dfrac{A}{x-2}+\dfrac{B}{x-3}$

解得 $A=-5$，$B=6$

$$\int\frac{x+3}{x^2-5x+6}dx=\int\left(\frac{-5}{x-2}+\frac{6}{x-3}\right)dx=6\ln|x-3|-5\ln|x-2|+C.$$

[例 26] 求 $\displaystyle\int\frac{x-2}{x^2+2x+3}dx$（只有二次因子）.

解：
$$\begin{aligned}\int\frac{x-2}{x^2+2x+3}dx&=\frac{1}{2}\int\frac{2x+2-6}{x^2+2x+3}dx\\&=\frac{1}{2}\int\frac{2x+2}{x^2+2x+3}dx-3\int\frac{1}{x^2+2x+3}dx\\&=\frac{1}{2}\ln(x^2+2x+3)-3\int\frac{1}{2+(x+1)^2}dx\end{aligned}$$

$$=\frac{1}{2}\ln(x^2+2x+3)-\frac{3}{\sqrt{2}}\int\frac{1}{1+\left(\frac{x+1}{\sqrt{2}}\right)^2}\mathrm{d}\,\frac{x+1}{\sqrt{2}}$$

$$=\frac{1}{2}\ln(x^2+2x+3)-\frac{3}{\sqrt{2}}\arctan\frac{x+1}{\sqrt{2}}+C.$$

3.1.5 分段函数的不定积分

[例 27] 求 $\int e^{-|x|}\,\mathrm{d}x$.

解： 当 $x\geqslant 0$ 时 $\int e^{-|x|}\,\mathrm{d}x=\int e^{-x}\,\mathrm{d}x=-e^{-x}+C_1$

当 $x<0$ 时 $\int e^{-|x|}\,\mathrm{d}x=\int e^{x}\,\mathrm{d}x=e^{x}+C_2$

$$\therefore \int e^{-|x|}\,\mathrm{d}x=\begin{cases}-e^{-x}+C_1 & x\geqslant 0\\ e^{x}+C_2 & x<0\end{cases}$$

$\lim\limits_{x\to 0^+}(-e^{-x}+C_1)=\lim\limits_{x\to 0^-}(e^{x}+C_2)$ 即 $-1+C_1=1+C_2\quad C_1=2+C_2$

$$\therefore \int e^{-|x|}\,\mathrm{d}x=\begin{cases}-e^{-x}+2+C, & x\geqslant 0\\ e^{x}+C, & x<0\end{cases}.$$

3.1.6 抽象不定积分

[例 28] 设 $f(x^2-1)=\ln\frac{x^2}{x^2-2}$，$f[\varphi(x)]=\ln x$，求 $\int\varphi(x)\mathrm{d}x$.

解： 令 $t=x^2-1$，$f(t)=\ln\frac{t+1}{t-1}$

$f[\varphi(x)]=\ln\frac{\varphi(x)+1}{\varphi(x)-1}=\ln x$，$\frac{\varphi(x)+1}{\varphi(x)-1}=x$，$\varphi(x)=\frac{x+1}{x-1}$

$$\therefore \int\varphi(x)\mathrm{d}x=\int\frac{x+1}{x-1}\mathrm{d}x=x+2\ln|x-1|+C.$$

[例 29] 设 $f(\sin^2 x)=\frac{x}{\sin x}$，求 $\int\frac{\sqrt{x}}{\sqrt{1-x}}f(x)\mathrm{d}x$.

解： 设 $u=\sin^2 x\ \sin x=\pm\sqrt{u}$ 对应 $x=\pm\arcsin\sqrt{u}$ $f(x)=\frac{\arcsin\sqrt{x}}{\sqrt{x}}$

$$原式=\int\frac{\arcsin\sqrt{x}}{\sqrt{1-x}}\mathrm{d}x=-\int\frac{\arcsin\sqrt{x}}{\sqrt{1-x}}\mathrm{d}(1-x)$$

$$=-2\int\arcsin\sqrt{x}\,\mathrm{d}(\sqrt{1-x})$$

$$=-2\sqrt{1-x}\arcsin\sqrt{x}+2\int\sqrt{1-x}\,\frac{1}{\sqrt{1-x}}\mathrm{d}(\sqrt{x})$$

$$=-2\sqrt{1-x}\arcsin\sqrt{x}+2\sqrt{x}+C.$$

3.1.7 不定积分补充例题

[例 30] 求 $\int\frac{dx}{\sin 2x+2\sin x}$.

解： $\int\frac{dx}{\sin 2x+2\sin x}=\int\frac{dx}{2\sin x(1+\cos x)}=\int\frac{\sin x}{2(1-\cos^2 x)(1+\cos x)}dx$

$$=-\int\frac{d\cos x}{2(1-\cos x)(1+\cos x)^2}\xlongequal{\cos x=u}-\frac{1}{2}\int\frac{1}{(1-u)(1+u)^2}du$$

$$=-\frac{1}{8}\int\left(\frac{1}{1-u}+\frac{1}{1+u}+\frac{2}{(1+u)^2}\right)du$$

$$=-\frac{1}{8}\left(\ln\left|\frac{1+u}{1-u}\right|-\frac{2}{1+u}\right)+C$$

$$=-\frac{1}{8}\left(\ln\left|\frac{1+\cos x}{1-\cos x}\right|-\frac{2}{1+\cos x}\right)+C.$$

[例 31] 求 $\int\frac{xe^x}{\sqrt{e^x-1}}dx$.

解： 设 $\sqrt{e^x-1}=u$ $x=\ln(1+u^2)$ $dx=\frac{2u}{1+u^2}du$

$$\int\frac{xe^x}{\sqrt{e^x-1}}dx=\int\frac{(1+u^2)\ln(1+u^2)}{u}\times\frac{2u}{1+u^2}du=2\int\ln(1+u^2)du$$

$$=2u\ln(1+u^2)-\int\frac{4u^2}{1+u^2}du=2u\ln(1+u^2)-4u+4\arctan u+C$$

$$=2\sqrt{e^x-1}x-4\sqrt{e^x-1}+4\arctan\sqrt{e^x-1}+C.$$

[例 32] 求 $\int\frac{xe^{\arctan x}}{(1+x^2)^{\frac{3}{2}}}dx$.

解： 提示 $\int\frac{x}{\sqrt{1+x^2}}de^{\arctan x}=\cdots=\frac{(x-1)e^{\arctan x}}{2\sqrt{1+x^2}}+C$

利用分部积分中的循环积分求解.

3.2 定积分

3.2.1 定积分的定义和性质

（1）定积分的定义

定积分是函数在区间上积分和的极限.

定积分的定义求极限（第 1 讲）

例如：求极限 $\lim\limits_{n\to\infty}\dfrac{1}{n^2}\left(\sin\dfrac{1}{n}+2\sin\dfrac{2}{n}+\cdots+n\sin\dfrac{n}{n}\right)$.

（2）定积分的性质

性质 1：区间分段

$$\int_a^b f(x)\mathrm{d}x=\int_a^c f(x)\mathrm{d}x+\int_c^b f(x)\mathrm{d}x$$

这里 c 可以比 a 小也可以比 b 大，只要积分有定义即可.

性质 2：保号性

设 $x\in[a,b]$，$f(x)\geqslant 0$，则 $\int_a^b f(x)\mathrm{d}x\geqslant 0$

推论 1：设 $x\in[a,b]$，$f(x)\leqslant g(x)$，则 $\int_a^b f(x)\mathrm{d}x\leqslant\int_a^b g(x)\mathrm{d}x$

推论 2：$\left|\int_a^b f(x)\mathrm{d}x\right|\leqslant\int_a^b |f(x)|\mathrm{d}x$

性质 3：估值定理

设 $x\in[a,b]$，$m\leqslant f(x)\leqslant M$，则 $m(b-a)\leqslant\int_a^b f(x)\mathrm{d}x\leqslant M(b-a)$

性质 4：积分中值定理

$$\int_a^b f(x)\mathrm{d}x=f(\xi)(b-a)\quad a<\xi<b$$

积分中值定理的推广：设 $f(x)$、$g(x)$ 在 $[a,b]$ 上连续，且 $g(x)$ 在 $[a,b]$ 上不变号，则至少存在一点 $\xi\in[a,b]$，使得 $\int_a^b f(x)g(x)\mathrm{d}x=f(\xi)\int_a^b g(x)\mathrm{d}x$.

[例 33] 求极限 $\lim\limits_{n\to\infty}\int_0^1 x^n\sqrt{1+x^2}\,\mathrm{d}x$.

解：方法 1：由于 $0\leqslant\int_0^1 x^n\sqrt{1+x^2}\,\mathrm{d}x<\sqrt{2}\int_0^1 x^n\mathrm{d}x=\dfrac{\sqrt{2}}{n+1}$

又∵ $\lim\limits_{n\to\infty}\dfrac{\sqrt{2}}{n+1}=0$

∴两边夹准则 $\lim\limits_{n\to\infty}\int_0^1 x^n\sqrt{1+x^2}\,\mathrm{d}x=0$.

方法 2：由积分中值定理 $\lim\limits_{n\to\infty}\int_0^1 x^n\sqrt{1+x^2}\,\mathrm{d}x=\sqrt{1+\xi^2}\int_0^1 x^n\mathrm{d}x=\dfrac{\sqrt{1+\xi^2}}{n+1}$

∴ $\lim\limits_{n\to\infty}\int_0^1 x^n\sqrt{1+x^2}\,\mathrm{d}x=\lim\limits_{n\to\infty}\dfrac{\sqrt{1+\xi^2}}{n+1}=0$.

3.2.2 定积分的计算

（1）基础计算

不定积分的相关方法＋牛顿 莱布尼茨公式 .

（2）换元法（与不定积分区别）

$$\int_a^b f(x)\mathrm{d}x=\int_\alpha^\beta f(\varphi(t))\varphi'(t)\mathrm{d}t$$

这里 $a=\varphi(\alpha)$，$b=\varphi(\beta)$.

[例 34] 求 $\int_0^1 \frac{x}{(2-x^2)\sqrt{1-x^2}}\mathrm{d}x$.

解：$\int_0^1 \frac{x}{(2-x^2)\sqrt{1-x^2}}\mathrm{d}x \xlongequal{x=\sin t} \int_0^{\frac{\pi}{2}} \frac{\sin t}{(2-\sin^2 t)\sqrt{1-\sin^2 t}}\cos t\,\mathrm{d}t$

$$=\int_0^{\frac{\pi}{2}} \frac{-\mathrm{d}\cos t}{1+\cos^2 t}=-[\arctan(\cos t)]_0^{\frac{\pi}{2}}=\frac{\pi}{4}.$$

（3）定积分分部积分

[例 35] 求 $\int_0^{\frac{\pi}{4}} \frac{x}{1+\cos 2x}\mathrm{d}x$.

解：$\int_0^{\frac{\pi}{4}} \frac{x}{1+\cos 2x}\mathrm{d}x=\int_0^{\frac{\pi}{4}} \frac{x}{2\cos^2 x}\mathrm{d}x$

$$=\frac{1}{2}\int_0^{\frac{\pi}{4}} x\sec^2 x\,\mathrm{d}x$$

$$=\frac{1}{2}x\tan x\,\Big|_0^{\frac{\pi}{4}}-\frac{1}{2}\int_0^{\frac{\pi}{4}}\tan x\,\mathrm{d}x$$

$$=\frac{\pi}{8}+\left[\frac{1}{2}\ln|\cos x|\right]_0^{\frac{\pi}{4}}=\frac{\pi}{8}-\frac{1}{4}\ln 2.$$

（4）分段积分

[例 36] 求 $\int_0^{\pi}\sqrt{1-\sin x}\,\mathrm{d}x$.

解：$\int_0^{\pi}\sqrt{1-\sin x}\,\mathrm{d}x=\int_0^{\pi}\left|\sin\frac{x}{2}-\cos\frac{x}{2}\right|\mathrm{d}x$

$$=\int_0^{\frac{\pi}{2}}\left(\cos\frac{x}{2}-\sin\frac{x}{2}\right)\mathrm{d}x+\int_{\frac{\pi}{2}}^{\pi}\left(\sin\frac{x}{2}-\cos\frac{x}{2}\right)\mathrm{d}x$$

$$=2\left[\sin\frac{x}{2}+\cos\frac{x}{2}\right]_0^{\frac{\pi}{2}}+2\left[-\cos\frac{x}{2}-\sin\frac{x}{2}\right]_{\frac{\pi}{2}}^{\pi}$$

$$=4\sqrt{2}-4.$$

[例 37] 求 $\int_{-2}^{2}\max(1,x^2)\mathrm{d}x$.

解：$\int_{-2}^{2}\max(1,x^2)\mathrm{d}x=2\int_0^2\max(1,x^2)\mathrm{d}x=2\int_0^1\mathrm{d}x+2\int_1^2 x^2\mathrm{d}x=\frac{20}{3}.$

3.2.3 定积分的计算技巧（利用性质积分）

（1）利用奇偶对称性

当积分区间关于坐标原点对称时，若被积函数具有奇偶性，可用公式

$$\int_{-a}^{a} f(x)\mathrm{d}x=\begin{cases}2\int_{0}^{a} f(x)\mathrm{d}x & ,f(x)\text{ 为偶函数}\\ 0 & ,f(x)\text{ 为奇函数}\end{cases}$$

[例 38] 求 $\int_{-\frac{\pi}{2}}^{\frac{\pi}{2}} \frac{x^3+\sin^2 x}{(1+\cos x)^2}\mathrm{d}x$.

解： $\int_{-\frac{\pi}{2}}^{\frac{\pi}{2}} \frac{x^3+\sin^2 x}{(1+\cos x)^2}\mathrm{d}x=0+2\int_{0}^{\frac{\pi}{2}} \frac{\sin^2 x}{(1+\cos x)^2}\mathrm{d}x$

$$=2\int_{0}^{\frac{\pi}{2}} \frac{1-\cos x}{1+\cos x}\mathrm{d}x=2\int_{0}^{\frac{\pi}{2}} \tan^2 \frac{x}{2}\mathrm{d}x=2\int_{0}^{\frac{\pi}{2}}\left(\sec^2 \frac{x}{2}-1\right)\mathrm{d}x$$

$$=2\left[2\tan \frac{x}{2}-x\right]_{0}^{\frac{\pi}{2}}=4-\pi.$$

（2）利用周期性

若被积函数 $f(x)$ 是以 T 为周期的连续函数，则：

① $\int_{a}^{a+T} f(x)\mathrm{d}x=\int_{0}^{T} f(x)\mathrm{d}x=\int_{-\frac{T}{2}}^{\frac{T}{2}} f(x)\mathrm{d}x$ ；

② $\int_{0}^{nT} f(x)\mathrm{d}x=n\int_{0}^{T} f(x)\mathrm{d}x$，$n$ 为正整数 .

[例 39] 求 $\int_{a}^{a+\pi} \sin^2 2x(\tan x+1)\mathrm{d}x$.

解： $\int_{a}^{a+\pi} \sin^2 2x(\tan x+1)\mathrm{d}x=\int_{0}^{\pi} \sin^2 2x(\tan x+1)\mathrm{d}x$

$$=\int_{-\frac{\pi}{2}}^{\frac{\pi}{2}}(\tan x\sin^2 2x+\sin^2 2x)\mathrm{d}x$$

$$=\int_{-\frac{\pi}{2}}^{\frac{\pi}{2}} \sin^2 2x\mathrm{d}x+0$$

$$=\int_{-\frac{\pi}{2}}^{\frac{\pi}{2}} \frac{1-\cos 4x}{2}\mathrm{d}x=\frac{\pi}{2}.$$

（3）区间再现计算法（特殊换元）

[例 40] 求 $\int_{0}^{\frac{\pi}{4}} \ln(1+\tan x)\mathrm{d}x$.

解： $\int_{0}^{\frac{\pi}{4}} \ln(1+\tan x)\mathrm{d}x \overset{x=\frac{\pi}{4}-t}{=} -\int_{\frac{\pi}{4}}^{0} \ln\left(1+\tan\left(\frac{\pi}{4}-t\right)\right)\mathrm{d}t$

$$=\int_{0}^{\frac{\pi}{4}} \ln\left(\frac{2}{1+\tan t}\right)\mathrm{d}t=\int_{0}^{\frac{\pi}{4}} \ln 2\mathrm{d}t-\int_{0}^{\frac{\pi}{4}} \ln(1+\tan t)\mathrm{d}t$$

出现循环积分，得

$$\int_{0}^{\frac{\pi}{4}} \ln(1+\tan x)\mathrm{d}x=\frac{\pi}{8}\ln 2.$$

常用特殊换元有：$x=\frac{\pi}{4}-t$　　$x=-t$

$x=\frac{\pi}{2}-t$　　$x=a+b-x$

$x=\pi-t$

(4) 利用 $\int_0^{\frac{\pi}{2}} f(\cos x,\sin x)\mathrm{d}x=\int_0^{\frac{\pi}{2}} f(\sin x,\cos x)\mathrm{d}x \quad \left(x=\frac{\pi}{2}-t \text{ 推得}\right)$

几个需要熟记的积分公式：

① $\int_0^{\frac{\pi}{2}} \sin^n x\mathrm{d}x=\int_0^{\frac{\pi}{2}} \cos^n x\mathrm{d}x=\begin{cases}\frac{n-1}{n}\times\frac{n-3}{n-2}\cdots\frac{3}{4}\times\frac{1}{2}\times\frac{\pi}{2} & n \text{ 为正偶数}\\ \frac{n-1}{n}\times\frac{n-3}{n-2}\cdots\frac{4}{5}\times\frac{2}{3} & n \text{ 为大于 1 的正奇数}\end{cases}$；

② $\int_0^{\frac{\pi}{2}} f(\sin x)\mathrm{d}x=\int_0^{\frac{\pi}{2}} f(\cos x)\mathrm{d}x \quad \left(x=\frac{\pi}{2}-t\right)$；

③ $\int_0^{\pi} x f(\sin x)\mathrm{d}x=\frac{\pi}{2}\int_0^{\pi} f(\sin x)\mathrm{d}x \quad (x=\pi-t)$.

[例 41] 求 $\int_0^{\frac{\pi}{2}} \frac{\sin x}{\sin x+\cos x}\mathrm{d}x$.

解： $\because \int_0^{\frac{\pi}{2}} \frac{\sin x}{\sin x+\cos x}\mathrm{d}x=\int_0^{\frac{\pi}{2}} \frac{\cos x}{\sin x+\cos x}\mathrm{d}x$

$\therefore I=\frac{1}{2}\int_0^{\frac{\pi}{2}} \frac{\sin x+\cos x}{\sin x+\cos x}\mathrm{d}x=\frac{\pi}{4}$.

(5) 定积分计算技巧的其他情况

[例 42] 求 $\int_{-\frac{\pi}{2}}^{\frac{\pi}{2}} \frac{\sin^4 x}{1+\mathrm{e}^{-x}}\mathrm{d}x$.

解： $\int_{-\frac{\pi}{2}}^{\frac{\pi}{2}} \frac{\sin^4 x}{1+\mathrm{e}^{-x}}\mathrm{d}x=\int_{-\frac{\pi}{2}}^{\frac{\pi}{2}} \frac{(\mathrm{e}^x+1-1)\sin^4 x}{\mathrm{e}^x+1}\mathrm{d}x=\int_{-\frac{\pi}{2}}^{\frac{\pi}{2}} \sin^4 x\mathrm{d}x-\int_{-\frac{\pi}{2}}^{\frac{\pi}{2}} \frac{\sin^4 x}{1+\mathrm{e}^x}\mathrm{d}x$

$\int_{-\frac{\pi}{2}}^{\frac{\pi}{2}} \frac{\sin^4 x}{1+\mathrm{e}^x}\mathrm{d}x \xlongequal{x=-t} -\int_{\frac{\pi}{2}}^{-\frac{\pi}{2}} \frac{\sin^4 x}{1+\mathrm{e}^{-x}}\mathrm{d}x=\int_{-\frac{\pi}{2}}^{\frac{\pi}{2}} \frac{\sin^4 x}{1+\mathrm{e}^{-x}}\mathrm{d}x=I$

$\therefore I=\frac{1}{2}\int_{-\frac{\pi}{2}}^{\frac{\pi}{2}} \sin^4 x\mathrm{d}x=\int_0^{\frac{\pi}{2}} \sin^4 x\mathrm{d}x=\frac{3}{4}\times\frac{1}{2}\times\frac{\pi}{2}=\frac{3}{16}\pi$.

[例 43] 证明 $\int_1^a f\left(x^2+\frac{a^2}{x^2}\right)\frac{1}{x}\mathrm{d}x=\int_1^a f\left(x+\frac{a^2}{x}\right)\frac{1}{x}\mathrm{d}x$.

证明： 原式 $=\int_1^{\sqrt{a}} f\left(x^2+\frac{a^2}{x^2}\right)\frac{1}{x}\mathrm{d}x+\int_{\sqrt{a}}^a f\left(x^2+\frac{a^2}{x^2}\right)\frac{1}{x}\mathrm{d}x$

第一部分 $\int_1^{\sqrt{a}} f\left(x^2+\frac{a^2}{x^2}\right)\frac{1}{x}\mathrm{d}x$ 设 $x^2=t$.

第二部分 $\int_{\sqrt{a}}^a f\left(x^2+\frac{a^2}{x^2}\right)\frac{1}{x}\mathrm{d}x$ 设 $x^2=\frac{a^2}{t}$.

[例 44] 已知函数 $f(x)$ 连续，$\int_0^x tf(x-t)\mathrm{d}t=1-\cos x$，求 $\int_0^{\frac{\pi}{2}} f(x)\mathrm{d}x$ 的值.

解： 令 $x-t=u$ 有 $\int_0^x tf(x-t)\mathrm{d}t=\int_0^x (x-u)f(u)\mathrm{d}u$

于是 $x\int_0^x f(u)\mathrm{d}u-\int_0^x uf(u)\mathrm{d}u=1-\cos x$

两边对 x 求导，得 $\int_0^x f(u)\mathrm{d}u=\sin x$

$\therefore \int_0^{\frac{\pi}{2}} f(x)\mathrm{d}x = \sin\left(\frac{\pi}{2}\right) = 1.$

3.2.4 反常积分

（1）无穷限的反常积分、无界函数的反常积分

反常积分的计算示例如下．

[例 45] 求 $\int_2^{+\infty} \frac{1}{(x+7)\sqrt{x-2}}\mathrm{d}x.$

解： 令 $\sqrt{x-2}=t$，$x=t^2+2$，$\mathrm{d}x=2t\mathrm{d}t$

$$\int_2^{+\infty} \frac{1}{(x+7)\sqrt{x-2}}\mathrm{d}x = \int_0^{+\infty} \frac{2t}{t(t^2+9)}\mathrm{d}t = 2\int_0^{+\infty} \frac{1}{t^2+9}\mathrm{d}t = \frac{2}{3}\left[\arctan\frac{t}{3}\right]_0^{+\infty}$$

$$= \frac{2}{3}\lim_{t\to+\infty}\arctan\frac{t}{3} - \frac{2}{3}\times 0 = \frac{\pi}{3}.$$

[例 46] 判断 $\int_{-1}^{1} \frac{1}{x}\mathrm{d}x$ 的敛散性.

解： ① 错解，$\int_{-1}^{1} \frac{1}{x}\mathrm{d}x = [\ln|x|]_{-1}^{1} = 0-0=0$

② 错解，$\int_{-1}^{1} \frac{1}{x}\mathrm{d}x = \int_{-1}^{0^-} \frac{1}{x}\mathrm{d}x + \int_{0^+}^{1} \frac{1}{x}\mathrm{d}x$

$$= \lim_{x\to 0^-}\ln|x| - 0 + 0 - \lim_{x\to 0^+}\ln|x| = 0$$

③ 正解，$\int_{-1}^{1} \frac{1}{x}\mathrm{d}x = \int_{-1}^{0^-} \frac{1}{x}\mathrm{d}x + \int_{0^+}^{1} \frac{1}{x}\mathrm{d}x$

$$= \lim_{x\to 0^-}\ln|x| - 0 + 0 - \lim_{x\to 0^+}\ln|x| = \infty - \infty$$

所以，发散．

注：① 若 $c\in(a,b)$ 是 $f(x)$ 的唯一奇点，则无界函数 $f(x)$ 的反常积分 $\int_a^b f(x)\mathrm{d}x$ 定义为

$$\int_a^b f(x)\mathrm{d}x = \int_a^{c^-} f(x)\mathrm{d}x + \int_{c^+}^b f(x)\mathrm{d}x$$

若上述右边两个反常积分都收敛，则称反常积分 $\int_a^b f(x)\mathrm{d}x$ 收敛；否则称为发散（有一个不收敛）.

积分收敛是指能积出一个具体的数值．

② $\int_{-\infty}^{+\infty} f(x)\mathrm{d}x = \int_{-\infty}^{c} f(x)\mathrm{d}x + \int_{c}^{+\infty} f(x)\mathrm{d}x$

若右边两个反常积分都收敛，则称反常积分 $\int_{-\infty}^{+\infty} f(x)\mathrm{d}x$ 收敛，否则称为发散．

（2）反常积分敛散性的判别

无穷区间的反常积分 $\int_1^{+\infty} \frac{\mathrm{d}x}{x^p}$，在 $p>1$ 时收敛，在 $p\leqslant 1$ 时发散．

无界函数的反常积分 $\int_0^1 \frac{\mathrm{d}x}{x^p}$（奇点 $x=0$），在 $p<1$ 时收敛，在 $p\geqslant 1$ 时发散．

[例 47] 判别反常积分 $\int_1^{+\infty} \frac{\left(\arctan \frac{1}{x}\right)^{\alpha}}{\left[\ln\left(1+\frac{1}{x}\right)\right]^{2\beta}}\mathrm{d}x$ 的敛散性．

解： $\arctan \frac{1}{x} \sim \frac{1}{x}$ $\quad \ln\left(1+\frac{1}{x}\right) \sim \frac{1}{x}$ $\therefore \frac{\left(\arctan \frac{1}{x}\right)^{\alpha}}{\left[\ln\left(1+\frac{1}{x}\right)\right]^{2\beta}} \sim x^{2\beta-\alpha}=\frac{1}{x^{\alpha-2\beta}}$

当 $\alpha-2\beta>1$，积分收敛；

当 $\alpha-2\beta\leqslant 1$，积分发散．

[例 48] 下列反常积分发散的是（　　）．

(A) $\int_{-1}^1 \frac{1}{\sin x}\mathrm{d}x$　　(B) $\int_{-1}^1 \frac{1}{\sqrt{1-x^2}}\mathrm{d}x$　　(C) $\int_0^{+\infty} \mathrm{e}^{-x^2}\mathrm{d}x$　　(D) $\int_2^{+\infty} \frac{\mathrm{d}x}{x\ln^2 x}$

答案：(A)．

解：（直接法）$\int_{-1}^1 \frac{\mathrm{d}x}{\sin x}=\int_{-1}^0 \frac{\mathrm{d}x}{\sin x}+\int_0^1 \frac{\mathrm{d}x}{\sin x}$

当 $x\to 0^+$ 时 $\sin x\sim x$ 则 $\int_0^1 \frac{\mathrm{d}x}{\sin x}$ 与 $\int_0^1 \frac{1}{x}\mathrm{d}x$ 同发散

（排除法）$\int_{-1}^1 \frac{1}{\sqrt{1-x^2}}\mathrm{d}x=[\arcsin x]_{-1}^{1}=\pi$ 收敛

$\int_2^{+\infty} \frac{\mathrm{d}x}{x\ln^2 x}=\left[-\frac{1}{\ln x}\right]_2^{+\infty}=\frac{1}{\ln 2}$ 收敛

$\int_0^{+\infty} \mathrm{e}^{-x^2}\mathrm{d}x$ 肯定收敛

$$\because \left(\int_0^{+\infty} \mathrm{e}^{-x^2}\mathrm{d}x\right)^2=\int_0^{+\infty} \mathrm{e}^{-x^2}\mathrm{d}x\int_0^{+\infty} \mathrm{e}^{-y^2}\mathrm{d}y$$

$$=\frac{\pi}{4}$$

$\therefore I=\frac{\sqrt{\pi}}{2}$.

[例 49] 已知 $k>0$，则对于反常积分 $\int_2^{+\infty} \frac{\mathrm{d}x}{x(\ln x)^k}$ 的敛散情况，判别正确的是（　　）．

(A) 当 $k>1$ 时，积分发散　　(B) 当 $k\leqslant 1$ 时，积分发散

(C) 敛散性与 k 的取值无关，必收敛　　(D) 敛散性与 k 的取值无关，必发散

答案：(B)．

（通过计算法判别）

解： 对 $k=1$ $\int_2^{+\infty} \frac{\mathrm{d}x}{x(\ln x)^k}=\ln(\ln x)\big|_2^{+\infty}=+\infty$ 发散

对 $k \neq 1$ $k>0$ $\int_2^{+\infty}\frac{dx}{x(\ln x)^k}=\frac{1}{1-k}\ln(\ln x)^{1-k}\Big|_2^{+\infty}=\begin{cases}\frac{1}{1-k}(\ln 2)^{1-k} & k>1\\ \infty & k<1\end{cases}$.

3.2.5 定积分不等式的证明

定积分证明不等式的一般思路：做辅助函数，将要证结论中的积分上限（或下限）换成 x，式中相同的字母也换成 x 移项使不等式一端为 0，则另一端的表达式即为所作的辅助函数 $F(x)$.

① 求 $F(x)$ 的导数 $F'(x)$，并判别 $F(x)$ 的单调性；

② 求 $F(x)$ 在积分区间 $[a,b]$ 的端点值 $F(a)$、$F(b)$，其中必有一个为“0”，从而可推出 $F(b)>F(a)$[或 $F(b)<F(a)$] 得出证明 .

[例 50] 设 $f(x)$ 在 $[a,b]$ 上连续，证明 $\left[\int_a^b f(x)dx\right]^2 \leqslant (b-a)\int_a^b f^2(x)dx$.

证明： 令 $F(x)=\left[\int_a^x f(t)dt\right]^2-(x-a)\int_a^x f^2(t)dt$

$\because$ $F'(x)=2\int_a^x f(t)dtf(x)-\int_a^x f^2(t)dt-(x-a)f^2(x)$

$=\int_a^x 2f(x)f(t)dt-\int_a^x f^2(t)dt-\int_a^x f^2(x)dt$

$=-\int_a^x [f(t)-f(x)]^2dt \leqslant 0$

$\therefore F(x)$单调递减.

又$\because F(a)=0$

$\therefore F(b)\leqslant F(a)=0$.

故 $\left[\int_a^b f(x)dx\right]^2 \leqslant (b-a)\int_a^b f^2(x)dx$.

[例 51] 设 $f(x)$ 在 $[a,b]$ 上连续，且严格单调减少，证明：

$$\frac{a+b}{2}\int_a^b f(x)dx \geqslant \int_a^b xf(x)dx$$

证明： 令 $F(x)=\frac{a+x}{2}\int_a^x f(t)dt-\int_a^x tf(t)dt$

$F'(x)=\frac{1}{2}\int_a^x f(t)dt+\frac{a+x}{2}f(x)-xf(x)$

$=\frac{1}{2}f(\xi)(x-a)+\frac{1}{2}f(x)(x-a)$

$=\frac{1}{2}[f(\xi)-f(x)](x-a)$，$\xi \in [a, x]$

所以 $F(x)$ 单调递增，$F(b)\geqslant F(a)=0$，即

$$\frac{a+b}{2}\int_a^b f(x)dx \geqslant \int_a^b xf(x)dx.$$

第4讲 一元积分应用及二重积分

4.1 定积分的应用（元素法，微观化）

4.1.1 计算平面图形的面积

① 曲线 $y=y_1(x)$ 与 $y=y_2(x)$ 及 $x=a$，$x=b(a<b)$ 所围成的平面图形的面积

$$S=\int_a^b |y_1(x)-y_2(x)|\,\mathrm{d}x$$

② 曲线 $x=x_1(y)$ 与 $x=x_2(y)$ 及 $y=c$，$y=d(c<d)$ 所围成的平面图形的面积

$$S=\int_c^d |x_1(y)-x_2(y)|\,\mathrm{d}y$$

③ 曲线 $r=r_1(\theta)$ 与 $r=r_2(\theta)$ 与两射线 $\theta=\alpha$ 与 $\theta=\beta(0<\beta-\alpha\leqslant 2\pi)$ 所围成的曲边扇形的面积

$$S=\frac{1}{2}\int_\alpha^\beta |r_1^2(\theta)-r_2^2(\theta)|\,\mathrm{d}\theta$$

[例 1] 曲线 $y=x\mathrm{e}^{-x}$ $(0\leqslant x<+\infty)$ 下方与 x 轴上方的无界图形的面积是________.

解： $\int_0^{+\infty} x\mathrm{e}^{-x}\,\mathrm{d}x=(-x\mathrm{e}^{-x})\big|_0^{+\infty}+\int_0^{+\infty}\mathrm{e}^{-x}\,\mathrm{d}x=(-\mathrm{e}^{-x})\big|_0^{+\infty}=1$

[例 2] 计算心形线 $\rho=a(1+\cos\theta)(a>0)$ 所围图形的面积.

解： $A=2A_1=2\int_0^\pi \frac{1}{2}a^2(1+\cos\theta)^2\,\mathrm{d}\theta=\frac{3}{2}\pi a^2$

4.1.2 计算旋转体的体积

① 曲线 $y=y(x)$ 与 $x=a$，$x=b(a<b)$ 及 x 轴围成的曲边梯形绕 x 轴旋转一周所得到的旋转体的体积

$$V=\int_a^b \pi y^2(x)\,\mathrm{d}x$$

② 曲线 $y=y_1(x)\geqslant 0$ 与 $y=y_2(x)\geqslant 0$ 及 $x=a$，$x=b(a<b)$ 所围成的平面图形绕 x 轴旋转一周所得到的旋转体的体积

$$V=\pi\int_a^b |y_1{}^2(x)-y_2{}^2(x)|\,\mathrm{d}x$$

③ 曲线 $y=y(x)$ 与 $x=a$，$x=b(0\leqslant a<b)$ 及 x 轴围成的曲边梯形绕 y 轴旋转一周所得到的旋转体的体积

$$V_y=2\pi\int_a^b x\,|y(x)|\,\mathrm{d}x \quad (*)$$

注：公式（*）有时用起来很方便，现简单推导如下：

取 $[x,x+\Delta x](\Delta x>0)$ 得到一个小竖条，如图 4-1 阴影区域所示，此小竖条绕着 y 轴旋转一周，成为一个“圆柱壳”，将其沿任何一条竖线“切开”可展开为一个“长方体”，其体积为 $\mathrm{d}V_y=2\pi x|y(x)|\mathrm{d}x$，故 $V_y=2\pi\int_a^b x\,|y(x)|\,\mathrm{d}x$.

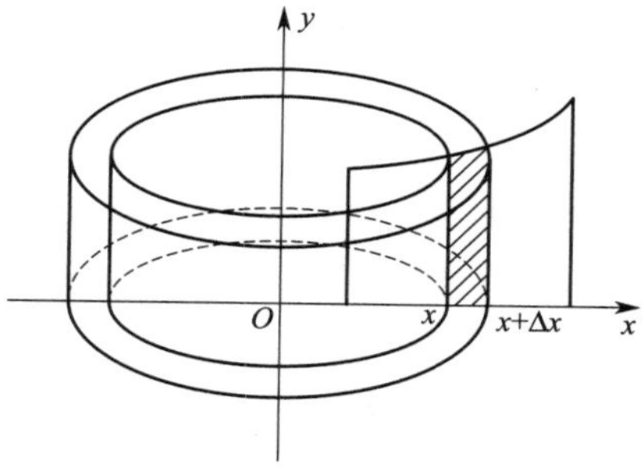

图 4-1

④ 曲线 $y=y_1(x)$ 与 $y=y_2(x)$ 及 $x=a$，$x=b$ $(0\leqslant a\leqslant b)$ 所围成的图形绕 y 轴旋转一周所成的旋转体的体积

$$V=2\pi\int_a^b x\,|y_1(x)-y_2(x)|\,\mathrm{d}x$$

4.1.3 表达和计算函数的平均值

设 $x\in[a,b]$，函数 $y(x)$ 在 $[a,b]$ 上的平均值为

$$\bar{y}=\frac{1}{b-a}\int_a^b y(x)\mathrm{d}x$$

[例 3] 计算由摆线 $x=a(t-\sin t)$，$y=a(1-\cos t)$ 相应于 $0\leqslant t\leqslant 2\pi$ 的一拱与直线 $y=0$ 所围成的图形分别绕 x 轴、y 轴旋转而成的旋转体的体积．

解： $V_x=\int_0^{2\pi a}\pi y^2(x)\mathrm{d}x=\pi\int_0^{2\pi}a^2(1-\cos t)^2a(1-\cos t)\mathrm{d}t$

$$=\pi a^3\int_0^{2\pi}(1-3\cos t+3\cos^2 t-\cos^3 t)\mathrm{d}t=5\pi^2a^3$$

$$V_y=\int_0^{2a}\pi x_2^2(y)\mathrm{d}y-\int_0^{2a}\pi x_1^2(y)\mathrm{d}y$$

$$=\pi\int_{2\pi}^{\pi}a^2(t-\sin t)^2a\sin t\,\mathrm{d}t-\pi\int_0^{\pi}a^2(t-\sin t)^2a\sin t\,\mathrm{d}t$$

$$=-\pi a^3\int_0^{2\pi}(t-\sin t)^2\sin t\,\mathrm{d}t=6\pi^3a^3$$

绕 y 轴旋转的俯视图法：

$$V_y=2\pi\int_0^{2\pi a}xy\,\mathrm{d}x=2\pi\int_0^{2\pi}a(t-\sin t)a(1-\cos t)\mathrm{d}a(t-\sin t)=6\pi^3a^3.$$

[例 4] 曲线 $y=(x-1)(x-2)$ 和 x 轴围成一平面图形，求此平面图形绕 y 轴旋转一周所成的旋转体的体积．

解： $\mathrm{d}V=2\pi x\,|y|\,\mathrm{d}x \quad V=\int_1^2 2\pi x\,|y|\,\mathrm{d}x=-\int_1^2 2\pi x(x-1)(x-2)\mathrm{d}x=\frac{1}{2}\pi.$

4.1.4 计算平面曲线的弧长（数一、二）

① 若平面光滑曲线 L 由参数式$\begin{cases}x=x(t)\\y=y(t)\end{cases}$，$(\alpha\leqslant t\leqslant\beta)$ 给出，则

$$L=\int_{\alpha}^{\beta}\sqrt{[x'(t)]^2+[y'(t)]^2}\,\mathrm{d}t$$

② 若平面光滑曲线 L 由$\begin{cases}y=y(t)\\x=x\end{cases}$，$(a\leqslant x\leqslant b)$ 给出，则

$$L=\int_{a}^{b}\sqrt{1+[y'(x)]^2}\,\mathrm{d}x$$

③ 若平面光滑曲线 L 由 L：$r=r(\theta)(\alpha\leqslant\theta\leqslant\beta)$ 给出，则

$$L=\int_{\alpha}^{\beta}\sqrt{[r(\theta)]^2+[r'(\theta)]^2}\,\mathrm{d}\theta$$

[例 5] 计算曲线 $y=\frac{2}{3}x^{\frac{3}{2}}$ 上相应于 $a\leqslant x\leqslant b$ 的一段弧的长度．

解：$s=\int_{a}^{b}\sqrt{1+(y')^2}\,\mathrm{d}x=\int_{a}^{b}\sqrt{1+x}\,\mathrm{d}x=\left[\frac{2}{3}(1+x)^{\frac{3}{2}}\right]_{a}^{b}=\frac{2}{3}\left[(1+b)^{\frac{3}{2}}-(1+a)^{\frac{3}{2}}\right]$．

[例 6] 计算摆线$\begin{cases}x=a(\theta-\sin\theta)\\y=a(1-\cos\theta)\end{cases}$的一拱 $(0\leqslant\theta\leqslant2\pi)$ 的长度．

解：$s=\int_{0}^{2\pi}\sqrt{a^2(1-\cos\theta)^2+a^2\sin^2\theta}\,\mathrm{d}\theta=\int_{0}^{2\pi}2a\sin\frac{\theta}{2}\mathrm{d}\theta=\left[-4a\cos\frac{\theta}{2}\right]_{0}^{2\pi}=8a$.

[例 7] 求阿基米德螺线 $\rho=a\theta$ $(a>0)$ 相应于 $0\leqslant\theta\leqslant2\pi$ 的一段弧长．

解：$s=\int_{0}^{2\pi}\sqrt{a^2\theta^2+a^2}\,\mathrm{d}\theta=\int_{0}^{2\pi}\sqrt{1+\theta^2}\,\mathrm{d}\theta=\frac{a}{2}\left[2\pi\sqrt{1+4\pi^2}+\ln(2\pi+\sqrt{1+4\pi^2})\right]$.

4.1.5 计算旋转曲面的面积（同济七版没有）

① 曲线 $y=y(x)$ 在区间 $[a,b]$ 上的曲线弧段绕 x 轴旋转一周所得到的旋转曲面的面积

$$S=2\pi\int_{a}^{b}|y(x)|\sqrt{1+[y'(x)]^2}\,\mathrm{d}x$$

② 曲线 $x=x(t)$ 与 $y=y(t)(\alpha\leqslant t\leqslant\beta,\ x'(t)\neq0)$ 在区间 $[\alpha,\ \beta]$ 上的曲线弧段绕 x 轴旋转一周所得到的旋转曲面的面积

$$S=2\pi\int_{\alpha}^{\beta}|y(t)|\sqrt{[x'(t)]^2+[y'(t)]^2}\,\mathrm{d}t$$

[例 8] 摆线的参数方程为$\begin{cases}x=a(\theta-\sin\theta)\\y=a(1-\cos\theta)\end{cases}$，$0\leqslant\theta\leqslant2\pi$，常数 $a>0$，求该段弧绕 x 轴旋转一周所围成的旋转曲面的面积．

解：$S=2\pi\int_{0}^{2\pi}a(1-\cos\theta)\sqrt{a^2(1-\cos\theta)^2+a^2\sin^2\theta}\,\mathrm{d}\theta=8\pi a^2\int_{0}^{2\pi}\sin^3\left(\frac{t}{2}\right)\mathrm{d}t=\frac{64}{3}\pi a^2$.

4.1.6 计算平行截面面积为已知的立体体积

在区间 $[a,b]$ 上，垂直于 x 轴的平面截立体 Ω 所得到的截面面积为 x 的连续函数 A

(x)，则 Ω 的体积为

$$V=\int_a^b A(x)\mathrm{d}x$$

注：举个例题，设一个底面半径为 3 的圆柱体，被一个与圆柱的底面相交，夹角为 $\frac{\pi}{4}$，且过底面直径 AB 的平面所截，求截下的楔形体的体积.

建立坐标系如图 4-2 所示，垂直 x 轴的截面是直角三角形，由题设条件，这个直角三角形的底边长为 $\sqrt{3^2-x^2}$，对边长 $\sqrt{3^2-x^2}\tan\frac{\pi}{4}=\sqrt{3^2-x^2}$，故截面面积 $S=\frac{1}{2}(3^2-x^2)$，则 $V=\int_{-3}^{3}\frac{1}{2}(3^2-x^2)\mathrm{d}x=18$.

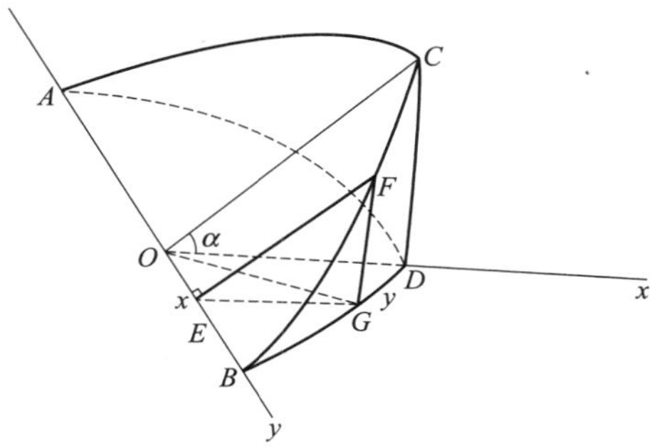

图 4-2

[例 9] 求以半径为 R 的圆为底，平行且等于底圆直径的线段为顶，高为 h 的正劈锥体的体积.

解： $V=\int_{-R}^{R}A(x)\mathrm{d}x=\int_{-R}^{R}\frac{1}{2}h2\sqrt{R^2-x^2}\mathrm{d}x=2h\int_0^R\sqrt{R^2-x^2}\mathrm{d}x$

$=2R^2h\int_0^{\frac{\pi}{2}}\cos^2\theta\mathrm{d}\theta=\frac{\pi}{2}R^2h.$

说明：① 一元积分学的物理学应用（数一、二）；

② 一元积分学的经济学应用（数三）.

4.2 一元积分综合问题

[例 10] 设 $f(x),g(x)$ 在 $[a,b]$ 上连续且 $g(x)$ 不变号，证明至少存在一点 $\xi\in[a,b]$，使

$$\int_a^b f(x)g(x)\mathrm{d}x=f(\xi)\int_a^b g(x)\mathrm{d}x$$

证明： 当 $g(x)=0$ 时，对 $\forall x\in[a,b]$，都有 $\int_a^b g(x)\mathrm{d}x=0$

$\int_a^b f(x)g(x)\mathrm{d}x=0=f(\xi)\int_a^b g(x)\mathrm{d}x\quad \xi\in[a,b]$

当 $g(x)\neq0$ 时 $\because g(x)$ 不变号，设对 $\forall x\in[a,b]$，$g(x)>0$

$\because f(x)$ 在 $[a,b]$ 上连续 $\therefore m\leqslant f(x)\leqslant M$，$mg(x)\leqslant f(x)g(x)\leqslant Mg(x)$（最值定理）

$\therefore m\int_a^b g(x)\mathrm{d}x\leqslant\int_a^b f(x)g(x)\mathrm{d}x\leqslant M\int_a^b g(x)\mathrm{d}x$ 又 $\because\int_a^b g(x)\mathrm{d}x>0$

$$\therefore m \leqslant \frac{\int_a^b f(x)g(x)\mathrm{d}x}{\int_a^b g(x)\mathrm{d}x} \leqslant M$$

由介值定理知至少存在一点 $\xi \in [a,b]$使得 $f(\xi)=\dfrac{\int_a^b f(x)g(x)\mathrm{d}x}{\int_a^b g(x)\mathrm{d}x}$，即命题得证.

[例 11] 设 $f(x)$ 在 $\left[0, \dfrac{\pi}{2}\right]$上连续，在$\left(0, \dfrac{\pi}{2}\right)$内可导，且满足 $\int_0^{\frac{\pi}{2}} \cos^2 x f(x)\mathrm{d}x=0$，证明至少存在一点 $\xi \in \left(0, \dfrac{\pi}{2}\right)$，使得 $f'(\xi)=2f(\xi)\tan\xi$.

证明：$\int_0^{\frac{\pi}{2}} \cos^2 x f(x)\mathrm{d}x=0$，由积分中值定理$\exists y \in \left(0, \dfrac{\pi}{2}\right)$，使

$$\int_0^{\frac{\pi}{2}} \cos^2 x f(x)\mathrm{d}x = \cos^2 y f(y)\left(\frac{\pi}{2}-0\right)=0$$

即$\cos^2 y f(y)=0$ 又$\because \cos^2 y \neq 0$，$\therefore$当 $y \in \left(0, \dfrac{\pi}{2}\right)$时，$f(y)=0$

设 $\varphi(x)=\cos^2 x f(x)$，$\varphi(y)=\cos^2 y f(y)=0$，$\varphi\left(\dfrac{\pi}{2}\right)=\cos^2 \dfrac{\pi}{2} f\left(\dfrac{\pi}{2}\right)=0$

$\therefore$由罗尔定理至少存在一点 $\xi \in \left(y, \dfrac{\pi}{2}\right) \subset \left(0, \dfrac{\pi}{2}\right)$，使得

$$\varphi'(\xi)=-2\cos\xi\sin\xi f(\xi)+\cos^2\xi f'(\xi)=0 \text{ 即 } f'(\xi)=2f(\xi)\tan\xi.$$

[例 12] 设 $f(x)$在$[a,b]$上满足 $f(x) \geqslant 0$，$f''(x) \leqslant 0$，证明

$$\frac{1}{b-a}\int_a^b f(x)\mathrm{d}x \leqslant f\left(\frac{a+b}{2}\right) \leqslant \frac{2}{b-a}\int_a^b f(x)\mathrm{d}x$$

证明：(1) 由泰勒公式

$$f(x)=f\left(\frac{a+b}{2}\right)+f'\left(\frac{a+b}{2}\right)\left(x-\frac{a+b}{2}\right)+\frac{f''\left(\frac{a+b}{2}\right)}{2!}\left(x-\frac{a+b}{2}\right)^2 \leqslant f\left(\frac{a+b}{2}\right)+f'\left(\frac{a+b}{2}\right)\left(x-\frac{a+b}{2}\right)$$

由定积分性质

$$\int_a^b f(x)\mathrm{d}x \leqslant \int_a^b f\left(\frac{a+b}{2}\right)\mathrm{d}x + f'\left(\frac{a+b}{2}\right)\int_a^b \left(x-\frac{a+b}{2}\right)\mathrm{d}x = f\left(\frac{a+b}{2}\right)(b-a).$$

(2) 由泰勒公式

$$f\left(\frac{a+b}{2}\right)=f(x)+f'(x)\left(\frac{a+b}{2}-x\right)+\frac{f''(x)}{2!}\left(\frac{a+b}{2}-x\right)^2 \leqslant f(x)+f'(x)\left(\frac{a+b}{2}-x\right)$$

$$\begin{aligned}
\int_a^b f\left(\frac{a+b}{2}\right)\mathrm{d}x &\leqslant \int_a^b f(x)\mathrm{d}x + \int_a^b f'(x)\left(\frac{a+b}{2}-x\right)\mathrm{d}x \\
&= \int_a^b f(x)\mathrm{d}x + \left[\left(\frac{a+b}{2}-x\right)f(x)\right]\Bigg|_a^b - \int_a^b f(x)\mathrm{d}\left(\frac{a+b}{2}-x\right) \\
&= 2\int_a^b f(x)\mathrm{d}x - \frac{b-a}{2}[f(a)+f(b)]
\end{aligned}$$

因为 $\dfrac{b-a}{2}[f(a)+f(b)] > 0$

所以 $f\left(\frac{a+b}{2}\right)(b-a)\leqslant 2\int_a^b f(x)\mathrm{d}x$

综上，命题得证．

4.3 二重积分

4.3.1 二重积分比较大小

[例 13] 设 $I_1=\iint\limits_D \frac{x+y}{4}\mathrm{d}x\mathrm{d}y$，$I_2=\iint\limits_D \sqrt{\frac{x+y}{4}}\mathrm{d}x\mathrm{d}y$，$I_3=\iint\limits_D \sqrt[3]{\frac{x+y}{4}}\mathrm{d}x\mathrm{d}y$，且 $D=\{(x,y)\mid(x-1)^2+(y-1)^2\leqslant 2\}$，则（　　）.

(A) $I_1<I_2<I_3$　(B) $I_2>I_3>I_1$　(C) $I_3<I_1<I_2$　(D) $I_3<I_2<I_1$

答案：(A).

4.3.2 二重积分的定义求极限

[例 14] 求 $\lim\limits_{n\to\infty}\sum\limits_{i=1}^{n}\sum\limits_{j=1}^{n}\frac{n}{(n+i)(n^2+j^2)}=$（　　）.

(A) $\int_0^1\mathrm{d}x\int_0^x\frac{1}{(1+x)(1+y^2)}\mathrm{d}y$　(B) $\int_0^1\mathrm{d}x\int_0^x\frac{1}{(1+x)(1+y)}\mathrm{d}y$

(C) $\int_0^1\mathrm{d}x\int_0^1\frac{1}{(1+x)(1+y)}\mathrm{d}y$　(D) $\int_0^1\mathrm{d}x\int_0^1\frac{1}{(1+x)(1+y^2)}\mathrm{d}y$

答案：(D).

提示：$\sum\limits_{i=1}^{n}\sum\limits_{j=1}^{n}\frac{1}{\left(1+\frac{i}{n}\right)\left(1+\left(\frac{j}{n}\right)^2\right)}\times\frac{1}{n^2}$，$\frac{i}{n}\sim x$，$\frac{j}{n}\sim y$，$\frac{1}{n^2}\sim\mathrm{d}x\mathrm{d}y$.

4.3.3 二重积分的性质

① $\iint\limits_D kf(x,y)\mathrm{d}x\mathrm{d}y=k\iint\limits_D f(x,y)\mathrm{d}x\mathrm{d}y$；

② $\iint\limits_D[f(x,y)\pm g(x,y)]\mathrm{d}x\mathrm{d}y=\iint\limits_D f(x,y)\mathrm{d}x\mathrm{d}y\pm\iint\limits_D g(x,y)\mathrm{d}x\mathrm{d}y$；

③ $\iint\limits_D f(x,y)\mathrm{d}x\mathrm{d}y=\iint\limits_{D_1} f(x,y)\mathrm{d}x\mathrm{d}y+\iint\limits_{D_2} f(x,y)\mathrm{d}x\mathrm{d}y$，其中 $D=D_1\cup D_2$ 且 $D_1\cap D_2=\varnothing$；

④ 若 $f(x,y)\leqslant g(x,y)$，则 $\iint\limits_D f(x,y)\mathrm{d}\sigma\leqslant\iint\limits_D g(x,y)\mathrm{d}\sigma$；

⑤ 若 $m\leqslant f(x,y)\leqslant M$，则 $mS\leqslant\iint\limits_D f(x,y)\mathrm{d}x\mathrm{d}y\leqslant MS$ 其中 S 为区域的面积；

⑥ $\left|\iint\limits_D f(x,y)\mathrm{d}x\mathrm{d}y\right|=\iint\limits_D |f(x,y)|\mathrm{d}x\mathrm{d}y$；

⑦ 积分中值定理 $\iint\limits_D f(x,y)\mathrm{d}\sigma=f(\xi,y)S_D$；

⑧ 积分平均值 $\dfrac{\iint\limits_D f(x,y)\mathrm{d}\sigma}{S_D}$.

4.3.4 二重积分的对称性（对称区域上奇偶函数的积分性质）

定理 1：设 $f(x,y)$ 在有界闭区域 D 上连续，若 D 关于 x 轴对称，则

$$\iint\limits_D f(x,y)\mathrm{d}\sigma=\begin{cases}0 & f(x,y)\text{ 对 } y \text{ 为奇函数}\\ 2\iint\limits_{D_1} f(x,y)\mathrm{d}\sigma & f(x,y)\text{ 对 } y \text{ 为偶函数}\end{cases}$$

其中 D_1 为 D 在 x 轴上半平面部分 .

定理 2：若 D 关于 y 轴对称，则

$$\iint\limits_D f(x,y)\mathrm{d}\sigma=\begin{cases}0 & f(x,y)\text{ 对 } x \text{ 为奇函数}\\ 2\iint\limits_{D_1} f(x,y)\mathrm{d}\sigma & f(x,y)\text{ 对 } x \text{ 为偶函数}\end{cases}$$

其中 D_1 为 D 在 y 轴右半平面部分.

定理 3：若 D 关于原点对称，则

$$\iint\limits_D f(x,y)\mathrm{d}\sigma=\begin{cases}0 & f(-x,-y)=-f(x,y)\\ 2\iint\limits_{D_1} f(x,y)\mathrm{d}\sigma & f(-x,-y)=f(x,y)\end{cases}$$

其中 D_1 为 D 的上半平面部分或右半平面部分.

定理 4：若 D 关于直线 $y=x$ 对称，则

$$\iint\limits_D f(x,y)\mathrm{d}\sigma=\iint\limits_D f(y,x)\mathrm{d}\sigma$$

若 $D=D_1\cup D_2$，D 关于直线 $y=x$ 对称，D_1、D_2 分别为 D 在 $y=x$ 的上方与下方部分，则 $\iint\limits_{D_1} f(x,y)\mathrm{d}\sigma=\iint\limits_{D_2} f(y,x)\mathrm{d}\sigma$.

[例 15] 设 D 是由 $y=x^3$，$y=1$，$x=-1$ 所围成的平面闭区域，其中 D_1 为 D 在第一象限的部分，则 $\iint\limits_D (xy+\cos x\sin y)\mathrm{d}x\mathrm{d}y=$（　　）.

(A) $2\iint\limits_{D_1} xy\mathrm{d}x\mathrm{d}y$　　(B) $2\iint\limits_{D_1}\cos x\sin y\mathrm{d}x\mathrm{d}y$

(C) $2\iint\limits_{D_1}(xy+\cos x\sin y)\mathrm{d}x\mathrm{d}y$　　(D) 0

答案：(B).

[例 16] 设区域 $D=\{(x,y)\mid x^2+y^2\leqslant 1, x\geqslant 0, y\geqslant 0\}$，$f(x)$ 是区域 D 上的正值连续函数，a,b 为常数，求 $I=\iint\limits_D \dfrac{a\sqrt{f(x)}+b\sqrt{f(y)}}{\sqrt{f(x)}+\sqrt{f(y)}}\mathrm{d}x\mathrm{d}y$.

解：积分区域关于直线 $y=x$ 对称，则

$$I=\iint\limits_D \frac{a\sqrt{f(x)}+b\sqrt{f(y)}}{\sqrt{f(x)}+\sqrt{f(y)}}\mathrm{d}x\mathrm{d}y=\iint\limits_D \frac{a\sqrt{f(y)}+b\sqrt{f(x)}}{\sqrt{f(y)}+\sqrt{f(x)}}\mathrm{d}x\mathrm{d}y$$

$$\begin{aligned}2I&=\iint\limits_D \frac{a\sqrt{f(x)}+b\sqrt{f(y)}}{\sqrt{f(x)}+\sqrt{f(y)}}\mathrm{d}x\mathrm{d}y+\iint\limits_D \frac{a\sqrt{f(y)}+b\sqrt{f(x)}}{\sqrt{f(y)}+\sqrt{f(x)}}\mathrm{d}x\mathrm{d}y\\&=\iint\limits_D (a+b)\mathrm{d}x\mathrm{d}y=\frac{\pi}{4}(a+b)\end{aligned}$$

所以，$I=\dfrac{\pi}{8}(a+b)$.

4.3.5 二重积分的计算（化二重为二次）

（1）直角坐标计算

① X-型：积分区域 D：$a\leqslant x\leqslant b$，$y_1(x)\leqslant y\leqslant y_2(x)$，如图 4-3 所示．

$$\iint\limits_D f(x,y)\mathrm{d}\sigma=\int_a^b \mathrm{d}x\int_{y_1(x)}^{y_2(x)} f(x,y)\mathrm{d}y$$

② Y-型：D：$x_1(y)\leqslant x\leqslant x_2(y)$，$c\leqslant y\leqslant d$，如图 4-4 所示．

$$\iint\limits_D f(x,y)\mathrm{d}\sigma=\int_c^d \mathrm{d}x\int_{x_1(y)}^{x_2(y)} f(x,y)\mathrm{d}x$$

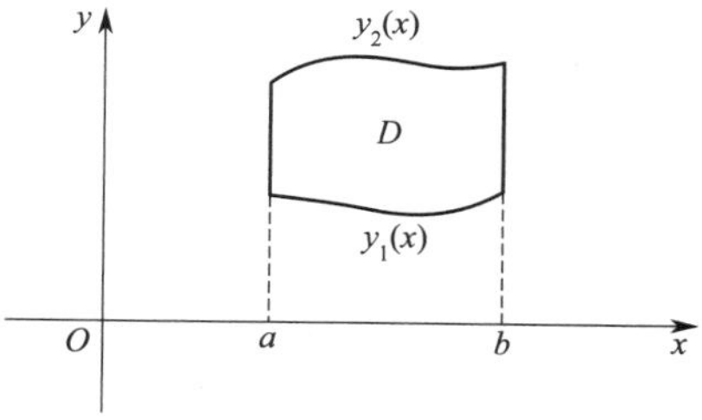

图 4-3

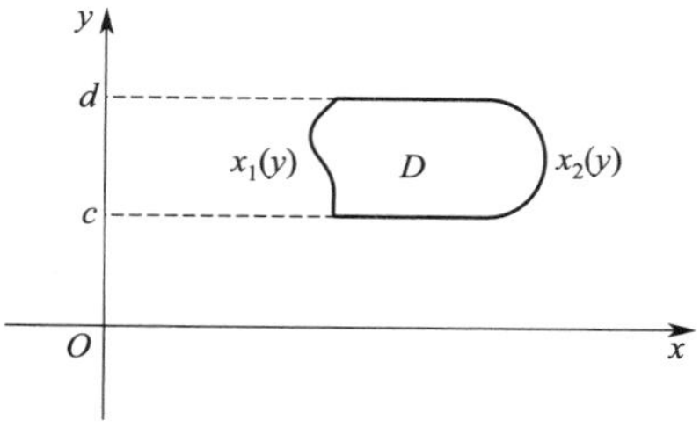

图 4-4

[例 17] 计算 $\iint\limits_D xy\,\mathrm{d}\sigma$，其中 D 是由抛物线 $y^2=x$ 及直线 $y=x-2$ 所围成的闭区域．

解：积分区域 D 如图 4-5 所示．

Y-型计算：$\iint\limits_D xy\,\mathrm{d}\sigma=\int_{-1}^2 \mathrm{d}y\int_{y^2}^{y+2} xy\,\mathrm{d}x=\int_{-1}^2 \left[\dfrac{x^2}{2}y\right]_{y^2}^{y+2}\mathrm{d}y$

$$=\frac{1}{2}\int_{-1}^2 [y(y+2)^2-y^5]\mathrm{d}y=\frac{1}{2}\left[\frac{y^4}{4}+\frac{4}{3}y^3+2y^2-\frac{y^6}{6}\right]_{-1}^2=\frac{45}{8}.$$

X-型计算：$\iint\limits_D xy\,\mathrm{d}\sigma=\int_0^1 \mathrm{d}x\int_{-\sqrt{x}}^{\sqrt{x}} xy\,\mathrm{d}y+\int_1^4 \mathrm{d}x\int_{x-2}^{\sqrt{x}} xy\,\mathrm{d}y=\dfrac{45}{8}.$

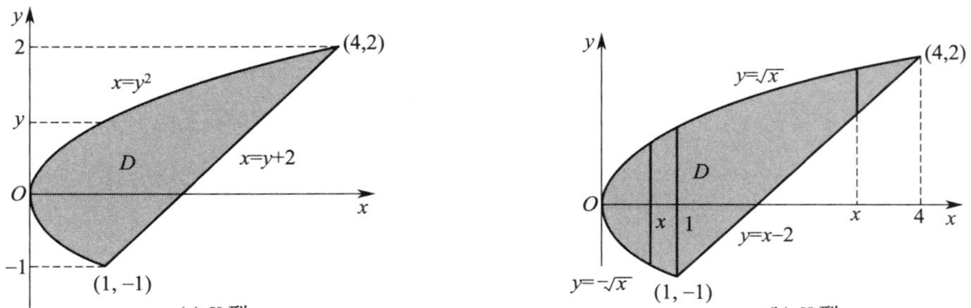

(a) Y-型　　(b) X-型

图 4-5

（2）极坐标计算

① θ-型：D：$\alpha\leqslant\theta\leqslant\beta$，$r_1(\theta)\leqslant r\leqslant r_2(\theta)$，如图 4-6 所示．

$$\iint_D f(x,y)\mathrm{d}\sigma=\int_\alpha^\beta \mathrm{d}\theta\int_{r_1(\theta)}^{r_2(\theta)} f(r\cos\theta,r\sin\theta)r\,\mathrm{d}r$$

② r-型：D：$\theta_1(r)\leqslant\theta\leqslant\theta_2(r)$，$a\leqslant r\leqslant b$，如图 4-7 所示．

$$\iint_D f(x,y)\mathrm{d}\sigma=\int_a^b \mathrm{d}r\int_{\theta_1(r)}^{\theta_2(r)} f(r\cos\theta,r\sin\theta)r\,\mathrm{d}\theta$$

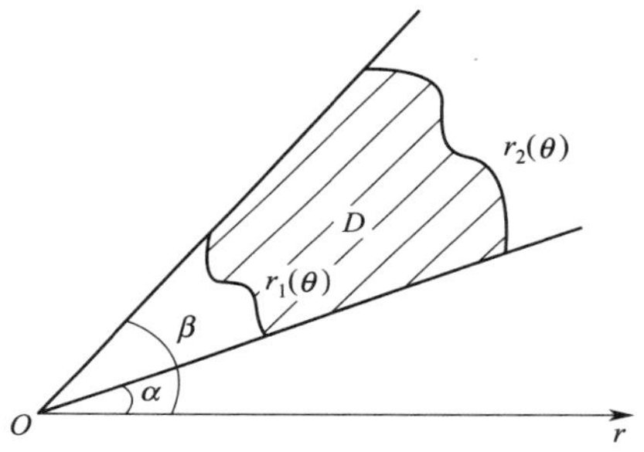

图 4-6

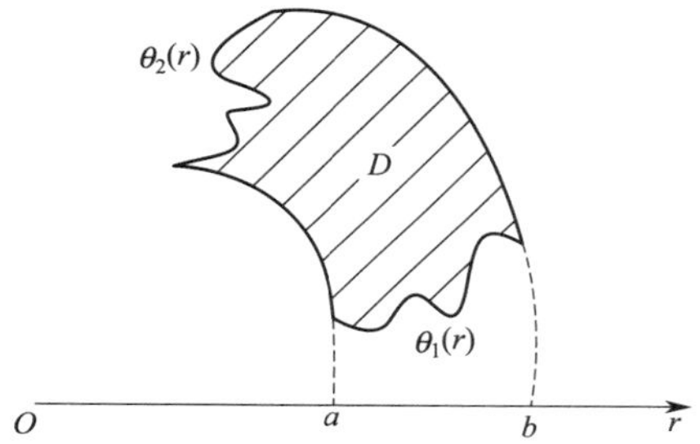

图 4-7

[例 18] 计算 $\iint_D \mathrm{e}^{-x^2-y^2}\mathrm{d}x\mathrm{d}y$，其中 D 是由圆心在原点、半径为 a 的圆周所围成的闭区域（直角坐标计算不了，因为 $\int \mathrm{e}^{-x^2}\mathrm{d}x$ 的结果不能用初等函数表示）.

解： 积分区域 D 为 $0\leqslant\theta\leqslant 2\pi$，$0\leqslant r\leqslant a$

$$\iint_D \mathrm{e}^{-x^2-y^2}\mathrm{d}x\mathrm{d}y=\iint_D \mathrm{e}^{-r^2}r\,\mathrm{d}r\,\mathrm{d}\theta=\int_0^{2\pi}\mathrm{d}\theta\int_0^a \mathrm{e}^{-r^2}r\,\mathrm{d}r$$

$$=2\pi\left[-\frac{1}{2}\mathrm{e}^{-r^2}\right]_0^a=\pi(1-\mathrm{e}^{-a^2}).$$

注：什么情况下使用极坐标计算二重积分？

① 当被积函数为 $f(x^2+y^2)$，$f\left(\frac{y}{x}\right)$，$f\left(\frac{x}{y}\right)$的形式（简记被积函数含有 x^2+y^2 项）；

② 当积分区域为圆域、扇形域或圆环域（简记积分区域含有 x^2+y^2 项）；

③ 当二者同时具备时一定要用极坐标系，当二者只有其一时依情况而定．

4.3.6 交换积分次序

（1）直角坐标间的交换

[例 19] 设函数 $f(x,y)$ 连续，则二次积分 $\int_{\frac{\pi}{2}}^{\pi}\mathrm{d}x\int_{\sin x}^{1}f(x,y)\mathrm{d}y$ 等于（　　）.

(A) $\int_0^1\mathrm{d}y\int_{\pi+\arcsin y}^{\pi}f(x,y)\mathrm{d}y$　　(B) $\int_0^1\mathrm{d}y\int_{\pi-\arcsin y}^{\pi}f(x,y)\mathrm{d}x$

(C) $\int_0^1\mathrm{d}y\int_{\frac{\pi}{2}}^{\pi+\arcsin y}f(x,y)\mathrm{d}y$　　(D) $\int_0^1\mathrm{d}y\int_{\frac{\pi}{2}}^{\pi-\arcsin y}f(x,y)\mathrm{d}x$

答案：(B)，如图 4-8 所示.

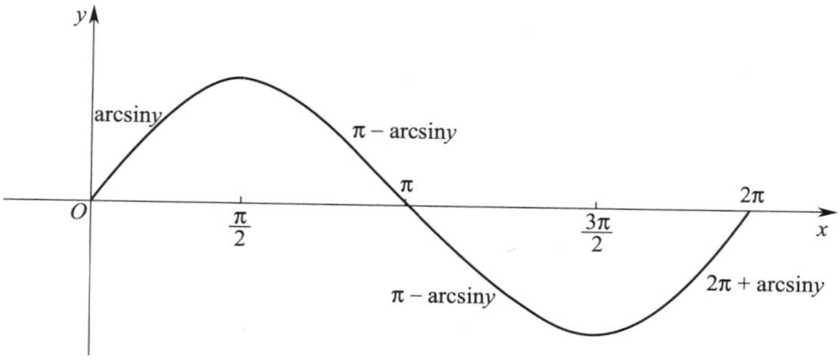

图 4-8

（2）直角坐标与极坐标间的交换

[例 20] 设 D 是第一象限中由曲线 $2xy=1$，$4xy=1$ 与直线 $y=x$，$y=\sqrt{3}x$ 围成的平面区域，函数 $f(x,y)$ 在 D 上连续，则 $\iint\limits_D f(x,y)\mathrm{d}x\mathrm{d}y=$（　　）.

(A) $\int_{\frac{\pi}{4}}^{\frac{\pi}{3}}\mathrm{d}\theta\int_{\frac{1}{2\sin 2\theta}}^{\frac{1}{\sin 2\theta}}f(r\cos\theta,r\sin\theta)r\mathrm{d}r$　　(B) $\int_{\frac{\pi}{4}}^{\frac{\pi}{3}}\mathrm{d}\theta\int_{\frac{1}{\sqrt{2\sin 2\theta}}}^{\frac{1}{\sqrt{\sin 2\theta}}}f(r\cos\theta,r\sin\theta)r\mathrm{d}r$

(C) $\int_{\frac{\pi}{4}}^{\frac{\pi}{3}}\mathrm{d}\theta\int_{\frac{1}{2\sin 2\theta}}^{\frac{1}{\sin 2\theta}}f(r\cos\theta,r\sin\theta)\mathrm{d}r$　　(D) $\int_{\frac{\pi}{4}}^{\frac{\pi}{3}}\mathrm{d}\theta\int_{\frac{1}{\sqrt{2\sin 2\theta}}}^{\frac{1}{\sqrt{\sin 2\theta}}}f(r\cos\theta,r\sin\theta)\mathrm{d}r$

答案：(B)，如图 4-9 所示，$\frac{\pi}{4}\leqslant\theta\leqslant\frac{\pi}{3}$，$\frac{1}{\sqrt{2\sin 2\theta}}\leqslant r\leqslant\frac{1}{\sqrt{\sin 2\theta}}$.

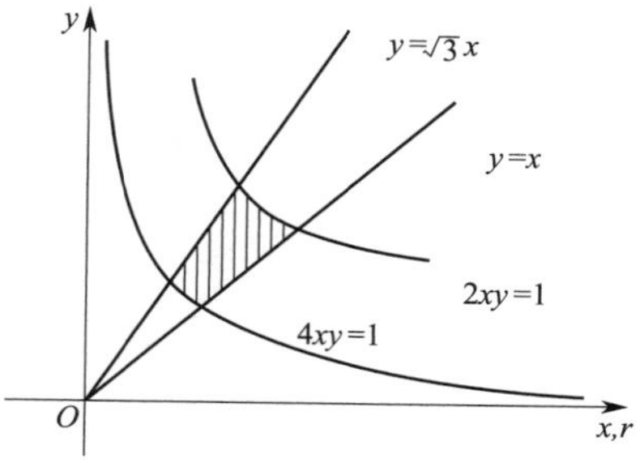

图 4-9

(3) 极坐标间的交换

[例 21] 交换 $\int_{-\frac{\pi}{4}}^{\frac{\pi}{2}} \mathrm{d}\theta \int_{0}^{2\cos\theta} f(r,\theta) r \mathrm{d}r$ 的积分次序，其中 $f(r,\theta)$ 连续．

解： 如图 4-10 所示，D：$-\frac{\pi}{4} \leqslant \theta \leqslant \frac{\pi}{2}$，$0 \leqslant r \leqslant 2\cos\theta$

原式 $=\int_{0}^{\sqrt{2}} \mathrm{d}r \int_{-\frac{\pi}{4}}^{\arccos\frac{r}{2}} f(r,\theta) r \mathrm{d}\theta + \int_{\sqrt{2}}^{2} \mathrm{d}r \int_{-\arccos\frac{r}{2}}^{\arccos\frac{r}{2}} f(r,\theta) r \mathrm{d}\theta.$

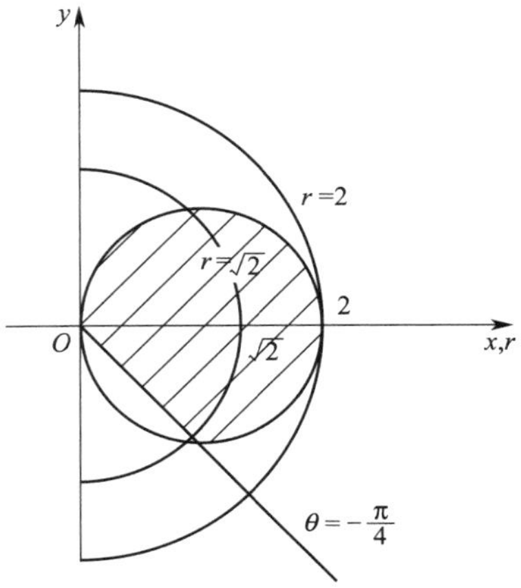

图 4-10

4.3.7 综合题

[例 22] 设 D 是由直线 $y=1$，$y=x$，$y=-x$ 围成的有界闭区域，计算二重积分

$$\iint_D \frac{x^2-xy-y^2}{x^2+y^2} \mathrm{d}x \mathrm{d}y$$

解： 因为区域 D 关于 y 轴对称，所以 $\iint_D \frac{xy}{x^2+y^2} \mathrm{d}x \mathrm{d}y = 0$

$$\iint_D \frac{x^2-xy-y^2}{x^2+y^2} \mathrm{d}x \mathrm{d}y = \iint_D \frac{x^2-y^2}{x^2+y^2} \mathrm{d}x \mathrm{d}y$$

$$= \int_{\frac{\pi}{4}}^{\frac{3}{4}\pi} \mathrm{d}\theta \int_{0}^{\frac{1}{\sin\theta}} \frac{r^2(\cos^2\theta - \sin^2\theta)}{r^2} r \mathrm{d}r$$

$$= \frac{1}{2}\int_{\frac{\pi}{4}}^{\frac{3}{4}\pi} (\csc^2\theta - 2) \mathrm{d}\theta = \frac{1}{2}(-\cot\theta - 2\theta)\Bigg|_{\frac{\pi}{4}}^{\frac{3}{4}\pi} = 1 - \frac{\pi}{2}.$$

[例 23] 求 $\int_{0}^{+\infty} \mathrm{e}^{-x^2} \mathrm{d}x$.

解： $I = \int_{0}^{+\infty} \mathrm{e}^{-x^2} \mathrm{d}x = \int_{0}^{-\infty} \mathrm{e}^{-y^2} \mathrm{d}y$

$I^2 = \int_{0}^{+\infty} \mathrm{e}^{-x^2} \mathrm{d}x \int_{0}^{-\infty} \mathrm{e}^{-y^2} \mathrm{d}y = \iint_D \mathrm{e}^{-x^2-y^2} \mathrm{d}x \mathrm{d}y = \int_{0}^{\frac{\pi}{2}} \mathrm{d}\theta \int_{0}^{+\infty} \mathrm{e}^{-r^2} r \mathrm{d}r = \frac{\pi}{4}$

所以，$I = \int_{0}^{+\infty} \mathrm{e}^{-x^2} \mathrm{d}x = \frac{\sqrt{\pi}}{2}$.

[例 24] 设 $f(x)$ 为恒大于零的连续函数，求证 $\int_a^b f(x)\mathrm{d}x\int_a^b \frac{1}{f(x)}\mathrm{d}x \geqslant (b-a)^2$.

证明：采用二重积分的逆向思维

设 D：$a\leqslant x\leqslant b$ $a\leqslant y\leqslant b$　设 $I=\int_a^b f(x)\mathrm{d}x\int_a^b \frac{1}{f(x)}\mathrm{d}x$

$$I=\int_a^b f(x)\mathrm{d}x\int_a^b \frac{1}{f(y)}\mathrm{d}y=\iint_D \frac{f(x)}{f(y)}\mathrm{d}x\mathrm{d}y$$

$$I=\int_a^b f(y)\mathrm{d}y\int_a^b \frac{1}{f(x)}\mathrm{d}x=\iint_D \frac{f(y)}{f(x)}\mathrm{d}x\mathrm{d}y$$

$$\therefore I=\frac{1}{2}\left[\iint_D \frac{f(x)}{f(y)}\mathrm{d}x\mathrm{d}y+\iint_D \frac{f(y)}{f(x)}\mathrm{d}x\mathrm{d}y\right]=\frac{1}{2}\iint_D\left[\frac{f(x)}{f(y)}+\frac{f(y)}{f(x)}\right]\mathrm{d}x\mathrm{d}y$$

$$\geqslant\frac{1}{2}\iint_D 2\sqrt{\frac{f(x)}{f(y)}\times\frac{f(y)}{f(x)}}\mathrm{d}x\mathrm{d}y=\iint_D \mathrm{d}x\mathrm{d}y=(b-a)^2.$$

[例 25] 设 $f(x,y)$ 连续，且 $f(0,0)\neq 0$，又 $I(R)=\iint\limits_{x^2+y^2\leqslant R^2}\sqrt{x^2+y^2}f(x,y)\mathrm{d}x\mathrm{d}y$，当 $R\to 0$ 时是关于 R 的 n 阶无穷小，则 $n=$______.

解：$f(x,y)$ 在 $x^2+y^2\leqslant R^2$ 这一闭区域上连续，则 $m\leqslant f(x,y)\leqslant M$

$$I(R)=\iint\limits_{x^2+y^2\leqslant R^2}\sqrt{x^2+y^2}f(x,y)\mathrm{d}x\mathrm{d}y=\int_0^{2\pi}\mathrm{d}\theta\int_0^R rf(r\cos\theta,r\sin\theta)r\mathrm{d}r$$

$$\int_0^{2\pi}\mathrm{d}\theta\int_0^R rmr\mathrm{d}r\leqslant I(R)\leqslant\int_0^{2\pi}\mathrm{d}\theta\int_0^R rMr\mathrm{d}r$$

$$\frac{2}{3}\pi mR^3\leqslant I(R)\leqslant\frac{2}{3}\pi MR^3$$

当 $R\to 0$ 时，$\lim\limits_{R\to 0}m=\lim\limits_{R\to 0}M=f(0,0)\neq 0$，由两边夹准则有 $I(R)\sim\frac{2}{3}\pi f(0,0)R^3$，$\lim\limits_{R\to 0}\frac{I(R)}{R^3}=\frac{2}{3}\pi f(0,0)\neq 0$，所以 $n=3$.

（运用多元函数闭区域最值定理、二重积分极坐标计算、两边夹准则.）

第5讲 微分方程

5.1 微分方程基本概念

微分方程：含有未知函数的导数的方程，导数的最高阶数等于方程的阶数．

通解：解中含有任意常数，且相互独立，而且个数与方程的阶数相等．

通解有两种形式：一种为显式通解，一种为隐式通解．

特解：满足初始条件的解．初始条件：$y|_{x=x_0}=y_0$，　$y'|_{x=x_0}=y'_0$．

初值问题：满足初始条件的微分方程求特解问题．

5.2 一阶微分方程

5.2.1 可分离变量微分方程

形如：$\frac{\mathrm{d}y}{\mathrm{d}x}=P(x)Q(y)$

通解：$\int\frac{\mathrm{d}y}{Q(y)}=\int P(x)\,\mathrm{d}x+C$．

注：分离变量时，不讨论分母是否为零．

[例 1] 求解$\frac{\mathrm{d}y}{\mathrm{d}x}=2xy$　（注意方程通解的显化）．

解：$\frac{\mathrm{d}y}{y}=2x\,\mathrm{d}x$

$\int\frac{\mathrm{d}y}{y}=\int 2x\,\mathrm{d}x$

$\ln(|y|)=x^2+C_1$

$y=\pm\mathrm{e}^{C_1}\ \mathrm{e}^{x^2}$

$\therefore y=C\ \mathrm{e}^{x^2}$．

[例 2] 求解 $\cos x\sin y\,\mathrm{d}y=\cos y\sin x\,\mathrm{d}x$，$y\big|_{x=0}=\dfrac{\pi}{4}$.

解：$\dfrac{\sin y}{\cos y}\mathrm{d}y=\dfrac{\sin x}{\cos x}\mathrm{d}x$

$\int\dfrac{\sin y}{\cos y}\mathrm{d}y=\int\dfrac{\sin x}{\cos x}\mathrm{d}x$

$\ln|\cos y|=\ln|\cos x|+C_1$

$\therefore\cos y=C\cos x$.

$\because y\big|_{x=0}=\dfrac{\pi}{4}\quad\therefore C=\dfrac{\sqrt{2}}{2}\quad\therefore\cos y=\dfrac{\sqrt{2}}{2}\cos x$

5.2.2 齐次方程

形如$\dfrac{\mathrm{d}y}{\mathrm{d}x}=f\left(\dfrac{y}{x}\right)$，令$\dfrac{y}{x}=u$ 则 $\mathrm{d}y=u\,\mathrm{d}x+x\,\mathrm{d}u$

$u+x\dfrac{\mathrm{d}u}{\mathrm{d}x}=f(u)$

则 $\int\dfrac{\mathrm{d}u}{f(u)-u}=\int\dfrac{\mathrm{d}x}{x}$（可分离变量）.

推广：若$\dfrac{\mathrm{d}y}{\mathrm{d}x}=f(ax+by+c)(a\neq0,\ b\neq0)$ （可化为可分离变量的微分方程，形式较多）

令 $ax+by+c=u$

则 $\dfrac{\mathrm{d}u}{\mathrm{d}x}=a+bf(u)$

所以$\int\dfrac{\mathrm{d}u}{a+bf(u)}=\int\mathrm{d}x$. （可分离变量方程）

[例 3] 求微分方程$\dfrac{\mathrm{d}y}{\mathrm{d}x}=\mathrm{e}^{\frac{y}{x}}+\dfrac{y}{x}$的通解 .

解：令 $\dfrac{y}{x}=u$，则 $\dfrac{\mathrm{d}u}{\mathrm{d}x}=u+x\dfrac{\mathrm{d}y}{\mathrm{d}x}$ 代入，得

$u+x\dfrac{\mathrm{d}u}{\mathrm{d}x}=\mathrm{e}^u+u$

$\int\dfrac{\mathrm{d}u}{\mathrm{e}^u}=\int\dfrac{\mathrm{d}x}{x}$

$-\mathrm{e}^{-u}=\ln|x|+C$ 即 $-\mathrm{e}^{-\frac{y}{x}}=\ln|x|+C$.

推广：（特殊换元）$x+y=u$.

[例 4] 求解 $y'=\cos(x+y)$.

解：设 $x+y=u$，$\dfrac{\mathrm{d}u}{\mathrm{d}x}-1=\cos u$

$\dfrac{\mathrm{d}u}{1+\cos u}=\mathrm{d}x$ ，$\tan\dfrac{u}{2}=x+C$

即 $\tan\left(\dfrac{x+y}{2}\right)=x+C$.

5.2.3 一阶线性微分方程及其推广

（1）一阶齐次线性微分方程

$$\frac{dy}{dx}+P(x)y=0$$

其本质为可分离变量方程，通解为 $y=Ce^{-\int P(x)dx}$.

（2）一阶非齐次线性微分方程

$$\frac{dy}{dx}+P(x)y=Q(x)$$

① 常数变量法：先求对应的齐次线性微分方程$\frac{dy}{dx}+P(x)y=0$ 的通解

$$\frac{dy}{y}=-P(x)dx（可分离变量微分方程）$$

$$\ln|y|=-\int P(x)dx+C_1$$

$$y=C_2e^{-\int P(x)dx}$$

常数变异，设 $y=u(x)e^{-\int P(x)dx}$，代入一阶线性非齐次微分方程中，得

$$e^{-\int P(x)dx}\frac{du}{dx}-u(x)P(x)e^{-\int P(x)dx}+P(x)u(x)e^{-\int P(x)dx}=Q(x)$$

$$du=Q(x)e^{\int P(x)dx}dx$$

$$\therefore u(x)=\int Q(x)e^{\int P(x)dx}dx+C$$

$$所以通解为\ y=\left(\int Q(x)e^{\int P(x)dx}dx+C\right)e^{-\int P(x)dx}.$$

② 公式法：$y=\left(\int Q(x)e^{\int P(x)dx}dx+C\right)e^{-\int P(x)dx}$.

[例 5] 求$\frac{dy}{dx}-\frac{2y}{x+1}=(x+1)^{\frac{5}{2}}$的通解．

解：对应的齐次线性微分方程为 $\frac{dy}{dx}=\frac{2y}{x+1}$，$y=C_1(x+1)^2$

常数变量，设 $y=u(x)(x+1)^2$代入

$(x+1)^2\frac{du}{dx}+2(x+1)u(x)-\frac{2}{x+1}u(x)(x+1)^2=(x+1)^{\frac{5}{2}}$

$\frac{du}{dx}=(x+1)^{\frac{1}{2}}$，$u(x)=\frac{2}{3}(x+1)^{\frac{3}{2}}+C$

∴通解为 $y=\frac{2}{3}(x+1)^{\frac{7}{2}}+C(x+1)^2$.

（3）伯努利方程（数一）

$$\frac{dy}{dx}+P(x)y=Q(x)y^a \quad (a\neq 0,1)$$

令 $z=y^{1-a}$，原方程化为 $\frac{dz}{dx}+(1-a)P(x)z=(1-a)Q(x)$

再按一阶非齐次线性微分方程求解.

[例 6] 求$\frac{dy}{dx}+\frac{y}{x}=(\ln x)y^2$ 的通解.

解： 方程两边同时除以 y^2 得

$y^{-2}\frac{dy}{dx}+\frac{1}{x}\times\frac{1}{y}=\ln x$

设 $z=y^{1-2}=\frac{1}{y}$　　$\frac{dz}{dx}=-\frac{1}{y^2}\times\frac{dy}{dx}$

$\therefore\frac{dz}{dx}-\frac{1}{x}z=-\ln x$　（一阶线性非齐次微分方程）

$z=e^{\int\frac{1}{x}dx}\left[\int(-\ln x)e^{-\int\frac{1}{x}dx}dx+C\right]=x\left[-\frac{1}{2}(\ln x)^2+C\right]$

把 $z=\frac{1}{y}$ 代入得　$yx\left[-\frac{1}{2}(\ln x)^2+C\right]=1.$

（4）x 与 y 换位类型

$\frac{dy}{dx}=\frac{1}{Q(x)-P(y)x}$　可化为 $\frac{dx}{dy}=Q(y)-P(y)x$ 或 $\frac{dx}{dy}+P(y)x=Q(y)$

以 y 为自变量，x 为未知函数，再按照一阶非齐次线性微分方程求解.

[例 7] 求$\frac{dy}{dx}=\frac{y}{x+y^4}$的通解（$x$ 与 y 换位）.

解： $\frac{dy}{dx}=\frac{x+y^4}{y}$

$\frac{dx}{dy}-\frac{1}{y}x=y^2$

$x=e^{\int\frac{1}{y}dy}\left[\int y^3e^{-\int\frac{1}{y}dy}dy+C\right]=\frac{1}{3}y^4+Cy.$

（5）特殊换元

[例 8] 求方程 $y'\sec^2y+\frac{x}{1+x^2}\tan y=x$，满足条件 $y|_{x=0}=0$ 的特解（设 $\tan y=u$）.

解： 设 $\tan y=u$，$\frac{du}{dx}+\frac{x}{1+x^2}u=x$

对应的齐次线性微分方程 $\frac{du}{dx}+\frac{x}{1+x^2}u=0$

$$u=C_1\frac{1}{\sqrt{1+x^2}}$$

常数变异，$u=v(x)\frac{1}{\sqrt{1+x^2}}$，代入一阶非齐次线性微分方程，得

$$\frac{1}{\sqrt{1+x^2}}\times\frac{dv}{dx}-\frac{1}{2}v(x)(1+x^2)^{-\frac{3}{2}}2x+\frac{x}{1+x^2}v(x)\frac{1}{\sqrt{1+x^2}}=x$$

$$v(x)=\frac{1}{3}(1+x^2)^{\frac{3}{2}}+C$$

$$u=\frac{1}{3}(1+x^2)+\frac{C}{\sqrt{1+x^2}}$$

所以通解为 $\tan y=\frac{1}{3}(1+x^2)+\frac{C}{\sqrt{1+x^2}}$.

$\because y|_{x=0}=0 \quad \therefore C=-\frac{1}{3} \quad \therefore \tan y=\frac{1}{3}(1+x^2)-\frac{1}{3\sqrt{1+x^2}}$

[例 9] 求微分方程 $y'+x=\sqrt{x^2+y}$ 的通解.

解：方法 1：设$\sqrt{x^2+y}=u$，$x^2+y=u^2$，$y'=2u\frac{\mathrm{d}u}{\mathrm{d}x}-2x$，代入得

$2u\frac{\mathrm{d}u}{\mathrm{d}x}-x=u$，$2\frac{\mathrm{d}u}{\mathrm{d}x}-\frac{x}{u}=1$，可见变为齐次方程

设$\frac{u}{x}=z$，$u=zx$，$\frac{\mathrm{d}u}{\mathrm{d}x}=z+x\frac{\mathrm{d}z}{\mathrm{d}x}$，代入齐次方程 $2\frac{\mathrm{d}u}{\mathrm{d}x}-\frac{x}{u}=1$ 得

$2z+2x\frac{\mathrm{d}z}{\mathrm{d}x}-\frac{1}{z}=1 \quad \frac{2\mathrm{d}z}{1+\frac{1}{z}-2z}=\frac{\mathrm{d}x}{x}$

$\int\frac{2z}{1+z-2z^2}\mathrm{d}z=\int\frac{1}{x}\mathrm{d}x$

$\frac{2}{3}\int(\frac{1}{1-z}-\frac{1}{1+2z})\mathrm{d}z=\int\frac{\mathrm{d}x}{x}$

得解为 $(1-z)^2\ (1+2z)=\frac{C}{x^3}$

将 $z=\frac{u}{x}=\frac{\sqrt{x^2+y}}{x}$代入得方程的通解为$\sqrt{(x^2+y)^3}=x^3+\frac{3}{2}xy+C$.

方法 2：设$\frac{\sqrt{x^2+y}}{x}=u$，$\sqrt{x^2+y}=xu$，$u+x\frac{\mathrm{d}u}{\mathrm{d}x}=\frac{2x+y'}{2\sqrt{x^2+y}}$，有 $2x+y'=\left(u+x\frac{\mathrm{d}u}{\mathrm{d}x}\right)2ux$

$x+y'=\left(u+x\frac{\mathrm{d}u}{\mathrm{d}x}\right)2ux-x$

代入原方程得$(u+x\frac{\mathrm{d}u}{\mathrm{d}x})2ux-x=ux$，$2ux\frac{\mathrm{d}u}{\mathrm{d}x}=1+u-2u^2$

$$\frac{2u\mathrm{d}u}{1+u-2u^2}=\frac{\mathrm{d}x}{x}$$

$$\frac{2}{3}\int\left(\frac{1}{1-u}-\frac{1}{1+2u}\right)\mathrm{d}u=\int\frac{\mathrm{d}x}{x}$$

解得 $(1-u)^2(1+2u)=\frac{C}{x^3}$

将$\frac{\sqrt{x^2+y}}{x}=u$ 代入得 $(x-\sqrt{x^2+y})^2(x+2\sqrt{x^2+y})=C$

整理得通解为$\sqrt{(x^2+y)^3}=x^3+\frac{3}{2}xy+C$.

5.2.4 全微分方程（数一）

形如 $p(x,y)\,dx+q(x,y)\,dy=0$，若$\frac{\partial p}{\partial y}=\frac{\partial q}{\partial x}$，则称此方程为全微分方程 .

方法 1：折线法（第二类曲线积分，积分与路径无关，数一）；

方法 2：凑微分法（数二、数三）.

设 $u(x,y)=\int p(x,y)dx=P(x,y)+\varphi(y)$

$$\frac{\partial u}{\partial y}=\frac{\partial P(x,y)}{\partial y}+\varphi'(y)=q(x,y)$$

解出 $\varphi(y)$

则全微分方程的通解为 $u(x,y)=P(x,y)+\varphi(y)=C$.

[例 10] 求微分方程 $(3x^2+2xy-y^2)dx+(x^2-2xy)dy=0$ 的通解.

解：凑微分法

$u(x,y)=\int P(x,y)dx=\int(3x^2+2xy-y^2)\,dx=x^3+x^2y-y^2x+\varphi(y)$

$\frac{\partial y}{\partial u}=x^2-2yx+\varphi'(y)=x^2-2xy$

$\varphi(y)=C_1$

$\therefore u(x,y)=x^3+x^2y-y^2x+C_1$

$\therefore$ 通解为 $x^3+x^2y-y^2x+C_1=C$

即 $x^3+x^2y-y^2x=C$.

5.3 高阶微分方程

5.3.1 可降阶微分方程

类型Ⅰ　$y^{(n)}=f(x)$，逐次积分即可.

类型Ⅱ　$y''=f(x,\ y')$（不显含 y）.

设 $y'=p$，$y''=\frac{dp}{dx}$，$\frac{dp}{dx}=f(x,p)$（这是一个关于变量 x，p 的一阶微分方程）

解出通解 $P=\varphi(x,C_1)$

即 $y'=\varphi(x,C_1)$，$y=\int\varphi(x,\ C_1)\,dx+C_2$

[例 11] 求微分方程$(1+x^2)y''=2xy'$，满足 $y|_{x=0}=1y'|_{x=0}=3$ 的特解.

解：设 $y'=p$，$y''=\frac{dp}{dx}$

$(1+x^2)\dfrac{dp}{dx}=2xp$

$\ln|p|=\ln(1+x^2)+C_0$

$P=C_1(1+x^2)$

$\dfrac{dy}{dx}=C_1(1+x^2)$

通解 $y=C_1x+\dfrac{C_1}{3}x^3+C_2$.

（注意，这里不能写成 $y=Cx+Cx^3+C_2$，因为 x 与 x^3 之前的比例系数不能消失）

特解为 $y^*=x^3+3x+1$

类型Ⅲ　$y''=f(y,y')$（不显含 x）.

令 $y'=p$ ，$y''=\dfrac{dp}{dx}=\dfrac{dp}{dy}$ ，$\dfrac{dp}{dx}=p\dfrac{dy}{dx}$，代入$\dfrac{dp}{dy}=f(y,p)$

其通解为 $p=\varphi(y,C_1)$，代回变量 $p=y'=\dfrac{dy}{dx}$，$\dfrac{dy}{dx}=\varphi(y,C_1)$

变为可分离变量微分方程 $\displaystyle\int\frac{dy}{\varphi(y,C_1)}=\int dx$ 的求解 .

[例 12] 求微分方程 $yy''-(y')^2+1=0$ 的通解.

解： 令 $y'=p$ ，则 $y''=p\dfrac{dp}{dy}$ 代入 $yp\dfrac{dp}{dy}-p^2+1=0$

$\displaystyle\int\frac{p}{p^2-1}dp=\int\frac{dy}{y}$

$\dfrac{1}{2}\ln|p^2-1|=\ln|y|+C_1$

$p=\pm\sqrt{1+C_1y^2}$

即　$\dfrac{dy}{dx}=\pm\sqrt{1+C_1y^2}$

所以当 $C_1>0$ 时，$\dfrac{1}{\sqrt{C_1}}\ln\left(\sqrt{C_1}\,y+\sqrt{1+C_1y^2}\right)=\pm x+C_2$

当 $C_1<0$ 时，$\dfrac{1}{\sqrt{-C_1}}\arcsin\left(\sqrt{-C_1}\,y\right)=\pm x+C_2$.

[例 13] 求微分方程 $y''=(y')^3+y'$的通解.

解： $\dfrac{dp}{dx}=(p)^3+p$，$\dfrac{dp}{(p)^3+p}=dx$，$\displaystyle\int\frac{1}{p(1+p^2)}dp=\int dx$

设 $y''=p\dfrac{dp}{dy}$　，$p\dfrac{dp}{dy}=(p)^3+p$ ，$\dfrac{dp}{1+p^2}=dy$

$\arctan p=y+C_1$，　$p=\tan(y+C_1)$，$y=\arcsin(C_2e^x)+C_1$.

说明：在可降阶微分方程中，如果既属于类型Ⅱ又属于类型Ⅲ，该如何选择呢？我们只能先选择一个类型去试做，若出现积分不太容易时候，转成其他类型进行求解 .

5.3.2 线性微分方程解的结构

齐次线性微分方程 $$y''+P(x)y'+Q(x)y=0 \tag{5-1}$$

定理 1：如果函数 $y_1(x)$与 $y_2(x)$是方程(5-1) 的两个解，那么 $y=C_1y_1(x)+C_2y_2(x)$也是方程(5-1) 的解，其中 C_1，C_2 是任意常数．

定理 2：如果函数 $y_1(x)$与 $y_2(x)$是方程(5-1) 的两个线性无关的特解，那么 $y=C_1y_1(x)+C_2y_2(x)$也是方程(5-1) 的通解．

推论：如果 $y_1(x)$、$y_2(x)$、…、$y_n(x)$是 n 阶齐次线性微分方程

$$y^{(n)}+a_1(x)y^{(n-1)}+\cdots+a_{n-1}(x)y'+a_n(x)y=0$$

的 n 个线性无关解，那么，此方程的通解为 $y=C_1y_1(x)+C_2y_2(x)+\cdots+C_ny_n(x)$，其中 C_1、C_2、…、C_n 是任意常数．

定理 3：设 $y^*(x)$ 是二阶非齐次线性微分方程

$$y''+P(x)y'+Q(x)y=f(x) \tag{5-2}$$

的一个特解，$Y(x)$是与方程(5-2) 对应的齐次方程(5-1) 的通解，则 $y=Y(x)+y^*(x)$是二阶非齐次线性微分方程(5-2) 的通解．

定理 4：设非齐次线性微分方程(5-2) 的右端 $f(x)$是两个函数之和，即

$$y''+P(x)y'+Q(x)y=f_1(x)+f_2(x)$$

而 $y_1{}^*(x)$ 与 $y_2{}^*(x)$ 分别是方程 $y''+P(x)y'+Q(x)y=f_1(x)$与 $y''+P(x)y'+Q(x)y=f_2(x)$的特解，则 $y_1{}^*(x)$与 $y_2{}^*(x)$就是原方程的特解．

5.3.3 二阶常系数齐次线性微分方程

方程形式：$y''+py'+qy=0$ （p，q 是常数）

解法：第一步：写出特征方程 $r^2+pr+q=0$；

第二步：计算特征根 r_1，r_2；

第三步：根据 r_1，r_2 的不同特征情况，写出其通解：

① 当 $r_1\neq r_2$ 时， $y=C_1\mathrm{e}^{r_1x}+C_2\mathrm{e}^{r_2x}$；

② 当 $r_1=r_2=r$ 时， $y=(C_1+C_2x)\mathrm{e}^{rx}$；

③ 当 $r_{1,2}=\alpha\pm \mathrm{i}\beta$ 时，$y=\mathrm{e}^{\alpha x}(C_1\cos\beta x+C_2\sin\beta x)$．

[例 14] 求 $y''-2y'-3y=0$ 的通解.

解：特征方程为 $r^2-2r-3=0$

特征根为 $r_1=-1$，$r_2=3$

通解为 $y=C_1\mathrm{e}^{-x}+C_2\mathrm{e}^{3x}$.

[例 15] 求 $y''+2y'+y=0$，$y|_{x=0}=4, y'|_{x=0}=-2$ 的特解.

解：特征方程为 $r^2+2r+1=0$

特征根为 $r_1=r_2=-1$

通解为 $y=C_1\mathrm{e}^{-x}+C_2x\mathrm{e}^{-x}$

代入初始条件得 $\begin{cases}C_1=4\\-C_1+C_2=-2\end{cases}$，解得 $\begin{cases}C_1=4\\C_2=2\end{cases}$

特解为 $y^{*}=(4+2x)e^{-x}$.

[例 16] 求 $y''-2y'+5y=0$ 的通解.

解： 特征方程为 $r^{2}-2r+5=0$

特征根为 $r_{1,2}=1\pm 2i$

通解为 $y=e^{x}(C_{1}\cos 2x+C_{2}\sin 2x)$.

5.3.4 二阶常系数非齐次线性微分方程

方程形式：$y''+py'+qy=f(x)$.

解法： 先求出 $y''+py'+qy=0$ 的通解 $\bar{y}(x)$；

再求出 $y''+py'+qy=f(x)$ 的一个特解 $y^{*}(x)$；

则原方程的通解为 $y(x)=\bar{y}(x)+y^{*}(x)$.

类型Ⅰ $f(x)=P_{m}(x)e^{\lambda x}$.

$$f(x)=P_{m}(x)e^{\lambda x} \text{ 则 } y^{*}=x^{k}Q_{m}(x)e^{\lambda x} \quad \text{这里}\begin{cases}k=0 & \lambda \text{ 不是特征根}\\ k=1 & \lambda \text{ 是特征单根}\\ k=2 & \lambda \text{ 是特征叠根}\end{cases}$$

[例 17] 求方程 $y''-5y'+6y=x e^{2x}$ 的通解.

解： $\lambda=2$，$m=1$

特征方程为 $r^{2}-5r+6=0$

特征根为 $r_{1}=2$，$r_{2}=3$

$\lambda=2$ 是特征单根

所以特解设为 $y^{*}=x(ax+b)e^{2x}$

代入方程得 $-2ax+2a-b=x$

解得 $a=-\dfrac{1}{2}$，$b=-1$

特解为 $y^{*}=-\left(\dfrac{1}{2}x^{2}+x\right)e^{2x}$

通解为 $y=C_{1}e^{2x}+C_{2}e^{3x}-\left(\dfrac{1}{2}x^{2}+x\right)e^{2x}$

类型Ⅱ $f(x)=e^{\lambda x}[P_{l}(x)\cos(wx)+P_{n}\sin(wx)]$，

则 $y^{*}=x^{k}e^{\lambda x}[R^{1}{}_{m}(x)\cos(wx)+R^{2}{}_{m}(x)\sin(wx)]$，$m=\max(1,n)$

这里 $k=\begin{cases}0 & \lambda\pm iw \text{ 不是特征根}\\ 1 & \lambda\pm iw \text{ 是特征复根}\end{cases}$.

[例 18] 求 $y''+y=x\cos 2x$ 的一个特解.

解： $\lambda=0$，$w=2$，$P_{l}(x)=x$，$P_{n}(x)=0$

$\lambda\pm iw=\pm 2i$　$m=\max(1,n)=1$

特征方程为 $r^{2}+1=0$

特征根为 $r_{1,2}=\pm i$

$\lambda\pm iw=\pm 2i$ 不是特征方程的根

所以特解设为 $y^{*}=(ax+b)\cos 2x+(cx+d)\sin 2x$

代入方程得 $(-3ax-3b+4c)\cos2x-(3cx+3d+4a)\sin2x=x\cos2x$

解得 $a=-\frac{1}{3}$，$d=\frac{4}{9}$，$b=c=0$

特解为 $y^*=-\frac{1}{3}\cos2x+\frac{4}{9}\sin2x$.

[例 19] 求 $y''+4y=\cos2x$ 的通解.

解： $\lambda=0$，$w=2$，$P_l(x)=1$，$P_n(x)=0$

$\lambda\pm iw=\pm2i \quad m=\max(1,n)=0$

特征方程为 $r^2+4=0 \quad \therefore r_{1,2}=\pm2i$

所以 $\lambda\pm iw=\pm2i$ 是特征方程的根

所以特解设为 $y^*=x(A\cos2x+B\sin2x)$

代入方程得 $-4A\sin2x+4B\cos2x=\cos2x$

解得 $A=0$，$B=\frac{1}{4}$

特解为 $y^*=\frac{x}{4}\sin2x$

通解为 $y=C_1\cos2x+C_2\sin2x+\frac{x}{4}\sin2x$.

5.3.5 n 阶常系数齐次线性微分方程

方程形式：$y^{(n)}+p_1y^{(n-1)}+\cdots+p_{n-1}y'+p_ny=0$.

特征方程：$r^n+p_1r^{n-1}+\cdots+p_{n-1}r+p_n=0$

特征方程的根与对应微分方程通解中的项见表 5-1.

表 5-1

特征方程的根	对应微分方程通解中的项	对应项数
r 为单实根	Ce^{rx}	对应一项
r 为 k 重实根	$(C_1+C_2x+\cdots+C_kx^{k-1})e^{rx}$	对应 k 项
$r_{1,2}=\alpha\pm i\beta$ 为一对单复根	$e^{\alpha x}(C_1\cos\beta x+C_2\sin\beta x)$	对应两项
$r_{1,2}=\alpha\pm i\beta$ 为一对 k 重复根	$e^{\alpha x}[(C_1+C_2x+\cdots+C_kx^{k-1})\cos\beta x+(D_1+D_2x+\cdots+D_kx^{k-1})\sin\beta x]$	对应 $2k$ 项

[例 20] 求方程 $y'''-4y''+5y'-2y=0$ 的通解.

解： 特征方程为 $r^3-4r^2+5r-2=0$

$(r-1)^2(r-2)=0$

特征根为 $r_1=r_2=1$，$r_3=2$

通解为 $y=(C_1+C_2x)e^x+c_3\ e^{2x}$

难点在于解特征方程：

$r^3-1-4r^2+5r-1=0$

$(r-1)(r^2+r+1)-(4r-1)(r-1)=0$

$(r-1)(r^2-3r+r)=0$

$(r-1)^2(r-2)=0$.

[例 21] 求方程 $y^{(4)}+\beta^4y=0$ 的通解，其中 $\beta>0$.

解：特征方程为 $r^4+\beta^4=0$

$$r^4+\beta^4=r^4+2r^2\beta^2+\beta^4-2r^2\beta^2=(r^2+\beta^2)^2-2r^2\beta^2$$
$$=(r^2+\beta^2-\sqrt{2}\beta r)(r^2+\beta^2+\sqrt{2}\beta r)=0$$

特征根为 $r_{1,2}=\frac{\beta}{\sqrt{2}}(1\pm i)$，$r_{3,4}=-\frac{\beta}{\sqrt{2}}(1\pm i)$

通解为 $w=e^{\frac{\beta}{\sqrt{2}}}\left(c_1\cos\frac{\beta}{\sqrt{2}}x+c_2\sin\frac{\beta}{\sqrt{2}}x\right)+e^{-\frac{\beta}{\sqrt{2}}}\left(c_3\cos\frac{\beta}{\sqrt{2}}x+c_4\sin\frac{\beta}{\sqrt{2}}x\right)$.

[例 22] 已知 $y_1=x\,e^x+e^{2x}$，$y_2=x\,e^x+e^{-x}$，$y_3=x\,e^x+e^{2x}-e^{-x}$ 是某二阶常系数非齐次线性微分方程的三个解，求此微分方程及其通解.

解：由线性微分方程的解的结构

$y_1-y_3=e^{-x}$　　齐次的解

$y_1-y_2=e^{2x}-e^{-x}$　　齐次的解

$y_1-y_3+y_1-y_2=e^{2x}$　　齐次的解

∵ e^{-x} 与 e^{2x} 线性无关

∴ 齐次的通解为 $y=C_1e^{-x}+C_2e^{2x}$　对应的齐次方程为 $y''-y'-2y=0$.

设该方程为 $y''-y'-2y=f(x)$　代入 $y_1=x\,e^x+e^{2x}$ 得 $f(x)=(1-2x)e^x$

所以该方程为 $y''-y'-2y=(1-2x)e^x$

其通解为 $y=C_1e^{-x}+C_2e^{2x}+x\,e^x+e^{2x}$.

[例 23] 方程 $y''+y=x^2+1+\sin x$ 的特解形式可设为（　　）.

(A) $ax^2+bx+c+A\sin x$　　(B) $ax^2+bx+c+B\cos x$

(C) $ax^2+bx+c+A\sin x+B\sin x$　　(D) $ax^2+bx+c+x\ (A\sin x+B\cos x)$

答案：(D).

提示：线性微分方程解的结构定理 4.

5.4 变积分限函数与微分方程结合题型

[例 24] 设可导函数 $\varphi(x)$ 满足 $\varphi(x)\cos x+2\int_0^x\varphi(t)\sin t\,dt=x+1$，求 $\varphi(x)$.

解：所给等式两边对 x 求导，得

$$\varphi'(x)\cos x-\varphi(x)\sin x+2\varphi(x)\sin x=1$$
$$\varphi'(x)\cos x+\varphi(x)\sin x=1$$
$$\frac{d\varphi(x)}{dx}+\tan x\varphi(x)=\sec x$$

所以 $\varphi(x)=e^{-\int\tan x\,dx}\left(\int\sec x\,e^{\int\tan x\,dx}dx+C\right)$

$$=\cos x\left(\int\sec^2x\,dx+C\right)$$
$$=\cos x(\tan x+C)$$

由题设等式知 $\varphi(0)=1$，代入上式得 $c=1$

$$\text{所求函数为 } \varphi(x)=\cos x+\sin x.$$

[例 25] 设函数 $\varphi(x)$ 连续，且满足 $\varphi(x)=e^x+\int_0^x t\varphi(t)\mathrm{d}t-x\int_0^x \varphi(t)\mathrm{d}t$，求 $\varphi(x)$.

解：所给等式两边对 x 求导，得

$$\begin{aligned}\varphi'(x)&=e^x+x\varphi(x)-\int_0^x \varphi(t)\mathrm{d}t-x\varphi(x)\\&=e^x-\int_0^x \varphi(t)\mathrm{d}t\end{aligned}$$

再求导得 $\varphi''(x)+\varphi(x)=e^x$

初始条件为 $\varphi(0)=1$，$\varphi'(0)=1$

特征方程与特征根为 $r^2+1=0$，$r_{1,2}=\pm i$

非齐次项 $f(x)=e^x$，$\lambda=1$，$m=0$，可见 $\lambda=1$ 不是特征根，故设特解为

$$\varphi^*(x)=a e^x$$

代入方程 $\varphi''(x)+\varphi(x)=e^x$，解得 $a=\frac{1}{2}$，所以特解为 $\varphi^*(x)=\frac{1}{2}e^x$

通解为 $\varphi(x)=C_1\cos x+C_2\sin x+\frac{1}{2}e^x$，代入初始条件 $\varphi(0)=1$，$\varphi'(0)=1$ 得

$$\begin{cases}C_1+\frac{1}{2}=1\\C_2+\frac{1}{2}=1\end{cases}\quad \text{解得}\begin{cases}C_1=\frac{1}{2}\\C_2=\frac{1}{2}\end{cases}$$

所求函数为 $\varphi(x)=\frac{1}{2}(\cos x+\sin x+e^x)$.

第6讲 多元函数微分学

6.1 多元函数极限与连续

6.1.1 多元函数极限

$$\lim_{\substack{x\to x_0\\ y\to y_0}} f(x,y)=A \text{ 或 } \lim_{(x,y)\to(x_0,y_0)} f(x,y)=A$$

值得注意，这里 (x,y) 趋于(x_0,y_0)是在平面范围内，可以按任何方式沿任意曲线趋于(x_0,y_0)，所以二元函数的极限比一元函数的极限复杂.

(但是考试大纲只要求知道基本概念和简单地讨论极限存在性和计算极限值，不像一元函数求极限要求掌握各种方法和技巧.)

[例 1] 求 $\lim\limits_{(x,y)\to(0,0)}\dfrac{\sin(xy)}{x}$.

解：$\lim\limits_{(x,y)\to(0,0)}\dfrac{\sin(xy)}{x}=\lim\limits_{(x,y)\to(0,0)}\dfrac{\sin(xy)}{xy}y=\lim\limits_{(x,y)\to(0,0)}y=0$.

[例 2] 求 $\lim\limits_{(x,y)\to(0,0)}\dfrac{\sqrt{xy+1}-1}{xy}$.

解：$\lim\limits_{(x,y)\to(0,0)}\dfrac{\sqrt{xy+1}-1}{xy}=\lim\limits_{(x,y)\to(0,0)}\dfrac{xy}{xy\ (\sqrt{xy+1}+1)}=\dfrac{1}{2}$.

[例 3] 求$\lim\limits_{\substack{x\to0\\ y\to0}}\dfrac{x^2+y^2}{|x|+|y|}$.

解：$\lim\limits_{\substack{x\to0\\ y\to0}}\dfrac{x^2+y^2}{|x|+|y|}=\lim\limits_{\substack{x\to0\\ y\to0}}\dfrac{x^2}{|x|+|y|}+\lim\limits_{\substack{x\to0\\ y\to0}}\dfrac{y^2}{|x|+|y|}$

$0\leqslant\dfrac{x^2}{|x|+|y|}\leqslant\dfrac{x^2}{|x|}\quad 0\leqslant\dfrac{y^2}{|x|+|y|}\leqslant\dfrac{y^2}{|y|}$

两边夹准则 ∴原极限$=0$.

多元函数求极限的方法：$\begin{cases}\text{等价无穷小}\\ \text{有理化}\\ \text{连续性}\\ \text{两边夹准则}\end{cases}$

证明极限不存在的方法：

① 极限值与路径有关，如选取路径 $y=kx, y=kx^2$，$y=k\sqrt{x}$ 等，证明极限值与 k 有关［通常 $f(x,y)$ 中 x 与 y 次数一致］；

② 选择两个特殊路径，如选取路径 $y=x, y=-x$ 等，说明极限值不同［通常 $f(x,y)$ 中 x 与 y 次数不一致］.

[例 4] $f(x,y)=\begin{cases}\dfrac{xy}{x^2+y^2}, & x^2+y^2\neq 0\\ 0 & x^2+y^2=0\end{cases}$ 在 $(0,0)$ 处是否有极限？

解：选择特殊路径 $y=kx$

$$\lim_{\substack{(x,y)\to(0,0)\\ y=kx}}\frac{xy}{x^2+y^2}=\lim_{x\to 0}\frac{kx^2}{x^2+k^2x^2}=\frac{k}{1+k^2}$$

极限值与 k 有关，所以极限不存在.

[例 5] $\lim\limits_{(x,y)\to(0,0)}\dfrac{x^2y^2}{x^2y^2+(x-y)^2}$ 是否有极限？

解：选 $y=x$ 和 $y=-x$ 两个路径趋近

$$\lim_{\substack{(x,y)\to(0,0)\\ y=x}}\frac{x^2y^2}{x^2y^2+(x-y)^2}=1$$

$$\lim_{\substack{(x,y)\to(0,0)\\ y=-x}}\frac{x^2y^2}{x^2y^2+(x-y)^2}=\lim_{x\to 0}\frac{x^4y^2}{x^4+4x^2}=0$$

沿两条特殊路径趋近，极限值不同，所以极限不存在.

补充：二重极限与二次极限不同

$$\lim_{\substack{x\to x_0\\ y\to y_0}}f(x,y)\text{不同于}\lim_{x\to x_0}\lim_{y\to y_0}f(x,y)\text{或}\lim_{y\to y_0}\lim_{x\to x_0}f(x,y)$$

① 二重极限存在，但两个二次极限不存在.

例如 $f(x,y)=x\sin\dfrac{1}{y}+y\sin\dfrac{1}{x}$，$x\neq 0$，$y\neq 0$

$\because 0\leqslant\left|x\sin\dfrac{1}{y}+y\sin\dfrac{1}{x}\right|\leqslant|x|+|y|$

由两边夹准则可得 $\lim\limits_{\substack{x\to 0\\ y\to 0}}f(x,y)=0$

显然二次极限 $\lim\limits_{x\to 0}\lim\limits_{y\to 0}\left(x\sin\dfrac{1}{y}+y\sin\dfrac{1}{x}\right)$ 与 $\lim\limits_{y\to 0}\lim\limits_{x\to 0}\left(x\sin\dfrac{1}{y}+y\sin\dfrac{1}{x}\right)$ 都不存在.

② 二重极限不存在，但两个二次极限却可以都存在且相等.

例如 $f(x,y)=\dfrac{xy}{x^2+y^2}$，$x^2+y^2\neq 0$

若沿直线 $y=kx$，$\lim\limits_{\substack{x\to 0\\y=kx}} f(x,y)=\lim\limits_{\substack{x\to 0\\y=kx}}\dfrac{kx^2}{x^2+kx^2}=\dfrac{k}{1+k^2}$

因为 k 的取值不同，所得极限值也不同，从而二重极限不存在，但其两个二次极限都存在且等于零.

6.1.2 多元函数连续性

定义： $\lim\limits_{(x,y)\to(x_0,y_0)} f(x,y)=f(x_0,y_0)$

闭区域连续函数性质：

定理 1（有界性定理）：设 $f(x,y)$ 在闭区域 D 上连续，则 $f(x,y)$ 在 D 上一定有界.

定理 2（最大值、最小值定理）：设 $f(x,y)$ 在闭区域 D 上连续，则 $f(x,y)$ 在 D 上一定有最大值和最小值.

定理 3（介值定理）：设 $f(x,y)$ 在闭区域 D 上连续，M 为最大值，m 为最小值，若 $m\leqslant c\leqslant M$，则存在 $(x_0,y_0)\in D$，使得 $f(x_0,y_0)=c$.

[例 6] 设 $f(x,y)$连续，且 $f(0,0)\neq 0$，又 $I(R)=\iint\limits_{x^2+y^2\leqslant R^2}\sqrt{x^2+y^2}f(x,y)\mathrm{d}x\mathrm{d}y$，当 $R\to 0$ 时是关于 R 的 n 阶无穷小，则 $n=$______.

解： $f(x,y)$ 在 $x^2+y^2\leqslant R^2$ 这一闭区域上连续，则 $m\leqslant f(x,y)\leqslant M$，

$$I(R)=\iint\limits_{x^2+y^2\leqslant R^2}\sqrt{x^2+y^2}f(x,y)\mathrm{d}x\mathrm{d}y=\int_0^{2\pi}\mathrm{d}\theta\int_0^R rf(r\cos\theta,r\sin\theta)r\,\mathrm{d}r$$

$$\int_0^{2\pi}\mathrm{d}\theta\int_0^R rmr\,\mathrm{d}r\leqslant I(R)\leqslant\int_0^{2\pi}\mathrm{d}\theta\int_0^R rMr\,\mathrm{d}r$$

$$\frac{2}{3}\pi mR^3\leqslant I(R)\leqslant\frac{2}{3}\pi MR^3$$

当 $R\to 0$ 时，$\lim\limits_{R\to 0}m=\lim\limits_{R\to 0}M=f(0,0)\neq 0$，由两边夹准则有 $I(R)\sim\dfrac{2}{3}\pi f(0,0)R^3$，$\lim\limits_{R\to 0}\dfrac{I(R)}{R^3}=\dfrac{2}{3}\pi f(0,0)\neq 0$，所以 $n=3$.

（应用多元函数闭区域最值定理、二重积分极坐标计算、两边夹准则.）

6.2 偏导数与全微分

6.2.1 偏导数定义

定义： 有二元函数 $z=f(x,y)$，若 $\lim\limits_{\Delta x\to 0}\dfrac{f(x_0+\Delta x,y_0)-f(x_0,y_0)}{\Delta x}$存在，

则称此极限为函数在点 (x_0,y_0) 对 x 的偏导数，记为

$\left.\dfrac{\partial z}{\partial x}\right|_{\substack{x=x_0\\y=y_0}}$，$\left.\dfrac{\partial f}{\partial x}\right|_{\substack{x=x_0\\y=y_0}}$，$z_x\big|_{\substack{x=x_0\\y=y_0}}$，$f_x(x_0,y_0)$

同理，若 $\lim\limits_{\Delta y\to 0}\dfrac{f(x_0,y_0+\Delta y)-f(x_0,y_0)}{\Delta y}$ 存在，

则函数 $z=f(x,y)$ 在点 (x_0,y_0) 处对 y 的偏导数为

$\left.\dfrac{\partial z}{\partial y}\right|_{\substack{x=x_0\\y=y_0}}$，$\left.\dfrac{\partial f}{\partial y}\right|_{\substack{x=x_0\\y=y_0}}$，$\left.z_y\right|_{\substack{x=x_0\\y=y_0}}$，$f_y(x_0,y_0)$

注：偏导数与导数在求导方法上没有区别．

6.2.2 偏导数几何意义

$f_x(x_0,y_0)$表示曲面 $z=f(x,y)$与平面 $y=y_0$ 的截线在点(x_0,y_0)处的切线关于 x 轴的斜率．

$f_y(x_0,y_0)$表示曲面 $z=f(x,y)$与平面 $x=x_0$ 的截线在点(x_0,y_0)处的切线关于 y 轴的斜率．

[例 7] 已知 $z=f(x,y)=\begin{cases}\dfrac{xy}{x^2+y^2} & x^2+y^2\neq 0\\ 0 & x^2+y^2=0\end{cases}$，验证其在 $(0,0)$ 点的连续性和可偏导性．

解： 由例 4 可知，函数 $f(x,y)$ 当 $(x,y)\to(0,0)$ 时，极限不存在，所以其在 $(0,0)$ 点不连续．

验证可偏导性

$$f_x(0,0)=\lim_{x\to 0}\frac{f(x,0)-f(0,0)}{x-0}=\lim_{x\to 0}\frac{\dfrac{x0}{x^2+0}-0}{x}=0$$

同理 $f_y(0,0)=0$

所以 $f(x,y)$在$(0,0)$可偏导．

[例 8] 已知 $f(x,y)=x+(y-1)\arcsin\sqrt{\dfrac{x}{y}}$，求 $f_x(x,1)$.

解： $\because f(x,\ 1)=x$

$\therefore f_x(x,\ 1)=1.$

注：① 偏导数存在与连续没有任何关系；

② 所谓偏导数，就是把一个变量看成是常数后求导．

6.2.3 高阶偏导数

$$f_{xx}(x,y)=\frac{\partial^2 z}{\partial x^2}=\frac{\partial}{\partial x}\left(\frac{\partial z}{\partial x}\right)\qquad f_{yy}(x,y)=\frac{\partial^2 z}{\partial y^2}=\frac{\partial}{\partial y}\left(\frac{\partial z}{\partial y}\right)$$

$$f_{xy}(x,y)=\frac{\partial^2 z}{\partial x\partial y}=\frac{\partial}{\partial y}\left(\frac{\partial z}{\partial x}\right)\qquad f_{yx}(x,y)=\frac{\partial^2 z}{\partial y\partial x}=\frac{\partial}{\partial x}\left(\frac{\partial z}{\partial y}\right)$$

定理： 如果函数 $z=f(x,y)$ 的两个二阶混合偏导数$\dfrac{\partial^2 z}{\partial x\partial y}$与$\dfrac{\partial^2 z}{\partial y\partial x}$在区域 D 上连续，

那么在该区域内这两个二阶混合偏导数也相等.

[例 9] 设 $z=x\ln(xy)$，求$\frac{\partial^3 z}{\partial x^2\partial y}$及$\frac{\partial^3 z}{\partial x\partial y^2}$.

解：$\frac{\partial z}{\partial x}=\ln(xy)+\frac{x}{xy}y=\ln(xy)+1$

$\frac{\partial^2 z}{\partial x^2}=\frac{y}{xy}=\frac{1}{x}$，$\frac{\partial^3 z}{\partial x^2\partial y}=0$

$\frac{\partial^2 z}{\partial x\partial y}=\frac{x}{xy}=\frac{1}{y}$，$\frac{\partial^3 z}{\partial x\partial y^2}=-\frac{1}{y^2}$.

6.2.4 全微分

定义：如果函数 $z=f(x,y)$ 在点 $p(x,y)$ 的全增量 $\Delta z=f(x+\Delta x,y+\Delta y)-f(x,y)$ 可表示为 $\Delta z=A\Delta x+B\Delta y+O\left(\sqrt{\Delta x^2+\Delta y^2}\right)$，其中 A，B 不依赖于 Δx，Δy，而仅与 x，y 有关，则称函数 $z=f(x,y)$ 在点 $p(x,y)$ 可微分，而 $A\Delta x+B\Delta y$ 称为函数 $z=f(x,y)$ 在点 $p(x,y)$ 的全微分，记作 $\mathrm{d}z$，即 $\mathrm{d}z=A\Delta x+B\Delta y$

定理 1：$z=f(x,y)$ 在点 $p(x,y)$ 处可微分，则 $z=f(x,y)$ 在点 $p(x,y)$ 处连续.

定理 2：(必要条件) 如果函数 $z=f(x,y)$ 在点 $p(x,y)$ 处可微分，则该函数在点 $p(x,y)$ 处的偏导数$\frac{\partial z}{\partial x}$，$\frac{\partial z}{\partial y}$必定存在，且函数 $z=f(x,y)$ 在点 $p(x,y)$ 的全微分为

$$\mathrm{d}z=f_x(x,y)\mathrm{d}x+f_y(x,y)\mathrm{d}y$$

定理 3：(充分条件) 如果函数 $z=f(x,y)$ 的偏导数$\frac{\partial z}{\partial x}$，$\frac{\partial z}{\partial y}$在点 $p(x,y)$ 处连续，则函数在该点可微.

[例 10] 判别 $f(x,y)=\begin{cases}\frac{xy}{\sqrt{x^2+y^2}} & x^2+y^2\neq 0\\ 0 & x^2+y^2=0\end{cases}$ 在 $(0,0)$ 处是否连续，可偏导，可微分?

解：连续性判别 $\lim\limits_{\substack{x\to 0\\ y\to 0}}\frac{xy}{\sqrt{x^2+y^2}}$是否等于 $f(0,0)$

$0\leqslant\frac{|xy|}{\sqrt{x^2+y^2}}\leqslant\frac{|xy|}{\sqrt{2|xy|}}=0$ 由两边夹准则得

$\lim\limits_{\substack{x\to 0\\ y\to 0}}\frac{xy}{\sqrt{x^2+y^2}}=0=f(0,0)$

所以 $f(x,y)$ 在 $(0,0)$ 处连续.

可偏导性判别

$$f_x(0,0)=\lim_{x\to 0}\frac{f(x,0)-f(0,0)}{x-0}=\lim_{x\to 0}\frac{\frac{x\times 0}{\sqrt{x^2+0^2}}-0}{x}=0$$

同理 $f_y(0,0)=0$

所以 $f(x,y)$ 在 $(0,0)$ 处可偏导.

可微性判别

$$\lim_{\substack{\Delta x\to 0\\ \Delta y\to 0}}\frac{f(\Delta x,\Delta y)-f(0,0)-f_x(0,0)\Delta x-f_y(0,0)\Delta y}{\sqrt{(\Delta x)^2+(\Delta y)^2}}=\lim_{\substack{\Delta x\to 0\\ \Delta y\to 0}}\frac{\dfrac{\Delta x\Delta y}{\sqrt{(\Delta x)^2+(\Delta y)^2}}}{\sqrt{(\Delta x)^2+(\Delta y)^2}}$$

$$=\lim_{\substack{\Delta x\to 0\\ \Delta y\to 0}}\frac{\Delta x\Delta y}{(\Delta x)^2+(\Delta y)^2}\text{,极限不存在}$$

所以 $f(x,y)$ 在 $(0,0)$ 处不可微分.

注:① 多元函数 $f(x,y)$ 在 (x_0,y_0) 处可微性证明方法.

判别 $\lim\limits_{\substack{\Delta x\to 0\\ \Delta y\to 0}}\dfrac{f(x_0+\Delta x,\ y_0+\Delta y)-f(x_0,\ y_0)-f_x(x_0,\ y_0)\Delta x-f_y(x_0,\ y_0)\Delta y}{\sqrt{\Delta x^2+\Delta y^2}}$ 是否等于 0,若等于 0,则多元函数 $f(x,y)$ 在 (x_0,y_0) 处可微分,否则,不可微分.

具体在 $(0,0)$ 处,判别 $\lim\limits_{\substack{\Delta x\to 0\\ \Delta y\to 0}}\dfrac{f(\Delta x,\Delta y)-f(0,0)-f_x(0,0)\Delta x-f_y(0,0)\Delta y}{\sqrt{(\Delta x)^2+(\Delta y)^2}}$ 是否等于 0,若等于 0,则多元函数 $f(x,y)$ 在 (x_0,y_0) 处可微分,否则,不可微分.

② 偏导数、连续、可微关系见图 6-1.

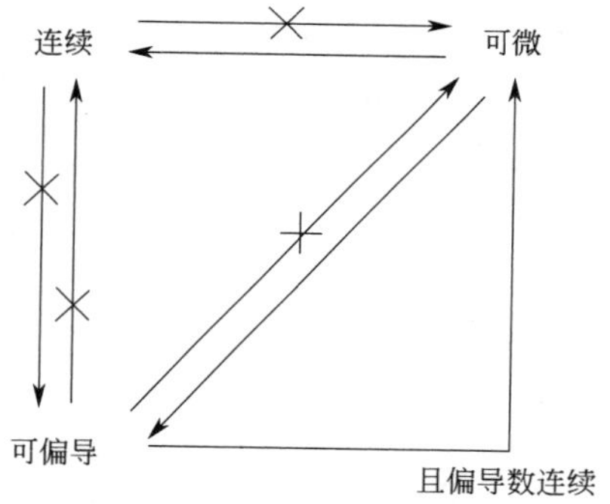

图 6-1

[例 11] 二元函数 $z=f(x,y)$ 在 $(0,0)$ 处可微的一个充分条件是(　　).

(A) $\lim\limits_{(x,y)\to(0,0)}[f(x,y)-f(0,0)]=0$

(B) $\lim\limits_{x\to 0}\dfrac{f(x,\ 0)-f(0,0)}{x}=0$,且 $\lim\limits_{y\to 0}\dfrac{f(0,y)-f(0,0)}{y}=0$

(C) $\lim\limits_{(x,y)\to(0,0)}\dfrac{f(x,y)-f(0,0)}{\sqrt{x^2+y^2}}=0$

(D) $\lim\limits_{x\to 0}[f_x(x,\ 0)-f_x(0,0)]=0$,且 $\lim\limits_{y\to 0}[f_y(0,y)-f_y(0,0)]=0$

答案:(C).

解: ① 直接法:$\lim\limits_{\substack{x\to 0\\ y\to 0}}\dfrac{f(x,0)-f(0,0)}{\sqrt{x^2}}=\lim\limits_{\substack{x\to 0\\ y\to 0}}\dfrac{f(x,0)-f(0,0)}{|x|}=\lim\limits_{\substack{x\to 0\\ y\to 0}}\dfrac{f(x,0)-f(0,0)}{x}\times\dfrac{x}{|x|}=0$

$\therefore f_x(0,0)=0$,同理 $f_y(0,0)=0$

$$\therefore \lim_{\substack{\Delta x\to 0\\ \Delta y\to 0}} \frac{f(\Delta x,\Delta y)-f(0,0)-f_x(0,0)\Delta x-f_y(0,0)\Delta y}{\sqrt{\Delta x^2+\Delta y^2}}=0，即可微$$

② 间接法：

（A）推出连续，（B）推出偏导数存在，连续、可偏导都不是可微的充分条件，所以（A），（B）都不是正确选项．

（D）为什么错？

解 1：$f(x,y)=\begin{cases}0 & xy\neq 0\\ 1 & xy=0\end{cases}$

$f(x,y)$ 在 $(0,0)$ 处不可微，因为 $f(x,y)$ 在 $(0,0)$ 处不连续．

解 2：（D）只是 $y=0$ 时，在 $y=0$ 这条路径上偏导数存在且连续，如果是 $\lim\limits_{\substack{x\to 0\\ y\to 0}}[f_x(x,y)-f_x(0,0)]=0$ 且 $\lim\limits_{\substack{x\to 0\\ y\to 0}}[f_y(x,y)-f_y(0,0)]=0$ 就对了．

6.3 多元复合函数的求导法则

类型Ⅰ　$z=f(u,v)$，$u=u(t)$，$v=v(t)$ 求 $\frac{dz}{dt}$.

$$\frac{dz}{dt}=\frac{\partial z}{\partial u}\frac{du}{dt}+\frac{\partial z}{\partial v}\frac{dv}{dt}=\frac{\partial f}{\partial u}\frac{du}{dt}+\frac{\partial f}{\partial v}\frac{dv}{dt}$$

类型Ⅱ　$z=f(u,v)$，$u=u(x,y)$，$v=v(x,y)$，求 $\frac{\partial z}{\partial x}$ 和 $\frac{\partial z}{\partial y}$.

$$\frac{\partial z}{\partial x}=\frac{\partial f}{\partial u}\frac{\partial u}{\partial x}+\frac{\partial f}{\partial v}\frac{\partial v}{\partial x},\frac{\partial z}{\partial y}=\frac{\partial f}{\partial u}\frac{\partial u}{\partial y}+\frac{\partial f}{\partial v}\frac{\partial v}{\partial y}$$

类型Ⅲ　$z=f(u,\ v)$，$u=u(x,y)$，$v=v(y)$，求 $\frac{\partial z}{\partial x}$ 和 $\frac{\partial z}{\partial y}$.

$$\frac{\partial z}{\partial x}=\frac{\partial f}{\partial u}\frac{\partial u}{\partial x},\frac{\partial z}{\partial y}=\frac{\partial f}{\partial u}\frac{\partial u}{\partial y}+\frac{\partial f}{\partial v}\frac{dv}{dy}$$

注：① $z=f(x,u,v)$，$u=u(x,y)$，$v=v(x,y)$，求 $\frac{\partial z}{\partial x}$.

错：$\frac{\partial z}{\partial x}=\frac{\partial z}{\partial x}\frac{dx}{dx}+\frac{\partial z}{\partial u}\frac{\partial u}{\partial x}+\frac{\partial z}{\partial v}\frac{\partial v}{\partial x}=\frac{\partial z}{\partial x}+\frac{\partial z}{\partial u}\frac{\partial u}{\partial x}+\frac{\partial z}{\partial v}\frac{\partial v}{\partial x}$，这里等号两端都出现 $\frac{\partial z}{\partial x}$，形成歧义，干扰计算．

正：$\frac{\partial z}{\partial x}=\frac{\partial f}{\partial x}\frac{dx}{dx}+\frac{\partial f}{\partial u}\frac{\partial u}{\partial x}+\frac{\partial f}{\partial v}\frac{\partial v}{\partial x}$.

② 为了表达简单，经常使用 1，2，3 的顺序分别表示 $f(x,u,v)$ 中的三个变量 x，u，v. 这样 $\frac{\partial f}{\partial x}$，$\frac{\partial f}{\partial u}$，$\frac{\partial f}{\partial v}$ 就分别用 f'_1，f'_2，f'_3 来表示，而二阶偏导数的记号 $\frac{\partial^2 f}{\partial x^2}$，$\frac{\partial^2 f}{\partial x\partial u}$，$\frac{\partial^2 f}{\partial x\partial v}$ 就用 f''_{11}，f''_{12}，f''_{13} 来表示．

[例 12] 设 $w=f(x+y+z, xyz)$，f 具有二阶连续偏导数，求$\frac{\partial w}{\partial x}$，$\frac{\partial^2 w}{\partial x \partial z}$.

解： $\frac{\partial w}{\partial x}=f'_1+yzf'_2$

$\frac{\partial^2 w}{\partial x \partial z}=f''_{11}+xyf''_{12}+yzf''_{21}+xy^2zf''_{22}+yf'_2$

6.4 隐函数求导法则

（1）公式法

$F(x,y,z)=0$　隐含 $z=(x,y)$ 求$\frac{\partial z}{\partial x}$和$\frac{\partial z}{\partial y}$

先求 F_x，F_y，F_z

则$\frac{\partial z}{\partial x}=-\frac{F_x}{F_z}$，$\frac{\partial z}{\partial y}=-\frac{F_y}{F_z}$.

（2）解方程组

$\begin{cases}F(x,y,u,v)=0\\G(x,y,u,v)=0\end{cases}$

求$\frac{\partial u}{\partial x}$，$\frac{\partial u}{\partial y}$，$\frac{\partial v}{\partial y}$，$\frac{\partial v}{\partial x}$.

[例 13] 设 $x^2+y^2+z^2-4z=0$，求$\frac{\partial^2 z}{\partial x^2}$.

解： 设 $F(x,y,x)=x^2+y^2+z^2-4z$，则 $F_x=2x$，$F_z=2z-4$，当 $z\neq 2$ 时，有

$$\frac{\partial z}{\partial x}=-\frac{F_x}{F_y}=\frac{x}{2-z}$$

再一次对 x 求偏导数，利用复合函数求导法则得

$$\frac{\partial^2 z}{\partial x^2}=\frac{(2-z)+x\dfrac{\partial z}{\partial x}}{(2-z)^2}=\frac{(2-z)^2+x^2}{(2-z)^3}.$$

[例 14] $\begin{cases}xu-yv=0\\yu+xv=1\end{cases}$，求$\frac{\partial u}{\partial x}$，$\frac{\partial u}{\partial y}$，$\frac{\partial v}{\partial x}$，$\frac{\partial v}{\partial y}$.

解： 将所给方程组对 x 求偏导，得

$$\begin{cases}x\dfrac{\partial u}{\partial x}-y\dfrac{\partial v}{\partial x}=-u\\y\dfrac{\partial u}{\partial x}+x\dfrac{\partial v}{\partial x}=-v\end{cases}$$

解方程组得$\frac{\partial u}{\partial x}=-\frac{xu+yv}{x^2+y^2}$，$\frac{\partial v}{\partial x}=-\frac{xv-yu}{x^2+y^2}$

同理，对 y 求偏导，得$\frac{\partial u}{\partial y}=-\frac{yu-xv}{x^2+y^2}$，$\frac{\partial v}{\partial y}=-\frac{xu+yv}{x^2+y^2}$.

[例 15] 设 $x=e^u\cos v$，$y=e^u\sin v$，$z=uv$，求$\frac{\partial z}{\partial x}$和$\frac{\partial z}{\partial y}$.

解： $\frac{\partial z}{\partial x}=\frac{\partial z}{\partial u}\frac{\partial u}{\partial x}+\frac{\partial z}{\partial v}\frac{\partial v}{\partial x}=v\ \frac{\partial u}{\partial x}+u\ \frac{\partial v}{\partial x}$

$$\begin{cases} e^u\ \frac{\partial u}{\partial x}\cos v-e^u\sin v\ \frac{\partial v}{\partial x}=1 \\ e^u\ \frac{\partial u}{\partial x}\sin v+e^u\cos v\ \frac{\partial v}{\partial x}=0 \end{cases} \text{解得} \begin{cases} \frac{\partial u}{\partial x}=e^{-u}\cos v \\ \frac{\partial v}{\partial x}=-e^{-u}\sin v \end{cases}$$

$$\frac{\partial z}{\partial x}=\frac{v\cos v-u\sin v}{e^u}$$

同理，$\frac{\partial z}{\partial y}=\frac{v\sin v+u\cos v}{e^u}$.

6.5 全微分形式不变性

$z=(u,v)$ $u=u(x,y)$ $v=v(x,y)$

把 u，v 看成自变量，$dz=\frac{\partial f}{\partial u}du+\frac{\partial f}{\partial v}dv$.

把 u，v 看成中间变量，x,y 是自变量 $dz=\frac{\partial f}{\partial x}dx+\frac{\partial f}{\partial y}dy$.

不论 u，v 是中间变量，还是最终的自变量，全微分都是偏导数乘以相应的微分这一统一形式.

6.6 多元函数的极值

6.6.1 无条件极值（多元函数的极值既要判别驻点也要判别不可导点）

第一步：解方程组 $f_x(x,y)=0$，$f_y(x,y)=0$，求驻点 (x_0,y_0)；

第二步：求 $f_{xx}(x,y)$，$f_{xy}(x,y)$，$f_{yy}(x,y)$；

第三步：在(x_0, y_0)处，$A=f_{xx}(x_0, y_0)$，$B=f_{xy}(x_0, y_0)$，$C=f_{yy}(x_0, y_0)$

$AC-B^2>0$，$\begin{cases} A>0 \text{ 有极小值} \\ A<0 \text{ 有极大值} \end{cases}$

$AC-B^2<0$，无极值

$AC-B^2=0$，不能确定

第四步：对不可导点要根据实际情况判别，如 $z=\sqrt{x^2+y^2}$ 在 $(0,0)$ 点不可导，但在 $(0,0)$ 处取得极小值.

6.6.2 条件极值

函数 $z=f(x,y)$ 在条件 $\varphi(x,y)=0$ 下的极值称为条件极值.

拉格朗日乘数法：

构造辅助函数 $L(x,y)=f(x,y)+\lambda\varphi(x,y)$

再解方程组 $\begin{cases} L_x(x,y)=f_x(x,y)+\lambda\varphi_x(x,y)=0 \\ L_y(x,y)=f_y(x,y)+\lambda\varphi_y(x,y)=0 \\ L_\lambda(x,y)=\varphi(x,y)=0 \end{cases}$，解得 (x_0,y_0)

最后判断 (x_0,y_0) 是否为极值点．

注：① 应用题（求最值），唯一极值点（驻点）即为最值点；

② 非应用题，代入附加条件，降维变成二元函数，再用 $AC-B^2$ 判别；

③ 条件极值可推广到多个附加条件 $L(x,y,z)=f(x,y,z)+\lambda\phi(x,y,z)+u\varphi(x,y,z)$；

④ 附加条件为不等式形式，分为“无条件极值＋条件极值”判别．

[例 16] 求函数 $f(x,y)=x^3-y^3+3x^2+3y^2-9x$ 的极值．

解： $\begin{cases} F_x(x,y)=3x^2+6x-9=0 \\ F_y(x,y)=-3y^2+6y=0 \end{cases}$ $(1,0),(1,2),(-3,0),(-3,2)$

$f_{xx}=6x+6$，$f_{xy}=0$，$f_{yy}=-6y+6$

$(1,0)$，$AC-B^2=12.6>0$，$A>0$，极小值 $f(1,0)=-5$

$(1,2)$，$AC-B^2=-72<0$，无极值

$(-3,0)$，$AC-B^2=-72<0$，无极值

$(-3,2)$，$AC-B^2=72>0$，$A<0$，极大值 $f(-3,2)=31$.

[例 17] 求函数 $u=xyz$ 在附加条件 $\frac{1}{x}+\frac{1}{y}+\frac{1}{z}=\frac{1}{a}$ $(x>0,\ y>0,\ z>0,\ a>0)$ 下的极值．

解： $L(x,y,z)=xyz+\lambda\left(\frac{1}{x}+\frac{1}{y}+\frac{1}{z}-\frac{1}{a}\right)$

$$\begin{cases} L_x=yz-\frac{\lambda}{x^2}=0 \\ L_y=xz-\frac{\lambda}{y^2}=0 \\ L_z=xy-\frac{\lambda}{z^2}=0 \\ \frac{1}{x}+\frac{1}{y}+\frac{1}{z}=\frac{1}{a} \end{cases}$$

（求解多元方程组得出驻点 $(x_0,\ y_0,\ z_0)$ 相对较为困难，通常根据具体题型的特点寻求相对简单的求解方法．）

方法 1：求解该方程组，可利用方程组中前三个方程的位置对称性，直接得出 $x=y=z$，再求解得 $x=y=z=3a$.

方法 2：求解该方程组，将前三个方程乘以相应缺少的变量得 $3xyz-\frac{1}{\lambda}\left(\frac{1}{x}+\frac{1}{y}+\frac{1}{z}\right)=0$，所以 $xyz=\frac{\lambda}{3a}$，再代入得 $x=y=z=3a$.

驻点求得后，进行判别

把$\frac{1}{x}+\frac{1}{y}+\frac{1}{z}=\frac{1}{a}$看成$z=z(x,y)$　代入$u=xyz$中

在驻点(x_0,y_0)处，利用$AC-B^2$判别是否为极值.

[例 18] 求函数$u=x^2+y^2+z^2$在约束条件$z=x^2+y^2$和$x+y+z=4$下的最大值和最小值.

解：$F(x,y,z)=x^2+y^2+z^2+\lambda(z-x^2+y^2)+u(x+y+z-4)$

$$\begin{cases}F_x=2x-2\lambda x+u=0\\F_y=2y-2\lambda y+u=0\\F_z=2z+\lambda+u=0\quad \text{利用对称性 } x=y \text{ 解出}(1,1,2),\ (-2,-2,8)\\z=x^2+y^2\\x+y+z=4\end{cases}$$

最大值$f(-2,-2,8)=92$　最小值$f(1,1,2)=6$

注：因为求的是最值，所以不需判别，直接比大小即可.

[例 19] 设有一圆板占有平面闭区域$\{(x,y)\mid x^2+y^2\leqslant 1\}$，该圆板被加热以致在点$(x,y)$的温度是$T=x^2+2y^2-x$，求该圆板的最热点和最冷点.

解：(无条件极值+条件极值)

无条件极值

当$x^2+y^2<1$时，算得驻点$\left(\frac{1}{2},\ 0\right)$，若算得驻点为(1，1)，这点需舍去，因为不在$x^2+y^2<1$内.

条件极值

当$x^2+y^2=1$时　$L(x,y)=x^2+2y^2-x+\lambda(x^2+y^2-1)$

$$\begin{cases}L_x=2x-1+2x\lambda=0\\L_y=4y+2y\lambda=0\\x^2+y^2-1=0\end{cases}$$

$\lambda=0$时不用解　∵此时为无条件极值

$$\lambda\neq 0\text{ 时}\begin{cases}y=0\quad x=\pm 1\begin{cases}x=1\quad \lambda=-\frac{1}{2}\\x=-1\quad \lambda=-\frac{3}{2}\end{cases}\text{(这里需注意，若 }\lambda=0\text{，需把点舍去)}\\y\neq 0\text{ 则 }\lambda=-2\qquad x=-\frac{1}{2},\ y=\pm\frac{\sqrt{3}}{2}\end{cases}$$

共得到5个驻点$\left(-\frac{1}{2},0\right)$，$(1,0)$，$(-1,0)$，$\left(-\frac{1}{2},-\frac{\sqrt{3}}{2}\right)$，$\left(-\frac{1}{2},\frac{\sqrt{3}}{2}\right)$，比较上述5个驻点处对应的函数值的大小，得出最热点在$\left(-\frac{1}{2},\pm\frac{\sqrt{3}}{2}\right)$处，最冷点在$\left(\frac{1}{2},0\right)$处.

第7讲 无穷级数

7.1 常数项级数的基本概念与性质

定义： $\sum\limits_{n=1}^{\infty} u_n = u_1 + u_2 + \cdots + u_n + \cdots$ 称为常数项级数（级数）；

$s_n = u_1 + u_2 + \cdots + u_n$ 称为级数的部分和；

$\{s_n\}$ 称为部分和数列；

若 $\lim\limits_{n \to \infty} s_n = s$，则称级数 $\sum\limits_{n=1}^{\infty} u_n$ 是收敛的，且其和为 s，记为 $\sum\limits_{n=1}^{\infty} u_n = s$；

若 $\lim\limits_{n \to \infty} s_n$ 不存在，则称级数 $\sum\limits_{n=1}^{\infty} u_n$ 是发散的．

性质：

① 若级数 $\sum\limits_{n=1}^{\infty} u_n$ 收敛，其和为 s，k 为常数，则 $\sum\limits_{n=1}^{\infty} k u_n$ 也收敛且 $\sum\limits_{n=1}^{\infty} k u_n = k \sum\limits_{n=1}^{\infty} u_n$；

② 若已知两个收敛级数 $\sum\limits_{n=1}^{\infty} u_n = s$，$\sum\limits_{n=1}^{\infty} v_n = \sigma$，则 $\sum\limits_{n=1}^{\infty} (u_n \pm v_n) = s \pm \sigma$；

③ 改变级数的有限项的值不改变级数的收敛性；

④ 收敛级数中的各项（按其原来的次序）任意加括号以后所成的新级数仍然收敛，而且其和不变；

⑤（级数收敛的必要条件）若级数 $\sum\limits_{n=1}^{\infty} u_n$ 收敛，则 $\lim\limits_{n \to \infty} u_n = 0$.

注：① 级数加括号后收敛$\not\Rightarrow$原级数收敛，例 $1-1+1-1+1\cdots$；

原级数收敛$\Rightarrow$加括号后收敛，例 $(1-1)+(1-1)+(1-1)\cdots$.

② 级数加括号后发散$\Rightarrow$原级数发散；

原级数发散$\not\Rightarrow$加括号后发散．

7.2 常数项级数审敛法

7.2.1 定义法

用定义法求部分和数列 $\{s_n\}$ 的敛散性，即 $\lim\limits_{n\to\infty} s_n$ 是否等于 s.

[例 1] 判断等比级数 $\sum\limits_{n=1}^{\infty} ar^{n-1}(a\neq 0)$ 的敛散性.

解： $s_n = a + ar + ar^2 + \cdots + ar^{n-1} = a\dfrac{1-r^n}{1-r}$

$$\lim_{n\to\infty} s_n = \lim_{n\to\infty} a\frac{1-r^n}{1-r} = \begin{cases} \dfrac{a}{1-r} & |r|<1 \\ \text{不存在} & |r|\geqslant 1 \end{cases}$$

所以 $\sum\limits_{n=1}^{\infty} ar^{n-1} \begin{cases} \text{收敛} & |r|<1 \\ \text{发散} & |r|\geqslant 1 \end{cases}$.

[例 2] 判断调和级数 $\sum\limits_{n=1}^{\infty} \dfrac{1}{n}$ 的敛散性.

解： $s_n = 1 + \dfrac{1}{2} + \dfrac{1}{3} + \cdots + \dfrac{1}{n}$

$$s_{2n} - s_n = \frac{1}{n+1} + \frac{1}{n+2} + \cdots + \frac{1}{n+n} \geqslant \frac{1}{2n} + \frac{1}{2n} + \cdots + \frac{1}{2n} = \frac{1}{2}$$

若 $\sum\limits_{n=1}^{\infty} \dfrac{1}{n}$ 收敛，则 $\lim\limits_{n\to\infty} s_n = \lim\limits_{n\to\infty} s_{2n} = s$.

因为 $\lim\limits_{n\to\infty}(s_{2n} - s_n) \geqslant \dfrac{1}{2}$，这与 $\lim\limits_{n\to\infty} s_n = \lim\limits_{n\to\infty} s_{2n}$ 矛盾.

所以 $\sum\limits_{n=1}^{\infty} \dfrac{1}{n}$ 发散.

判断 P-级数的敛散性

$$\sum_{n=1}^{\infty} \frac{1}{n^p} \begin{cases} \text{收敛} & p>1 \\ \text{发散} & p\leqslant 1 \end{cases}$$

注：等比级数和 P-级数都是重要的参照级数.

7.2.2 正项级数及其审敛法

正项级数： 每项均为非负的级数.

正项级数收敛的充要条件：

定理 1： 正项级数 $\sum\limits_{n=1}^{\infty} u_n$ 收敛 $\Leftrightarrow$ 它的部分和数列 $\{s_n\}$ 有界.

推论： 如果正项级数 $\sum\limits_{n=1}^{\infty} u_n$ 发散，则它的部分和数列 $s_n \to +\infty (n\to\infty)$.

正项级数审敛法：

（1）比较法及比较法极限形式

定理 2：设 $\sum_{n=1}^{\infty} u_n$ 和 $\sum_{n=1}^{\infty} v_n$ 都是正项级数，且 $u_n < v_n$：

① 若 $\sum_{n=1}^{\infty} v_n$ 收敛，则 $\sum_{n=1}^{\infty} u_n$ 收敛（大的收，小的收）；

② 若 $\sum_{n=1}^{\infty} u_n$ 发散，则 $\sum_{n=1}^{\infty} v_n$ 发散（小的发，大的发）.

常见的参照级数：等比级数，P-级数.

定理 3（比较法的极限形式）：设 $\sum_{n=1}^{\infty} u_n$ 和 $\sum_{n=1}^{\infty} v_n$ 都是正项级数：

① 当 $\lim\limits_{n\to\infty} \frac{u_n}{v_n} = l$，$0 < l < +\infty$，则 $\sum_{n=1}^{\infty} u_n$ 和 $\sum_{n=1}^{\infty} v_n$ 具有相当的敛散性；

② 当 $\lim\limits_{n\to\infty} \frac{u_n}{v_n} = 0$，相当于 $u_n < v_n$，则转为比较法；

③ 当 $\lim\limits_{n\to\infty} \frac{u_n}{v_n} = \infty$，相当于 $u_n > v_n$，则转为比较法.

常见的参照级数：根据等价无穷小代换，选择恰当的级数.

[例 3] 判别级数 $\sum_{n=1}^{\infty} \sin\frac{1}{n}$ 的敛散性.

解：$\lim\limits_{n\to\infty} \frac{\sin\frac{1}{n}}{\frac{1}{n}} = 1$

$\because \sum_{n=1}^{\infty} \frac{1}{n}$ 发散

$\therefore \sum_{n=1}^{\infty} \sin\frac{1}{n}$ 发散.

（2）比值审敛法

定理 4（比值）：设 $\sum_{n=1}^{\infty} u_n$ 为正项级数，如果 $\lim\limits_{n\to\infty} \frac{u_{n+1}}{u_n} = \rho$，则：

① 当 $\rho < 1$ 时，级数收敛；

② 当 $\rho > 1$ 时，$\left(\text{或} \lim\limits_{n\to\infty} \frac{u_{n+1}}{u_n} = \infty\right)$ 级数发散；

③ 当 $\rho = 1$ 时，级数可能收敛也可能发散.

[例 4] 判别级数 $\sum_{n=1}^{\infty} \frac{2^n n!}{n^n}$ 的敛散性.

解：$\lim\limits_{n\to\infty} \frac{u_{n+1}}{u_n} = \lim\limits_{n\to\infty} \frac{2^{n+1}(n+1)!}{(n+1)^{n+1}} \times \frac{n^n}{2^n n!} = \frac{2}{\mathrm{e}} < 1$

所以级数收敛.

（3）根值法

定理 5（根值）：设 $\sum_{n=1}^{\infty} u_n$ 为正项级数，如果 $\lim_{n\to\infty}\sqrt[n]{u_n}=\rho$，则：

① 当 $\rho<1$ 时，级数收敛；

② 当 $\rho>1$ 时，（或 $\lim_{n\to\infty}\sqrt[n]{u_n}=\infty$）级数发散；

③ 当 $\rho=1$ 时，级数可能收敛也可能发散．

[例 5] 判别级数 $\sum_{n=1}^{\infty}\left(\frac{n}{2n+1}\right)^n$ 的敛散性．

解：① 根值法：

$$\lim_{n\to\infty}\sqrt[n]{u_n}=\lim_{n\to\infty}\frac{n}{2n+1}=\frac{1}{2}<1$$

所以级数收敛．

② 比值法：

$$\lim_{n\to\infty}\frac{u_{n+1}}{u_n}=\lim_{n\to\infty}\frac{\left(\frac{n+1}{2n+3}\right)^{n+1}}{\left(\frac{n}{2n+1}\right)^n}=\lim_{n\to\infty}\left(\frac{n+1}{2n+3}\times\frac{2n+1}{n}\right)^n\ \frac{n+1}{2n+3}=\frac{1}{2}<1$$

所以级数收敛．

[例 6] 判别级数 $\sum_{n=1}^{\infty}\frac{2+(-1)^n}{2^n}$ 的敛散性．

解：① 根植法：

$\lim_{n\to\infty}\sqrt[n]{u_n}=\lim_{n\to\infty}\sqrt[n]{\frac{2+(-1)^n}{2^n}}=\frac{1}{2}<1$，级数收敛．

② 比值法：

$\lim_{n\to\infty}\frac{u_{n+1}}{u_n}=\lim_{n\to\infty}\frac{2+(-1)^{n+1}}{2^{n+1}}\times\frac{2^n}{2+(-1)^n}=\frac{1}{2}\lim_{n\to\infty}\frac{2+(-1)^{n+1}}{2+(-1)^n}$，极限不存在，无法判断．

注：① 含有阶乘项的必须采用比值；

② 例如 $\sum_{n=1}^{\infty}\frac{2+(-1)^n}{2^n}$，这种情况含有 $(-1)^n$ 类型必须用根值；

③ 其余情况两种方法通用．

7.2.3 交错级数及其审敛法

交错级数：一个级数的各项是正负相间的．

$$\sum_{n=1}^{\infty}(-1)^{n-1}u_n=u_1-u_2+u_3-u_4+\cdots$$

$$\sum_{n=1}^{\infty}(-1)^n u_n=-u_1+u_2-u_3+u_4-\cdots$$

定理（莱布尼兹判别法）：若交错级数 $\sum_{n=1}^{\infty}(-1)^{n-1}u_n$ 满足条件：

① $\lim\limits_{n\to\infty} u_n=0$；

② $u_n \geqslant u_{n+1}$.

则级数 $\sum\limits_{n=1}^{\infty}(-1)^{n-1}u_n$ 收敛，且 $0\leqslant \sum\limits_{n=1}^{\infty}(-1)^{n-1}u_n \leqslant u_1$，其余项 $|r_n|\leqslant u_{n+1}$.

[例 7] 判别交错级数 $\sum\limits_{n=1}^{\infty}(-1)^{n-1}\dfrac{n}{10^n}$ 的敛散性 .

解： $\lim\limits_{n\to\infty} u_n=\lim\limits_{n\to\infty}\dfrac{n}{10^n}=0$

$u_n=\dfrac{n}{10^n}\geqslant\dfrac{n+1}{10^{n+1}}=u_n$

由莱布尼兹定理，级数收敛 .

7.2.4 绝对收敛与条件收敛

定义： 若 $\sum\limits_{n=1}^{\infty}|u_n|$ 收敛，则称 $\sum\limits_{n=1}^{\infty}u_n$ 绝对收敛；

若 $\sum\limits_{n=1}^{\infty}u_n$ 收敛，而 $\sum\limits_{n=1}^{\infty}|u_n|$ 发散，则称 $\sum\limits_{n=1}^{\infty}u_n$ 条件收敛 .

基本结论：

① 绝对收敛的级数一定收敛，即 $\sum\limits_{n=1}^{\infty}|u_n|$ 收敛 $\Rightarrow \sum\limits_{n=1}^{\infty}u_n$ 收敛；

② 条件收敛的级数的所有正项（或负项）构成的级数一定发散，即：$\sum\limits_{n=1}^{\infty}u_n$ 条件收敛 $\Rightarrow$ $\sum\limits_{n=1}^{\infty}\dfrac{u_n+|u_n|}{2}$ 和 $\sum\limits_{n=1}^{\infty}\dfrac{u_n-|u_n|}{2}$ 发散 .

[例 8] 判别 $\sum\limits_{n=1}^{\infty}(-1)^{n+1}\dfrac{1}{2^n n}$ 是绝对收敛还是条件收敛 .

解： 对应的正项级数 $\sum\limits_{n=1}^{\infty}|u_n|=\sum\limits_{n=1}^{\infty}\dfrac{1}{2^n n}$ 收敛，所以级数 $\sum\limits_{n=1}^{\infty}(-1)^{n+1}\dfrac{1}{2^n n}$ 绝对收敛 .

[例 9] 判别 $\sum\limits_{n=1}^{\infty}\left(\dfrac{na}{n+1}\right)^n$ 的敛散性（$a>0$）.

解： 根值法：

$$\lim_{n\to\infty}\sqrt[n]{u_n}=\lim_{n\to\infty}\sqrt[n]{\left(\frac{na}{n+1}\right)^n}=a$$

当 $0<a<1$ 时，级数收敛；

当 $1<a$ 时，级数发散；

当 $a=1$ 时，$\lim\limits_{n\to\infty}u_n=\dfrac{1}{\mathrm{e}}\neq 0$，级数发散 .

[例 10] 判别 $\sum\limits_{n=1}^{\infty}\dfrac{a^n n!}{n^n}$ 的敛散性（$a>0$）.

解： $\lim\limits_{n\to\infty}\dfrac{u_{n+1}}{u_n}=\lim\limits_{n\to\infty}\dfrac{a^{n+1}(n+1)!}{(n+1)^{n+1}}\times\dfrac{n^n}{a^n n!}=a\lim\limits_{n\to\infty}\left(\dfrac{n}{n+1}\right)^n=\dfrac{a}{\mathrm{e}}$

当 $0<a<\mathrm{e}$ 时，收敛；

当 $a>\mathrm{e}$ 时，发散；

当 $a=\mathrm{e}$ 时，$\lim\limits_{n\to\infty}\dfrac{u_{n+1}}{u_n}=\lim\limits_{n\to\infty}\dfrac{\mathrm{e}}{\left(1+\dfrac{1}{n}\right)^n}=1$，但是 $\left(1+\dfrac{1}{n}\right)^n$ 是单调增趋于 e 的，则

$\dfrac{u_{n+1}}{u_n}=\dfrac{\mathrm{e}}{(1+\dfrac{1}{n})^n}>1$，即 u_n 是单调递增，又因为 $u_n>0$，则 $\lim\limits_{n\to\infty}u_n\neq 0$，级数发散．

[例 11] 判别 $\sum\limits_{n=1}^{\infty}\left(1-\cos\dfrac{\sqrt{\pi}}{n}\right)$ 的敛散性．

解： 当 $n\to\infty$ 时 $1-\cos\dfrac{\sqrt{\pi}}{n}\sim\dfrac{\pi}{2n^2}$

$$\lim_{n\to\infty}\frac{1-\cos\dfrac{\sqrt{\pi}}{n}}{\dfrac{\pi}{2n^2}}=1$$

级数 $\sum\limits_{n=1}^{\infty}\dfrac{\pi}{2n^2}$ 收敛，由比较法的极限形式，级数 $\sum\limits_{n=1}^{\infty}\left(1-\cos\dfrac{\sqrt{\pi}}{n}\right)$ 收敛．

[例 12] 判别 $\sum\limits_{n=1}^{\infty}(\sqrt{n+1}-\sqrt{n})^p\ln\left(1+\dfrac{1}{n}\right)$ 的敛散性（$p>0$）.

解： 当 $n\to\infty$ 时

$$\left.\begin{array}{l}(\sqrt{n+1}-\sqrt{n})^p=n^{\frac{p}{2}}\left(\sqrt{1+\dfrac{1}{n}}-1\right)^p\\ \sqrt{1+\dfrac{1}{n}}-1\sim\dfrac{1}{2}\times\dfrac{1}{n}\\ \ln\left(1+\dfrac{1}{n}\right)\sim\dfrac{1}{n}\end{array}\right\}\Rightarrow(\sqrt{n+1}-\sqrt{n})^p\ln\left(1+\frac{1}{n}\right)\sim n^{\frac{p}{2}}\times\frac{1}{2^p n^p}\times\frac{1}{n}=\frac{1}{2^p n^{1+\frac{p}{2}}}$$

∴级数与 $\sum\limits_{n=1}^{\infty}\dfrac{1}{2^p n^{1+\frac{p}{2}}}$（$p>0$ 收敛，$p\leqslant 0$ 发散）具有相同的敛散性

故级数 $\sum\limits_{n=1}^{\infty}(\sqrt{n+1}-\sqrt{n})^p\ln\left(1+\dfrac{1}{n}\right)$，当 $p>0$ 时收敛，当 $p\leqslant 0$ 时发散．

[例 13] 判别 $\sum\limits_{n=1}^{\infty}\int_0^{\frac{1}{n}}\dfrac{\sqrt{x}}{1+x^2}\mathrm{d}x$ 的敛散性．

解： $0<\int_0^{\frac{1}{n}}\dfrac{\sqrt{x}}{1+x^2}\mathrm{d}x<\int_0^{\frac{1}{n}}\sqrt{x}\,\mathrm{d}x=\dfrac{2}{3n^{\frac{3}{2}}}$

因为级数 $\dfrac{2}{3}\sum\limits_{n=1}^{\infty}\dfrac{1}{n^{\frac{3}{2}}}$ 收敛，由比较法，级数 $\sum\limits_{n=1}^{\infty}\int_0^{\frac{1}{n}}\dfrac{\sqrt{x}}{1+x^2}\mathrm{d}x$ 收敛．

[例 14] 判别 $\sum_{n=1}^{\infty}(n^{\frac{1}{n^2+1}}-1)$ 的敛散性 .

解：由于 $n^{\frac{1}{n^2+1}}-1=e^{\frac{1}{n^2+1}\ln n}-1\sim\frac{\ln n}{n^2+1}$

$\frac{\ln n}{n^2+1}<\frac{\ln n}{n^2}<\frac{\sqrt{n}}{n^2}=\frac{1}{n^{\frac{3}{2}}}$

且级数 $\sum_{n=1}^{\infty}\frac{1}{n^{\frac{3}{2}}}$ 收敛，由比较法，级数 $\sum_{n=1}^{\infty}(n^{\frac{1}{n^2+1}}-1)$ 收敛 .

[例 15] 判别 $\sum_{n=1}^{\infty}\left(\frac{1}{n}-\ln\left(1+\frac{1}{n}\right)\right)$ 的敛散性.

解：方法 1：由麦克劳林公式

$\ln\left(1+\frac{1}{n}\right)=\frac{1}{n}-\frac{1}{2n^2}+O\left(\frac{1}{n^2}\right)$

$\frac{1}{n}-\ln\left(1+\frac{1}{n}\right)=\frac{1}{2n^2}-O\left(\frac{1}{n^2}\right)\sim\frac{1}{2n^2}$

因为级数 $\sum_{n=1}^{\infty}\frac{1}{2n^2}$ 收敛，由比较法，级数 $\sum_{n=1}^{\infty}\left(\frac{1}{n}-\ln\left(1+\frac{1}{n}\right)\right)$ 收敛 .

方法 2：由不等式 $\frac{x}{1+x}<\ln(1+x)<x\ (x>0)$ 知

$$0<\frac{1}{n}-\ln\left(1+\frac{1}{n}\right)<\frac{1}{n}-\frac{\frac{1}{n}}{1+\frac{1}{n}}=\frac{1}{n}-\frac{1}{n+1}=\frac{1}{n(n+1)}<\frac{1}{n^2}$$

因为级数 $\sum_{n=1}^{\infty}\frac{1}{n^2}$ 收敛，由比较法，级数 $\sum_{n=1}^{\infty}\left(\frac{1}{n}-\ln\left(1+\frac{1}{n}\right)\right)$ 收敛 .

[例 16] 设 $\sum_{n=1}^{\infty}u_n$ 为正项级数，下列结论正确的是（　　）.

（A）若 $\lim\limits_{n\to\infty}nu_n=0$，则 $\sum_{n=1}^{\infty}u_n$ 收敛

（B）若存在非零常数 λ，使 $\lim\limits_{n\to\infty}nu_n=\lambda$，则 $\sum_{n=1}^{\infty}u_n$ 发散

（C）若 $\sum_{n=1}^{\infty}u_n$ 收敛，则 $\lim\limits_{n\to\infty}n^2u_n=0$

（D）若 $\sum_{n=1}^{\infty}u_n$ 发散，则存在非零常数 λ，使得 $\lim\limits_{n\to\infty}nu_n=\lambda$

答案：(B).

解：排除法：若 $u_n=\frac{1}{n\ln n}$，级数 $\sum_{n=2}^{\infty}\frac{1}{n\ln n}$ 发散，但 $\lim\limits_{n\to\infty}nu_n=\lim\limits_{n\to\infty}\frac{1}{\ln n}=0$ 则（A）、（D）都错，$u_n=\frac{1}{n^2}$，则（C）错 .

直接法：$\lim\limits_{n\to\infty} nu_n=\lambda=\lim\limits_{n\to\infty}\dfrac{u_n}{\dfrac{1}{n}}=\lambda\neq 0.$

注：关于 $\sum\limits_{n=2}^{\infty}\dfrac{1}{n^p\ln^q n}$ 的敛散性结论．

① 当 $p>1$ 或者 $p=1$，$q>1$ 时收敛；

② 当 $p<1$ 或者 $p=1$，$q\leqslant 1$ 时发散．

[例 17] 判定级数的敛散性 $\sum\limits_{n=1}^{\infty}\dfrac{(-1)^n\ln n}{\sqrt{n}}$．

解：考虑函数 $f(x)=\dfrac{\ln x}{\sqrt{x}}$，$f'(x)=\dfrac{\dfrac{1}{\sqrt{x}}-\dfrac{\ln x}{2\sqrt{x}}}{x}=\dfrac{2-\ln x}{2x\sqrt{x}}$

当 $x>\mathrm{e}^2$ 时，$f'(x)<0$

故 $u_n=\dfrac{\ln n}{\sqrt{n}}$，当 $n>\mathrm{e}^2$ 时，单调递减，即 $u_n\geqslant u_{n+1}$

因为 $\lim\limits_{x\to+\infty}\dfrac{\ln x}{\sqrt{x}}=\lim\limits_{x\to+\infty}\dfrac{\dfrac{1}{x}}{\dfrac{1}{2\sqrt{x}}}=\lim\limits_{x\to+\infty}\dfrac{2}{\sqrt{x}}=0$

故 $\lim\limits_{n\to\infty}u_n=0$

所以由莱布尼兹法则知级数收敛．

[例 18] 判定级数 $\sum\limits_{n=1}^{\infty}\sin(\pi\sqrt{n^2+a^2})$ 的敛散性．

解：$\sin(\pi\sqrt{n^2+a^2})=\sin\left[n\pi+(\pi\sqrt{n^2+a^2}-n\pi)\right]=(-1)^n\sin(\pi\sqrt{n^2+a^2}-n\pi)$

$$=(-1)^n\sin\frac{a^2\pi}{\sqrt{n^2+a^2}+n}$$

因为 $\sin\dfrac{a^2\pi}{\sqrt{n^2+a^2}+n}$ 单调递减且 $\lim\limits_{n\to\infty}\sin\dfrac{a^2\pi}{\sqrt{n^2+a^2}+n}=0$

所以由莱布尼兹法则知级数收敛．

[例 19] 设常数 $\lambda>0$，且级数 $\sum\limits_{n=1}^{\infty}a_n^2$ 收敛，则级数 $\sum\limits_{n=1}^{\infty}(-1)^n\dfrac{|a_n|}{\sqrt{n^2+\lambda}}$（　　）．

（A）发散　　（B）条件收敛　　（C）绝对收敛　　（D）敛散性与 λ 有关

答案：（C）．

解：由不等式 $2ab\leqslant a^2+b^2$ 知 $\left|(-1)^n\dfrac{|a_n|}{\sqrt{n^2+\lambda}}\right|=\dfrac{|a_n|}{\sqrt{n^2+\lambda}}\leqslant\dfrac{1}{2}\left(a_n^2+\dfrac{1}{n^2+\lambda}\right)$

而 $\sum\limits_{n=1}^{\infty}a_n^2$ 和 $\sum\limits_{n=1}^{\infty}\dfrac{1}{n^2+\lambda}$ 都收敛，则原级数绝对收敛．

[例 20] 设 $u_n\neq 0$（$n=1,2\cdots$）且 $\lim\limits_{n\to\infty}\dfrac{n}{u_n}=1$，则级数 $\sum\limits_{n=1}^{\infty}(-1)^{n-1}\left(\dfrac{1}{u_n}+\dfrac{1}{u_{n+1}}\right)$（　　）．

(A) 发散　　(B) 绝对收敛　　(C) 条件收敛　　(D) 敛散性不定

答案：(C).

解：$\lim\limits_{n\to\infty}\dfrac{\left|(-1)^{n-1}\left(\dfrac{1}{u_n}+\dfrac{1}{u_{n+1}}\right)\right|}{\dfrac{1}{n}}=\lim\limits_{n\to\infty}\left(\dfrac{n}{u_n}+\dfrac{n}{u_{n+1}}\right)=2\neq 0$

因为 $\sum\limits_{n=1}^{\infty}\dfrac{1}{n}$ 发散，由比较法的极限形式，级数 $\sum\limits_{n=1}^{\infty}\left|(-1)^{n-1}\left(\dfrac{1}{u_n}+\dfrac{1}{u_{n+1}}\right)\right|$ 发散.

抽象级数敛散性判别用定义法

令 $s_n=\sum\limits_{k=1}^{n}(-1)^{k-1}\left(\dfrac{1}{u_k}+\dfrac{1}{u_{k+1}}\right)=\dfrac{1}{u_1}+\dfrac{1}{u_2}-\left(\dfrac{1}{u_2}+\dfrac{1}{u_3}\right)+\cdots+(-1)^{n-1}\left(\dfrac{1}{u_n}+\dfrac{1}{u_{n+1}}\right)$

$=\dfrac{1}{u_1}+(-1)^{n-1}\dfrac{1}{u_{n+1}}$

因为 $\lim\limits_{n\to\infty}\dfrac{1}{u_n}=\lim\limits_{n\to\infty}\dfrac{n}{u_n}\times\dfrac{1}{n}=0$，则 $\lim\limits_{n\to\infty}s_n=\dfrac{1}{u_1}$

所以级数 $\sum\limits_{n=1}^{\infty}(-1)^{n-1}\left(\dfrac{1}{u_n}+\dfrac{1}{u_{n+1}}\right)$ 收敛，且条件收敛.

[例 21] 设有两个数列 $\{a_n\}$，$\{b_n\}$，若 $\lim\limits_{n\to\infty}a_n=0$，则（　　）.

(A) 当 $\sum\limits_{n=1}^{\infty}b_n$ 收敛时，$\sum\limits_{n=1}^{\infty}a_nb_n$ 收敛

(B) 当 $\sum\limits_{n=1}^{\infty}b_n$ 发散时，$\sum\limits_{n=1}^{\infty}a_nb_n$ 发散

(C) 当 $\sum\limits_{n=1}^{\infty}|b_n|$ 收敛时，$\sum\limits_{n=1}^{\infty}a_n^2b_n^2$ 收敛

(D) 当 $\sum\limits_{n=1}^{\infty}|b_n|$ 发散时，$\sum\limits_{n=1}^{\infty}a_n^2b_n^2$ 发散

答案：(C).

解：(A) 取 $a_n=b_n=(-1)^n\dfrac{1}{\sqrt{n}}$，(B) 取 $a_n=b_n=\dfrac{1}{n}$，(D) 取 $a_n=b_n=\dfrac{1}{n}$.

[例 22] 证明：设 $a_n\leqslant c_n\leqslant b_n$，$n=1,2\cdots$，且级数 $\sum\limits_{n=1}^{\infty}a_n$ 与 $\sum\limits_{n=1}^{\infty}b_n$ 收敛，则级数 $\sum\limits_{n=1}^{\infty}c_n$ 收敛.

解：(典型错误) $\because a_n\leqslant c_n\leqslant b_n$，由比较判别法知 $\sum\limits_{n=1}^{\infty}c_n$ 收敛，这样证明不对，题中没有说明 $\sum\limits_{n=1}^{\infty}a_n$ 和 $\sum\limits_{n=1}^{\infty}b_n$ 是正项级数，比较法只适用于正项级数.

(正确解法)

由已知得 $0\leqslant c_n-a_n\leqslant b_n-a_n$，

因为 $\sum\limits_{n=1}^{\infty}a_n$ 与 $\sum\limits_{n=1}^{\infty}b_n$ 均收敛，所以 $\sum\limits_{n=1}^{\infty}(b_n-a_n)$ 收敛，

由比较法 $\sum_{n=1}^{\infty}(c_n-a_n)$ 收敛，

因为 $\sum_{n=1}^{\infty}c_n=\sum_{n=1}^{\infty}(a_n+c_n-a_n)=\sum_{n=1}^{\infty}a_n+\sum_{n=1}^{\infty}(c_n-a_n)$

所以由收敛级数的性质得级数 $\sum_{n=1}^{\infty}c_n$ 收敛.

7.3 幂级数

7.3.1 函数项级数的定义及其收敛域

定义 1：$\sum_{n=1}^{\infty}u_n(x)=u_1(x)+u_2(x)+\cdots+u_n(x)+\cdots$ 称为函数项级数.

注：令 $x=x_0$ 时，函数项级数变为常数项级数.

定义 2：

若 $\sum_{n=1}^{\infty}u_n(x_0)$ 收敛，则 x_0 称为 $\sum_{n=1}^{\infty}u_n(x)$ 的收敛点；

若 $\sum_{n=1}^{\infty}u_n(x_0)$ 发散，则 x_0 称为 $\sum_{n=1}^{\infty}u_n(x)$ 的发散点.

收敛点的全体称为**收敛域**.

发散点的全体称为**发散域**.

函数项级数 $\sum_{n=1}^{\infty}u_n(x)$ 在收敛域内有和 $s(x)$，称 $s(x)$ 为函数项级数 $\sum_{n=1}^{\infty}u_n(x)$ 的和函数，函数的定义域就是级数的收敛域，即 $s(x)=\sum_{n=1}^{\infty}u_n(x)$.

注：求常数项级数 $\sum_{n=1}^{\infty}u_n(x_0)$ 的和，可以先求函数项级数 $\sum_{n=1}^{\infty}u_n(x)$ 的和 $s(x)$，再令 $x=x_0$，代入即可，得 $\sum_{n=1}^{\infty}u_n(x_0)=s(x_0)$.

补充：函数项级数 $\sum_{n=1}^{\infty}u_n(x)$ 收敛域的求法（重要）：

① 求 $\lim\limits_{n\to\infty}\left|\dfrac{u_{n+1}(x)}{u_n(x)}\right|=\varphi(x)$ 或 $\lim\limits_{n\to\infty}\sqrt[n]{|u_n(x)|}=\varphi(x)$；

② 解不等式 $\varphi(x)<1$，即求出 $\sum_{n=1}^{\infty}u_n(x)$ 的收敛点（收敛区间）；

③ 解出使 $\varphi(x)=1$ 的点 x_0，判断 $\sum_{n=1}^{\infty}u_n(x_0)$ 的敛散性；

④ 写出函数项级数的收敛域（②+③）.

[例 23] 求 $\sum_{n=1}^{\infty}(-1)^n\dfrac{n}{2^n}(x-1)^{2n}$ 的收敛域．

解： $\lim\limits_{n\to\infty}\left|\dfrac{u_{n+1}(x)}{u_n(x)}\right|=\lim\limits_{n\to\infty}\left|\dfrac{n+1}{2^{n+1}}(x-1)^{2n+2}\bigg/\left[\dfrac{n}{2^n}(x-1)^{2n}\right]\right|=\dfrac{1}{2}(x-1)^2$

当$\dfrac{1}{2}(x-1)^2<1$ 得 $1-\sqrt{2}<x<1+\sqrt{2}$

当$\dfrac{1}{2}(x-1)^2=1$ 得 $x_1=1-\sqrt{2}$，$x_2=1+\sqrt{2}$

当 $x=1\pm\sqrt{2}$时，原级数为 $\sum_{n=1}^{\infty}(-1)^n n$ ，发散.

所以收敛域为 $(1-\sqrt{2},1+\sqrt{2})$.

7.3.2 幂级数的定义、收敛半径及收敛域

定义： 形如 $\sum_{n=0}^{\infty}a_nx^n=a_0+a_1x+a_2x^2+\cdots+a_nx^n+\cdots$ 的级数称为幂级数，其中常数 a_0，a_1，a_2，…，a_n，…叫作幂级数的系数．

① 幂级数的收敛定理（阿贝尔定理）

如果级数 $\sum_{n=0}^{\infty}a_nx^n$ ，当 $x=x_0\,(x_0\neq0)$时收敛，则当$|x|<|x_0|$时，幂级数 $\sum_{n=0}^{\infty}a_nx^n$ 都收敛；

反之如果级数 $\sum_{n=0}^{\infty}a_nx^n$ ，当 $x=x_0\,(x_0\neq0)$时发散，则当$|x|>|x_0|$时，幂级数 $\sum_{n=0}^{\infty}a_nx^n$ 发散．

注：a. 总体思路：函数项级数包括幂级数在某一点 $x=x_0$ 处的敛散性判别，就是将该点代入 $\sum_{n=1}^{\infty}u_n(x)$ 中，看对应的常数项级数 $\sum_{n=1}^{\infty}u_n(x_0)$ 的敛散性．

b. 幂级数 $\sum_{n=0}^{\infty}a_nx^n$ 一定在 $x=0$ 处收敛．

② 如果幂级数 $\sum_{n=0}^{\infty}a_nx^n$ 不是仅在 $x=0$ 一点处收敛，也不是在整个数轴上都收敛，则存在一个不确定的数 $R\,(0\leqslant R<+\infty)$，使得：

当$|x|<R$ 时，幂级数 $\sum_{n=0}^{\infty}a_nx^n$ 绝对收敛；

当$|x|>R$ 时，幂级数 $\sum_{n=0}^{\infty}a_nx^n$ 发散；

当 $x=R$ 和 $x=-R$ 时，幂级数可能收敛也可能发散．

注：a. 正数 R 通常叫作幂级数 $\sum_{n=0}^{\infty}a_nx^n$ 的收敛半径；

b.（$-R$，R）叫作幂级数 $\sum\limits_{n=0}^{\infty}a_nx^n$ 的收敛区间；

c. $x=\pm R$ 的敛散性决定 $\sum\limits_{n=0}^{\infty}a_nx^n$ 的收敛域（收敛域的可能形式 $(-R,R)$、$[-R,R)$、$(-R,R]$、$[-R,R]$）；

d. $\sum\limits_{n=0}^{\infty}a_nx^n$ 只在 $x=0$ 处收敛，规定其收敛半径 $R=0$，$\sum\limits_{n=0}^{\infty}a_nx^n$ 在整个数轴上收敛，规定其收敛半径 $R=+\infty$.

③ 幂级数 $\sum\limits_{n=0}^{\infty}a_nx^n$ 的收敛域求法

a. 求收敛半径：使用比值或根值计算，如果 $\lim\limits_{n\to\infty}\left|\dfrac{a_{n+1}}{a_n}\right|=\rho$ 或 $\lim\limits_{n\to\infty}\sqrt[n]{|a_n|}=\rho$，则 $R=\dfrac{1}{\rho}$；

b. 收敛区间为 $(-R,R)$；

c. 讨论 $x=-R$ 和 $x=R$ 处 $\sum\limits_{n=0}^{\infty}a_nx^n$ 的敛散性；

d. 写出幂级数的收敛域.

[例 24] 求幂级数 $\sum\limits_{n=0}^{\infty}(-1)^n\dfrac{\sqrt{n}}{n!}x^n$ 的收敛域.

解：标准幂级数

$$\rho=\lim_{n\to\infty}\left|\frac{a_{n+1}}{a_n}\right|=\lim_{n\to\infty}\left|\frac{(-1)^{n+1}\sqrt{n+1}}{(n+1)!}\times\frac{n!}{(-1)^n\sqrt{n}}\right|=0$$

$$R=\frac{1}{\rho}=+\infty$$

所以收敛域为 $(-\infty,+\infty)$.

[例 25] 设幂级数 $\sum\limits_{n=1}^{\infty}a_n(x-1)^n$ 在 $x=0$ 收敛，在 $x=2$ 发散，则该幂级数收敛域为什么？

解：换元法，设 $x-1=t$，级数变为 $\sum\limits_{n=1}^{\infty}a_nt^n$，

原级数在 $x=0$ 收敛，对应 $t=-1$ 处收敛，所以满足 $|t|<|-1|$，即满足 $-1<t<1$ 使 $\sum\limits_{n=1}^{\infty}a_nt^n$ 收敛，所以满足 $0<x<2$，都使 $\sum\limits_{n=1}^{\infty}a_n(x-1)^n$ 收敛.

原级数在 $x=2$ 发散，对应 $t=1$ 处发散，所以满足 $|t|>1$，即满足 $t<-1$ 或 $t>1$ 使 $\sum\limits_{n=1}^{\infty}a_nt^n$ 发散，所以满足 $x<0$ 或 $x>2$，都使 $\sum\limits_{n=1}^{\infty}a_n(x-1)^n$ 发散.

所以收敛域为 $[0,2)$.

7.3.3 和函数的性质及求和函数

性质 1：幂级数 $\sum\limits_{n=0}^{\infty}a_nx^n$ 的和函数 $s(x)$ 在其收敛域 I 上连续.

性质 2：幂级数 $\sum_{n=0}^{\infty} a_n x^n$ 的和函数 $s(x)$ 在其收敛域 I 上可积并有逐项积分公式

$$\int_0^x s(x)\mathrm{d}x = \sum_{n=0}^{\infty}\int_0^x a_n x^n \mathrm{d}x = \sum_{n=0}^{\infty}\frac{a_n}{n+1}x^{n+1} \quad (x \in I)$$

逐项积分后所得到的幂级数和原级数有相同的收敛半径.

性质 3：幂级数 $\sum_{n=0}^{\infty} a_n x^n$ 的和函数 $s(x)$ 在其收敛区间 $(-R,R)$ 内可导，并有逐项求导公式

$$s'(x) = \sum_{n=0}^{\infty}(a_n x^n)' = \sum_{n=0}^{\infty} n a_n x^{n-1} \qquad x \in (-R,R)$$

逐项求导后所得到的幂级数和原级数有相同的收敛半径.

求和函数的方法（$\sum_{n=0}^{\infty} a_n x^n$）：

① 求 $\sum_{n=0}^{\infty} a_n x^n$ 的收敛域；

② 当 $x=0$ 时，$s(x)=s(0)=a_0$；

当 $x \neq 0$ 时，设 $s(x)=\sum_{n=0}^{\infty} a_n x^n$；

③ 对上式做适当的变形，利用四则运算、微分运算、积分运算等，使右端 $\sum_{n=0}^{\infty} a_n x^n$ 变成常见的可求和级数，并求出和函数；

④ 将第③步的所有运算，按逆序做逆运算，即求出 $x \neq 0$ 时 $s(x)$的表达式；

⑤ 验证当 $x=0$ 时，④中所求 $s(x)$ 是否等于②中 $s(0)=a_0$，若相等，则和函数 $s(x)$ 为一个表达式（需写出定义域，即收敛域），若不相等，则和函数 $s(x)$ 用分段函数表示.

[例 26] 求下列幂级数的和函数.

(1) $\sum_{n=1}^{\infty}\frac{x^n}{n(n+1)}$

解：首先求收敛域

$$\rho = \lim_{n\to\infty}\left|\frac{a_{n+1}}{a_n}\right| = \lim_{n\to\infty}\left|\frac{\frac{1}{(n+1)(n+2)}}{\frac{1}{n(n+1)}}\right| = 1, R=\frac{1}{\rho}=1$$

收敛区间为 $(-1,1)$

当 $x=-1$ 时，$\sum_{n=1}^{\infty}(-1)^n\frac{1}{n(n+1)}$ 收敛

当 $x=1$ 时，$\sum_{n=1}^{\infty}\frac{1}{n(n+1)}$ 收敛

所以收敛域为 $[-1,1]$

当 $x=0$ 时，$s(x)=s(0)=0$

当 $x \neq 0$ 时，设 $s(x)=\sum_{n=1}^{\infty}\frac{x^n}{n(n+1)}$

$$xs(x)=\sum_{n=1}^{\infty}\frac{x^{n+1}}{n(n+1)}$$

$$(xs(x))'=\sum_{n=1}^{\infty}\frac{x^{n}}{n}$$

$$(xs(x))''=\sum_{n=1}^{\infty}x^{n-1}=\frac{1}{1-x}\qquad |x|<1$$

$$(xs(x))'=\int_0^x\frac{1}{1-x}\mathrm{d}x=-\ln(1-x)\qquad |x|<1$$

$$xs(x)=\int_0^x-\ln(1-x)\mathrm{d}x=(1-x)\ln(1-x)+x\qquad |x|<1$$

$$s(x)=1+\frac{1-x}{x}\ln(1-x)$$

经验证，当 $x=0$ 时，$s(x)=s(0)=0$，不满足当 $x\neq0$ 时 $s(x)=1+\frac{1-x}{x}\ln(1-x)$，所求和函数为 $s(x)=\begin{cases}1+\frac{1-x}{x}\ln(1-x), & x\in[-1,0)\cup(0,1]\\ 0, & x=0\end{cases}$.

(2) $\sum\limits_{n=1}^{\infty}\frac{2n-1}{2^n}x^{2n-2}$

解：首先求收敛域

$$\lim_{n\to\infty}\left|\frac{u_{n+1}(x)}{u_n(x)}\right|=\lim_{n\to\infty}\left|\frac{(2n+1)x^{2n}}{2^{n+1}}\times\frac{2^n}{(2n-1)x^{2n-2}}\right|=\frac{1}{2}x^2<1$$

收敛区间为 $(-\sqrt{2},\sqrt{2})$

当 $x=-\sqrt{2}$ 时，$\sum\limits_{n=1}^{\infty}\frac{2n-1}{2}$ 发散

当 $x=\sqrt{2}$ 时，$\sum\limits_{n=1}^{\infty}\frac{2n-1}{2}$ 发散

收敛域为 $(-\sqrt{2},\sqrt{2})$

当 $x=0$ 时，$s(x)=s(0)=\frac{1}{2}$

当 $x\neq0$ 时，设 $s(x)=\sum\limits_{n=1}^{\infty}\frac{2n-1}{2^n}x^{2n-2}$

$$\int_0^x s(x)\mathrm{d}x=\sum_{n=1}^{\infty}\int_0^x\frac{2n-1}{2^n}x^{2n-2}\mathrm{d}x=\sum_{n=1}^{\infty}\frac{x^{2n-1}}{2^n}$$

$$=\frac{1}{x}\sum_{n=1}^{\infty}\left(\frac{x^2}{2}\right)^n=\frac{x}{2-x^2}\qquad |x|<\sqrt{2}$$

$$s(x)=\left(\frac{x}{2-x^2}\right)'=\frac{2+x^2}{(2-x^2)^2}\qquad |x|<\sqrt{2}$$

经验证当 $x=0$ 时 $s(x)=s(0)=\frac{1}{2}$，满足当 $x\neq0$ 时 $s(x)=\left(\frac{x}{2-x^2}\right)'=\frac{2+x^2}{(2-x^2)^2}$，所

求和函数为 $s(x)=\left(\frac{x}{2-x^2}\right)'=\frac{2+x^2}{(2-x^2)^2}$，$x\in(-\sqrt{2},\sqrt{2})$.

(3) $\sum_{n=0}^{\infty}\frac{n^2+1}{2^n n!}x^n$

解： 首先求收敛域，易求收敛域为 $(-\infty,+\infty)$

当 $x=0$ 时，$s(x)=s(0)=1$

当 $x\neq0$ 时，设 $s(x)=\sum_{n=0}^{\infty}\frac{n^2+1}{2^n n!}x^n$

$$\begin{aligned}
s(x)&=\sum_{n=0}^{\infty}\frac{n^2+1}{n!}\left(\frac{x}{2}\right)^n=\sum_{n=1}^{\infty}\frac{n}{(n-1)!}\left(\frac{x}{2}\right)^n+\sum_{n=0}^{\infty}\frac{1}{n!}\left(\frac{x}{2}\right)^n\\
&=\sum_{n=1}^{\infty}\frac{n-1}{(n-1)!}\left(\frac{x}{2}\right)^n+\sum_{n=1}^{\infty}\frac{1}{(n-1)!}\left(\frac{x}{2}\right)^n+\sum_{n=0}^{\infty}\frac{1}{n!}\left(\frac{x}{2}\right)^n\\
&=\sum_{n=2}^{\infty}\frac{1}{(n-2)!}\left(\frac{x}{2}\right)^n+\sum_{n=1}^{\infty}\frac{1}{(n-1)!}\left(\frac{x}{2}\right)^n+\sum_{n=0}^{\infty}\frac{1}{n!}\left(\frac{x}{2}\right)^n\\
&=\frac{x^2}{4}\sum_{n=2}^{\infty}\frac{1}{(n-2)!}\left(\frac{x}{2}\right)^{n-2}+\frac{x}{2}\sum_{n=1}^{\infty}\frac{1}{(n-1)!}\left(\frac{x}{2}\right)^{n-1}+\sum_{n=0}^{\infty}\frac{1}{n!}\left(\frac{x}{2}\right)^n\\
&=\frac{x^2}{4}e^{\frac{x}{2}}+\frac{x}{2}e^{\frac{x}{2}}+e^{\frac{x}{2}}\qquad x\in(-\infty,+\infty)
\end{aligned}$$

经验证当 $x=0$ 时 $s(x)=s(0)=1$，满足当 $x\neq0$ 时 $s(x)=\frac{x^2}{4}e^{\frac{x}{2}}+\frac{x}{2}e^{\frac{x}{2}}+e^{\frac{x}{2}}$，所求和函数为 $s(x)=\frac{x^2}{4}e^{\frac{x}{2}}+\frac{x}{2}e^{\frac{x}{2}}+e^{\frac{x}{2}}$，$x\in(-\infty,+\infty)$.

(4) $\sum_{n=0}^{\infty}(-1)^n\frac{n+1}{(2n+1)!}x^{2n+1}$

解： 首先求收敛域，易求收敛域为 $(-\infty,+\infty)$

当 $x=0$ 时，$s(x)=s(0)=0$

当 $x\neq0$ 时，设 $s(x)=\sum_{n=0}^{\infty}(-1)^n\frac{n+1}{(2n+1)!}x^{2n+1}$

$$\begin{aligned}
\int_0^x 2s(x)\mathrm{d}x&=\sum_{n=0}^{\infty}\int_0^x(-1)^n\frac{2n+2}{(2n+1)!}x^{2n+1}=\sum_{n=0}^{\infty}(-1)^n\frac{x^{2n+2}}{(2n+1)!}\\
&=x\sum_{n=0}^{\infty}(-1)^n\frac{x^{2n+1}}{(2n+1)!}\\
&=x\sin x\quad x\in(-\infty,+\infty)\\
2s(x)&=\sin x+x\cos x\quad x\in(-\infty,+\infty)\\
s(x)&=\frac{\sin x+x\cos x}{2}\quad x\in(-\infty,+\infty)
\end{aligned}$$

经验证当 $x=0$ 时 $s(x)=s(0)=0$，满足当 $x\neq0$ 时 $s(x)=\frac{\sin x+x\cos x}{2}$，所求和函数为 $s(x)=\frac{\sin x+x\cos x}{2}$　$x\in(-\infty,+\infty)$.

7.3.4 函数展开成幂级数

间接法：利用已知函数的幂级数展开式，利用幂级数的运算（如四则运算，逐项求导，逐项积分）以及变量代换等，将所给函数展开成幂级数．（要注意已知函数的幂级数展开式的收敛域）

常见的幂级数展开式（麦克劳林公式协同记忆）：

① $\frac{1}{1-x}=1+x+x^2+\cdots+x^n+\cdots=\sum_{n=0}^{\infty}x^n$ $(-1<x<1)$

② $e^x=1+x+\frac{1}{2!}x^2+\frac{1}{3!}x^3+\cdots+\frac{1}{n!}x^n+O(x^n)=\sum_{n=0}^{\infty}\frac{1}{n!}x^n$ $(-\infty<x<+\infty)$

③ $\sin x=x-\frac{1}{3!}x^3+\frac{1}{5!}x^5+\cdots+\frac{(-1)^n}{(2n+1)!}x^{2n+1}+O(x^{2n+1})=\sum_{n=0}^{\infty}\frac{(-1)^n}{(2n+1)!}x^{2n+1}$

$(-\infty<x<+\infty)$

④ $\cos x=1-\frac{1}{2!}x^2+\frac{1}{4!}x^4+\cdots+\frac{(-1)^n}{(2n)!}x^{2n}+O(x^{2n})=\sum_{n=0}^{\infty}\frac{(-1)^n}{(2n)!}x^{2n}$ $(-\infty<x<+\infty)$

⑤ $\ln(1+x)=x-\frac{1}{2}x^2+\frac{1}{3}x^3+\cdots+\frac{(-1)^n}{n+1}x^{n+1}+O(x^{n+1})=\sum_{n=0}^{\infty}\frac{(-1)^n}{n+1}x^{n+1}$

$$=\sum_{n=1}^{\infty}\frac{(-1)^{n-1}}{n}x^n \quad (-1<x\leqslant 1)$$

[例 27] 将函数 $f(x)=\frac{1}{x^2+4x+3}$ 展开成（$x-1$）的幂级数．

解： $f(x)=\frac{1}{(x+1)(x+3)}=\frac{1}{2(x+1)}-\frac{1}{2(x+3)}=\frac{1}{2(2+x-1)}-\frac{1}{2(4+x-1)}$

$$=\frac{1}{4}\left(\frac{1}{1+\frac{x-1}{2}}\right)-\frac{1}{8}\left(\frac{1}{1+\frac{x-1}{4}}\right)$$

$$=\sum_{n=0}^{\infty}\frac{(-1)^n(x-1)^n}{2^{n+2}}-\sum_{n=0}^{\infty}\frac{(-1)^n(x-1)^n}{2^{2n+3}} \quad \left(\left|\frac{x-1}{2}\right|<1\text{ 且}\left|\frac{x-1}{4}\right|<1\right)$$

$$=\sum_{n=0}^{\infty}(-1)^n\left(\frac{1}{2^{n+2}}-\frac{1}{2^{2n+3}}\right)(x-1)^n \quad (-1<x<3).$$

[例 28] 求下列常数项级数的和．

(1) $\sum_{n=2}^{\infty}\frac{1}{(n^2-1)2^n}$

解： $s(x)=\sum_{n=2}^{\infty}\frac{x^n}{(n^2-1)}$

$$s(x)=\frac{1}{2}\sum_{n=2}^{\infty}\frac{x^n}{n-1}-\frac{1}{2}\sum_{n=2}^{\infty}\frac{x^n}{n+1}=\frac{x}{2}\sum_{n=2}^{\infty}\frac{x^{n-1}}{n-1}-\frac{1}{2x}\sum_{n=2}^{\infty}\frac{x^{n+1}}{n+1}$$

$$=\frac{x}{2}[-\ln(1-x)]-\frac{1}{2x}\left[-\ln(1-x)-x-\frac{x^2}{2}\right]$$

$$=\frac{2+x}{4}+\frac{1-x^2}{2x}\ln(1-x)$$

所以 $\sum_{n=2}^{\infty}\frac{1}{(n^2-1)2^n}=s(\frac{1}{2})=\frac{5}{8}-\frac{3}{4}\ln 2$

注：$\ln(1+x)=x-\frac{x^2}{2}+\cdots+\frac{(-1)^{n-1}x^n}{n}+\cdots$

$\ln(1-x)=-x-\frac{x^2}{2}-\frac{x^3}{3}\cdots-\frac{x^n}{n}-\cdots$.

(2) $\sum_{n=0}^{\infty}\frac{(-1)^n(n^2-n+1)}{2^n}$

解： $\sum_{n=0}^{\infty}\frac{(-1)^n(n^2-n+1)}{2^n}=\sum_{n=1}^{\infty}n(n-1)\left(-\frac{1}{2}\right)^n+\sum_{n=0}^{\infty}\left(-\frac{1}{2}\right)^n$

$\sum_{n=0}^{\infty}\left(-\frac{1}{2}\right)^n=\frac{1}{1-\left(-\frac{1}{2}\right)}=\frac{2}{3}$

令 $s(x)=\sum_{n=0}^{\infty}n(n-1)x^n=x^2\sum_{n=0}^{\infty}n(n-1)x^{n-2}=x^2(\sum_{n=0}^{\infty}x^n)''x^2\left(\frac{1}{1-x}\right)''=\frac{2x^2}{(1-x)^3}$

所以 $\sum_{n=1}^{\infty}n(n-1)\left(-\frac{1}{2}\right)^n=s\left(-\frac{1}{2}\right)=\frac{4}{27}$

$\sum_{n=0}^{\infty}\frac{(-1)^n(n^2-n+1)}{2^n}=s\left(-\frac{1}{2}\right)+\frac{2}{3}=\frac{22}{27}$.

[例 29] 求幂级数 $\sum_{n=0}^{\infty}\frac{x^{2n}}{(2n)!}$ 的和函数．

解： $e^x=\sum_{n=0}^{\infty}\frac{1}{n!}x^n=1+x+\frac{x^2}{2!}+\cdots+\frac{x^n}{n!}+\cdots \quad x\in(-\infty,\infty)$

$e^{-x}=\sum_{n=0}^{\infty}\frac{(-1)^n}{n!}x^n=1-x+\frac{x^2}{2!}-\cdots+\frac{(-1)^n}{n!}x^n+\cdots \quad x\in(-\infty,\infty)$

$e^x+e^{-x}=2(1+\frac{x^2}{2!}+\cdots+\frac{x^{2n}}{(2n)!}+\cdots)=2\sum_{n=0}^{\infty}\frac{x^{2n}}{(2n)!} \quad x\in(-\infty,\infty)$

所以 $\sum_{n=0}^{\infty}\frac{x^{2n}}{(2n)!}=\frac{e^x+e^{-x}}{2} \quad x\in(-\infty,\infty)$.

[例 30] 将下列函数展开成 x 的幂级数．

(1) $f(x)=\arctan\frac{1+x}{1-x}$

解： $f'(x)=\frac{1}{1+x^2}=\sum_{n=0}^{\infty}(-1)^n x^{2n}$，$(-1,1)$

$f(x)-f(0)=\int_0^x f'(x)\mathrm{d}x=\sum_{n=0}^{\infty}\int_0^x(-1)^n x^{2n}\mathrm{d}x=\sum_{n=0}^{\infty}\frac{(-1)^n x^{2n+1}}{2n+1}$

又因为 $f(0)=\arctan 1=\frac{\pi}{4}$

所以 $f(x)=\frac{\pi}{4}+\sum_{n=0}^{\infty}\frac{(-1)^n x^{2n+1}}{2n+1} \quad x\in(-1,1)$.

(2) $f(x)=x\arctan x-\ln\sqrt{1+x^2}$

解： $\arctan x=\int_0^x \frac{1}{1+x^2}\mathrm{d}x=\int_0^x \sum_{n=0}^{\infty}(-1)^n x^{2n}\mathrm{d}x=\sum_{n=0}^{\infty}\frac{(-1)^n x^{2n+1}}{2n+1}\qquad x\in(-1,1)$

$\ln(\sqrt{1+x^2})=\frac{1}{2}\ln(1+x^2)=\frac{1}{2}\sum_{n=1}^{\infty}\frac{(-1)^{n-1}x^{2n}}{n}$

则 $f(x)=x\arctan x-\ln\sqrt{1+x^2}$

$$
\begin{aligned}
&=x\sum_{n=0}^{\infty}\frac{(-1)^n x^{2n+1}}{2n+1}-\frac{1}{2}\sum_{n=1}^{\infty}\frac{(-1)^{n-1}x^{2n}}{n}\\
&=\sum_{n=0}^{\infty}\frac{(-1)^n x^{2n+2}}{2n+1}-\frac{1}{2}\sum_{n=1}^{\infty}\frac{(-1)^{n-1}x^{2n}}{n}\\
&=\sum_{n=0}^{\infty}\frac{(-1)^n x^{2n+2}}{2n+1}-\frac{1}{2}\sum_{n=0}^{\infty}\frac{(-1)^n x^{2n+2}}{n+1}\\
&=\sum_{n=0}^{\infty}\frac{(-1)^n x^{2n+2}}{(2n+1)(2n+2)}\qquad x\in(-1,1).
\end{aligned}
$$

[例 31] 将函数 $f(x)=\sin x$ 在 $x=\frac{\pi}{4}$ 处展开为幂级数.

解： $f(x)=\sin x=\sin\left(\frac{\pi}{4}+x-\frac{\pi}{4}\right)=\frac{\sqrt{2}}{2}\left[\sin\left(x-\frac{\pi}{2}\right)+\cos\left(x-\frac{\pi}{2}\right)\right]$

$$
\begin{aligned}
&=\frac{\sqrt{2}}{2}\left[\sum_{n=0}^{\infty}(-1)^n\frac{\left(x-\frac{\pi}{4}\right)^{2n+1}}{(2n+1)!}+\sum_{n=0}^{\infty}(-1)^n\frac{\left(x-\frac{\pi}{4}\right)^{2n}}{(2n)!}\right]\\
&=\frac{\sqrt{2}}{2}\sum_{n=0}^{\infty}(-1)^{\frac{n(n-1)}{2}}\frac{\left(x-\frac{\pi}{4}\right)^n}{n!}.
\end{aligned}
$$

[例 32] 求极限 $\lim\limits_{n\to\infty}\frac{1}{n}\sum_{k=1}^{n}\frac{1}{3^k}\left(1+\frac{1}{k}\right)^{k^2}$.

解： 因为 $\sum_{k=1}^{\infty}\frac{1}{3^k}\left(1+\frac{1}{k}\right)^{k^2}$ 收敛

所以部分和 $s_n=\sum_{k=1}^{n}\frac{1}{3^k}\left(1+\frac{1}{k}\right)^{k^2}$ 有界

所以 $\lim\limits_{n\to\infty}\frac{1}{n}\sum_{k=1}^{n}\frac{1}{3^k}\left(1+\frac{1}{k}\right)^{k^2}=0$（无穷小量与有界变量之积还是无穷小）.

[例 33] 求极限 $\lim\limits_{n\to\infty}[2^{\frac{1}{3}}4^{\frac{1}{9}}8^{\frac{1}{27}}\cdots(2^n)^{\frac{1}{3^n}}]$.

解： $\lim\limits_{n\to\infty}[2^{\frac{1}{3}}4^{\frac{1}{9}}8^{\frac{1}{27}}\cdots(2^n)^{\frac{1}{3^n}}]=2^{\lim\limits_{n\to\infty}\sum_{k=1}^{n}\frac{k}{3^k}}=2^{\sum_{n=1}^{\infty}\frac{n}{3^n}}$

因为 $\sum_{n=1}^{\infty}\frac{x^n}{3^n}=\frac{x}{3-x}\qquad(|x|<3)$

所以 $\left(\sum_{n=1}^{\infty}\frac{x^n}{3^n}\right)'=\sum_{n=1}^{\infty}\frac{nx^{n-1}}{3^n}=\left(\frac{x}{3-x}\right)'=\frac{3}{(3-x)^2}$

当 $x=1$ 时，$\sum_{n=1}^{\infty}\frac{n}{3^n}=\frac{3}{4}$

所以 $\lim_{n\to\infty}[2^{\frac{1}{3}}4^{\frac{1}{9}}8^{\frac{1}{27}}\cdots(2^n)^{\frac{1}{3^n}}]=2^{\frac{3}{4}}$.

[例 34] 求常数项级数 $\sum_{n=1}^{\infty}\frac{n^2}{n!}$ 的和.

解： $\sum_{n=1}^{\infty}\frac{n^2}{n!}=\sum_{n=1}^{\infty}\frac{n}{(n-1)!}=\sum_{n=1}^{\infty}\frac{n-1}{(n-1)!}+\sum_{n=1}^{\infty}\frac{1}{(n-1)!}$

$$=\sum_{n=2}^{\infty}\frac{1}{(n-2)!}+\sum_{n=1}^{\infty}\frac{1}{(n-1)!}$$

$$=\sum_{n=0}^{\infty}\frac{1}{n!}+\sum_{n=0}^{\infty}\frac{1}{n!}$$

因为　$e^x=\sum_{n=0}^{\infty}\frac{x^n}{n!}$

当 $x=1$ 时，$e=\sum_{n=0}^{\infty}\frac{1}{n!}$，所以 $\sum_{n=1}^{\infty}\frac{n^2}{n!}=2e$.

[例 35] 设 $f(x)=\begin{cases}\frac{\sin x}{x} & x\neq 0\\ 1 & x=0\end{cases}$，求 $f^{(n)}(0)$.

解： $\sin x=\sum_{n=0}^{\infty}\frac{(-1)^n x^{2n+1}}{(2n+1)!}$

$f(x)=\frac{\sin x}{x}=\sum_{n=0}^{\infty}\frac{(-1)^n x^{2n}}{(2n+1)!}$

由麦克劳林公式可知 $f(x)$ 的麦克劳林级数为 $f(x)=\sum_{n=0}^{\infty}\frac{f^{(n)}(0)}{n!}x^n$

对应项 x^n 的系数相等得 $a_{2n}=\frac{(-1)^n}{(2n+1)!}=\frac{f^{(2n)}(0)}{(2n)!}$，$a_{2n+1}=0=\frac{f^{(2n+1)}(0)}{(2n+1)!}$

所以 $f^{(2n)}(0)=\frac{(-1)^n}{2n+1}$，$f^{(2n+1)}(0)=0$，即 $f^{(n)}(0)=0$.

第8讲 三重积分、曲线积分与曲面积分

8.1 三重积分

8.1.1 三重积分的直接坐标计算

(1) 化三重积分为三次积分（先一后二）（坐标面投影法）

设积分区域 $\Omega=\begin{cases} a\leqslant x\leqslant b \\ y_1(x)\leqslant y\leqslant y_2(x) \\ z_1(x,y)\leqslant z\leqslant z_2(x,y) \end{cases}$，

则 $\iiint\limits_{\Omega} f(x,y,z)\mathrm{d}v=\iint\limits_{D}\left[\int_{z_1(x,y)}^{z_2(x,y)} f(x,y,z)\mathrm{d}z\right]\mathrm{d}x\mathrm{d}y=\int_a^b \mathrm{d}x\int_{y_1(x)}^{y_2(x)}\mathrm{d}y\int_{z_1(x,y)}^{z_2(x,y)} f(x,y,z)\mathrm{d}z$

计算步骤：① 画出积分区域 Ω；

② 用平行于坐标轴的直线穿积分区域，确定积分上下限；

③ 化三重为三次，计算积分.

(2) 截面法（先二后一）（坐标轴投影法）

注：通常被积函数是单一坐标形式的时候，使用截面法计算三重积分.

设积分区域 $\Omega=\{(x,y,z)\mid(x,y)\in D_z,c\leqslant z\leqslant d\}$，其中 D_z 是垂直于 z 轴的平面截积分区域 Ω 所得到的一个截面区域，则

$$\iiint\limits_{\Omega} f(x,y,z)\mathrm{d}v=\int_c^d \mathrm{d}z\iint\limits_{D_z} f(x,y,z)\mathrm{d}x\mathrm{d}y$$

计算步骤：① 画出积分区域 Ω；

② 找出垂直于对应坐标轴的平行截面区域，确定积分上下限；

③ 先做一个截面二重积分，再做一个定积分.

[例 1] 计算 $\iiint\limits_{\Omega} z\mathrm{d}x\mathrm{d}y\mathrm{d}z$，其中 Ω 是由锥面 $z=\dfrac{h}{R}\sqrt{x^2+y^2}$ 与平面 $z=h(R>0,h>0)$ 所围成的闭区域.

解：方法 1：化三重积分为三次积分

$$\iiint\limits_{\Omega} z\mathrm{d}x\mathrm{d}y\mathrm{d}z=\int_{-R}^{+R}\mathrm{d}x\int_{-\sqrt{R^2-x^2}}^{\sqrt{R^2-x^2}}\mathrm{d}y\int_{\frac{h}{R}\sqrt{x^2+y^2}}^{h} z\mathrm{d}z=\frac{1}{4}\pi h^2R^2.$$

方法 2：截面法计算三重积分

$$\iiint\limits_{\Omega} z\,\mathrm{d}x\,\mathrm{d}y\,\mathrm{d}z=\int_0^h z\,\mathrm{d}z\iint\limits_{D_z}\mathrm{d}x\,\mathrm{d}y=\int_0^h z\pi\frac{z^2R^2}{h^2}\mathrm{d}z=\frac{1}{4}\pi h^2R^2.$$

8.1.2 用柱面坐标计算三重积分

柱面坐标是极坐标加 z 轴直角坐标构成的.

设积分区域 Ω：$\alpha\leqslant\theta\leqslant\beta$，$r_1(\theta)\leqslant r\leqslant r_2(\theta)$，$z_1(r,\theta)\leqslant z\leqslant z_2(r,\theta)$，则

$$\iiint\limits_{\Omega} f(x,y,z)\mathrm{d}v=\int_\alpha^\beta\mathrm{d}\theta\int_{r_1(\theta)}^{r_2(\theta)}\mathrm{d}r\int_{z_1(r,\theta)}^{z_2(r,\theta)}f(r\cos\theta,r\sin\theta,z)r\,\mathrm{d}z$$

这里要注意雅可比系数 r 不能丢失 .

注：积分区域 Ω 或被积函数中含有 x^2+y^2 项时，常用柱面坐标计算三重积分 .

使用柱面坐标计算例 1 的三重积分.

解：方法 3：柱面坐标计算

$$\iiint\limits_{\Omega} z\,\mathrm{d}x\,\mathrm{d}y\,\mathrm{d}z=\int_0^{2\pi}\mathrm{d}\theta\int_0^R\mathrm{d}r\int_{\frac{h}{R}r}^h zr\,\mathrm{d}z=\frac{1}{4}\pi h^2R^2.$$

8.1.3 用球面坐标计算三重积分

球面坐标与直角坐标的换算关系：

$$\begin{cases}x=r\sin\varphi\cos\theta\\ y=r\sin\varphi\sin\theta\\ z=r\cos\varphi\end{cases}$$

积分区域 Ω：$\alpha\leqslant\theta\leqslant\beta$，$\varphi_1(\theta)\leqslant\varphi\leqslant\varphi_2(\theta)$，$r_1(\theta,\varphi)\leqslant r\leqslant r_2(\theta,\varphi)$，则

$$\iiint\limits_{\Omega} f(x,y,z)\mathrm{d}x\,\mathrm{d}y\,\mathrm{d}z=\int_\alpha^\beta\mathrm{d}\theta\int_{\varphi_1(\theta)}^{\varphi_2(\theta)}\mathrm{d}\varphi\int_{r_1(\varphi,\theta)}^{r_2(\varphi,\theta)}f(r\sin\varphi\cos\theta,r\sin\varphi\cos\theta,r\cos\varphi)r^2\sin\varphi\,\mathrm{d}r$$

这里雅可比系数为 $r^2\sin\varphi$.

注：① 积分区域 Ω 或被积函数中含有 $x^2+y^2+z^2$ 项时，常用球面坐标计算三重积分.

② 注意重积分奇偶对称性的使用：

若积分区域 Ω 关于 xOy 面对称，$f(x,y,z)$ 关于 z 是奇函数，则

$$\iiint\limits_{\Omega} f(x,y,z)\mathrm{d}v=0$$

若积分区域 Ω 关于 xOy 面对称，Ω_1 为 Ω 在 $z>0$ 部分，$f(x,y,z)$ 关于 z 是偶函数，则

$$\iiint\limits_{\Omega} f(x,y,z)\mathrm{d}v=2\iiint\limits_{\Omega_1} f(x,y,z)\mathrm{d}v$$

③ 注意重积分位置轮换对称性（位置对称性）的使用：

若积分区域 Ω 关于 x，y 对称（即 x，y 互换，Ω 不变)，则

$$\iiint\limits_{\Omega} f(x,y,z)\mathrm{d}v=\iiint\limits_{\Omega} f(y,x,z)\mathrm{d}v$$

[例 2] 若 Ω 是由曲面 $x^2+y^2+z^2\leqslant 2z$ 与曲面 $z\geqslant\sqrt{x^2+y^2}$ 所围成的区域，求

$$I=\iiint\limits_{\Omega}(x^3+y^3+z^3)\mathrm{d}v.$$

解： Ω 关于 zOx、zOy 面对称，由奇偶对称性可知

$$\iiint\limits_{\Omega}x^3\mathrm{d}v=\iiint\limits_{\Omega}y^3\mathrm{d}v=0$$

$$I=\iiint\limits_{\Omega}z^3\mathrm{d}v=\int_0^{2\pi}\mathrm{d}\theta\int_0^{\frac{\pi}{4}}\mathrm{d}\varphi\int_0^{2\cos\varphi}(r\cos\varphi)^3r^2\sin\varphi\mathrm{d}r$$

$$=2\pi\int_0^{\frac{\pi}{4}}\cos^3\varphi\sin\varphi\mathrm{d}\varphi\int_0^{2\cos\varphi}r^5\mathrm{d}r$$

$$=\frac{31}{15}\pi.$$

[例 3] 设区域 Ω：$x^2+y^2+z^2\leqslant R^2$，求 $\iiint\limits_{\Omega}x^2\mathrm{d}v$.

解： 由于 Ω 关于自变量对称，则

$$\iiint\limits_{\Omega}x^2\mathrm{d}v=\iiint\limits_{\Omega}y^2\mathrm{d}v=\iiint\limits_{\Omega}z^2\mathrm{d}v$$

$$\iiint\limits_{\Omega}x^2\mathrm{d}v=\frac{1}{3}\iiint\limits_{\Omega}(x^2+y^2+z^2)\mathrm{d}v$$

$$=\frac{1}{3}\int_0^{2\pi}\mathrm{d}\theta\int_0^{\pi}\mathrm{d}\varphi\int_0^{R}r^2r^2\sin\varphi\mathrm{d}r=\frac{4\pi R^5}{15}.$$

8.2 曲线积分

8.2.1 对弧长的曲线积分（第一类曲线积分）

① 当曲线弧 L 的方程为：$y=y(x)$，$a\leqslant x\leqslant b$，则

$$\int_L f(x,y)\mathrm{d}s=\int_a^b f(x,y(x))\sqrt{1+(y'(x))^2}\mathrm{d}x$$

② 当曲线弧 L 的方程为：$\begin{cases}x=x(t)\\y=y(t)\end{cases}$，$\alpha\leqslant t\leqslant\beta$，则

$$\int_L f(x,y)\mathrm{d}s=\int_\alpha^\beta f(x(t),y(t))\sqrt{(x'(t))^2+(y'(t))^2}\mathrm{d}t$$

③ 当曲线弧 L 的方程为：$r=r(\theta)$，$\alpha\leqslant\theta\leqslant\beta$，则

$$\int_L f(x,y)\mathrm{d}s=\int_\alpha^\beta f(r(\theta)\cos\theta,r(\theta)\sin\theta)\sqrt{r^2(\theta)+(r'(\theta))^2}\mathrm{d}\theta$$

注：对弧长的曲线积分计算①、②、③中要求积分下限必须小于积分上限（弧长不能为负）.

④ 注意奇偶对称性的使用。若 L 关于 y 轴（或 x 轴）对称，则

$$\int_L f(x,y)\mathrm{d}s=\begin{cases}0, & f(x,y)\text{ 是关于 } x(\text{或 } y)\text{ 的奇函数}\\ 2\int_{L_1} f(x,y)\mathrm{d}s, & f(x,y)\text{ 是关于 } x(\text{或 } y)\text{ 的偶函数}\end{cases}$$

其中 L_1 是 L 在 $y\geqslant 0$（或 $x\geqslant 0$）的部分.

⑤ 注意位置轮换对称性的使用. 若 L 关于 $y=x$ 对称，则

$$\int_L f(x,y)\mathrm{d}s=\int_L f(y,x)\mathrm{d}s$$

特别地，有 $\int_L f(x)\mathrm{d}s=\int_L f(y)\mathrm{d}s$.

⑥ 计算对弧长的曲线积分，有些题型可以直接将 L 的方程代入被积函数中.

[例 4] 设 L 为椭圆 $\frac{x^2}{4}+\frac{y^2}{3}=1$，其周长记为 a，求 $\oint_L(2xy+3x^2+4y^2)\mathrm{d}s$.

解：利用对称性和曲线方程简化计算.

由奇偶对称性得，$\oint_L 2xy\,\mathrm{d}s=0$

L 的方程为 $\frac{x^2}{4}+\frac{y^2}{3}=1$，即 $3x^2+4y^2=12$，可以将 L 的方程直接代入被积函数表达式中，则

$$\oint_L(3x^2+4y^2)\mathrm{d}s=12\oint_L\mathrm{d}s=12a$$

所以

$$\oint_L(2xy+3x^2+4y^2)\mathrm{d}s=12a.$$

[例 5] 计算 $I=\oint_L\frac{\sqrt{x^2+y^2}}{x^2+(y+1)^2}\mathrm{d}s$，其中 L：$x^2+y^2=-2y$.

解：L：$x^2+y^2=-2y$ 对应的参数方程为 $\begin{cases}x=\cos t\\ y=-1+\sin t\end{cases}$，$0\leqslant t\leqslant 2\pi$，则有

$$\begin{aligned}I&=\oint_L\frac{\sqrt{x^2+y^2}}{x^2+(y+1)^2}\mathrm{d}s\\&=\oint_L\sqrt{x^2+y^2}\,\mathrm{d}s\quad(\text{直接将 } L \text{ 的方程代入被积函数})\\&=\int_0^{2\pi}\sqrt{2(1-\sin t)}\,\mathrm{d}t=\sqrt{2}\int_0^{2\pi}\left|\sin\frac{t}{2}-\cos\frac{t}{2}\right|\mathrm{d}t=8.\end{aligned}$$

[例 6] 计算 $\oint_L|y|\mathrm{d}s$，其中 L：$(x^2+y^2)^2=a^2(x^2-y^2)$，这里 $a>0$.

解：因为曲线弧 L 关于 x 轴和 y 轴都对称，则

$$\oint_L|y|\mathrm{d}s=4\int_{L_1}|y|\mathrm{d}s=4\int_{L_1}y\,\mathrm{d}s$$

其中 L_1 为 L 在第一象限的部分，又因为 L_1 对应的极坐标方程为 $r=a\sqrt{\cos 2\theta}$，$0\leqslant\theta\leqslant\frac{\pi}{4}$

所以

$$\oint_L|y|\mathrm{d}s=4\oint_{L_1}y\,\mathrm{d}s=4\int_0^{\frac{\pi}{4}}r(\theta)\sin\theta\sqrt{r^2(\theta)+(r'(\theta))^2}\,\mathrm{d}\theta$$

$$=4\int_0^{\frac{\pi}{4}} a^2 \sin\theta \mathrm{d}\theta = 4a^2\left(1-\frac{\sqrt{2}}{2}\right).$$

8.2.2 对坐标的曲线积分（第二类曲线积分）

① 当有向曲线弧 L 为参数方程：$\begin{cases} x=x(t) \\ y=y(t) \end{cases}$，起点对应 $t=\alpha$，终点对应 $t=\beta$，则

$$\int_L P(x,y)\mathrm{d}x+Q(x,y)\mathrm{d}y=\int_\alpha^\beta [P(x(t),y(t))x'(t)+Q(x(t),y(t))y'(t)]\mathrm{d}t$$

注：对坐标的曲线积分，要求积分下限对应起点，积分上限对应终点．

② 当有向曲线弧 L 为直角坐标方程：$y=y(x)$，起点对应 $x=a$，终点对应 $y=b$，则

$$\int_L P(x,y)\mathrm{d}x+Q(x,y)\mathrm{d}y=\int_a^b [P(x,y(x))+Q(x,y(x))y'(x)]\mathrm{d}x$$

③ 两类曲线积分之间的关系

$$\int_L P\mathrm{d}x+Q\mathrm{d}y=\int_L (P\cos\alpha+Q\cos\beta)\mathrm{d}s$$

这里 $\cos\alpha$，$\cos\beta$ 是曲线 L 的切向量的方向余弦．

[例 7] 求 $\oint_L \frac{(x+y)\mathrm{d}x-(x-y)\mathrm{d}y}{x^2+y^2}$，其中 L 为圆周 $x^2+y^2=a^2$(按逆时针方向绕行).

解：有向曲线弧 L 的参数方程为：$\begin{cases} x=a\cos t \\ y=a\sin t \end{cases}$，$0\leqslant t\leqslant 2\pi$

$$\oint_L \frac{(x+y)\mathrm{d}x-(x-y)\mathrm{d}y}{x^2+y^2}=\frac{1}{a^2}\int_0^{2\pi}[(a\cos t+a\sin t)(-a\sin t)-(a\cos t-a\sin t)a\cos t]\mathrm{d}t$$

$$=\frac{1}{a^2}\int_0^{2\pi}(-a^2)\mathrm{d}t=-2\pi.$$

[例 8] 求 $\int_L (x^2-2xy)\mathrm{d}x+(y^2-2xy)\mathrm{d}y$，其中 L 是抛物线 $y=x^2$ 上从点(−1,1) 到点 (1,1) 的一段弧．

解：$\int_L (x^2-2xy)\mathrm{d}x+(y^2-2xy)\mathrm{d}y=\int_{-1}^1 [(x^2-2xx^2)+(x^4-2xx^2)]\mathrm{d}x$

$$=\int_{-1}^1 (2x^5-4x^4-2x^3+x^2)\mathrm{d}x=-\frac{14}{15}.$$

8.3 格林公式

格林公式： $$\oint_L P\mathrm{d}x+Q\mathrm{d}y=\iint_D\left(\frac{\partial Q}{\partial x}-\frac{\partial P}{\partial y}\right)\mathrm{d}x\mathrm{d}y$$

注：① 格林公式要求：L 为积分区域 D 的封闭、正向、边界曲线全体；

② 格林公式求面积：$A=\frac{1}{2}\oint_L x\mathrm{d}y-y\mathrm{d}x$（利用第二类曲线积分求面积）．

（1）补全积分法

当边界曲线 L 不封闭时，补上曲线 l 使其边界曲线封闭 .

$$\int_L P\,dx+Q\,dy=\oint_{L+l} P\,dx+Q\,dy-\int_l P\,dx+Q\,dy$$

$$=\iint_D\left(\frac{\partial Q}{\partial x}-\frac{\partial P}{\partial y}\right)dx\,dy-\int_l P\,dx+Q\,dy$$

这里 $L+l$ 为积分区域 D 的封闭、正向、边界曲线全体，如果不是正向，则相应调整正、负符号 .

（2）抠洞法

当以 l 为边界曲线的闭区域 D 内有一点 (x_0,y_0) 处，$P(x,y)$，$Q(x,y)$ 无一阶连续偏导数，且 $\frac{\partial P}{\partial x}=\frac{\partial Q}{\partial y}$，则 $\oint_L P\,dx+Q\,dy=\oint_{L-l} P\,dx+Q\,dy-\oint_{-l} P\,dx+Q\,dy$

$$=\pm\iint_D\left(\frac{\partial Q}{\partial x}-\frac{\partial P}{\partial y}\right)dx\,dy-\oint_{-l} P\,dx+Q\,dy$$

$$=\oint_l P\,dx+Q\,dy$$

其中 l 是 L 内以 (x_0,y_0) 为圆心，适当的 r 为半径的圆，与 L 同向 .

（3）曲线积分与路径无关（折线法计算对坐标的曲线积分）（画图表示）

若 $\frac{\partial Q}{\partial x}=\frac{\partial P}{\partial y}$，则对坐标的曲线积分与路径无关，即 $\int_L P\,dx+Q\,dy=\int_{x_1}^{x_2}P\,dx+\int_{y_1}^{y_2}Q\,dy$.

[例 9] 计算 $I=\int_L \frac{y^2}{2\sqrt{a^2+x^2}}dx+y[xy+\ln(x+\sqrt{x^2+a^2})]dy$，其中 L 是由 $O(0,0)$ 到 $A(2a,0)$ 沿 $x^2+y^2=2ax$ 的上半圆周的一段弧 .

解：补全积分，添加有向线段 AO：$y=0$，x 从 $2a$ 到 0，则有

$$I=\oint_{L+AO} P\,dx+Q\,dy-\int_{AO} P\,dx+Q\,dy$$

$$=-\iint_D\left(\frac{\partial Q}{\partial x}-\frac{\partial P}{\partial y}\right)dx\,dy-\int_{AO} P\,dx+Q\,dy$$

$$=-\iint_D y^2\,dx\,dy-\int_{2a}^{0}0\,dx=-\iint_D y^2\,dx\,dy$$

$$=-\int_0^{\frac{\pi}{2}}d\theta\int_0^{2a\cos\theta}r^2\sin^2\theta\, r\,dr=-\frac{\pi}{8}a^4.$$

[例 10] 求 $I=\oint_L \frac{x\,dy-y\,dx}{4x^2+y^2}$，$L$ 是以 $(1,0)$ 为中心，$R(R>1)$ 为半径的圆周，取逆时针方向 .

解：积分区域内 $(0,0)$ 点处，P、Q 无一阶偏导数，所以用抠洞法 .

在 L 内做圆 l：$4x^2+y^2=R^2$，取顺时针方向，由格林公式得

$$I=\oint_L \frac{x\,dy-y\,dx}{4x^2+y^2}=\oint_{L+l}\frac{x\,dy-y\,dx}{4x^2+y^2}-\oint_l \frac{x\,dy-y\,dx}{4x^2+y^2}$$

$$=\iint_D\left(\frac{4x^2+y^2-8x^2}{(4x^2+y^2)^2}-\frac{-4x^2-y^2+2y^2}{(4x^2+y^2)^2}\right)dx\,dy-\oint_l \frac{x\,dy-y\,dx}{4x^2+y^2}$$

$$=0-\int_0^{2\pi}\frac{\frac{1}{2}R\cos\theta R\cos\theta-R\sin\theta\left(-\frac{1}{2}R\sin\theta\right)}{R^2}\mathrm{d}\theta$$

$$=0-\pi=-\pi.$$

[例 11] 设函数 $f(x)$ 具有二阶连续导数，$f(0)=0,f'(0)=1$，且

$$[xy(x+y)-f(x)y]\mathrm{d}x+[f'(x)+x^2y]\mathrm{d}y=0$$

为一全微分方程，求 $f(x)$ 及此全微分方程的通解．

解： 由题设可知，$P(x,y)=xy(x+y)-f(x)y$，$Q(x,y)=f'(x)+x^2y$，又因为是全微分方程，可知 $\frac{\partial Q}{\partial x}=\frac{\partial P}{\partial y}$，即 $x^2+2xy-f(x)=f''(x)+2xy,f''(x)+f(x)=x^2$ 为二阶常系数非齐次线性方程

对应的特征方程为 $\quad r^2+1=0$

特征根为 $\quad r_{1,2}=\pm i$

求其通解为 $y=C_1\cos x+C_2\sin x+x^2-2$，代入初始条件 $f(0)=0,f'(0)=1$

解得 $C_1=2$，$C_2=1$

所以 $f(x)=2\cos x+\sin x+x^2-2$

折线法求解全微分方程

$$u(x,y)=\int_{(0,0)}^{(x,y)}P\mathrm{d}x+Q\mathrm{d}y=\int_0^y[f'(x)+x^2y]\mathrm{d}y$$

$$=f'(x)y+\frac{1}{2}x^2y^2=(-2\sin x+\cos x+2x)y+\frac{1}{2}x^2y^2$$

故全微分方程的通解为 $u(x,y)=C$，即 $(-2\sin x+\cos x+2x)y+\frac{1}{2}x^2y^2=C.$

8.4 曲面积分

8.4.1 对面积的曲面积分（第一类曲面积分）

(1) 投影法

① 设曲面 Σ 的方程为 $z=z(x,y)$，Σ 在 xOy 面上的投影为 D_{xy}，则

$$\iint_\Sigma f(x,y,z)\mathrm{d}S=\iint_{D_{xy}}f[x,y,z(x,y)]\sqrt{1+(z_x)^2+(z_y)^2}\,\mathrm{d}x\mathrm{d}y$$

② 设曲面 Σ 的方程为 $x=x(y,z)$，Σ 在 yOz 面上的投影为 D_{yz}，则

$$\iint_\Sigma f(x,y,z)\mathrm{d}S=\iint_{D_{yz}}f[x(y,z),y,z]\sqrt{1+(x_y)^2+(x_z)^2}\,\mathrm{d}y\mathrm{d}z$$

③ 设曲面 Σ 的方程为 $y=y(x,z)$，Σ 在 xOz 面上的投影为 D_{xz}，则

$$\iint_\Sigma f(x,y,z)\mathrm{d}S=\iint_{D_{xz}}f[x,y(x,z),z]\sqrt{1+(y_x)^2+(y_z)^2}\,\mathrm{d}x\mathrm{d}z$$

(2) 奇偶对称性

若 Σ 关于 xOy 面(或 yOz 面，或 zOx 面) 对称，则

$$\iint_{\Sigma} f(x,y,z)\mathrm{d}S = \begin{cases} 0, & f(x,y,z) \text{ 是 } z(\text{或 } x,\text{或 } y) \text{ 的奇函数} \\ 2\iint_{\Sigma_1} f(x,y,z)\mathrm{d}S, & f(x,y,z) \text{ 是 } z(\text{或 } x,\text{或 } y) \text{ 的偶函数} \end{cases}$$

其中 Σ_1 是 Σ 在 $z \geqslant 0$(或 $x \geqslant 0$，或 $y \geqslant 0$) 的部分．

(3) 轮换对称性(位置对称性)

若 Σ 的方程关于 x,y,z 具有轮换对称性，则

$$\iint_{\Sigma} f(x,y,z)\mathrm{d}S = \iint_{\Sigma} f(y,z,x)\mathrm{d}S = \iint_{\Sigma} f(z,x,y)\mathrm{d}S$$

特别地，有$\iint_{\Sigma} f(x)\mathrm{d}S = \iint_{\Sigma} f(y)\mathrm{d}S = \iint_{\Sigma} f(z)\mathrm{d}S$.

计算对面积的曲面积分，有些题型可以直接将 Σ 的方程代入被积函数中．

[例 12] 计算$\iint_{\Sigma} z\mathrm{d}S$，其中 Σ 为 $z = \sqrt{x^2+y^2}$ 在柱体 $x^2+y^2 \leqslant 2z$ 内部分．

解： $\iint_{\Sigma} z\mathrm{d}S = \iint_{D_{xy}} \sqrt{x^2+y^2}\sqrt{1+\left(\frac{x}{\sqrt{x^2+y^2}}\right)^2+\left(\frac{y}{\sqrt{x^2+y^2}}\right)^2}\mathrm{d}x\mathrm{d}y$

$$= 2\sqrt{2}\int_0^{\frac{\pi}{2}}\mathrm{d}\theta\int_0^{2\cos\theta} r \times r\mathrm{d}r = \frac{32\sqrt{2}}{9}.$$

[例 13] 计算$\iint_{\Sigma}(x^2+y^2+z)\mathrm{d}S$，其中 Σ 为 $x^2+y^2+z^2=4$.

解： 由奇偶对称性，Σ 关于 xOy 面对称，$\iint_{\Sigma} z\mathrm{d}S = 0$

又由 Σ 关于 x，y，z 具有轮换对称性，$\iint_{\Sigma} x^2\mathrm{d}S = \iint_{\Sigma} y^2\mathrm{d}S = \iint_{\Sigma} z^2\mathrm{d}S$

所以 $\iint_{\Sigma}(x^2+y^2+z)\mathrm{d}S = \iint_{\Sigma}(x^2+y^2)\mathrm{d}S = \frac{2}{3}\iint_{\Sigma}(x^2+y^2+z^2)\mathrm{d}S$

因为曲面 Σ 方程为 $x^2+y^2+z^2=4$，直接代入被积函数中，得

$$\text{原式} = \frac{2}{3}\iint_{\Sigma} 4\mathrm{d}S = \frac{8}{3} \times 4\pi \times 2^2 = \frac{128}{3}\pi.$$

8.4.2 对坐标的曲面积分（第二类曲面积分）

(1) 投影法

① 有向曲面 Σ：$z=z(x,y)$，Σ 在 xOy 面上的投影区域为 D_{xy}，则

$$\iint_{\Sigma} R(x,y,z)\mathrm{d}x\mathrm{d}y = \pm\iint_{D_{xy}} R(x,y,z(x,y))\mathrm{d}x\mathrm{d}y$$

若有向曲面 Σ 取上侧，则等号右边取“+”；若有向曲面 Σ 取下侧，则等号右边取“−”号．

② 有向曲面 Σ：$x=x(y,z)$，Σ 在 yOz 面上的投影区域为 D_{yz}，则

$$\iint_{\Sigma} P(x,y,z)\mathrm{d}y\mathrm{d}z = \pm\iint_{D_{yz}} R(x(y,z),y,z)\mathrm{d}y\mathrm{d}z$$

若有向曲面 Σ 取前侧，则等号右边取“+”；若有向曲面 Σ 取后侧，则等号右边取“−”号．

③ 有向曲面 Σ：$y=y(x,z)$，Σ 在 xOz 面上的投影区域为 D_{xz}，则

$$\iint_{\Sigma} Q(x,y,z)\mathrm{d}x\mathrm{d}z=\pm\iint_{D_{yz}} Q(x,y(x,z),z)\mathrm{d}x\mathrm{d}z$$

若有向曲面 Σ 取右侧，则等号右边取“+”；若有向曲面 Σ 取左侧，则等号右边取“—”号.

（2）两类曲面积分间的关系

$$\iint_{\Sigma} P\mathrm{d}y\mathrm{d}z+Q\mathrm{d}x\mathrm{d}z+R\mathrm{d}x\mathrm{d}y=\iint_{\Sigma}(P\cos\alpha+Q\cos\beta+R\cos\gamma)\mathrm{d}S$$

这里 $\cos\alpha$、$\cos\beta$、$\cos\gamma$ 是曲面 Σ 的法向量的方向余弦.

（3）转换投影法

设有向曲面 Σ：$z=z(x,y)$，取上侧，则

$$\begin{aligned}\iint_{\Sigma} R(x,y,z)\mathrm{d}y\mathrm{d}z&=\iint_{\Sigma} R(x,y,z)\cos\alpha\mathrm{d}S=\iint_{\Sigma} R(x,y,z)\frac{\cos\alpha}{\cos\gamma}\cos\gamma\mathrm{d}S\\&=\iint_{\Sigma} R(x,y,z)\frac{\cos\alpha}{\cos\gamma}\mathrm{d}x\mathrm{d}y\end{aligned}$$

把对坐标 y，z 的积分，转化为对坐标 x，y 的积分，类似可推出其他情况.

[例 14] 计算曲面积分 $I=\iint_{\Sigma} xyz\mathrm{d}x\mathrm{d}y$，其中 Σ 为 $x^2+y^2+z^2=1(x\geqslant 0,\ y\geqslant 0)$ 的外侧.

解：将曲面 Σ 分成 Σ_1：$z=\sqrt{1-x^2-y^2}$ 取上侧和 Σ_2：$z=-\sqrt{1-x^2-y^2}$ 取下侧，投影区域均为 $D_{xy}=\{(x,y)\mid x^2+y^2\leqslant 1,x\geqslant 0,y\geqslant 0\}$

$$\begin{aligned}I&=\iint_{\Sigma} xyz\mathrm{d}x\mathrm{d}y=\iint_{\Sigma_1} xyz\mathrm{d}x\mathrm{d}y+\iint_{\Sigma_2} xyz\mathrm{d}x\mathrm{d}y\\&=\iint_{D_{xy}} xy\sqrt{1-x^2-y^2}\mathrm{d}x\mathrm{d}y-\iint_{D_{xy}} xy(-\sqrt{1-x^2-y^2})\mathrm{d}x\mathrm{d}y\\&=2\iint_{D_{xy}} xy\sqrt{1-x^2-y^2}\mathrm{d}x\mathrm{d}y=\frac{2}{15}.\end{aligned}$$

[例 15] 计算曲面积分 $I=\iint_{\Sigma}\frac{1}{\sqrt{1+x^2+y^2}}\mathrm{d}y\mathrm{d}z$，其中 Σ 为锥面 $z=\sqrt{x^2+y^2}$ 被平面 $z=1$，$y=x$，$x=0$ 所截得的在第一卦限内的部分的下侧.

解：

$$\begin{aligned}I&=\iint_{\Sigma}\frac{1}{\sqrt{1+x^2+y^2}}\mathrm{d}y\mathrm{d}z=\iint_{\Sigma}\frac{1}{\sqrt{1+x^2+y^2}}\frac{\cos\alpha}{\cos\gamma}\cos\gamma\mathrm{d}S\\&=\iint_{D_{xy}}\frac{1}{\sqrt{1+x^2+y^2}}\frac{x}{\sqrt{x^2+y^2}}\mathrm{d}x\mathrm{d}y\\&=\int_{\frac{\pi}{4}}^{\frac{\pi}{2}}\mathrm{d}\theta\int_0^1\frac{r}{\sqrt{1+r^2}}\cos\theta\mathrm{d}r\\&=\left(1-\frac{\sqrt{2}}{2}\right)(\sqrt{2}-1).\end{aligned}$$

8.5 高斯公式

高斯公式：

$$\oiint_{\Sigma} P\mathrm{d}y\mathrm{d}z+Q\mathrm{d}x\mathrm{d}z+R\mathrm{d}x\mathrm{d}y=\iiint_{\Omega}\left(\frac{\partial P}{\partial x}+\frac{\partial Q}{\partial y}+\frac{\partial R}{\partial z}\right)\mathrm{d}x\mathrm{d}y\mathrm{d}z$$

这里有向曲面 Σ 是积分区域 Ω 边界曲面的全体、封闭、取外侧．

（1）补全积分法

$$\iint_{\Sigma} P\mathrm{d}y\mathrm{d}z+Q\mathrm{d}x\mathrm{d}z+R\mathrm{d}x\mathrm{d}y=\oiint_{\Sigma+\Sigma_1} P\mathrm{d}y\mathrm{d}z+Q\mathrm{d}x\mathrm{d}z+R\mathrm{d}x\mathrm{d}y-\iint_{\Sigma_1} P\mathrm{d}y\mathrm{d}z+Q\mathrm{d}x\mathrm{d}z+R\mathrm{d}x\mathrm{d}y$$

$$=\pm\iiint_{\Omega}\left(\frac{\partial P}{\partial x}+\frac{\partial Q}{\partial y}+\frac{\partial R}{\partial z}\right)\mathrm{d}x\mathrm{d}y\mathrm{d}z-\iint_{\Sigma_1} P\mathrm{d}y\mathrm{d}z+Q\mathrm{d}x\mathrm{d}z+R\mathrm{d}x\mathrm{d}y$$

这里 Ω 为有向曲面 Σ 和 Σ_1 所围空间闭区域，当 $\Sigma+\Sigma_1$ 的方向取外侧时，取“+”；当 $\Sigma+\Sigma_1$ 的方向取内侧时，取“−”号．

（2）抠洞法

当 P，Q，R 在有向曲面 Σ 所围闭区域 Ω 内点 (x_0, y_0) 处无一阶偏导数，做有向曲面 Σ_1，其中 Σ_1 为以点 (x_0, y_0, z_0) 为球心，适当的 r 为半径的球面，Σ_1 在 Σ 所围区域内，则

$$\oiint_{\Sigma} P\mathrm{d}y\mathrm{d}z+Q\mathrm{d}x\mathrm{d}z+R\mathrm{d}x\mathrm{d}y=\oiint_{\Sigma+\Sigma_1} P\mathrm{d}y\mathrm{d}z+Q\mathrm{d}x\mathrm{d}z+R\mathrm{d}x\mathrm{d}y-\oiint_{\Sigma_1} P\mathrm{d}y\mathrm{d}z+Q\mathrm{d}x\mathrm{d}z+R\mathrm{d}x\mathrm{d}y$$

$$=\pm\iiint_{\Omega}\left(\frac{\partial P}{\partial x}+\frac{\partial Q}{\partial y}+\frac{\partial R}{\partial z}\right)\mathrm{d}x\mathrm{d}y\mathrm{d}z-\oiint_{\Sigma_1} P\mathrm{d}y\mathrm{d}z+Q\mathrm{d}x\mathrm{d}z+R\mathrm{d}x\mathrm{d}y$$

其中 Ω 为有向曲面 Σ 与 Σ_1 所围空间闭区域，当 $\Sigma+\Sigma_1$ 取外侧时，取“+”；当 $\Sigma+\Sigma_1$ 取内侧时，取“−”号．

[例 16] 计算 $I=\iint_{\Sigma} x(1+x^2z)\mathrm{d}y\mathrm{d}z+y(1-x^2z)\mathrm{d}z\mathrm{d}x+z(1-x^2z)\mathrm{d}x\mathrm{d}y$，其中 Σ 为曲面 $z=\sqrt{x^2+y^2}\ (0\leqslant z\leqslant 1)$ 的下侧．

解： 曲面不封闭，补曲面 Σ_1：$z=1$，$x^2+y^2\leqslant 1$，取上侧，则

$$\begin{aligned}I&=\iint_{\Sigma} x(1+x^2z)\mathrm{d}y\mathrm{d}z+y(1-x^2z)\mathrm{d}z\mathrm{d}x+z(1-x^2z)\mathrm{d}x\mathrm{d}y\\&=\oiint_{\Sigma+\Sigma_1} P\mathrm{d}y\mathrm{d}z+Q\mathrm{d}x\mathrm{d}z+R\mathrm{d}x\mathrm{d}y-\oiint_{\Sigma_1} P\mathrm{d}y\mathrm{d}z+Q\mathrm{d}x\mathrm{d}z+R\mathrm{d}x\mathrm{d}y\\&=\iiint_{\Omega} 3\mathrm{d}x\mathrm{d}y\mathrm{d}z-\iint_{\Sigma_1}(1-x^2)\mathrm{d}x\mathrm{d}y\\&=\pi-\int_0^{2\pi}\mathrm{d}\theta\int_0^1(1-r^2\cos^2\theta)r\mathrm{d}r=\frac{\pi}{4}.\end{aligned}$$

[例 17] 计算曲面积分 $I=\oiint_{\Sigma}\frac{x\mathrm{d}y\mathrm{d}z+y\mathrm{d}x\mathrm{d}z+z\mathrm{d}x\mathrm{d}y}{(x^2+y^2+z^2)^{3/2}}$，其中 Σ 是曲面 $2x^2+2y^2+z^2=4$ 的外侧．

解： 抠洞法，做曲面 Σ_1：$x^2+y^2+z^2=1$，取内侧

$$I=\oiint\limits_{\Sigma}\frac{x\mathrm{d}y\mathrm{d}z+y\mathrm{d}x\mathrm{d}z+z\mathrm{d}x\mathrm{d}y}{(x^2+y^2+z^2)^{3/2}}=\oiint\limits_{\Sigma+\Sigma_1}\frac{x\mathrm{d}y\mathrm{d}z+y\mathrm{d}x\mathrm{d}z+z\mathrm{d}x\mathrm{d}y}{(x^2+y^2+z^2)^{3/2}}-\oiint\limits_{\Sigma_1}\frac{x\mathrm{d}y\mathrm{d}z+y\mathrm{d}x\mathrm{d}z+z\mathrm{d}x\mathrm{d}y}{(x^2+y^2+z^2)^{3/2}}$$

前半部分使用高斯公式，后半部分把 Σ_1：$x^2+y^2+z^2=1$ 代入得到

$$=\iiint\limits_{\Omega}0\mathrm{d}x\mathrm{d}y\mathrm{d}z-\oiint\limits_{\Sigma_1}x\mathrm{d}y\mathrm{d}z+y\mathrm{d}x\mathrm{d}z+z\mathrm{d}x\mathrm{d}y$$

$$=\oiint\limits_{\Sigma_1}x\mathrm{d}y\mathrm{d}z+y\mathrm{d}x\mathrm{d}z+z\mathrm{d}x\mathrm{d}y$$

再使用高斯公式得(此时不再使用抠洞法，没有分母为“0”的情况)

$$=\iiint\limits_{\Omega_1}3\mathrm{d}x\mathrm{d}y\mathrm{d}z=4\pi.$$

高等数学知识点总结

1. 函数极限的局部保号性

① 若 $\lim\limits_{x \to *} f(x) = A > 0$（或 $A < 0$），则 $f(x) > 0$（或 $f(x) < 0$）.

② 若 $x \to *$ 时，$f(x) \geqslant 0$（或 $f(x) \leqslant 0$）且 $\lim\limits_{x \to *} f(x) = A$，则 $A \geqslant 0$（或 $A \leqslant 0$）.

注：$x \to *$，表示上述保号性对自变量的具体变化形式都适用．

2. 函数极限的等式

$$\lim_{x \to *} f(x) = A \Leftrightarrow f(x) = A + \alpha，其中 \lim_{x \to *} \alpha = 0$$

3. 泰勒公式

（1）指数函数

$$e^x = 1 + x + \frac{x^2}{2!} + \cdots + \frac{x^n}{n!} + \cdots = \sum_{n=0}^{\infty} \frac{x^n}{n!} \qquad x \in (-\infty, +\infty)$$

（2）正弦函数

$$\sin x = x - \frac{x^3}{3!} + \frac{x^5}{5!} - \frac{x^7}{7!} + \cdots + \frac{(-1)^n x^{2n+1}}{(2n+1)!} + \cdots = \sum_{n=0}^{\infty} \frac{(-1)^n x^{2n+1}}{(2n+1)!} \qquad x \in (-\infty, +\infty)$$

（3）余弦函数

$$\cos x = x - \frac{x^3}{3!} + \frac{x^5}{5!} - \frac{x^7}{7!} + \cdots + \frac{(-1)^n x^{2n+1}}{(2n+1)!} + \cdots = \sum_{n=0}^{\infty} \frac{(-1)^n x^{2n+1}}{(2n+1)!} \qquad x \in (-\infty, +\infty)$$

（4）对数函数

$$\ln(1+x) = x - \frac{x^2}{2} + \cdots + \frac{(-1)^{n-1} x^n}{n} + \cdots = \sum_{n=0}^{\infty} \frac{(-1)^{n-1} x^n}{n} \qquad x \in (-1, 1]$$

上面应用了直接展开法，还可以利用间接展开方法，得到以下的公式：

（5）$\dfrac{1}{1-x} = 1 + x + x^2 + \cdots + x^n + \cdots = \sum\limits_{n=0}^{\infty} x^n$，　$x \in (-1, 1)$

（6）$\dfrac{1}{1+x} = 1 - x + x^2 - x^3 + \cdots + (-1)^n x^n + \cdots = \sum\limits_{0}^{\infty} (-1)^n x^n$，　$x \in (-1, 1)$

（7）$(1+x)^\alpha = 1 + \alpha x + \dfrac{\alpha(\alpha-1)}{2} x^2 + \cdots + O(x^2)$　$(x \to 0)$

（8）$\tan x = x + \dfrac{1}{3} x^3 + O(x^3)$　$(x \to 0)$

（9）$\arcsin x = x + \dfrac{1}{6} x^3 + O(x^3)$　$(x \to 0)$

（10）$\arctan x = x - \dfrac{1}{3} x^3 + O(x^3)$　$(x \to 0)$

4. 无穷小阶的比较

$$\lim_{x \to *} \frac{f(x)}{g(x)} = \begin{cases} 0 & ① \\ c \neq 0 & ② \\ \infty & ③ \end{cases}$$

① 称 $f(x)$ 是比 $g(x)$ 高阶的无穷小.

② 称 $f(x)$ 与 $g(x)$ 是同阶的无穷小.

③ 称 $f(x)$ 是比 $g(x)$ 低阶的无穷小.

5. 函数极限的两边夹准则

如果某些具体函数求极限，不满足使用洛必达法则三个条件之一的情况：“$\frac{0}{0}$”或“$\frac{\infty}{\infty}$”型；分子、分母都可导；结果为 0、$c(c\neq 0)$、∞，则洛必达法则失效．这种情况下可以考虑用函数极限的两边夹准则：

若 $g(x)\leqslant f(x)\leqslant h(x)$，$\lim\limits_{x\to *}g(x)=A$，$\lim\limits_{x\to *}h(x)=A$，则 $\lim\limits_{x\to *}f(x)=A$，其中 A 可以是 0、$c(c\neq 0)$、∞.

6. 函数极限的单调有界准则

如果给出函数 $f(x)$，证明 $\lim\limits_{x\to +\infty}f(x)$ 存在，可以考虑用单调有界准则：

如果 $x\to +\infty$ 时，$f(x)$ 单调增加（减少）且 $f(x)$ 有上界（下界），则 $\lim\limits_{x\to +\infty}f(x)$ 存在.

7. 间断点的分类

若 $f(x)$ 在 $x=x_0$ 左、右两侧均有定义（注意，必须两侧都有定义），则

对于① $\lim\limits_{x\to x_0^+}f(x)$，② $\lim\limits_{x\to x_0^-}f(x)$，③ $f(x_0)$，有：

(1) $\lim\limits_{x\to x_0^+}f(x)$、$\lim\limits_{x\to x_0^-}f(x)$ 均存在，但不相等，则 $x=x_0$ 为跳跃间断点；

(2) $\lim\limits_{x\to x_0^+}f(x)$，$\lim\limits_{x\to x_0^-}f(x)$ 均存在，且①=②≠③，则 $x=x_0$ 为可去间断点；

(跳跃间断点、可去间断点组成第一类间断点.)

(3) 若①，②至少有一个不存在且为无穷大量，则 $x=x_0$ 为无穷间断点.

(4) 若①，②至少有一个不存在且振荡，则 $x=x_0$ 为振荡间断点.

(无穷间断点、振荡间断点归属于第二类间断点.)

8. 数列极限与函数极限的关系

若 $\lim\limits_{x\to *}f(x)=A$，则当 $\{x_n\}$ 以 x_0 为极限时，有 $\lim\limits_{n\to\infty}f(x_n)=A$.

① 当 $x_n\to a$ 时，若 $\lim\limits_{x\to a}f(x)=A$，则 $\lim\limits_{n\to\infty}f(x_n)=A$；

② 当 $x\to 0$ 时，取 $x_n=\frac{1}{n}$，若 $\lim\limits_{x\to 0}f(x)=A$，则 $\lim\limits_{n\to\infty}f\left(\frac{1}{n}\right)=A$.

补充说明：当 $x\to 0$ 时，$x_n=\frac{1}{n^2}$，$\frac{1}{n^3}$，…，只要 $x_n\to 0$，满足② 的条件，函数极限的局部保号性都是成立的.

9. 数列极限的单调有界准则

若 $\{x_n\}$ 单调增加（减少）且有上界（下界），则 $\lim\limits_{n\to\infty}x_n=a$ 极限存在.

(1) 主要研究的问题

① 证明单调性可以从 x_{n+1} 与 x_n 的大小关系方面判断，一方面可以考虑作差 $x_{n+1}-x_n$ 大于 0 或小于 0，另一方面可以考虑作商 $\frac{x_{n+1}}{x_n}$ 的结果与 1 相比的大小，或比较当 $x_{n+1}-x_n$ 与 x_n-x_{n-1} 同号时，$\{x_n\}$ 的单调等.

② 有界性的证明：$\exists M>0$，$|x_n|\leqslant M$.

实际上，①、② 的本质都是建立不等式关系.

(2) 解决问题的方法

① 根据已知的不等式：

$\forall x\geqslant 0$，$\sin x\leqslant x$，如果 $x_{n+1}=\sin x_n\leqslant x_n$，$\{x_n\}$单调减少；

$\forall x$，$e^x\geqslant x+1$，如果 $x_{n+1}=e^{x_n}-1\geqslant x_n$，$\{x_n\}$单调增加；

$\forall x>0$，$x-1\geqslant \ln x$，如果 $x_{n+1}=\ln x_n+1\leqslant x_n$，$\{x_n\}$单调减少；

a，$b>0$，$\sqrt{ab}\leqslant\dfrac{a+b}{2}$，如果 $x_{n+1}=\sqrt{x_n(3-x_n)}\leqslant\dfrac{x_n+3-x_n}{2}=\dfrac{3}{2}$，$\{x_n\}$有上界.

② 根据题中给出的已知条件推证，比如证明不等式或求函数的最值，都有可能产生不等式关系，从而得出单调或有界的结论.

10. 数列极限的两边夹准则

如果① $y_n\leqslant x_n\leqslant z_n$，② $\lim\limits_{n\to\infty}y_n=a$，$\lim\limits_{n\to\infty}z_n=a$，则 $\lim\limits_{n\to\infty}x_n=a$.

说明：①中不需要验证等号；②a 可以为 0、$c(c\neq 0)$、∞.

(1) 证明的目的

① 对 x_n 进行放缩：$y_n\leqslant x_n\leqslant z_n$，这是证明的难点所在；

② 不等式两边取极限.

(2) 证明的方法

① 用基本放缩的方法：$\begin{cases}nu_{\min}\leqslant u_1+u_2+\cdots+u_n\leqslant nu_{\max}\\ u_i\geqslant 0,\ 1u_{\max}\leqslant u_1+u_2+\cdots+u_n\leqslant nu_{\max}\end{cases}$；

② 根据题中给出的已知条件推证，比如证明不等式或求函数的最值，这一点与“9”的情形相同.

11. 数列极限的相关综合题

数列极限的存在性与计算问题可以和许多的经典问题相互结合，所以也经常出现在考试中作为压轴题，我们应该多做总结，综合总结知识点，建立知识结构，开扩思路，比如：

① 极限与导数综合；

② 极限与积分综合；

③ 极限与中值定理的综合；

④ 用方程列综合；

⑤ 用区间列综合；

⑥ 用极限综合.

12. 导数定义

函数 $f(x)$在 x_0 处可导

$$f'(x_0)=\lim_{\Delta x\to 0}\frac{f(x_0+\Delta x)-f(x_0)}{\Delta x}=\lim_{x\to x_0}\frac{f(x)-f(x_0)}{x-x_0}$$

其中 $f'(x_0)=\left.\dfrac{df}{dx}\right|_{x=x_0}$ 是指 f 对 x 在 x_0 处的瞬时变化率，而且 $f'(x_0)$存在$\Leftrightarrow f'_-(x_0)=f'_+(x_0)$，在考察分段函数在边界点处的可导性时，经常要用到定义来验证函数在一点处的可导性.

13. 反函数求导数

① 如果函数 $y=f(x)$ 在某区间 I 内单调、可导且 $f'(x)\neq 0$，那么它的反函数 $x=\varphi(y)$ 在对应区间 I_1 内也单调、可导，并且

$$[\varphi(y)]'=\frac{1}{f'(x)} \text{ 或 } \frac{\mathrm{d}y}{\mathrm{d}x}=\frac{1}{\frac{\mathrm{d}x}{\mathrm{d}y}}.$$

② $y=f(x)$ 二阶可导的情况下 $y'_x=\frac{\mathrm{d}y}{\mathrm{d}x}=\frac{1}{\frac{\mathrm{d}x}{\mathrm{d}y}}=\frac{1}{x'_y}$

$$y''_{xx}=\frac{\mathrm{d}y}{\mathrm{d}x}=\frac{\mathrm{d}\left(\frac{\mathrm{d}y}{\mathrm{d}x}\right)}{\mathrm{d}x}=\frac{\mathrm{d}\left(\frac{1}{x'_y}\right)}{\mathrm{d}x}=\frac{\mathrm{d}\left(\frac{1}{x'_y}\right)}{\mathrm{d}y}\times\frac{\mathrm{d}y}{\mathrm{d}x}=\frac{\mathrm{d}\left(\frac{1}{x'_y}\right)}{\mathrm{d}y}\frac{1}{x'_y}=\frac{-x''_{yy}}{(x'_y)^3}$$

反之，有 $x'_y=\frac{1}{y'_x}$，$x''_{yy}=\frac{-y''_{xx}}{(y'_x)^3}$.

14. 分段函数、绝对值函数的求导

$f(x)=\begin{cases}\varphi_1(x) & x\geqslant a\\ \varphi_2(x) & x<a\end{cases}$，或 $f(x)=|\varphi(x)-a|$ 等.

① 定义方法：分段函数在交界点用定义求导；

② 公式方法：用求导数的法则公式求导.

15. 幂指函数求导

$u(x)^{v(x)}$ $(u(x)>0,\ u(x)\neq 1)$ 可以先化成指数函数 $u(x)^{v(x)}=\mathrm{e}^{v(x)\ln u(x)}$，然后对 x 求导得 $[u(x)^{v(x)}]'=[\mathrm{e}^{v(x)\ln u(x)}]'=u(x)^{v(x)}\left[v'(x)\ln u(x)+v(x)\frac{u'(x)}{u(x)}\right]$.

说明：幂指函数的求导是考试中的重点题型，例如 x^x，$(1-x)^{1-x}$ 等的求导问题.

16. 参数方程求导

设 $y=y(x)$ 由参数方程 $\begin{cases}x=\varphi(t)\\ y=\psi(t)\end{cases}$ 确定，且 $\psi(t)$，$\varphi(t)$ 均二阶可导，$\varphi'(t)\neq 0$，其中 t 为参数，则：

(1) $\frac{\mathrm{d}y}{\mathrm{d}x}=\frac{\mathrm{d}y}{\mathrm{d}t}\times\frac{\mathrm{d}t}{\mathrm{d}x}=\frac{\mathrm{d}y}{\mathrm{d}t}\times\frac{1}{\frac{\mathrm{d}x}{\mathrm{d}t}}=\frac{\psi'(t)}{\varphi'(t)}$

(2) $\frac{\mathrm{d}^2y}{\mathrm{d}x^2}=\frac{\mathrm{d}\left(\frac{\mathrm{d}y}{\mathrm{d}x}\right)}{\mathrm{d}x}=\frac{\frac{\mathrm{d}\left(\frac{\mathrm{d}y}{\mathrm{d}x}\right)}{\mathrm{d}t}}{\frac{\mathrm{d}x}{\mathrm{d}t}}=\frac{\varphi'(t)\psi''(t)-\psi'(t)\varphi''(t)}{[\varphi'(t)]^3}$

17. 高阶导数求导

(1) 数学归纳法

设 $y=3^x$，$y'=3^x\ln 3$，$y''=3^x(\ln 3)^2\cdots$，则 $y^{(n)}=3^x(\ln 3)^n$，$n=0,1,2,\cdots$.

(2) 莱布尼兹公式

$u=u(x)$，$v=v(x)$ 均 n 阶可导，则 $(u\pm v)^{(n)}=u^{(n)}\pm v^{(n)}$

$$(uv)^{(n)}=u^{(n)}v+C_n^1u^{(n-1)}v'+C_n^2u^{(n-2)}v''+\cdots+C_n^ku^{(n-k)}v^{(k)}+C_n^{n-1}u'v^{(n-1)}+uv^{(n)}$$
$$=\sum_{k=0}^{n}C_n^ku^{(n-k)}v^{(k)}.$$

18. 切线、法线、截距

设 $y=y(x)$ 可导且 $y'(x)\neq0$ 则

① 在 (x,y) 处切线的斜率为 $k=y'(x)$；

② 法线斜率为 $-\dfrac{1}{k}=-\dfrac{1}{y'(x)}$；

③ 切线方程为 $Y-y=y'(x)(X-x)$；

④ 法线方程为 $Y-y=-\dfrac{1}{y'(x)}(X-x)$；

⑤ 令 $X=0$，则切线在 y 轴上的截距为 $y-xy'(x)$，法线在 y 轴上的截距 $y+\dfrac{x}{y'(x)}$；

⑥ 令 $Y=0$，则切线在 x 轴上的截距为 $x-\dfrac{y}{y'(x)}$，法线在 x 轴上的截距 $x+yy'(x)$.

19. 单调性的判别方法

(1) 单调性的判别

若 $y=f(x)$ 在区间 I 上有 $f'(x)>0$，则 $y=f(x)$ 在区间 I 上严格单调增加；

若 $y=f(x)$ 在区间 I 上有 $f'(x)<0$，则 $y=f(x)$ 在区间 I 上严格单调减少.

(2) 极值的必要条件

设 $f(x)$ 在 $x=x_0$ 处可导，且在 $x=x_0$ 处取得极值，则必有 $f'(x_0)=0$.

(3) 判别极值的第一充分条件

设 $f(x)$ 在 $x=x_0$ 处连续，且在 x_0 某去心领域 $\hat{U}(x_0,\delta)$ 内可导，则：

① 当 $x\in(x_0-\delta,x_0)$ 时，$f'(x)<0$，当 $x\in(x_0,x_0+\delta)$ 时，$f'(x)>0$，则 $f(x)$ 在 $x=x_0$ 处取得**极小值**；

② 当 $x\in(x_0-\delta,x_0)$ 时，$f'(x)>0$，当 $x\in(x_0,x_0+\delta)$ 时，$f'(x)<0$，则 $f(x)$ 在 $x=x_0$ 处取得**极大值**；

③ 当 $x\in(x_0-\delta,x_0)$ 和 $x\in(x_0,x_0+\delta)$ 时，$f'(x)$ 符号不变，则 x_0 点不是**极值点**.

(4) 判别极值的第二充分条件

设 $f(x)$ 在 $x=x_0$ 处二阶可导，$f'(x_0)=0$，$f''(x_0)\neq0$，则：

① 如果 $f''(x_0)<0$，则 $f(x)$ 在 x_0 处取得**极大值**；

② 如果 $f''(x_0)>0$，则 $f(x)$ 在 x_0 处取得**极小值**.

(5) 判别极值的第三充分条件

设 $f(x)$ 在 $x=x_0$ 处 n 阶可导，$f^{(m)}(x_0)=0\,(m=1,2,\cdots,n-1)$，$f^{(n)}(x_0)\neq0$ $(n\geqslant2)$，则：

① 当 n 为偶数且 $f^{(n)}(x_0)<0$ 时，则 $f(x)$ 在 x_0 处取得**极大值**；

② 当 n 为偶数且 $f^{(n)}(x_0)>0$ 时，则 $f(x)$ 在 x_0 处取得**极小值**.

20. 凹凸性与拐点的判别

(1) 判别凹凸性的充分条件

设函数 $f(x)$ 在 I 上二阶可导，若在 I 上 $f''(x)>0$，则 $f(x)$ 在 I 上的图形是凹的；若

在 I 上 $f''(x)<0$，则 $f(x)$ 在 I 上的图形是凸的.

(2) 二阶可导点是拐点的必要条件

设 $f''(x)$ 存在，且点 $(x_0,f(x_0))$ 为曲线上的拐点，则 $f''(x)=0$.

(3) 判别拐点的第一充分条件

设 $y=f(x)$ 在点 $x=x_0$ 处连续，在点 $x=x_0$ 的某去心邻域 $\mathring{U}(x_0,\delta)$ 内二阶导数存在，且在该点的左、右邻域内 $f''(x)$ 变号（无论是由正变负，还是由负变正），则点 $(x_0,f(x_0))$ 为曲线上的拐点.

注意，$(x_0,f(x_0))$ 为曲线上的拐点时，并不要求在点 $x=x_0$ 的导数存在，如 $y=\sqrt[3]{x}$ 在 $x=0$ 的情形.

(4) 判别拐点的第二充分条件

设 $y=f(x)$ 在点 $x=x_0$ 的某邻域内三阶可导，且 $f''(x_0)=0$，$f'''(x_0)\neq 0$，则 $(x_0,f(x_0))$ 为拐点.

(5) 判别拐点的第三充分条件

设 $y=f(x)$ 在 x_0 处 n 阶可导，且 $f^{(m)}(x_0)=0\,(m=2,3,\cdots,n-1)$，$f^{(n)}(x_0)\neq 0\,(n\geqslant 3)$，则当 n 为奇数时，$(x_0,f(x_0))$ 为拐点.

说明：拐点的判别是历年命题的热点，近年来常出现 $u(x)^{v(x)}$ 或 $\int_a^x f(t)\,\mathrm{d}t$ 形式的研究对象，从而增加了考题的难度.

21. 渐近线

(1) 铅垂渐近线

$\lim\limits_{x\to x_0^+}f(x)=\infty$（或 $\lim\limits_{x\to x_0^-}f(x)=\infty$），则 $x=x_0$ 是曲线 $y=f(x)$ 的一条铅垂渐近线.

(2) 水平渐近线

如果 $\lim\limits_{x\to+\infty}f(x)=y_1$，则 $y=y_1$ 是曲线 $y=f(x)$ 的一条水平渐近线；

如果 $\lim\limits_{x\to-\infty}f(x)=y_2$，则 $y=y_2$ 是曲线 $y=f(x)$ 的一条水平渐近线；

如果 $\lim\limits_{x\to-\infty}f(x)=\lim\limits_{x\to+\infty}f(x)=y_0$，则 $y=y_0$ 是曲线 $y=f(x)$ 的一条水平渐近线.

(3) 斜渐近线

如果 $\lim\limits_{x\to+\infty}\dfrac{f(x)}{x}=k_1$，$\lim\limits_{x\to+\infty}[f(x)-k_1x]=b_1$，则 $y=k_1x+b_1$ 是曲线 $y=f(x)$ 的一条斜渐近线；

如果 $\lim\limits_{x\to-\infty}\dfrac{f(x)}{x}=k_2$，$\lim\limits_{x\to-\infty}[f(x)-k_2x]=b_2$，则 $y=k_2x+b_2$ 是曲线 $y=f(x)$ 的一条斜渐近线；

如果 $\lim\limits_{x\to+\infty}\dfrac{f(x)}{x}=\lim\limits_{x\to-\infty}\dfrac{f(x)}{x}=k$，$\lim\limits_{x\to+\infty}[f(x)-kx]=b$，则 $y=kx+b$ 是曲线 $y=f(x)$ 的一条斜渐近线.

22. 最大值、最小值

求闭区间 $[a,b]$ 上连续函数 $f(x)$ 的最大值 M 和最小值 m：

① 求出 $f(x)$ 在 (a,b) 内的极值可疑点——驻点与不可导点，并求出这些可疑点处的函数值.

② 求出端点处的函数值 $f(a)$ 和 $f(b)$.

③ 比较以上所求得的所有函数值，其中最大者为最大值，最小者为最小值.

23. 曲率与曲率半径

$k=\dfrac{|y''|}{[1+(y')^2]^{\frac{1}{2}}}$，曲率半径 $R=\dfrac{1}{k}$.

24. 相关变化率

根据题设已知 $\dfrac{dA}{dC}$，$\dfrac{dC}{dB}$，想要求出 $\dfrac{dA}{dB}$，则 $\dfrac{dA}{dB}=\dfrac{dA}{dC}\times\dfrac{dC}{dB}$.

25. 介值定理

$f(x)$ 是闭区间 $[a,b]$ 上的连续函数，$m\leqslant f(x)\leqslant M$，当 $m\leqslant\mu\leqslant M$ 时，存在 $\xi\in[a,b]$，使得 $f(\xi)=\mu$，常常用于找 $f(c)=\xi$.

26. 罗尔定理

设 $f(x)$ 满足：① $[a,b]$ 上连续函数；② (a,b) 内可导；③ $f(a)=f(b)$，则至少存在一点 $\xi\in(a,b)$，使得 $f'(\xi)=0$.

罗尔定理经常用于证明：① $F'(\xi)=0$，② $F^{(n)}(\xi)=0$，$n\geqslant2$.

27. 拉格朗日中值定理

设 $f(x)$ 满足：① $[a,b]$ 上连续函数；② (a,b) 内可导，则至少存在一点 $\xi\in(a,b)$，使得

$$f(b)-f(a)=f'(\xi)(b-a) \text{或者} f'(\xi)=\frac{f(b)-f(a)}{(b-a)}$$

常用于：

① 题设中有 $f(x)$ 与 $f'(x)$ 的关系或“$f(b)-f(a)$”；

② 证明 $F'(x)>0$ 或 $F'(x)<0$；

③ 证明 $F^{(n)}(\xi)>0$ $(n\geqslant2)$ 或 $F^{(n)}(\xi)<0$ $(n\geqslant2)$；

④ 证明 $F'(f'(\eta), f'(\tau))=0$；

⑤ 证明 $f'(x)$ 的单调性.

28. 泰勒公式及其应用

(1) 带有拉格朗日型余项的 n 阶泰勒公式

设 $f(x)$ 在点 x_0 的某个邻域内的 $n+1$ 阶导数存在，则对于该邻域内的任意一点 x，有 $f(x)=f(x_0)+f'(x_0)(x-x_0)+\cdots+\dfrac{1}{n!}f^{(n)}(x_0)(x-x_0)^n+\dfrac{1}{(n+1)!}f^{(n+1)}(\xi)(x-x_0)^{n+1}$，其中 ξ 介于 x，x_0 之间.

(2) 带佩亚诺型余项的 n 阶泰勒公式

设 $f(x)$ 在点 x_0 处 n 阶可导，则存在 x_0 的一个邻域，对于该邻域中的任意一点 x，有 $f(x)=f(x_0)+f'(x_0)(x-x_0)+\cdots+\dfrac{1}{n!}f^{(n)}(x_0)(x-x_0)^n+o((x-x_0)^n)$.

常常用于：

① 题设中有 $f(x)$ 与 $f^{(n)}(x)$ 的关系，$n\geqslant2$；

② $F^n(\xi)>0(<0)$ 或 $F^n(\xi)=0$，$n\geqslant2$；

③ $f''(x)$会考到凹凸性．

29．微分等式问题

（1）理论依据

① 零点定理：设 $f(x)$在$[a,b]$上连续，且 $f(b)f(a)<0$，则 $f(x)=0$ 在(a,b)内至少有一个根．

零点定理的推广：设 $f(x)$在$(a，b)$内连续，$\lim\limits_{x\to a^+}f(x)=\alpha$，$\lim\limits_{x\to b^-}f(x)=\beta$，且 $\alpha\beta<0$，则 $f(x)=0$ 在(a,b)内至少有一个根．其中α，β，a，b 可以是有限数，也可以是无穷大．

② 用导数工具研究函数性态．

③ 罗尔定理的推论：如果 $f^{(n)}(x)=0$ 至多有 k 个根，则 $f(x)=0$ 至多有 $k+n$ 个根．

④ 实系数奇次方程 $x^{2n+1}+a_1x^{2n}+\cdots+a_{2n}x+a_{2n+1}=0$ 至少有一个实数根．

（2）考题类型

① 证明恒等式．

② 考察函数的零点的个数（方程根的个数、曲线交点的个数）．

a．至少几个；

b．至多几个；

c．恰有几个．

说明：常含参数讨论．

（ⅰ）导数中不含参数，即辅助函数 $f'(x)$中不含参数，于是研究函数性态的过程中不讨论参数，在结果中讨论参数．也就是说根据参数的取值不同，研究曲线与 x 轴的交点个数．

（ⅱ）导数中含参数．即辅助函数 $f'(x)$中含参数，于是研究过程中讨论参数，即根据参数取值不同，研究曲线不同的性态，从而确定其与 x 轴的交点个数．

③ 方程（列）问题．

④ 区间（列）问题．

30．微分不等式问题

（1）用单调性证明

① 如果 $\lim\limits_{x\to a^+}F(x)\geqslant0$，且当 $x\in(a,b)$时，$F'(x)\geqslant0$ 则在(a,b)内 $F(x)\geqslant0$．如果存在 $x=a$ 右侧一个小邻域有 $F'(x)>0$，则结论中的不等式是严格的（即 $F(x)>0$），如果在 $x=a$ 处 $F(x)$右连续，则可用 $F(a)\geqslant0$ 代替 $\lim\limits_{x\to a^+}F(x)\geqslant0$．

② 如果 $\lim\limits_{x\to b^-}F(x)\geqslant0$，且当 $x\in(a,b)$时，$F'(x)\leqslant0$，则在(a,b)内 $F(x)\geqslant0$．如果存在 $x=b$ 左侧一个小邻域有 $F'(x)<0$，则结论中的不等式是严格的（即 $F(x)>0$），如果在 $x=b$ 处 $F(x)$左连续，则可用 $F(b)\geqslant0$ 代替 $\lim\limits_{x\to b^-}F(x)\geqslant0$．

上面讲的区间(a,b)改为半开区间、闭区间、无穷区间、半无穷区间，结论仍然是成立的．

（2）用拉格朗日中值定理

如果所给题中的 $F(x)$在区间$[a,b]$上满足拉格朗日中值定理条件，并设当 $x\in(a，b)$时，$F'(x)\geqslant A$（或 $F(x)\leqslant A$）则有 $F(b)-F(a)\geqslant A(b-a)$或者 $F(b)-F(a)\leqslant A(b-a)$．

31. 一元函数微分学的物理应用（数学一、数学二）

以“A 对 B 的变化率”为核心，写出$\frac{\mathrm{d}A}{\mathrm{d}B}$的表达式，并根据题意进行计算即可，常与相关变化率综合考察．

32. 边际分析（数学三）

在经济学中，若函数 $f(x)$ 可导，则称 $f'(x)$ 为 $f(x)$ 的**边际函数**，称 $f'(x_0)$ 为 $f(x)$ 在 x_0 点的**边际值**．

边际值 $f'(x_0)$ 被解释为：在 x_0 点，当 x_0 改变一个单位时，函数 $f(x)$ 近似改变 $|f'(x_0)|$ 个单位，$f'(x_0)$ 的符号反映自变量的改变与因变量的改变是同向还是反向．

33. 弹性分析（数学三）

① 需求的价格弹性．设需求函数为 $Q=\varphi(p)$，Q 为需求量，p 为价格，则需求弹性为 $\eta_d=\frac{p}{\varphi(p)}\varphi'(p)$，由于需求函数严格单调递减，故 $\varphi'(p)<0$，从而 $\eta_d<0$ 经济意义：当价格为 p 时，若提价（降价）1%时，需求量将减少（增加）$|\eta_d|$%．

说明：如果题设要求 $\eta_d>0$，则取 $\eta_d=\frac{-p}{\varphi(p)}\varphi'(p)$．

② 供给的价格弹性．设供给函数为 $Q=\psi(p)$，Q 为供给量，p 为价格，则供给弹性为 $\eta_s=\frac{p}{\psi(p)}\psi'(p)$．

③ 由于供给函数严格单调增加，$\psi'(p)>0$，从而 $\eta_s>0$，所以其经济意义：当价格为 p 时，若提价（降价）1%时，则供给量将增加（减少）$|\eta_s|$%．

34. 祖孙三代的七种关系

① 函数 $f(x)$ 为奇函数$\Rightarrow f'(x)$ 为偶函数．

② 函数 $f(x)$ 为偶函数$\Rightarrow f'(x)$ 为奇函数．

③ 函数 $f(x)$ 是以 T 为周期的周期函数$\Rightarrow f'(x)$ 是以 T 为周期的周期函数．

④ 函数 $f(x)$ 为奇函数$\Rightarrow\begin{cases}\int_0^x f(t)\,\mathrm{d}t\ \text{为偶函数}\\ \int_a^x f(t)\,\mathrm{d}t\ \text{为偶函数}\quad(a\neq 0)\end{cases}$．

⑤ 函数 $f(x)$ 为偶函数$\Rightarrow\begin{cases}\int_0^x f(t)\,\mathrm{d}t\ \text{为奇函数}\\ \int_a^x f(t)\,\mathrm{d}t\ \text{不确定奇偶性}\quad(a\neq 0)\end{cases}$．

⑥ 函数 $f(x)$ 为奇函数，且

$$\begin{cases}f(x)\ \text{是以}\ T\ \text{为周期的周期函数}\\ \int_0^T f(x)\,\mathrm{d}x=0\end{cases}\Rightarrow\begin{cases}\int_0^x f(t)\,\mathrm{d}t\ \text{是以}\ T\ \text{为周期的周期函数}\\ \int_a^x f(t)\,\mathrm{d}t\ \text{是以}\ T\ \text{为周期的周期函数}\quad(a\neq 0)\end{cases}.$$

⑦ 函数 $f(x)$ 是以 T 为周期的周期函数 $\Rightarrow \int_0^T f(x)\,\mathrm{d}x=\int_a^{a+T} f(x)\,\mathrm{d}x$（$a$ 为任意常数）为以 T 为周期的周期函数.

大家要熟记以上七条，这些问题常常在客观题或大题中某一关键环节出现.

35. 定积分的定义

（1）基本形式（能凑成 $\frac{i}{n}$）

如果数列通项中含有下面四种形式：

① $n+i\ (an+bi,\ ab\neq 0)$；② n^2+i^2；③ n^2+ni；④ $\frac{i}{n}$，这些形式能凑成 $\frac{i}{n}$，比如：① $n+i=n\left(1+\frac{i}{n}\right)$；② $n^2+i^2=n^2\left(1+\left(\frac{i}{n}\right)^2\right)$；③ $n^2+ni=n^2\left(1+\frac{i}{n}\right)$，于是可以直接写出定积分的定义式：

$$\lim_{n\to\infty}\sum_{i=1}^{n} f\left(0+\frac{1-0}{n}i\right)\frac{1-0}{n}=\int_0^1 f(x)\,\mathrm{d}x$$

或

$$\lim_{n\to\infty}\sum_{i=1}^{n} f\left(0+\frac{1-0}{n}i\right)\frac{1-0}{n}=\int_0^1 f(x)\,\mathrm{d}x$$

（2）放缩型（不能凑成 $\frac{i}{n}$）

① 两边夹准则：如果通项中含 n^2+i 则凑不成 $\frac{i}{n}$，这时考虑对通项放缩，用两边夹准则，放缩后再凑 $\frac{i}{n}$.

② 如果通项中含 $\frac{i^2+1}{n^2}$，虽然凑不成 $\frac{i}{n}$，但经过放缩 $\left(\frac{i}{n}\right)^2<\frac{i^2+1}{n^2}<\left(\frac{i+1}{n}\right)^2$，则可凑成 $\frac{i}{n}$.

（3）变量型

如果通项中含 $\frac{xi}{n}$，则考虑下面的式子：$\lim\limits_{n\to\infty}\sum\limits_{i=1}^{n} f\left(0+\frac{x-0}{n}i\right)\frac{x-0}{n}=\int_0^x f(t)\,\mathrm{d}t$.

36. 判别反常积分的敛散性

① 判别时要求每个积分有且仅有一个奇点.

② 尺度 $\begin{cases}\int_0^1 \frac{1}{x^p}\mathrm{d}x\begin{cases}0<p<1\text{ 时，收敛}\\ p\geqslant 1\text{ 时，发散}\end{cases}\\ \int_1^{+\infty}\frac{1}{x^p}\mathrm{d}x\begin{cases}p>1\text{ 时，收敛}\\ p\leqslant 1\text{ 时，发散}\end{cases}\end{cases}$.

应掌握各种变体形式，如 $\int_0^{+\infty}\frac{1}{x^a+x^b}\mathrm{d}x$，$\int_0^{\frac{\pi}{2}}\frac{1}{\cos^a x\sin^b x}\mathrm{d}x$ 等.

37. 华氏公式（点火公式）大全

$$\int_0^{\frac{\pi}{2}}\sin^n x\,\mathrm{d}x=\int_0^{\frac{\pi}{2}}\cos^n x\,\mathrm{d}x=\begin{cases}\dfrac{n-1}{n}\times\dfrac{n-3}{n-2}\cdots\dfrac{2}{3}\times 1，n\text{ 为大于 1 的奇数，}\\ \dfrac{n-1}{n}\times\dfrac{n-3}{n-2}\cdots\dfrac{1}{2}\times\dfrac{\pi}{2}，n\text{ 为正偶数}\end{cases}$$

$$\int_0^{\pi}\sin^n x\,\mathrm{d}x==\begin{cases}2\dfrac{n-1}{n}\times\dfrac{n-3}{n-2}\cdots\dfrac{2}{3}\times 1，n\text{ 为大于 1 的奇数}\\ 2\dfrac{n-1}{n}\times\dfrac{n-3}{n-2}\cdots\dfrac{1}{2}\times\dfrac{\pi}{2}，n\text{ 为正偶数}\end{cases}$$

$$\int_0^{\pi}\cos^n x\,\mathrm{d}x==\begin{cases}0， & n\text{ 为正奇数}\\ 2\dfrac{n-1}{n}\times\dfrac{n-3}{n-2}\cdots\dfrac{1}{2}\times\dfrac{\pi}{2}， & n\text{ 为正偶数}\end{cases}$$

$$\int_0^{2\pi}\cos^n x\,\mathrm{d}x=\int_0^{2\pi}\sin^n x\,\mathrm{d}x=\begin{cases}0， & n\text{ 为正奇数}\\ 4\dfrac{n-1}{n}\times\dfrac{n-3}{n-2}\cdots\dfrac{1}{2}\times\dfrac{\pi}{2}， & n\text{ 为正偶数}\end{cases}$$

以上公式必须熟记，这是考试中命题频率极高的知识点．

38. 对称性下的定积分问题

大家应该能够理解并解决：

① $\int_0^{2n}x(x-1)(x-2)\cdots(x-n)(x-2n)\,\mathrm{d}x$　　②$\int_0^4 x\sqrt{4x-x^2}\,\mathrm{d}x$

这两种典型问题均使用了对称性命题的手法．

39. 定积分分部积分法中“升阶”“降阶”问题

①“升阶”问题：如果已知 $f(x)$，$f'(x)$，则 $\int_0^1(x-1)^2f(x)\,\mathrm{d}x=\frac{1}{3}(x-1)^3f(x)\Big|_0^1-\frac{1}{3}\int_0^1(x-1)^3f'(x)\,\mathrm{d}x$.

②“降阶”问题：①的反问题．

40. 求分段函数的变限积分

$$f(x)=\begin{cases}\varphi_1(x)， & x\in I_1\\ \varphi_2(x)， & x\in I_2\end{cases}，\text{求 }F(x)=\int_a^x f(t)\,\mathrm{d}t.$$

对这种题目，考生要熟练掌握两个要点：(1) 分段讨论；(2) 累积函数．

41. 变限积分的直接求导型

(1) $\left[\int_a^{\varphi(x)}f(t)\,\mathrm{d}t\right]'=f[\varphi(x)]\varphi'(x)$

(2) $\left[\int_{\varphi_1(x)}^{\varphi_2(x)}f(t)\,\mathrm{d}t\right]'=f[\varphi_2(x)]\varphi'_2(x)-f[\varphi_1(x)]\varphi'_1(x)$

可直接用求导公式 (1)、(2) 求导数的变限积分，称为**直接求导型**．

42. 变限积分的换元求导型

需先用换元法处理，再利用 41 中求导公式（1），（2）求导的变限积分称为**换元求导型**.

43. 变限积分的拆分求导型

需要拆分区间划分成若干个积分，再利用 41 中求导公式（1），（2）求导的变限积分（往往带绝对值）称为**拆分求导型**.

44. 变限积分换序型

积分是一种累次积分（即先算里面一层积分，再算外面一层积分），一般里面一层积分不易处理，故化为二重积分，再交换积分次序，这种类型的变限积分称为**换序型**，这种题往往也可利用分部积分方法来处理.

45. 旋转体体积

绕 x 轴 $V_x=\int_a^b \pi y^2(x)\,\mathrm{d}x$

绕 y 轴 $V_y=\int_a^b 2\pi x\,|y(x)|\,\mathrm{d}x$（柱壳法）

曲线绕 x 轴与绕 y 轴形成的立体体积，处理方式不同，要注意区分.

46. 平均值 $\bar{f}=\dfrac{1}{b-a}\int_a^b f(x)\,\mathrm{d}x$

积分中值定理：$\int_a^b f(x)\,\mathrm{d}x=f(\xi)(b-a)$. 故 $\bar{f}=f(\xi)$ 这一点需要注意.

47. 平面曲线的弧长（数学一、数学二）

① 若平面光滑曲线由直角坐标方程 $y=y(x)\,(a\leqslant x\leqslant b)$ 给出，则曲线弧长为 $s=\int_a^b\sqrt{1+[y'(x)]^2}\,\mathrm{d}x$.

② 若平面光滑曲线由参数方程 $\begin{cases}x=x(t)\\y=y(t)\end{cases}(\alpha\leqslant t\leqslant\beta)$ 给出，则曲线弧长为 $s=\int_\alpha^\beta\sqrt{[x'(t)]^2+[y'(t)]^2}\,\mathrm{d}t$.

③ 若平面光滑曲线由极坐标方程 $r=r(\theta)\,(\alpha\leqslant\theta\leqslant\beta)$ 给出，则曲线弧长为 $s=\int_\alpha^\beta\sqrt{[r(\theta)]^2+[r'(\theta)]^2}\,\mathrm{d}\theta$.

48. 旋转曲面的面积（旋转体的侧面积）（数学一、数学二）

① 曲线 $y=y(x)$ 在区间 $[a,b]$ 上的曲线弧段绕 x 轴旋转一周所得到的旋转曲面的面积为 $S=2\pi\int_a^b|y(x)|\sqrt{1+[y'(x)]^2}\,\mathrm{d}x$.

② 曲线 $x=x(t)$，$y=y(t)\,(\alpha\leqslant t\leqslant\beta,\ x'(t)\neq 0)$ 在区间 $[\alpha,\beta]$ 上的曲线弧段绕 x 轴旋转一周所得到的旋转曲面的面积为 $S=\int_\alpha^\beta|y(t)|\sqrt{[x'(t)]^2+[y'(t)]^2}\,\mathrm{d}t$.

49. 平面上的曲边梯形的形心坐标公式（数学一、数学二）

设 $D=\{(x,y)\ 0\leqslant y\leqslant f(x),\ a\leqslant x\leqslant b\}$，曲线 $y=f(x)$ 在区间 $[a,b]$ 上连续，如图所示 D 的形心坐标 $\bar{x}$，$\bar{y}$ 的计算公式：

$$\bar{x}=\frac{\iint\limits_D x\,\mathrm{d}\sigma}{\iint\limits_D \mathrm{d}\sigma}=\frac{\int_a^b \mathrm{d}x\int_0^{f(x)} x\,\mathrm{d}y}{\int_a^b \mathrm{d}x\int_0^{f(x)} \mathrm{d}y}=\frac{\int_a^b xf(x)\,\mathrm{d}x}{\int_a^b f(x)\,\mathrm{d}x}$$

$$\bar{y}=\frac{\iint\limits_D y\,\mathrm{d}\sigma}{\iint\limits_D \mathrm{d}\sigma}=\frac{\int_a^b \mathrm{d}x\int_0^{f(x)} y\,\mathrm{d}y}{\int_a^b \mathrm{d}x\int_0^{f(x)} \mathrm{d}y}=\frac{\frac{1}{2}\int_a^b f^2(x)\,\mathrm{d}x}{\int_a^b f(x)\,\mathrm{d}x}$$

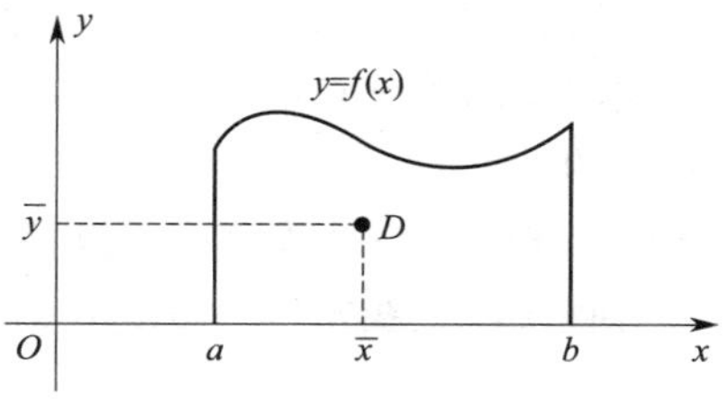

若考题为求质量均匀分布的平面薄片物体的质心，也就是平面 D 的形心问题，公式如上．

说明："47"～"49"是常见考点，首先必须会套用公式，其次要亲自动手计算，这里的计算往往不简单．

50．通过证明某种特殊积分等式，求特殊积分

如证明了 $\int_0^{nT} xf(x)\,\mathrm{d}x=\frac{n^2T}{2}\int_0^T xf(x)\,\mathrm{d}x\ (n=1,2,3,\cdots)$ 则可得 $\int_0^{n\pi} x|\sin x|\,\mathrm{d}x=\frac{n^2\pi}{2}\int_0^{\pi}|\sin x|\,\mathrm{d}x=n^2\pi$.

51．积分不等式

（1）用函数的单调性首先将某一限制（取上限或下限）变量化，然后移项构造辅助函数，用辅助函数的单调性来证明不等式，此方法多用于所给条件为线 $f(x)$ 在区间 $[a,b]$ 上连续的情形．

（2）处理被积函数

① 用分部积分法，利用分部积分法处理被积函数，再利用已知条件进一步推证．

② 换元法：见到符合函数的积分可考虑换元法．

（3）曲边梯形面积的连续化与离散化问题

① 若函数 $f(x)$ 在 $[1,n]$ 上单调增加，而且非负，则有

$$f(1)+f(2)+\cdots+f(n-1)\leqslant\int_1^n f(x)\,\mathrm{d}x\leqslant f(2)+f(3)+\cdots+f(n).$$

② 若函数 $f(x)$ 在 $[1,n]$ 上单调减少，而且非负，则有

$$f(2)+f(3)+\cdots+f(n)\leqslant\int_1^n f(x)\,\mathrm{d}x\leqslant f(1)+f(2)+\cdots+f(n-1).$$

52．提取物体做功（数学一、数学二）

如图所示，将容器中的水全部抽出所做的功为 $W=\rho g\int_a^b xA(x)\,\mathrm{d}x$，

其中 ρ 为水的密度，g 为重力加速度．功的元素 $\mathrm{d}W=\rho g x A(x)\mathrm{d}x$ 为位于 x 处厚度为 $\mathrm{d}x$，水平截面面积为 $A(x)$ 的一层水被抽出（路程为 x）所做的功．

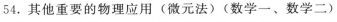

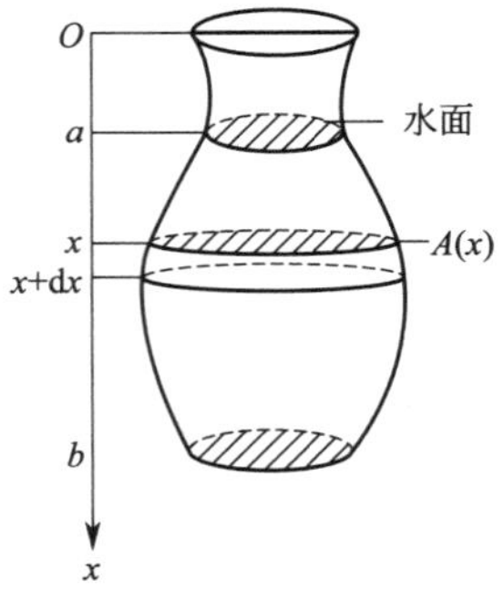

说明：抽水做功的特点——力（重力）不变，路程在变．求解这类问题的关键是确定 x 处的水平截面面积 $A(x)$，其余的量都是固定的．

53. 细杆质心（数学一、数学二）

对直线段上线密度为 $\rho(x)$ 的细直杆，则其质心为

$$\bar{x}=\frac{\int_a^b x\rho(x)\mathrm{d}x}{\int_a^b \rho(x)\mathrm{d}x}.$$

54. 其他重要的物理应用（微元法）（数学一、数学二）

用好微元法是关键：①分割；②代替；③求和；④取极限．

55. 经济应用求总量（数学三）

$$Q(t)=Q(t_0)+\int_{t_0}^{t} Q'(u)\,\mathrm{d}u, t>t_0$$

56. 多元函数的复合函数求法

(1) 链式求导规则

设 $z=z(u,v)$，$u=u(x,y)$，$v=v(x,y)$，于是：

$$\begin{pmatrix}\frac{\partial z}{\partial x} & \frac{\partial z}{\partial y}\end{pmatrix}=\begin{pmatrix}\frac{\partial z}{\partial u} & \frac{\partial z}{\partial v}\end{pmatrix}\begin{pmatrix}\frac{\partial u}{\partial x} & \frac{\partial u}{\partial y}\\ \frac{\partial v}{\partial x} & \frac{\partial v}{\partial y}\end{pmatrix}$$

(2) 全导数

设 $z=z(u,v)$，$u=u(x),v=v(x)$，即 z 最终只是 x 的函数，则 $\frac{\mathrm{d}z}{\mathrm{d}x}$ 称为**全导数**．

$$\frac{\mathrm{d}z}{\mathrm{d}x}=\begin{pmatrix}\frac{\partial z}{\partial u} & \frac{\partial z}{\partial v}\end{pmatrix}\begin{pmatrix}\frac{\mathrm{d}u}{\mathrm{d}x}\\ \frac{\mathrm{d}v}{\mathrm{d}x}\end{pmatrix}$$

(3) 全微分形式不变性

$$\mathrm{d}z=\frac{\partial z}{\partial x}\mathrm{d}x+\frac{\partial z}{\partial y}\mathrm{d}y=\begin{pmatrix}\frac{\partial z}{\partial x} & \frac{\partial z}{\partial y}\end{pmatrix}\begin{pmatrix}\mathrm{d}x\\ \mathrm{d}y\end{pmatrix}=\begin{pmatrix}\frac{\partial z}{\partial u} & \frac{\partial z}{\partial v}\end{pmatrix}\begin{pmatrix}\frac{\partial u}{\partial x} & \frac{\partial u}{\partial y}\\ \frac{\partial v}{\partial x} & \frac{\partial v}{\partial y}\end{pmatrix}\begin{pmatrix}\mathrm{d}x\\ \mathrm{d}y\end{pmatrix}$$

$$=\begin{pmatrix}\frac{\partial z}{\partial u} & \frac{\partial z}{\partial v}\end{pmatrix}\begin{pmatrix}\mathrm{d}u\\ \mathrm{d}v\end{pmatrix}=\frac{\partial z}{\partial u}\mathrm{d}u+\frac{\partial z}{\partial v}\mathrm{d}v$$

这称为全微分形式不变性.

57. 多元函数的隐函数求导法

设所给函数的偏导数均连续.

(1) 一个方程的情形

设 $F(x,y,z)=0$，有点 $P_0(x_0,y_0,z_0)$，若满足 $F(P_0)=0$，$F_z(P_0)\neq 0$，则在 P_0 某一邻域内可确定 $z=z(x,y)$ 且有

$$\frac{\partial z}{\partial x}=-\frac{F'_x}{F'_z},\ \frac{\partial z}{\partial y}=-\frac{F'_y}{F'_z}.$$

(2) 方程组的情形

设 $\begin{cases}F(x,y,z)=0\\G(x,y,z)=0\end{cases}$，若满足 $\dfrac{\partial(F,G)}{\partial(y,z)}\neq 0$ 时，可确定 $\begin{cases}y=y(x)\\z=z(x)\end{cases}$，且有

$$\frac{\mathrm{d}y}{\mathrm{d}x}=-\frac{\dfrac{\partial(F,G)}{\partial(x,z)}}{\dfrac{\partial(F,G)}{\partial(y,z)}},\ \frac{\mathrm{d}z}{\mathrm{d}x}=-\frac{\dfrac{\partial(F,G)}{\partial(y,x)}}{\dfrac{\partial(F,G)}{\partial(y,z)}}.$$

58. 多元函数的极值、最值

(1) 多元函数的泰勒公式 (数学一)

设 $f(x,y)$ 二阶偏导数连续，记 $X_0(x_0,y_0)$，$\Delta X=(\Delta x,\ \Delta y)=(x-x_0,\ y-y_0)$，则 $f(x,y)=f(x_0,y_0)+(f'_x,f'_y)\begin{pmatrix}\Delta x\\\Delta y\end{pmatrix}+\dfrac{1}{2!}(\Delta x\quad \Delta y)\begin{pmatrix}f'_{xx} & f'_{xy}\\f'_{yx} & f'_{yy}\end{pmatrix}_{X_0}\begin{pmatrix}\Delta x\\\Delta y\end{pmatrix}+R_2$.

(2) 无条件极值

设 $f(x,y)$ 二阶偏导数连续，记 $X_0(x_0,y_0)$：

① 取极值的必要条件：$X_0(x_0,y_0)$ 为极值点，则 $(f'_x,\ f'_y)_{X_0}=0$，即 $\begin{cases}f'_x(x_0,y_0)=0\\f'_y(x_0,y_0)=0\end{cases}$.

② 取极值的充分条件：

已经有 $(f'_x,f'_y)_{X_0}=0\Rightarrow f(x,y)-f(x_0,y_0)=\dfrac{1}{2}(\Delta x\quad \Delta y)\begin{pmatrix}f''_{xx} & f''_{xy}\\f''_{yx} & f''_{yy}\end{pmatrix}_{X_0}\begin{pmatrix}\Delta x\\\Delta y\end{pmatrix}+R_2$，$\begin{cases}f''_{xx}(x_0,y_0)=A\\f''_{xy}(x_0,y_0)=f''_{xy}(x_0,y_0)=B\\f''_{yy}(x_0,y_0)=C\end{cases}$，记 $\Delta=AC-B^2$，则：

a. 正定. 当 $f''_{xx}|_{X_0}>0$，$\begin{vmatrix}f''_{xx} & f''_{xy}\\f''_{yx} & f''_{yy}\end{vmatrix}_{X_0}>0$，即 $\Delta=AC-B^2>0$ 时，$f(x,y)>f(x_0,y_0)$，$f(x_0,y_0)$ 为极小值.

b. 负定. 当 $f''_{xx}|_{X_0}<0$，$\begin{vmatrix}f''_{xx} & f''_{xy}\\f''_{yx} & f''_{yy}\end{vmatrix}_{X_0}>0$，即 $\Delta=AC-B^2>0$ 时，$f(x,y)<f(x_0,y_0)$，$f(x_0,y_0)$ 为极大值.

c. $\begin{vmatrix}f''_{xx} & f''_{xy}\\f''_{yx} & f''_{yy}\end{vmatrix}_{X_0}<0$，即 $\Delta=AC-B^2<0$ 时，二次型变号，(x_0,y_0) 为非极值点.

d. $\begin{vmatrix} f''_{xx} & f''_{xy} \\ f''_{yx} & f''_{yy} \end{vmatrix}_{X_0}=0$，即 $\Delta=AC-B^2=0$ 时，(x_0,y_0) 可能是极值点，可能不是极值点．

（3）条件最值与拉格朗日乘数法

求在约束条件 $\varphi(x,y)=0$ 下 $f(x,y)$ 的最值：

① 构造辅助函数 $F(x,y,\lambda)=f(x,y)+\lambda\varphi(x,y)$；

② 令 $\begin{cases} f'_x(x,y)+\lambda\varphi'_x(x,y)=0 \\ f'_y(x,y)+\lambda\varphi'_y(x,y)=0; \\ \varphi(x,y)=0 \end{cases}$

③ 解方程组得到驻点，比较驻点处函数值的大小，取最大者为最大值，取最小者为最小值，特别地，只有一个值时，根据实际问题，其即为所求的最值．

59. 已知偏导数（或偏增量）的表达式，求 $z=f(x,y)$

已知偏导数 $\dfrac{\partial z}{\partial x}$，$\dfrac{\partial z}{\partial y}$ 或偏增量 $\Delta_x z$，$\Delta_y z$，求 $z=f(x,y)$．

说明：这种考题需注意在首次积分时，加的是一个函数，而不是常数．

60. 给出变换，化已知偏微分方程为常微分方程，求 $f(u)$

如果给出 $f'_x(x,y)+f(x,y)=0$，求 $f(x,y)$，这是一类极为重要的题型．

61. 二重积分比较大小

① 用好对称性．

② 用好保号性．

说明：这种题目常考客观题型．

62. 二重积分的计算

（1）直角坐标系与交换积分次序

① X 型积分区域如图（a）：$\iint\limits_D f(x,y)\,\mathrm{d}\sigma=\int_a^b \mathrm{d}x\int_{\varphi_1(x)}^{\varphi_2(x)} f(x,y)\,\mathrm{d}y$．

② Y 型积分区域如图(b)：$\iint\limits_D f(x,y)\,\mathrm{d}\sigma=\int_c^d \mathrm{d}y\int_{\psi_1(y)}^{\psi_2(y)} f(x,y)\,\mathrm{d}x$．

有一点需要指出，这里的下限都必须小于等于上限．

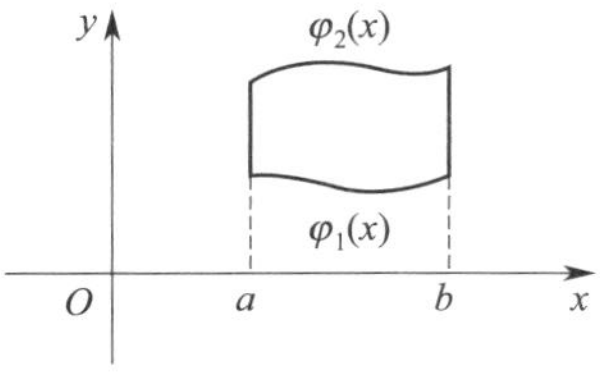

(a)

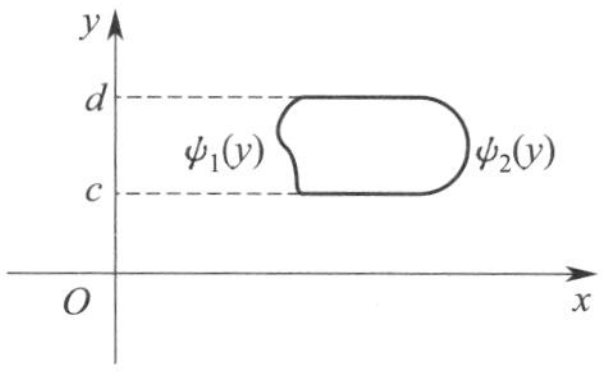

(b)

（2）极坐标系与交换积分次序

在极坐标系下，按照积分区域与极点位置关系的不同，一般将二重积分的计算分为三种情况．

① $\iint\limits_D f(x,y)\,\mathrm{d}\sigma=\int_\alpha^\beta \mathrm{d}\theta\int_{r_1(\theta)}^{r_2(\theta)} f(r\cos\theta,r\sin\theta)r\,\mathrm{d}r$，极点 O 在积分区域 D 外部如图(a).

② $\iint\limits_D f(x,y)\,\mathrm{d}\sigma=\int_\alpha^\beta \mathrm{d}\theta\int_0^{r(\theta)} f(r\cos\theta,r\sin\theta)r\,\mathrm{d}r$，极点 O 在积分区域 D 边界上如图(b).

③ $\iint\limits_D f(x,y)\,\mathrm{d}\sigma=\int_0^{2\pi} \mathrm{d}\theta\int_0^{r(\theta)} f(r\cos\theta,r\sin\theta)r\,\mathrm{d}r$，极点 O 在积分区域 D 内部如图 (c).

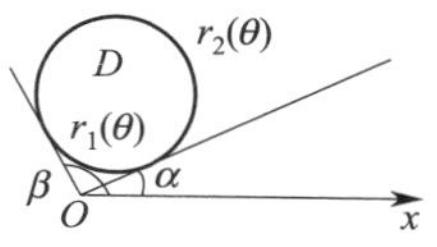

(a)

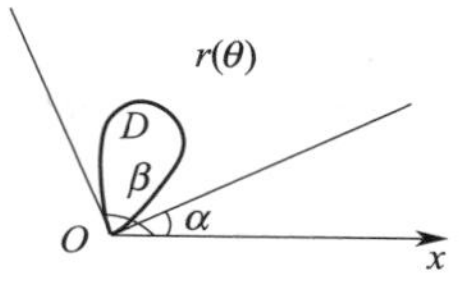

(b)

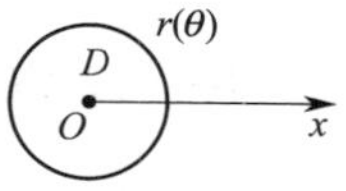

(c)

(3) 直极互化

(4) 关于积分区域 D

关于积分区域 D 包括：图形变换、直角坐标系方程给出、极坐标系方程给出、参数方程给出、动区域（含其他参数）.

(5) 关于被积函数 $f(x,y)$

被积函数 $f(x,y)$ 包括：分段函数（含绝对值）、最大值函数、最小值函数、取整函数、符号函数、抽象函数、复合函数 [$f(u)$，$u=u(x,y)$]、偏导函数 $f''_{xy}(x,y)$.

注意以上的 (4) 和 (5) 是各种题型的总结，通过大量做题方能掌握各种积分区域 D 与各种被积函数 $f(x,y)$ 的命题.

63. 一阶微分方程的求解

(1) 齐次型

① 能写成 $y'=f\left(\frac{y}{x}\right)\Rightarrow$ 令 $\frac{y}{x}=u\Rightarrow$ 换元后分离变量，即 $y=ux\Rightarrow\frac{\mathrm{d}y}{\mathrm{d}x}=u+x\frac{\mathrm{d}u}{\mathrm{d}x}\Rightarrow$ 原方程化为 $u+x\frac{\mathrm{d}u}{\mathrm{d}x}=f(u)\Rightarrow\frac{\mathrm{d}u}{f(u)-u}=\frac{\mathrm{d}x}{x}\Rightarrow\int\frac{\mathrm{d}u}{f(u)-u}=\int\frac{\mathrm{d}x}{x}$.

② 能写成 $\frac{1}{y'}=f\left(\frac{y}{x}\right)\Rightarrow$ 令 $\frac{y}{x}=u\Rightarrow$ 换元后分离变量，即 $x=uy\Rightarrow\frac{\mathrm{d}x}{\mathrm{d}y}=u+y\frac{\mathrm{d}u}{\mathrm{d}y}\Rightarrow$ 原方程化为 $u+y=f(u)\Rightarrow\frac{\mathrm{d}u}{f(u)-u}=\frac{\mathrm{d}y}{y}\Rightarrow\int\frac{\mathrm{d}u}{f(u)-u}=\int\frac{\mathrm{d}y}{y}$.

(2) 一阶线性型（可换元化为它）

能写成 $y'+p(x)y=q(x)\Rightarrow y=\mathrm{e}^{-\int p(x)\mathrm{d}x}\left[\mathrm{e}^{\int p(x)\mathrm{d}x}q(x)\mathrm{d}x+C\right]$.

64. 二阶可降阶微分方程的求解 [能写成 $y''=f(y,y')$（数学一、数学二）]

① 缺 x，令 $y'=p$，则 $y''=p'=\frac{\mathrm{d}p}{\mathrm{d}x}=\frac{\mathrm{d}p}{\mathrm{d}y}\times\frac{\mathrm{d}y}{\mathrm{d}x}=\frac{\mathrm{d}p}{\mathrm{d}y}p$，原方程变为一阶方程 $\frac{\mathrm{d}p}{\mathrm{d}y}p=f(y,p)$.

② 若求得其解为 $p=\varphi(y,C_1)$，则由 $p=\frac{\mathrm{d}y}{\mathrm{d}x}$ 得 $\frac{\mathrm{d}y}{\mathrm{d}x}=\varphi(y,C_1)$，分离变量得 $\frac{\mathrm{d}y}{\varphi(y,C_1)}=\mathrm{d}x$，

两边积分可得$\int \frac{\mathrm{d}y}{\varphi(y,C_1)}=\int \mathrm{d}x=x+C_2$，即可求得方程的通解．

65. 用变化率建立微分方程的应用题

① 元素衰变问题（数学一、数学二）．

② 人口增长问题．

③ 追踪问题、抛物线问题．

④ 冷却定律．

⑤ 牛顿第二定律．

⑥ 经济问题．

66. 数项级数的判别收敛的方法（数学一 、数学三）

(1) 正项级数$\sum_{n=1}^{\infty} u_n$，$u_n \geqslant 0$.

① $\sum_{n=1}^{\infty} u_n$ 收敛$\Leftrightarrow \{S_n\}$有界．

② 比较判别法.

给出两个正项级数$\sum_{n=1}^{\infty} u_n$和$\sum_{n=1}^{\infty} v_n$，如果从某项起有$u_n \leqslant v_n$成立，则：

a. 若$\sum_{n=1}^{\infty} v_n$收敛，则$\sum_{n=1}^{\infty} u_n$也收敛．

b. 若$\sum_{n=1}^{\infty} u_n$发散，则$\sum_{n=1}^{\infty} v_n$也发散.

③ 比较判别法的极限形式.

设$\sum_{n=1}^{\infty} u_n$和$\sum_{n=1}^{\infty} v_n$都是正项级数，则：

a. $\lim\limits_{n\to\infty} \frac{u_n}{v_n} \xrightarrow{\frac{0}{0}} =0 \Rightarrow u_n$是比$v_n$高阶的无穷小．若$\sum_{n=1}^{\infty} v_n$收敛，则$\sum_{n=1}^{\infty} u_n$也收敛；若$\sum_{n=1}^{\infty} u_n$发散，则$\sum_{n=1}^{\infty} v_n$也发散．

b. $\lim\limits_{n\to\infty} \frac{u_n}{v_n} \xrightarrow{\frac{0}{0}} =\infty \Rightarrow v_n$是比$u_n$高阶的无穷小．若$\sum_{n=1}^{\infty} u_n$收敛，则$\sum_{n=1}^{\infty} v_n$也收敛；若$\sum_{n=1}^{\infty} v_n$发散，则$\sum_{n=1}^{\infty} u_n$也发散．

c. $\lim\limits_{n\to\infty} \frac{u_n}{v_n} \xrightarrow{\frac{0}{0}} =A \neq 0 \Rightarrow u_n$是与$v_n$同阶的无穷小，即$\sum_{n=1}^{\infty} v_n$，$\sum_{n=1}^{\infty} u_n$同敛散．说明：比较判别法及其极限形式实质上是跟其他的级数做比较，所以需要找到合适的尺度．下面为四个重要的尺度.

ⅰ．等比级数$\sum_{n=1}^{\infty} aq^{n-1} \begin{cases} =\frac{a}{1-q}, & |q|<1 \\ \text{发散}, & |q| \geqslant 1 \end{cases}$；

ⅱ. p 级数 $\sum_{n=1}^{\infty}\frac{1}{n^p}\begin{cases}收敛，p>1\\发散，p\leqslant 1\end{cases}$；

ⅲ. 广义 p 级数 $\sum_{n=1}^{\infty}\frac{1}{n(\ln n)^p}\begin{cases}收敛，p>1\\发散，p\leqslant 1\end{cases}$；

ⅳ. 交错 p 级数 $\sum_{n=1}^{\infty}(-1)^{n-1}\frac{1}{n^p}\begin{cases}绝对收敛，p>1\\条件收敛，0<p\leqslant 1\end{cases}$.

④ 比值判别法(达朗贝尔判别法)

$$\lim_{n\to\infty}\frac{u_{n+1}}{u_n}=\rho\begin{cases}<1,收敛\\>1,发散.\\=1,失效\end{cases}$$

⑤ 根值判别法(柯西判别法)

$$\lim_{n\to\infty}\sqrt[n]{u_n}=\rho\begin{cases}<1,收敛\\>1,发散.\\=1,失效\end{cases}$$

(2) 交错级数 $\sum_{n=1}^{\infty}(-1)^{n-1}u_n(u_n>0)$，若 ① $\lim_{n\to\infty}u_n=0$，② $u_n\geqslant u_{n+1}(n=1,2,\cdots)$，则级数收敛.

(3) 任意项级数 $\sum_{n=1}^{\infty}u_n$，u_n 符号无限制. ① 若 $\sum_{n=1}^{\infty}|u_n|$ 收敛，则称 $\sum_{n=1}^{\infty}u_n$ 绝对收敛；② 若 $\sum_{n=1}^{\infty}|u_n|$ 发散，则称 $\sum_{n=1}^{\infty}u_n$ 条件收敛.

67. 数项级数的常用结论(数学一、数学三)

(1) 设 $\sum_{n=1}^{\infty}u_n$ 收敛，则

$$\begin{cases}u_n\geqslant 0\text{ 时},\sum_{n=1}^{\infty}u_n^2\text{ 收敛}(\lim_{n\to\infty}u_n=0,\text{从某项起},u_n<1,u_n^2<u_n)\\u_n\text{ 任意时},\sum_{n=1}^{\infty}u_n^2\text{ 不定}(\text{反例}:\sum_{n=1}^{\infty}(-1)^n\frac{1}{\sqrt{n}}\text{ 收敛},\sum_{n=1}^{\infty}\frac{1}{n}\text{ 发散})\end{cases}.$$

(2) 设 $\sum_{n=1}^{\infty}u_n$ 收敛，则

$$\begin{cases}u_n\geqslant 0\text{ 时},\sum_{n=1}^{\infty}u_nu_{n+1}\text{ 收敛}\left(u_nu_{n+1}\leqslant\frac{u_n^2+u_{n+1}^2}{2}\right)\\u_n\text{ 任意时},\sum_{n=1}^{\infty}u_n^2\text{ 不定}\left(\text{反例}:u_n=(-1)^n\frac{1}{\sqrt{n}},u_nu_{n+1}=(-1)^n\frac{1}{\sqrt{n}}(-1)^{n+1}\frac{1}{\sqrt{n+1}}=\frac{-1}{\sqrt{n(n+1)}}\text{ 发散}\right)\end{cases}.$$

(3) 设 $\sum_{n=1}^{\infty}u_n$ 收敛，则

$$\begin{cases} u_n \geqslant 0 \text{ 时}, \sum\limits_{n=1}^{\infty} u_{2n}, \sum\limits_{n=1}^{\infty} u_{2n-1} \text{ 均收敛} \\ u_n \text{ 任意时}, \sum\limits_{n=1}^{\infty} u_{2n}, \sum\limits_{n=1}^{\infty} u_{2n-1} \text{ 不定} \left(\begin{aligned} & \text{反例}: 1 - \frac{1}{2} + \frac{1}{3} - \frac{1}{4} + \frac{1}{5} - \cdots \\ & = \sum_{n=1}^{\infty} (-1)^{n-1} \frac{1}{n} \text{ 收敛,但其奇数项和与偶数项和都发散} \end{aligned} \right) \end{cases}.$$

(4) 设 $\sum\limits_{n=1}^{\infty} u_n^2$ 收敛，则 $\sum\limits_{n=1}^{\infty} \dfrac{u_n}{n}$ 绝对收敛 $\left(\left| \dfrac{u_n}{n} \right| \leqslant \dfrac{1}{2} \left(u_n^2 + \dfrac{1}{n^2} \right) \right)$.

(5) 设 $\sum\limits_{n=1}^{\infty} u_n$ 收敛，$\sum\limits_{n=1}^{\infty} v_n$ 收敛，则

$$\begin{cases} u_n \geqslant 0, v_n \geqslant 0 \text{ 时}, \sum\limits_{n=1}^{\infty} u_n v_n \text{ 收敛} \left(u_n v_n \leqslant \dfrac{u_n^2 + v_n^2}{2} \right) \\ u_n \text{ 任意}, v_n \geqslant 0 \text{ 时}, \sum\limits_{n=1}^{\infty} |u_n| v_n \text{ 收敛} \left(\lim\limits_{n \to \infty} \dfrac{|u_n| v_n}{v_n} = \lim\limits_{n \to \infty} |u_n| = 0 \right) \\ u_n \text{ 任意}, v_n \text{ 任意时}, \sum\limits_{n=1}^{\infty} u_n v_n \text{ 不定} \left(\text{反例}: u_n = v_n = (-1)^n \dfrac{1}{\sqrt{n}} \right) \end{cases}.$$

以上结论不需要死记硬背，而应该在做题中逐渐熟悉其中分析的过程 .

68. 关于幂级数的收敛域的抽象型问题(数学一、数学三)

(1) 阿贝尔定理：当幂级数 $\sum\limits_{n=1}^{\infty} a_n x^n$ 在点 $x = x_1 (x_1 \neq 0)$ 处收敛时，对于满足 $|x| < |x_1|$ 的一切 x，幂级数绝对收敛. 当幂级数 $\sum\limits_{n=1}^{\infty} a_n x^n$ 在点 $x = x_2 (x_2 \neq 0)$ 处发散时，对于满足 $|x| > |x_1|$ 的一切 x，幂级数发散 .

(2) 结论 1：根据阿贝尔定理，已知 $\sum\limits_{n=1}^{\infty} a_n (x - x_0)^n$ 在某点 $x = x_1 (x_1 \neq x_0)$ 处的敛散性，确定该幂级数的收敛半径，可分为以下三种情况 .

① 若在 $x = x_1$ 处收敛，则收敛半径 $R \geqslant |x_1 - x_0|$；

② 若在 $x = x_1$ 处发散，则收敛半径 $R \leqslant |x_1 - x_0|$；

③ 若在 $x = x_1$ 处条件收敛，则 $R = |x_1 - x_0|$ (**重要考点**).

(3) 结论 2：已知 $\sum\limits_{n=1}^{\infty} a_n (x - x_1)^n$ 敛散性信息，要讨论 $\sum\limits_{n=1}^{\infty} b_n (x - x_2)^m$ 的敛散性。①$(x - x_1)^n$ 与 $(x - x_2)^m$ 的转化一般通过初等变形来完成，包括“平移”收敛区间、提出或者乘以因式 $(x - x_0)^k$ 等. ②a_n 与 b_n 的转化一般通过微积分变形来完成，包括对数逐项求导、对数逐项积分等 . ③ 以下三种情况级数的收敛半径不变，收敛域要具体问题具体分析 .

a. 对级数提出或者乘以因式 $(x - x_0)^k$，或者做平移等变换，收敛半径不变 .

b. 对级数逐项求导，收敛半径不变，收敛域可能缩小 .

c. 对级数逐项积分，收敛半径不变，收敛域可能扩大 .

69. 幂级数的展开问题 (数学一 、数学三)

(1) 考点考法

① 函数展开 $f(x)=\sum a_n x^n$.

② 积分展开 $\int_a^b f(x)\,\mathrm{d}x=\sum a_n \frac{b^{n+1}-a^{n+1}}{n+1}$.

③ 导数展开 $\frac{\mathrm{d}f(x)}{\mathrm{d}x}=\sum n a_n x^{n-1}$.

④ 无穷小比阶，当 $x\to 0$ 时 $f(x)=\sum a_n x^n$ 的无穷小比阶问题.

(2)工具的选择

① 先积分后求导 $f(x)=\left[\int f(x)\mathrm{d}x\right]'$.

② 先求导后积分 $f(x)=f(x_0)+\int_{x_0}^{x} f'(t)\,\mathrm{d}t$.

③ 重要展开公式.

70. 级数的求和问题（数学一、数学三）

(1) 直接套用公式

(2) 用先积分后求导或先求导后积分求和函数

① $\sum(an+b)x^{an}$ 先积分后求导；

② $\sum\frac{x^{an}}{an+b}$先求导后积分；

③ 展开公式$\sum\frac{cn^2+dn+e}{an+b}x^{an}=\sum\limits_{①}+\sum\limits_{②}$.

(3) 用所给微分方程求和函数

步骤：

① 验证 y，y'，y''满足所给微分方程的条件.

② 求微分方程的通解.

③ 一般要根据初始条件定常数 C_1，C_2 或求 $x=x_0$ 时的数项级数的和，比如 $x=\frac{1}{2}$，1 等.

(4) 建立微分方程并求和函数

步骤：

① 根据所给的关系建立微分方程.

② 求微分方程的通解.

③ 将通解展开并合并成$\sum a_n x^n$ 即可求得 a_n 的表达式.

(5) 综合题

与导数（斜率）、积分（面积）、方程或数列极限等问题结合，也可能在命题时出现综合性大题.

71. 空间曲面的切平面与法线（数学一）

① 用隐式方程给出曲面：$F(x,y,z)=0$. 其在 $P_0(x_0,y_0,z_0)$处的法向量 $\vec{n}=(F'_x|_{P_0}, F'_y|_{P_0}, F'_z|_{P_0})$.

切平面方程：$F'_x|_{P_0}(x-x_0)+F'_y|_{P_0}(y-y_0)+F'_z|_{P_0}(z-z_0)=0$.

法线方程：$\frac{(x-x_0)}{F'_x|_{P_0}}=\frac{(y-y_0)}{F'_y|_{P_0}}=\frac{(z-z_0)}{F'_z|_{P_0}}$.

② 用显式函数给出曲面 $z=f(x,y) \Rightarrow f(x,y)-z=0$，其在 $P_0(x_0,y_0,z_0)$ 处的法向量 $\vec{n}=(f'_x(x_0,y_0),f'_y(x_0,y_0),-1)$.

切平面方程：

$$f'_x(x_0,y_0)(x-x_0)+f'_y(x_0,y_0)(y-y_0)-(z-z_0)=0.$$

法线方程：
$$\frac{(x-x_0)}{f'_x(x_0,y_0)}=\frac{(y-y_0)}{f'_y(x_0,y_0)}=\frac{(z-z_0)}{-1}.$$

③ 用参数方程给出曲面 $\begin{cases} x=x(u,v) \\ y=y(u,v) \\ z=z(u,v) \end{cases}$

已知 $x_0=x(u_0,v_0),y_0=y(u_0,v_0),z_0=z(u_0,v_0)$

固定 $v=v_0 \Rightarrow u$ 曲线在 $P_0(x_0,y_0,z_0)$ 处的切线量 $\vec{\tau_1}=(x'_u,y'_u,z'_u)|_{P_0}$

固定 $u=u_0 \Rightarrow v$ 曲线在 $P_0(x_0,y_0,z_0)$ 处的切线量 $\vec{\tau_2}=(x'_v,y'_v,z'_v)|_{P_0}$

曲面法向量与 $\vec{\tau_1}$，$\vec{\tau_2}$ 均垂直，取

$$\vec{n}=\begin{vmatrix} \vec{i} & \vec{j} & \vec{k} \\ x'_u & y'_u & z'_u \\ x'_v & y'_v & z'_v \end{vmatrix}=(A,B,C)$$

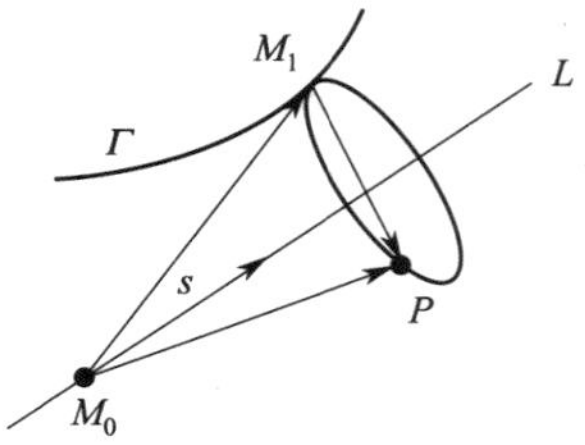

切平面方程：$A(x-x_0)+B(y-y_0)+C(z-z_0)=0.$

法线方程：$\dfrac{(x-x_0)}{A}=\dfrac{(y-y_0)}{B}=\dfrac{(z-z_0)}{C}.$

72. 旋转曲面

曲线绕一条定直线旋转一周所形成的曲面（数学一）.

曲线 τ：$\begin{cases} F(x,y,z)=0 \\ G(x,y,z)=0 \end{cases}$ 绕直线 L：$\dfrac{x-x_0}{m}=\dfrac{y-y_0}{n}=\dfrac{z-z_0}{p}$ 旋转形成一个旋转曲面．旋转曲面方程的求法如下，如图所示，设 $M_0(x_0,y_0,z_0)$，$s=(m,n,p)$，在母线 Γ 上任取一点 $M_1(x_1,y_1,z_1)$，则过点 M_1 的纬圆上任意一点 $P(x,y,z)$ 满足条件 $\overrightarrow{M_1P} \perp s$，$|\overrightarrow{M_0P}|=|\overrightarrow{M_0M_1}|$，即

$$\begin{cases} m(x-x_1)+n(y-y_1)+p(z-z_1)=0 \\ (x-x_0)^2+(y-y_0)^2+(z-z_0)^2=(x_1-x_0)^2+(y_1-y_0)^2+(z_1-z_0)^2 \end{cases}$$

与方程 $F(x_1,y_1,z_1)=0,G(x_1,y_1,z_1)=0$ 联立消去 x_1,y_1,z_1，便可得到旋转曲面的方程．

73. 场论初步（数学一）

（1）方向导数

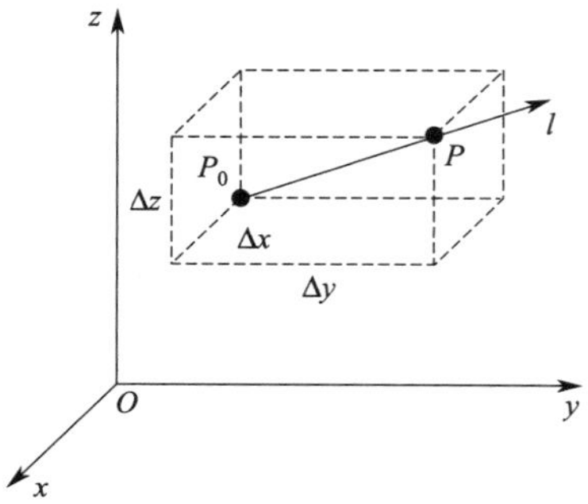

① 定义：l 为从 $P_0(x_0,y_0,z_0)$ 出发的射线，$P(x,y,z)$ 为其上一点，以 $t=\sqrt{(\Delta x)^2+(\Delta y)^2+(\Delta z)^2}$ 表示 $P(x,y,z)$ 与 $P_0(x_0,y_0,z_0)$ 之间的距离，如图所示，若极限

$$\lim_{t\to 0^+}\frac{u(P)-u(P_0)}{t}=\lim_{t\to 0^+}\frac{u(x_0+t\cos\alpha,y_0+t\cos\beta,z_0+t\cos\gamma)-u(x_0,y_0,z_0)}{t}$$

存在，则称此极限为函数 $u=u(x,y,z)$ 在点 P_0 沿方向 l 的**方向导数**，记作 $\left.\frac{\partial u}{\partial l}\right|_{P_0}$.

② 定理（方向导数的计算公式）：设三元函数 $u=u(x,y,z)$ 在点 $P_0(x_0,y_0,z_0)$ 处可微分，则 $u=u(x,y,z)$ 在点 P_0 处沿任意方向 l 的方向导数都存在，且

$$\begin{aligned}\left.\frac{\partial u}{\partial l}\right|_{P_0}&=\lim_{t\to 0^+}\frac{u(x_0+\Delta x,y_0+\Delta y,z_0+\Delta z)-u(x_0,y_0,z_0)}{\sqrt{(\Delta x)^2+(\Delta y)^2+(\Delta z)^2}}\\&=\lim_{t\to 0^+}\frac{u'_x(P_0)\Delta x+u'_y(P_0)\Delta y+u'_z(P_0)\Delta z+o(t)}{\sqrt{(\Delta x)^2+(\Delta y)^2+(\Delta z)^2}}\\&=u'_x(P_0)\cos\alpha+u'_y(P_0)\cos\beta+u'_z(P_0)\cos\gamma\end{aligned}$$

以上公式中出现的 $\cos\alpha$，$\cos\beta$，$\cos\gamma$ 为方向 l 的**方向余弦**．对于二元函数 $z=f(x,y)$ 的情形与三元函数相类似．

（2）梯度

设三元函数 $u=u(x,y,z)$ 在点 $P_0(x_0,y_0,z_0)$ 处具有一阶偏导数，则 $\mathrm{grad}u|_{P_0}=(u'_x(P_0),u'_y(P_0),u'_z(P_0))$ 为函数 $u=u(x,y,z)$ 在点 P_0 处的**梯度**.

（3）方向导数与梯度的关系

$$\begin{aligned}\left.\frac{\partial u}{\partial l}\right|_{P_0}&=(u'_x(P_0),u'_y(P_0),u'_z(P_0))(\cos\alpha,\cos\beta,\cos\gamma)=\mathrm{grad}u|_{P_0}\vec{l^0}\\&=|\mathrm{grad}u|_{P_0}||\vec{l^0}|\cos\theta==|\mathrm{grad}u|_{P_0}|\cos\theta\end{aligned}$$

其中 θ 为 $\mathrm{grad}u|_{P_0}$ 与 $\vec{l^0}$ 的夹角，当 $\cos\theta=1$ 时，$\left.\frac{\partial u}{\partial l}\right|_{P_0}$ 有最大值.

说明：函数在某点的梯度是一个向量，它的方向与取得最大方向导数的方向一致，而它的模为方向导数的最大值，这是命题的重点．

（4）散度

设向量场 $\vec{A}(x,y,z)=P(x,y,z)\vec{i}+Q(x,y,z)\vec{j}+R(x,y,z)\vec{k}$，则

$\mathrm{div}\vec{A}=\frac{\partial P}{\partial x}+\frac{\partial Q}{\partial y}+\frac{\partial R}{\partial z}$ 称为散度．

（5）旋度

设向量场 $\vec{A}(x,y,z)=P(x,y,z)\vec{i}+Q(x,y,z)\vec{j}+R(x,y,z)\vec{k}$，则

$\mathrm{rot}\vec{A}=\begin{vmatrix}\vec{i}&\vec{j}&\vec{k}\\\frac{\partial}{\partial x}&\frac{\partial}{\partial y}&\frac{\partial}{\partial z}\\P&Q&R\end{vmatrix}$ 称为旋度．

74. 三重积分的计算（数学一）

（1）直角坐标系

① 先一后二法（先 z 后 xy 法，也叫做投影穿线法）.

$$\iiint\limits_{\Omega} f(x,y,z)\,dv=\iint\limits_{D_{xy}} d\sigma \int_{z_1(x,y)}^{z_2(x,y)} f(x,y,z)\,dz$$

② 先二后一法（先 xy 后法 z，也叫做定限截面法）.

$$\iiint\limits_{\Omega} f(x,y,z)\,dv=\int_a^b dz\iint\limits_{D_z} f(x,y,z)\,d\sigma$$

（2）柱面坐标系＝极坐标下二重积分与定积分

在直角坐标系下，先一后二法中，若 $\iint\limits_{D_{xy}} d\sigma$ 适用于极坐标系，则令 $\begin{cases}x=r\cos\theta\\ y=r\text{sion}\theta\end{cases}$，便有 $\iiint\limits_{\Omega} f(x,y,z)\,dx\,dy\,dz=\iiint\limits_{\Omega} f(r\cos\theta,r\sin\theta,z)\,r\,dr\,d\theta\,dz$.

（3）球面坐标系

① 适用场合：

a. 被积函数中含 $\begin{cases}x=r\cos\theta\\ y=r\sin\theta\end{cases}$；

b. 积分区域为：球或球的一部分；圆锥或圆锥的一部分 .

② 计算方法：

a . 从原点出发，画一条半射线取值范围 $(0,+\infty)$；

b. 顶点在原点，以轴为中心轴的圆锥半顶角取值范围 $[0,\pi]$；

c. 过 z 轴的半平面与 xoz 面正向夹角取值范围 $[0,2\pi]$

$$\iiint\limits_{\Omega} f(x,y,z)\,dv=\iiint\limits_{\Omega} f(r\sin\varphi\cos\theta,r\sin\varphi\sin\theta,r\cos\varphi)\,r^2\sin\varphi\,dr\,d\varphi\,d\theta$$

$$=\int_{\theta_1}^{\theta_2} d\theta\int_{\varphi_1(\theta)}^{\varphi_2(\theta)} d\varphi\int_{r_1(\varphi,\theta)}^{r_2(\varphi,\theta)} f(r\sin\varphi\cos\theta,r\sin\varphi\sin\theta,r\cos\varphi)\,r^2\sin\varphi\,dr$$

说明：

① 关于积分区域 Ω，这是考试的难点所在 . 大家需要将《高等数学》附录中常见的空间图形认真研究，多画多练，才能提高画图能力 .

② 关于被积函数 $f(x,y,z)$，由于积分区域 Ω 比较复杂，被积函数一般较为简单，以利于题目的命题与求解 .

75. 三重积分的应用(重心)(数学一)

对于空间物体 Ω，其体密度为 $\rho(x,y,z)$，则重心 $(\bar{x},\bar{y},\bar{z})$ 的计算公式为：

$$\bar{x}=\frac{\iiint\limits_{\Omega} x\rho(x,y,z)\,dv}{\iiint\limits_{\Omega}\rho(x,y,z)\,dv},\ \bar{y}=\frac{\iiint\limits_{\Omega} y\rho(x,y,z)\,dv}{\iiint\limits_{\Omega}\rho(x,y,z)\,dv},\ \bar{z}=\frac{\iiint\limits_{\Omega} z\rho(x,y,z)\,dv}{\iiint\limits_{\Omega}\rho(x,y,z)\,dv}$$

$\rho(x,y,z)$ 为常数时，即为形心 .

76. 第一类曲线积分的计算(数学一)

(1) $y=y(x)$，$a\leqslant x\leqslant b$，则 $\int_L f(x,y)\,\mathrm{d}s=\int_a^b f[x,y(x)]\sqrt{1+(y'_x)^2}\,\mathrm{d}x$.

(2) $\begin{cases}x=x(t)\\y=y(t)\end{cases}$，$\alpha\leqslant t\leqslant\beta$，则 $\int_L f(x,y)\,\mathrm{d}s=\int_\alpha^\beta f[x(t),y(t)]\sqrt{(x'_t)^2+(y'_t)^2}\,\mathrm{d}t$.

(3) 若平面曲线 L 由极坐标 $r=r(\theta)$，$(\alpha\leqslant\theta\leqslant\beta)$ 给出，有

$$\mathrm{d}s=\sqrt{[r(\theta)]^2+[r'(\theta)]^2}\,\mathrm{d}\theta$$

且
$$\int_L f(x,y)\,\mathrm{d}s=\int_\alpha^\beta f[r(\theta)\cos\theta,r(\theta)\sin\theta]\sqrt{[r(\theta)]^2+[r'(\theta)]^2}\,\mathrm{d}\theta.$$

77. 第一类曲面积分的计算(数学一)

$$\iint_\Sigma f(x,y,z)\,\mathrm{d}S=\iint_{D_{xy}} f[x,y,z(x,y)]\sqrt{1+(z'_x)^2+(z'_y)^2}\,\mathrm{d}x\,\mathrm{d}y.$$

78. 第一类曲面积分的应用(曲面面积)(数学一)

令 77 中式子中 $f(x,y,z)=1$，即得

$$S=\iint_\Sigma \mathrm{d}S=\iint_{D_{xy}}\sqrt{1+(z'_x)^2+(z'_y)^2}\,\mathrm{d}x\,\mathrm{d}y.$$

79. 第二类曲线积分的计算(数学一)

(1) 基本方法 —— 一投二代三计算(化为定积分)

如果平面有向曲线 L 由参数方程 $\begin{cases}x=x(t)\\y=y(t)\end{cases}$，$t$：$\alpha\to\beta$ 给出，其中 $t=\alpha$ 对应着起点 $\boldsymbol{A}$，$t=\beta$ 对应终点 $\boldsymbol{B}$，则可以将平面第二类曲线积分化为定积分

$$\int_L P(x,y)\,\mathrm{d}x+Q(x,y)\,\mathrm{d}y=\int_\alpha^\beta[P(x(t),y(t))x'(t)+Q(x(t),y(t))y'(t)]\mathrm{d}t$$

这里 $t=\alpha$，$t=\beta$ 谁大谁小无关紧要，关键是分别和起点与终点相对应.

(2) 格林公式

设平面有界闭区域里 D 由分段光滑曲线 L 围成，$P(x,y)$，$Q(x,y)$ 在 D 上具有一阶连续偏导数，L 取正向，则

$$\oint_L P(x,y)\,\mathrm{d}x+Q(x,y)\,\mathrm{d}y=\iint_D\left(\frac{\partial Q}{\partial x}-\frac{\partial P}{\partial y}\right)\mathrm{d}x\,\mathrm{d}y$$

所谓 L 取正向是指当一个人沿着 L 这个方向前进时，区域 D 总在他的左手边.

① 曲线封闭且无奇点在其内部，直接用格林公式.

② 曲线封闭但有奇点在其内部，若奇点外 $\frac{\partial Q}{\partial x}\equiv\frac{\partial P}{\partial y}$，则换路径(一般令分母等于常数作为路径，路径的起点和终点无需与原路径重合).

③ 非封闭曲线若 $\frac{\partial Q}{\partial x}\equiv\frac{\partial P}{\partial y}$，则换路径(换简单路径，路径的起点和终点需要与原路径

重合).

④ 非封闭曲线，可补线，使它成为封闭曲线(加线减线).

⑤ 积分与路径无关问题.

设在单连通区域 D 内,$P(x,y)$,$Q(x,y)$ 具有一阶连续偏导数，则下面六个问题相互等价.

a. $\int_{L_{AB}} P(x,y)\mathrm{d}x+Q(x,y)\mathrm{d}y$ 与路径无关.

b. $P(x,y)\mathrm{d}x+Q(x,y)\mathrm{d}y$ 为某二元函数 $u(x,y)$ 的全微分.

c. $P(x,y)\mathrm{d}x+Q(x,y)\mathrm{d}y=0$ 为全微分方程.

d. $P(x,y)\vec{i}+Q(x,y)\vec{j}$ 为某二元函数 $u(x,y)$ 的梯度.

e. 沿 D 内任意分段光滑闭曲线 L 都有$\oint_L P(x,y)\mathrm{d}x+Q(x,y)\mathrm{d}y=0$.

f. $\dfrac{\partial Q}{\partial x}\equiv\dfrac{\partial P}{\partial y}$ 在 D 内处处成立.

一般说来 f 是解题的关键点，若已知 $P(x,y)$，$Q(x,y)$ 则考正问题：验证$\dfrac{\partial Q}{\partial x}\equiv\dfrac{\partial P}{\partial y}$，于是 a ～ d 成立，再求$\int_L P(x,y)\mathrm{d}x+Q(x,y)\mathrm{d}y$ 或 $u(x,y)$. 若 $P(x,y)$，$Q(x,y)$ 含有未知函数(或未知参数)，则考反问题：已知 a ～ d 成立，于是有$\dfrac{\partial Q}{\partial x}\equiv\dfrac{\partial P}{\partial y}$，用此式子求出未知量，再进一步求$\int_L P(x,y)\mathrm{d}x+Q(x,y)\mathrm{d}y$ 或 $u(x,y)$.

接下来如何求 $u(x,y)$?

方法一：用可变终点 (x,y) 的曲线积分求出 $u(x,y)$:

$$u(x,y)=\int_{(x_0,y_0)}^{(x,y)} P(x,y)\mathrm{d}x+Q(x,y)\mathrm{d}y+u(x_0,y_0).$$

方法二：用凑微分方法写出 $\mathrm{d}u(x,y)$（当然这需要一些技巧)，在积分与路径无关的条件下，有

$$\int_{L_{AB}} P(x,y)\mathrm{d}x+Q(x,y)\mathrm{d}y=\int_{L_{AB}}\mathrm{d}u(x,y)=u(x,y)\Big|_A^B=u(B)-u(A).$$

(3) 两类曲线积分的关系

$$\int_L P(x,y)\mathrm{d}x+Q(x,y)\mathrm{d}y=\int_L(P(x,y)\cos\alpha+Q(x,y)\sin\alpha)\mathrm{d}s$$

其中 $(\cos\alpha,\ \sin\alpha)$ 为 L 上点 $(x,\ y)$ 处，与 L 同向的单位切向量.

(4) 空间问题

① 一投二代三计算(参数方程或曲线不在同一平面上)，设 Γ: $\begin{cases}x=x(t)\\y=y(t),\ t:\alpha\to\beta,\\z=z(t)\end{cases}$

则有

$$\int_{\Gamma} P\mathrm{d}x + Q\mathrm{d}y + R\mathrm{d}z = \int_{\alpha}^{\beta} \{P(x(t),y(t),z(t))x'(t) + Q(x(t),y(t),z(t))y'(t) + R(x(t),y(t),z(t))z'(t)\}\mathrm{d}t.$$

② 曲线封闭且在同一平面上，可用斯托克斯(Stokes)公式.

斯托克斯公式：设 Ω 为空间某区域. Σ 为 Ω 内的分片光滑有向曲面片，Γ 为分段光滑的 Σ 的边界. 它的方向与 Σ 的法向量成右手系，函数 $P(x,y,z)$, $Q(x,y,z)$, $R(x,y,z)$ 在 Ω 内具有连续的一阶偏导数，则有斯托克斯公式：

$$\int_{\Gamma} P\mathrm{d}x + Q\mathrm{d}y + R\mathrm{d}z = \iint_{\Sigma} \begin{vmatrix} \mathrm{d}y\mathrm{d}z & \mathrm{d}z\mathrm{d}x & \mathrm{d}x\mathrm{d}y \\ \dfrac{\partial}{\partial x} & \dfrac{\partial}{\partial y} & \dfrac{\partial}{\partial z} \\ P & Q & R \end{vmatrix} \text{(此为第二类曲面积分形式)}$$

$$= \iint_{\Sigma} \begin{vmatrix} \cos\alpha & \cos\beta & \cos\gamma \\ \dfrac{\partial}{\partial x} & \dfrac{\partial}{\partial y} & \dfrac{\partial}{\partial z} \\ P & Q & R \end{vmatrix} \mathrm{d}S \text{(此为第一类曲面积分形式)}.$$

③ $\mathrm{rot}\vec{F} = \vec{0}$ 无旋场，可换路径.

80. 第二类曲面积分的计算(数学一)

(1) 基本方法 —— 一投二代三计算(化为二重积分)

(2) 转换投影法

若投影 Σ 到 xoy 平面上不是一条线，并且 Σ 上任意两点到 xoy 平面上的投影点不重合，则可将 Σ 投影到 xoy 平面，设投影域 D_{xy}，曲面方程写成 $z = z(x, y)$ 的形式，则有：

$$\iint_{\Sigma} P(x,y,z)\mathrm{d}y\mathrm{d}z + Q(x,y,z)\mathrm{d}z\mathrm{d}x + R(x,y,z)\mathrm{d}x\mathrm{d}y$$

$$= \pm \iint_{D_{xy}} \left\{P(x,y,z(x,y))\left(-\frac{\partial z}{\partial x}\right) + Q(x,y,z(x,y))\left(-\frac{\partial z}{\partial y}\right) + R(x,y,z(x,y))\right\}\mathrm{d}x\mathrm{d}y$$

其中，当 Σ 为上侧时取正号，当 Σ 为下侧时取负号.

(3) 高斯公式

设空间有界闭区域 Ω 由有向分片光滑闭曲面 Σ 围成，$P(x,y,z)$, $Q(x,y,z)$, $R(x,y,z)$ 在 Ω 上具有一阶连续偏导数，其中 Σ 取外侧，则有公式：

$$\oiint_{\Sigma} P(x,y,z)\mathrm{d}y\mathrm{d}z + Q(x,y,z)\mathrm{d}z\mathrm{d}x + R(x,y,z)\mathrm{d}x\mathrm{d}y = \iiint_{\Omega} \left(\frac{\partial P}{\partial x} + \frac{\partial Q}{\partial y} + \frac{\partial R}{\partial z}\right)\mathrm{d}v$$

① 曲面封闭且内部无奇点，直接用高斯公式.

② 曲面封闭，但有奇点，在其内部若除奇点外 $\mathrm{div}\vec{F} = 0$，则换个面积分(边界无需与原

曲面重合).

③ 非封闭曲面，若 $\mathrm{div}\vec{F}=0$(无源场)，可换个面积分(边界需与原曲面重合).

④ 非封闭曲面补面使其封闭(加面减面).

⑤ 由 $\mathrm{div}\vec{F}=0$ 建立方程，求 $f(x)$.

已知对于单连通区域G内任意封闭曲面，此面积分为0，可由高斯公式推知在G内$\dfrac{\partial P}{\partial x}+\dfrac{\partial Q}{\partial y}+\dfrac{\partial R}{\partial z}\equiv 0$，由此得到关于 $f(x)$ 的一个微分方程，从而解出 $f(x)$.

以上各种题型和方法都要熟练掌握. 在研究生考试中，各种情况均可能考察到.

(4) 两类曲面积分的关系

$$\begin{aligned}&\iint\limits_{\Sigma}P(x,y,z)\,\mathrm{d}y\mathrm{d}z+Q(x,y,z)\,\mathrm{d}z\mathrm{d}x+R(x,y,z)\,\mathrm{d}x\mathrm{d}y\\&=\iint\limits_{\Sigma}[P(x,y,z)\cos\alpha+Q(x,y,z)\cos\beta+R(x,y,z)\cos\gamma]\,\mathrm{d}S\end{aligned}$$

其中$(\cos\alpha,\cos\beta,\cos\gamma)$为$\Sigma$上点$(x,y,z)$处与$\Sigma$同侧的单位法向量.

第9讲 行列式

9.1 行列式的定义和性质

9.1.1 行列式的定义

排列：把 n 个不同的元素排成一列，称为这 n 个元素的全排列（简称排列）.

标准排列：把 n 个元素由小到大的排列称为标准排列.

逆序：当某两个元素的先后次序与标准次序不同时，就有一个逆序.

逆序数：一个排列中所有逆序的总数.

注：n 级排列必须取 $1,2,\cdots,n$ 中每一个数.

偶排列：逆序数为偶数的排列.

奇排列：逆序数为奇数的排列.

n 阶行列式的定义：

$$\begin{vmatrix} a_{11} & a_{12} & \cdots & a_{1n} \\ a_{21} & a_{22} & \cdots & a_{2n} \\ \vdots & \vdots & & \vdots \\ a_{n1} & a_{n2} & \cdots & a_{nn} \end{vmatrix} = \sum_{j_1j_2\cdots j_n} (-1)^{\tau(j_1j_2\cdots j_n)} a_{1j_1}a_{2j_2}\cdots a_{nj_n}$$

[例 1] $\begin{vmatrix} 5x & 1 & 2 & 3 \\ 2 & 1 & x & 3 \\ x & x & 2 & 3 \\ 1 & 2 & 1 & -3x \end{vmatrix}$ 的 x^4 的系数是______.

解：$(-1)^{\tau(1,3,2,4)}5xxx(-3x)=15x^4$.

常用特殊行列式

① 上（下）三角形行列式：

$$\begin{vmatrix} a_{11} & a_{12} & \cdots & a_{1n} \\ & a_{22} & \cdots & a_{2n} \\ & & \ddots & \vdots \\ & & & a_{nn} \end{vmatrix} = \begin{vmatrix} a_{11} & & & \\ a_{21} & a_{22} & & \\ \vdots & \vdots & \ddots & \\ a_{n1} & a_{n2} & \cdots & a_{nn} \end{vmatrix} = a_{11}a_{22}\cdots a_{nn}$$

② 上（下）副对角线三角形行列式：

$$\begin{vmatrix} a_{11} & \cdots & a_{1n-1} & a_{1n} \\ a_{21} & \cdots & a_{2n-1} & \\ \vdots & \begin{matrix} & \\ \cdot^{\cdot^{\cdot}} & \end{matrix} & & \\ a_{n1} & & & \end{vmatrix} = \begin{vmatrix} & & & a_{1n} \\ & & a_{2n-1} & a_{2n} \\ & \cdot^{\cdot^{\cdot}} & \vdots & \vdots \\ a_{n1} & \cdots & a_{nn-1} & a_{nn} \end{vmatrix} = (-1)^{\frac{n(n-1)}{2}} a_{1n}a_{2n-1}\cdots a_{n1}$$

③ 拉普拉斯变换：

$$\begin{vmatrix} \boldsymbol{A}_{m\times m} & \boldsymbol{C} \\ \boldsymbol{O} & \boldsymbol{B}_{n\times n} \end{vmatrix} = \begin{vmatrix} \boldsymbol{A}_{\mathrm{m}\times \mathrm{m}} & \boldsymbol{O} \\ \boldsymbol{C} & \boldsymbol{B}_{n\times n} \end{vmatrix} = |\boldsymbol{A}_{m\times m}||\boldsymbol{B}_{n\times n}|$$

$$\begin{vmatrix} \boldsymbol{O} & \boldsymbol{A}_{m\times m} \\ \boldsymbol{B}_{n\times n} & \boldsymbol{C} \end{vmatrix} = \begin{vmatrix} \boldsymbol{C} & \boldsymbol{A}_{m\times m} \\ \boldsymbol{B}_{n\times n} & \boldsymbol{O} \end{vmatrix} = (-1)^{mn} |\boldsymbol{A}_{m\times m}||\boldsymbol{B}_{n\times n}|$$

④ 范德蒙行列式：

$$D_n = \begin{vmatrix} 1 & 1 & \cdots & 1 \\ x_1 & x_2 & \cdots & x_n \\ \vdots & \vdots & \vdots & \vdots \\ x_1^{n-1} & x_2^{n-1} & \cdots & x_n^{n-1} \end{vmatrix} = \prod_{1\leqslant j<i\leqslant n}(x_i - x_j)$$

[例 2] 设 $\boldsymbol{A}$ 为 m 阶方阵，$\boldsymbol{B}$ 为 n 阶方阵，且 $|\boldsymbol{A}|=a$，$|\boldsymbol{B}|=b$，$\boldsymbol{C}=\begin{pmatrix} \boldsymbol{O} & -2\boldsymbol{A} \\ \boldsymbol{B}^{\mathrm{T}}\boldsymbol{B} & \boldsymbol{O} \end{pmatrix}$，则 $|\boldsymbol{C}|=$____.

解：$|\boldsymbol{C}| = \begin{vmatrix} \boldsymbol{O} & -2\boldsymbol{A} \\ \boldsymbol{B}^{\mathrm{T}}\boldsymbol{B} & \boldsymbol{O} \end{vmatrix} = (-1)^{mn} |-2\boldsymbol{A}||\boldsymbol{B}^{\mathrm{T}}\boldsymbol{B}| = (-1)^{mn}(-2)^m |\boldsymbol{A}||\boldsymbol{B}|^2 = (-1)^{mn+m}2^m ab^2$.

9.1.2 行列式的性质

性质 1：行列式与其转置行列式相等：$D^{\mathrm{T}}=D$.

$$D=\begin{vmatrix} a_{11} & a_{12} & \cdots & a_{1n} \\ a_{21} & a_{22} & \cdots & a_{2n} \\ \vdots & \vdots & \ddots & \vdots \\ a_{n1} & a_{n2} & \cdots & a_{nn} \end{vmatrix} \qquad D^{\mathrm{T}}=\begin{vmatrix} a_{11} & a_{21} & \cdots & a_{n1} \\ a_{12} & a_{22} & \cdots & a_{n2} \\ \vdots & \vdots & \ddots & \vdots \\ a_{1n} & a_{2n} & \cdots & a_{nn} \end{vmatrix}$$

性质 2：互换行列式的两行（列），行列式变号.

推论：如果行列式两行（列）完全相同，则行列式等于零.

性质 3：行列式的某一行（列）中所有元素都乘以同一数 k，行列式的取值扩大 k 倍.

$$kD=\begin{vmatrix} a_{11} & a_{12} & \cdots & a_{1n} \\ \vdots & \vdots & \vdots & \vdots \\ ka_{i1} & ka_{i2} & \cdots & ka_{in} \\ \vdots & \vdots & \vdots & \vdots \\ a_{n1} & a_{n2} & \cdots & a_{nn} \end{vmatrix}$$

推论：行列式中某一行（列）的所有元素的公因子 k 可以提到行列式记号的外面.

性质 4：行列式中如果有两行（列）元素成比例，则此行列式等于零.

$$D=\begin{vmatrix} a_{11} & a_{12} & \cdots & a_{1n} \\ \vdots & \vdots & \vdots & \vdots \\ a_{i1} & a_{i2} & \cdots & a_{in} \\ \vdots & \vdots & \vdots & \vdots \\ ka_{i1} & ka_{i2} & \cdots & ka_{in} \\ \vdots & \vdots & \vdots & \vdots \\ a_{n1} & a_{n2} & \cdots & a_{nn} \end{vmatrix}=0$$

性质 5：若行列式的某一列（行）的元素都是两数之和，则 D 等于下列两个行列式之和.

$$D=\begin{vmatrix} a_{11} & \cdots & a_{1i}+b_{1i} & \cdots & a_{1n} \\ a_{21} & \cdots & a_{2i}+b_{2i} & \cdots & a_{2n} \\ \vdots & \ddots & \vdots & \ddots & \vdots \\ a_{n1} & \cdots & a_{ni}+b_{ni} & \cdots & b_{nn} \end{vmatrix}=\begin{vmatrix} a_{11} & \cdots & a_{1i} & \cdots & a_{1n} \\ a_{21} & \cdots & a_{2i} & \cdots & a_{2n} \\ \vdots & \ddots & \vdots & \ddots & \vdots \\ a_{n1} & \cdots & a_{ni} & \cdots & b_{nn} \end{vmatrix}+\begin{vmatrix} a_{11} & \cdots & b_{1i} & \cdots & a_{1n} \\ a_{21} & \cdots & b_{2i} & \cdots & a_{2n} \\ \vdots & \ddots & \vdots & \ddots & \vdots \\ a_{n1} & \cdots & b_{ni} & \cdots & b_{nn} \end{vmatrix}$$

性质 6：把行列式的某一行（列）的各元素乘以同一个数，然后加到另一行（列）对应的元素上去，行列式值不变.

$$D=\begin{vmatrix} a_{11} & a_{12} & \cdots & a_{1n} \\ \vdots & \vdots & \vdots & \vdots \\ a_{i1} & a_{i2} & \cdots & a_{in} \\ \vdots & \vdots & \vdots & \vdots \\ a_{j1} & a_{j2} & \cdots & a_{jn} \\ \vdots & \vdots & \vdots & \vdots \\ a_{n1} & a_{n2} & \cdots & a_{nn} \end{vmatrix}=\begin{vmatrix} a_{11} & a_{12} & \cdots & a_{1n} \\ \vdots & \vdots & \vdots & \vdots \\ a_{i1} & a_{i2} & \cdots & a_{in} \\ \vdots & \vdots & \vdots & \vdots \\ a_{j1}+ka_{i1} & a_{j2}+ka_{i2} & \cdots & a_{jn}+ka_{in} \\ \vdots & \vdots & \vdots & \vdots \\ a_{n1} & a_{n2} & \cdots & a_{nn} \end{vmatrix}$$

9.1.3 行列式的展开式

（1）余子式、代数余子式

余子式用 M_{ij} 表示，代数余子式用 A_{ij} 表示.

以 4 阶行列式为例 $D=\begin{vmatrix} a_{11} & a_{12} & a_{13} & a_{14} \\ a_{21} & a_{22} & a_{23} & a_{24} \\ a_{31} & a_{32} & a_{33} & a_{34} \\ a_{41} & a_{42} & a_{43} & a_{44} \end{vmatrix}$

余子式 $M_{32}=\begin{vmatrix} a_{11} & a_{13} & a_{14} \\ a_{21} & a_{23} & a_{24} \\ a_{41} & a_{43} & a_{44} \end{vmatrix}$

代数余子式 $A_{32}=(-1)^{3+2}M_{32}=(-1)^{3+2}\begin{vmatrix} a_{11} & a_{13} & a_{14} \\ a_{21} & a_{23} & a_{24} \\ a_{41} & a_{43} & a_{44} \end{vmatrix}$

注：$A_{ij}=(-1)^{i+j}M_{ij}$.

（2）行列式展开式定理

定理：n 阶行列式 D 等于它的任一行（列）的各元素与其对应的代数余子式乘积之和，即：

$$D=a_{i1}A_{i1}+a_{i2}A_{i2}+\cdots+a_{in}A_{in}\quad(i=1,2,\cdots,n)$$

或 $$D=a_{1j}A_{1j}+a_{2j}A_{2j}+\cdots+a_{nj}A_{nj}\quad(j=1,2,\cdots,n)$$

如：$$D=\begin{vmatrix} a_{11} & a_{12} & \cdots & a_{1n} \\ \vdots & \vdots & \vdots & \vdots \\ a_{i1} & a_{i2} & \cdots & a_{in} \\ \vdots & \vdots & \vdots & \vdots \\ a_{j1} & a_{j2} & \cdots & a_{jn} \\ \vdots & \vdots & \vdots & \vdots \\ a_{n1} & a_{n2} & \cdots & a_{nn} \end{vmatrix}=a_{i1}A_{i1}+a_{i2}A_{i2}+\cdots+a_{in}A_{in}$$

推论：行列式某行（列）的元素与另一行（列）的对应元素的代数余子式乘积之和等于零，即当 $i\neq j$ 时

$$a_{i1}A_{j1}+a_{i2}A_{j2}+\cdots+a_{in}A_{jn}=0 \text{ 或} a_{1i}A_{1j}+a_{2i}A_{2j}+\cdots+a_{ni}A_{nj}=0.$$

证明：

$$D=\begin{vmatrix} a_{11} & a_{12} & \cdots & a_{1n} \\ \vdots & \vdots & \vdots & \vdots \\ a_{i1} & a_{i2} & \cdots & a_{in} \\ \vdots & \vdots & \vdots & \vdots \\ a_{j1} & a_{j2} & \cdots & a_{jn} \\ \vdots & \vdots & \vdots & \vdots \\ a_{n1} & a_{n2} & \cdots & a_{nn} \end{vmatrix}$$ 第 i 行元素乘以第 j 行元素的代数余子式相当于

$$\hat{D}=\begin{vmatrix} a_{11} & a_{12} & \cdots & a_{1n} \\ \vdots & \vdots & \vdots & \vdots \\ a_{i1} & a_{i2} & \cdots & a_{in} \\ \vdots & \vdots & \vdots & \vdots \\ a_{i1} & a_{i2} & \cdots & a_{in} \\ \vdots & \vdots & \vdots & \vdots \\ a_{n1} & a_{n2} & \cdots & a_{nn} \end{vmatrix}=a_{i1}A_{j1}+a_{i2}A_{j2}+\cdots+a_{in}A_{jn}=0$$

[例 3] $D=\begin{vmatrix} 3 & 0 & 4 & 0 \\ 2 & 2 & 2 & 2 \\ 0 & -7 & 0 & 0 \\ 5 & 3 & -2 & 2 \end{vmatrix}$，求：（1）第 4 行各元素代数余子式之和；（2）求第 4 行各元素的余子式之和 .

解：

（1）$A_{41}+A_{42}+A_{43}+A_{44}=\begin{vmatrix} 3 & 0 & 4 & 0 \\ 2 & 2 & 2 & 2 \\ 0 & -7 & 0 & 0 \\ 1 & 1 & 1 & 1 \end{vmatrix}=0.$

(2) $M_{41}+M_{42}+M_{43}+M_{44}=\begin{vmatrix} 3 & 0 & 4 & 0 \\ 2 & 2 & 2 & 2 \\ 0 & -7 & 0 & 0 \\ -1 & 1 & -1 & 1 \end{vmatrix}=-28.$

9.1.4 克拉默法则（在线性方程组部分讲解）

$$\begin{cases} a_{11}x_1+a_{12}x_2+\cdots+a_{1n}x_n=b_1 \\ a_{21}x_1+a_{22}x_2+\cdots+a_{2n}x_n=b_2 \\ \cdots \\ a_{n1}x_1+a_{n2}x_2+\cdots+a_{nn}x_n=b_n \end{cases}$$

$$x_1=\frac{D_1}{D}, x_2=\frac{D_2}{D}, \cdots, x_n=\frac{D_n}{D}$$

只能解决 n 个方程 n 个未知数的线性方程组且只有唯一解的方程.

9.1.5 有关行列式的概念与性质问题

[例 4] 已知 $f(x)=\begin{vmatrix} x-2 & x-1 & x-2 & x-3 \\ 2x-2 & 2x-1 & 2x-2 & 2x-3 \\ 3x-3 & 3x-2 & 4x-5 & 3x-5 \\ 4x & 4x-3 & 5x-7 & 4x-3 \end{vmatrix}$，则方程 $f(x)=0$ 的根的个数为(　　).

(A) 1　　(B) 2　　(C) 3　　(D) 4

解：利用拉普拉斯展开式求行列式，求方程 $f(x)=0$ 有几个根，也就是求 $f(x)$ 是 x 的几次多项式.

将第一列的 -1 倍依次加至其余各列得

$$f(x)=\begin{vmatrix} x-2 & 1 & 0 & -1 \\ 2x-2 & 1 & 0 & -1 \\ 3x-3 & 1 & x-2 & -2 \\ 4x & -3 & x-7 & -3 \end{vmatrix}=\begin{vmatrix} x-2 & 1 & 0 & 0 \\ 2x-2 & 1 & 0 & 0 \\ 3x-3 & 1 & x-2 & -1 \\ 4x & -3 & x-7 & -6 \end{vmatrix}$$

$$=\begin{vmatrix} x-2 & 1 \\ 2x-2 & 1 \end{vmatrix}\begin{vmatrix} x-2 & -1 \\ x-7 & -6 \end{vmatrix}$$

易见 $f(x)$ 是二次多项式，则有两个实根，故应选 (B).

9.2 数字型行列式的计算

常用方法：①化三角形法；②展开降阶法；③展开递推法；④数学归纳法；⑤公式法.

[例 5] 计算下列行列式.

(1) 计算$\begin{vmatrix}1&2&3\\4&5&6\\7&8&9\end{vmatrix}$.

解： $\begin{vmatrix}1&2&3\\4&5&6\\7&8&9\end{vmatrix}=\begin{vmatrix}1&2&3\\0&-3&-6\\0&-6&-12\end{vmatrix}=\begin{vmatrix}1&2&3\\0&-3&-6\\0&0&0\end{vmatrix}=0.$

(2) 爪形行列式$D=\begin{vmatrix}a_1&1&1&1\\1&a_2&0&0\\1&0&a_3&0\\1&0&0&a_4\end{vmatrix}$，其中$a_2a_3a_4\neq 0$.

解： $D=\begin{vmatrix}a_1-\frac{1}{a_2}-\frac{1}{a_3}-\frac{1}{a_4}&1&1&1\\0&a_2&&\\0&&a_3&\\0&&&a_4\end{vmatrix}=a_2a_3a_4\left(a_1-\frac{1}{a_2}-\frac{1}{a_3}-\frac{1}{a_4}\right).$

(3) 设$D=\begin{vmatrix}2a&1&&&\\a^2&2a&1&&\\&a^2&2a&\ddots&\\&&\ddots&\ddots&1\\&&&a^2&2a\end{vmatrix}$，证明$D=(n+1)a^n$.

证明：

方法 1：数学归纳法

当$k=1$时，命题成立．当$k=2$时，命题成立．假设$k<n$时，命题成立.

当$k=n$时，按第1列展开，得

$$D_n=2a\begin{vmatrix}2a&1&&&\\a^2&2a&1&&\\&a^2&2a&\ddots&\\&&\ddots&\ddots&1\\&&&a^2&2a\end{vmatrix}_{(k-1)\times(k-1)}+(-1)^{2+1}a^2\begin{vmatrix}2a&1&&&\\a^2&2a&1&&\\&a^2&2a&\ddots&\\&&\ddots&\ddots&1\\&&&a^2&2a\end{vmatrix}_{(k-2)\times(k-2)}$$

$$=2aD_{n-1}-a^2D_{n-2}=2ana^{k-1}-a^2(n-1)a^{k-2}=(n+1)a^k$$

故命题正确.

方法 2：化为上三角形

$$D=\begin{vmatrix}2a&1&&&\\a^2&2a&1&&\\&a^2&2a&\ddots&\\&&\ddots&\ddots&1\\&&&a^2&2a\end{vmatrix}=\begin{vmatrix}2a&1&&&\\0&\frac{3}{2}a&1&&\\&a^2&2a&\ddots&\\&&\ddots&\ddots&1\\&&&a^2&2a\end{vmatrix}=\cdots$$

$$=\begin{vmatrix} 2a & 1 & & & \\ 0 & \frac{3}{2}a & 1 & & \\ & 0 & \frac{4}{3}a & 1 & \\ & & \ddots & \ddots & 1 \\ & & & 0 & \frac{n+1}{n}a \end{vmatrix}=2a\ \frac{3}{2}a\ \frac{4}{3}a\cdots\frac{n+1}{n}a=(n+1)a^n.$$

方法 3：递推法

按第一列展开 $D_n=2aD_{n-1}-a^2D_{n-2}$

从而 $D_n-aD_{n-1}=a(D_{n-1}-aD_{n-2})$

$$=a^2(D_{n-2}-aD_{n-3})$$
$$=\cdots$$
$$=a^{n-2}(D_2-aD_1)=a^n$$

于是 $D_n=aD_{n-1}+a^n=a(aD_{n-2}+a^{n-1})+a^n=a^2D_{n-2}+2a^n=\cdots$

$$=a^{n-1}D_1+(n-1)a^n=2a^n+(n-1)a^n=(n+1)a^n.$$

9.3 抽象型行列式的计算

① 若 $\boldsymbol{A}$ 为 n 阶矩阵，则 $|k\boldsymbol{A}|=k^n|\boldsymbol{A}|$；

② 若 $\boldsymbol{A}$ 为 n 阶矩阵，则 $|\boldsymbol{A}|=|\boldsymbol{A}^{\mathrm{T}}|$；

③ 若 $\boldsymbol{A}$ 为 n 阶可逆矩阵，则 $|\boldsymbol{A}^*|=|\boldsymbol{A}|^{n-1}$，$|\boldsymbol{A}^{-1}|=\dfrac{1}{|\boldsymbol{A}|}$；

④ 若 $\boldsymbol{A}$、$\boldsymbol{B}$ 为 n 阶矩阵，则 $|\boldsymbol{AB}|=|\boldsymbol{A}||\boldsymbol{B}|$；

⑤ 若 $\boldsymbol{A}$ 为 n 阶矩阵，$\lambda_i(i=1,2,\cdots,n)$ 是 $\boldsymbol{A}$ 的特征值，则 $|\boldsymbol{A}|=\lambda_1\lambda_2\cdots\lambda_n$；

⑥ 若 $\boldsymbol{A}$、$\boldsymbol{B}$ 分别为 m、n 阶矩阵，则

$$\begin{vmatrix} \boldsymbol{A}_{m\times m} & \boldsymbol{C} \\ \boldsymbol{O} & \boldsymbol{B}_{n\times n} \end{vmatrix}=\begin{vmatrix} \boldsymbol{A}_{m\times m} & \boldsymbol{O} \\ \boldsymbol{C} & \boldsymbol{B}_{n\times n} \end{vmatrix}=|\boldsymbol{A}_{m\times m}||\boldsymbol{B}_{n\times n}|$$

$$\begin{vmatrix} \boldsymbol{O} & \boldsymbol{A}_{m\times m} \\ \boldsymbol{B}_{n\times n} & \boldsymbol{C} \end{vmatrix}=\begin{vmatrix} \boldsymbol{C} & \boldsymbol{A}_{m\times m} \\ \boldsymbol{B}_{n\times n} & \boldsymbol{O} \end{vmatrix}=(-1)^{mn}|\boldsymbol{A}_{m\times m}||\boldsymbol{B}_{n\times n}|$$

[例 6] 设 $\boldsymbol{\alpha}_1$，$\boldsymbol{\alpha}_2$，$\boldsymbol{\alpha}_3$，$\boldsymbol{\beta}$，$\boldsymbol{\gamma}$ 都是 4 维列向量，且 $|\boldsymbol{\alpha}_1,\boldsymbol{\alpha}_2,\boldsymbol{\alpha}_3,\boldsymbol{\beta}|=a$，$|\boldsymbol{\beta}+\boldsymbol{\gamma},\boldsymbol{\alpha}_3,\boldsymbol{\alpha}_2,\boldsymbol{\alpha}_1|=b$，$|2\boldsymbol{\gamma},\boldsymbol{\alpha}_1,\boldsymbol{\alpha}_2,\boldsymbol{\alpha}_3|=$______.

解：$|\boldsymbol{\alpha}_1,\boldsymbol{\alpha}_2,\boldsymbol{\alpha}_3,\boldsymbol{\beta}|=a$

$$|\boldsymbol{\beta}+\boldsymbol{\gamma},\boldsymbol{\alpha}_3,\boldsymbol{\alpha}_2,\boldsymbol{\alpha}_1|=|\boldsymbol{\beta},\boldsymbol{\alpha}_3,\boldsymbol{\alpha}_2,\boldsymbol{\alpha}_1|+|\boldsymbol{\gamma},\boldsymbol{\alpha}_3,\boldsymbol{\alpha}_2,\boldsymbol{\alpha}_1|=b$$

$$\Rightarrow|\boldsymbol{\gamma},\boldsymbol{\alpha}_3,\boldsymbol{\alpha}_2,\boldsymbol{\alpha}_1|=b-|\boldsymbol{\beta},\boldsymbol{\alpha}_3,\boldsymbol{\alpha}_2,\boldsymbol{\alpha}_1|=b-a$$

故 $|2\boldsymbol{\gamma},\boldsymbol{\alpha}_1,\boldsymbol{\alpha}_2,\boldsymbol{\alpha}_3|=2|\boldsymbol{\gamma},\boldsymbol{\alpha}_3,\boldsymbol{\alpha}_2,\boldsymbol{\alpha}_1|=2(a-b)$.

[例 7] 设 $\boldsymbol{A}$ 为 3 阶方阵，且 $|\boldsymbol{A}|=2$，则 $|(2\boldsymbol{A})^{-1}-\boldsymbol{A}^*|=$______.

解：$|(2\boldsymbol{A})^{-1}-\boldsymbol{A}^*|=\left|\dfrac{1}{2}\boldsymbol{A}^{-1}-\boldsymbol{A}^*\right|=\left|\dfrac{1}{2}\dfrac{1}{|\boldsymbol{A}|}\boldsymbol{A}^*-\boldsymbol{A}^*\right|=\left|-\dfrac{3}{4}\boldsymbol{A}^*\right|=\left(-\dfrac{3}{4}\right)^3|\boldsymbol{A}|^2=-\dfrac{27}{16}$.

[例 8] 设 $\boldsymbol{A}=\begin{pmatrix}2&1&0\\1&2&0\\0&0&1\end{pmatrix}$，矩阵 $\boldsymbol{B}$ 满足 $\boldsymbol{ABA}^*=2\boldsymbol{BA}^*+\boldsymbol{E}$，则 $|\boldsymbol{B}|=$______.

解： $|\boldsymbol{A}|=3\quad \boldsymbol{AA}^*=\boldsymbol{A}^*\boldsymbol{A}=|\boldsymbol{A}|\boldsymbol{E}=3\boldsymbol{E}$

用 $\boldsymbol{A}$ 右乘 $\boldsymbol{ABA}^*=2\boldsymbol{BA}^*+\boldsymbol{E}$ 得 $3\boldsymbol{AB}=6\boldsymbol{B}+\boldsymbol{A}$，$(3\boldsymbol{A}-6\boldsymbol{E})\boldsymbol{B}=\boldsymbol{A}$

$$|3\boldsymbol{A}-6\boldsymbol{E}||\boldsymbol{B}|=|\boldsymbol{A}|$$

$\because |3\boldsymbol{A}-6\boldsymbol{E}|=\begin{vmatrix}0&3&0\\3&0&0\\0&0&-3\end{vmatrix}=27\qquad \therefore |\boldsymbol{B}|=\dfrac{3}{27}=\dfrac{1}{9}.$

[例 9] 设 $\boldsymbol{A}$，$\boldsymbol{B}$ 为 3 阶矩阵，且 $|\boldsymbol{A}|=3$，$|\boldsymbol{B}|=2$，$|\boldsymbol{A}^{-1}+\boldsymbol{B}|=2$ 则 $|\boldsymbol{A}+\boldsymbol{B}^{-1}|=$______.

解： $\boldsymbol{B}(\boldsymbol{A}+\boldsymbol{B}^{-1})=\boldsymbol{BA}+\boldsymbol{E}=\boldsymbol{BA}+\boldsymbol{A}^{-1}\boldsymbol{A}=(\boldsymbol{B}+\boldsymbol{A}^{-1})\boldsymbol{A}$

$\therefore |\boldsymbol{B}||\boldsymbol{A}+\boldsymbol{B}^{-1}|=|\boldsymbol{B}+\boldsymbol{A}^{-1}||\boldsymbol{A}|$

将 $|\boldsymbol{A}|=3$，$|\boldsymbol{B}|=2$，$|\boldsymbol{A}^{-1}+\boldsymbol{B}|=2$ 代入上式得

$$|\boldsymbol{A}+\boldsymbol{B}^{-1}|=3.$$

[例 10] 设 $\boldsymbol{A}$，$\boldsymbol{B}$，$\boldsymbol{C}$ 都是行列式值为 2 的 3 阶方阵，则 $\begin{vmatrix}\boldsymbol{O}&-\boldsymbol{A}\\\left(\frac{2}{3}\boldsymbol{B}\right)^{-1}&\boldsymbol{C}\end{vmatrix}=$________.

解： $\begin{vmatrix}\boldsymbol{O}&-\boldsymbol{A}\\\left(\frac{2}{3}\boldsymbol{B}\right)^{-1}&\boldsymbol{C}\end{vmatrix}=(-1)^{3\times3}|-\boldsymbol{A}|\left|\left(\frac{2}{3}\boldsymbol{B}\right)^{-1}\right|=-(-1)^3|\boldsymbol{A}|\dfrac{1}{\left|\frac{2}{3}\boldsymbol{B}\right|}$

$$=|\boldsymbol{A}|\frac{1}{\left(\frac{2}{3}\right)^3|\boldsymbol{B}|}=\frac{27}{8}.$$

第10讲 矩阵

10.1 矩阵的概念及几类特殊形式的矩阵

矩阵：$\begin{pmatrix} a_{11} & a_{12} & a_{13} & \cdots & a_{1n} \\ a_{21} & a_{22} & a_{23} & \cdots & a_{2n} \\ \vdots & \vdots & \vdots & \ddots & \vdots \\ a_{m1} & a_{m2} & a_{m3} & \cdots & a_{mn} \end{pmatrix}_{m\times n}$，记作 $\boldsymbol{A}_{m\times n}$.

行矩阵：$\boldsymbol{A}=(a_1,a_2,\cdots,a_n)$ 称为行矩阵或行向量.

列矩阵：$\boldsymbol{B}=\begin{pmatrix} b_1 \\ b_2 \\ \vdots \\ b_n \end{pmatrix}$ 称为列矩阵或列向量.

同型矩阵：行数和列数都相同的矩阵.

相等矩阵：两个同型矩阵，对应的元素都相等，记作 $\boldsymbol{A}=\boldsymbol{B}$.

零矩阵：所有元素都是零的矩阵称为零矩阵，记作 $\boldsymbol{O}_{m\times n}$ 或是 $\boldsymbol{O}$，不同型的零矩阵是不相等的.

方阵：行数与列数都等于 n 的矩阵称为 n 阶矩阵或 n 阶方阵，记作 $\boldsymbol{A}_n$.

单位矩阵：$\boldsymbol{E}=\boldsymbol{E}_n=\begin{pmatrix} 1 & 0 & \cdots & 0 \\ 0 & 1 & \cdots & 0 \\ \vdots & \vdots & \ddots & \vdots \\ 0 & 0 & \cdots & 1 \end{pmatrix}$.

对角阵：$\boldsymbol{\Lambda}=\operatorname{diag}(\lambda_1,\lambda_2,\cdots,\lambda_n)=\begin{pmatrix} \lambda_1 & & & \\ & \lambda_2 & & \\ & & \ddots & \\ & & & \lambda_n \end{pmatrix}$.

数量阵： $kE=\begin{pmatrix}k & & & \\ & k & & \\ & & \ddots & \\ & & & k\end{pmatrix}$.

10.2 矩阵的运算

矩阵加法： 同型矩阵对应元素相加.

矩阵乘法： 在第一个矩阵的列数等于第二个矩阵的行数时才有意义.

例如：$A_{m\times s}B_{s\times n}=C_{m\times n}$ 其中 $c_{ij}=a_{i1}b_{1j}+a_{i2}b_{2j}+\cdots+a_{is}b_{sj}$.

$$\begin{pmatrix}1 & 0 & -1 & 2\\ -1 & 1 & 3 & 0\\ 0 & 5 & -1 & 4\end{pmatrix}\begin{pmatrix}0 & 3 & 4\\ 1 & 2 & 1\\ 3 & 1 & -1\\ -1 & 2 & 1\end{pmatrix}=\begin{pmatrix}-5 & 6 & 7\\ 10 & 2 & -6\\ -2 & 17 & 10\end{pmatrix}$$

矩阵乘法没有交换律：

① $AB\neq BA$

例如 $A=\begin{pmatrix}0 & 1\\ 1 & 0\end{pmatrix}$，$B=\begin{pmatrix}1 & 2\\ 3 & 4\end{pmatrix}$，$A_{3\times 4}B_{4\times 3}=C_{3\times 3}$，$B_{4\times 3}A_{3\times 4}=C_{4\times 4}$.

② $AB=O\nRightarrow A=O$ 或 $B=O$

例如 $A=\begin{pmatrix}1 & 1\\ 2 & 2\end{pmatrix}$，$B=\begin{pmatrix}1 & -3\\ -1 & 3\end{pmatrix}$.

③ $AB=AC$，$A\neq O\nRightarrow B=C$

例如 $A=\begin{pmatrix}1 & 2\\ 3 & 6\end{pmatrix}$，$B=\begin{pmatrix}3 & 4\\ -1 & 2\end{pmatrix}$，$C=\begin{pmatrix}1 & 2\\ 0 & 3\end{pmatrix}$.

特别地，若 n 阶矩阵 A，B 满足 $AB=BA$，则称矩阵 A，B 可交换.

注：① $(AB)^k\neq A^kB^k$.

② A 为 $m\times n$ 矩阵，$E_mA_{m\times n}=A_{m\times n}E_n=A_{m\times n}$.

③ $(A+B)^2=A^2+2AB+B^2$，$(A-B)^2=A^2-2AB+B^2$ 和 $A^2-B^2=(A-B)(A+B)$等一般也不成立.

仅当 A，B 可交换时，即 $AB=BA$ 时上式成立，如 $(A+E)^2=A^2+2A+E$.

[例 1] 若 $A=\begin{pmatrix}1 & 2 & 3\\ 0 & 1 & 4\\ 0 & 0 & 1\end{pmatrix}$，则 $A^n=$________.

解： $A=\begin{pmatrix}1 & 0 & 0\\ 0 & 1 & 0\\ 0 & 0 & 1\end{pmatrix}+\begin{pmatrix}0 & 2 & 3\\ 0 & 0 & 4\\ 0 & 0 & 0\end{pmatrix}=E+B$

$$A^n=(E+B)^n=E^n+nE^{n-1}B+\frac{n(n+1)}{2}E^{n-2}B^2$$

$$=\begin{pmatrix}1&0&0\\0&1&0\\0&0&1\end{pmatrix}+n\begin{pmatrix}0&2&3\\0&0&4\\0&0&0\end{pmatrix}+\frac{n(n-1)}{2}\begin{pmatrix}0&0&8\\0&0&0\\0&0&0\end{pmatrix}$$

$$=\begin{pmatrix}1&2n&4n^2-n\\0&1&4n\\0&0&1\end{pmatrix}$$

矩阵的转置 $(A^T)^T=A$ $(A+B)^T=A^T+B^T$

$(\lambda A)^T=\lambda A^T$ $(AB)^T=B^TA^T$

对称矩阵 $A=A^T$

反对称矩阵 $A^T=-A$

注：① 两个对称矩阵的乘积不一定是对称矩阵.

如：
$$\begin{pmatrix}1&2\\2&3\end{pmatrix}\begin{pmatrix}0&1\\1&0\end{pmatrix}=\begin{pmatrix}2&1\\3&2\end{pmatrix}$$

② 两个可交换的对称矩阵的乘积一定是对称矩阵.

10.3 逆矩阵

10.3.1 求逆矩阵的基本方法

① 定义法：$AB=E$（$BA=E$）称 A 与 B 即互为逆矩阵．(适用于抽象矩阵)

② 公式法：$A^{-1}=\frac{1}{|A|}A^*$（适用于抽象矩阵，很少用于求具体逆矩阵）

说明：当 A 的阶数大于 3 时，计算 A^* 十分复杂，故此方法一般不适用于阶数大于 3 的矩阵．特别地，当阶数为 2 时，有

$$\begin{pmatrix}a&b\\c&d\end{pmatrix}^{-1}=\frac{1}{ad-bc}\begin{pmatrix}d&-b\\-c&a\end{pmatrix}\quad 其中\ ad-bc\neq 0$$

③ 初等变换法：

$$(A\ \vdots\ E)\xrightarrow{初等行变换}(E\ \vdots\ A^{-1})$$

$$\begin{pmatrix}A\\ \cdots\\ E\end{pmatrix}\xrightarrow{初等列变换}\begin{pmatrix}E\\ \cdots\\ A^{-1}\end{pmatrix}$$

当 A 的阶数大于 3 时一般用初等变换法求逆矩阵.

④ 分块矩阵法：当 A，B 均可逆时，有 $\begin{pmatrix}A&O\\O&B\end{pmatrix}^{-1}=\begin{pmatrix}A^{-1}&O\\O&B^{-1}\end{pmatrix}$

$$\begin{pmatrix} O & A \\ B & O \end{pmatrix}^{-1}=\begin{pmatrix} O & B^{-1} \\ A^{-1} & O \end{pmatrix}.$$

[例 2] 设 $A=\begin{pmatrix} 0 & 0 & 0 & 3 & 6 \\ 0 & 0 & 0 & 9 & 10 \\ 1 & 2 & 3 & 0 & 0 \\ 4 & 5 & 8 & 0 & 0 \\ 3 & 4 & 6 & 0 & 0 \end{pmatrix}$，求 A^{-1}.

解： 先分块 $A=\begin{pmatrix} O & C \\ B & O \end{pmatrix}$，其中

$$B=\begin{pmatrix} 1 & 2 & 3 \\ 4 & 5 & 8 \\ 3 & 4 & 6 \end{pmatrix} \qquad C=\begin{pmatrix} 3 & 6 \\ 9 & 10 \end{pmatrix}$$

则 $A^{-1}=\begin{pmatrix} O & B^{-1} \\ C^{-1} & O \end{pmatrix}$

$$(B \vdots E)=\begin{pmatrix} 1 & 2 & 3 & 1 & 0 & 0 \\ 4 & 5 & 8 & 0 & 1 & 0 \\ 3 & 4 & 6 & 0 & 0 & 1 \end{pmatrix}\overset{r}{\sim}\begin{pmatrix} 1 & 0 & 0 & -2 & 0 & 1 \\ 0 & 1 & 0 & 0 & -3 & 4 \\ 0 & 0 & 1 & 1 & 2 & -3 \end{pmatrix}$$

$$C^{-1}=\frac{1}{|C|}C^{*}=\frac{1}{ad-bc}\begin{pmatrix} d & -b \\ -c & a \end{pmatrix}=\frac{1}{-24}\begin{pmatrix} 10 & -6 \\ -9 & 3 \end{pmatrix}=\begin{pmatrix} -\frac{5}{12} & \frac{1}{4} \\ \frac{3}{8} & -\frac{1}{8} \end{pmatrix}$$

$$\therefore A^{-1}=\begin{pmatrix} 0 & 0 & -2 & 0 & 1 \\ 0 & 0 & 0 & -3 & 4 \\ 0 & 0 & 1 & 2 & -3 \\ -\frac{5}{12} & \frac{1}{4} & 0 & 0 & 0 \\ \frac{3}{8} & -\frac{1}{8} & 0 & 0 & 0 \end{pmatrix}.$$

[例 3] 已知 n 阶方阵 A 满足 $A^2-3A-2E=0$，其中 A 给定，E 是单位矩阵，证明 A 可逆，并求出 A^{-1}.

证明： 由 $A^2-3A-2E=O$ 得

$$A^2-3A=2E \text{ 即 } A(A-3E)=2E$$

从而有 $A\left[\frac{1}{2}(A-3E)\right]=E$.

由逆矩阵的定义可知 A 可逆且 $A^{-1}=\frac{1}{2}(A-3E)$.

10.3.2 证明矩阵可逆的方法

① 定义法：寻求一个与 A 同阶的方阵 B，使得 $AB=E$（或 $BA=E$），即可证明 A 可逆，且 B 就是 A 的逆矩阵．

② 若$|\boldsymbol{A}|\neq 0$，则$\boldsymbol{A}$可逆．

③ 证明$\mathrm{R}(\boldsymbol{A})=n$（$\boldsymbol{A}$为$n$阶方阵）．

④ 证明$\boldsymbol{A}$的行（或列）向量组线性无关．

⑤ 证明方程组$\boldsymbol{Ax}=\boldsymbol{0}$只有零解．

⑥ 证明对任意$\boldsymbol{b}$，$\boldsymbol{A}x=\boldsymbol{b}$总有唯一解．

⑦ 若0不是$\boldsymbol{A}$的特征值，则$\boldsymbol{A}$可逆．

⑧ 反证法．

[例 4] 设$\boldsymbol{A}$为n阶矩阵，若$\boldsymbol{A}^2=2\boldsymbol{A}$，证明$\boldsymbol{A}+\boldsymbol{E}$可逆．

解： 方法 1：$\boldsymbol{A}^2=2\boldsymbol{A}$

$$\boldsymbol{A}^2-2\boldsymbol{A}-3\boldsymbol{E}=-3\boldsymbol{E}$$

$$(\boldsymbol{A}+\boldsymbol{E})(\boldsymbol{A}-3\boldsymbol{E})=-3\boldsymbol{E}$$

$$(\boldsymbol{A}+\boldsymbol{E})\left(\frac{\boldsymbol{A}-3\boldsymbol{E}}{-3}\right)=\boldsymbol{E}$$

由矩阵的定义可知，$\boldsymbol{A}+\boldsymbol{E}$可逆．

方法 2：因为$\boldsymbol{A}^2=2\boldsymbol{A}$，可知$\boldsymbol{A}$的特征值只能是0或2，那么$\boldsymbol{A}+\boldsymbol{E}$的特征值只能是1或3，所以0不是$\boldsymbol{A}+\boldsymbol{E}$的特征值，故$\boldsymbol{A}+\boldsymbol{E}$可逆．

方法 3：此题还可以利用$|\boldsymbol{A}+\boldsymbol{E}|\neq 0$来证明$|\boldsymbol{A}+\boldsymbol{E}|$可逆．

[例 5] 设$\boldsymbol{A}$，$\boldsymbol{B}$是n阶矩阵，证明$\boldsymbol{E}-\boldsymbol{AB}$可逆的充分必要条件是$\boldsymbol{E}-\boldsymbol{BA}$可逆．

证明： 反证法

反证法是证明矩阵可逆的常用方法之一，本题在证明必要性时，可先假设$\boldsymbol{E}-\boldsymbol{BA}$不可逆，那么$(\boldsymbol{E}-\boldsymbol{BA})\boldsymbol{x}=\boldsymbol{0}$一定有非零解，代入已知条件可找出矛盾．

必要性：假设$\boldsymbol{E}-\boldsymbol{BA}$不可逆，则$|\boldsymbol{E}-\boldsymbol{BA}|=0$，齐次方程$(\boldsymbol{E}-\boldsymbol{BA})\boldsymbol{x}=\boldsymbol{0}$有非零解，设$\boldsymbol{\eta}$是其非零解，则$(\boldsymbol{E}-\boldsymbol{BA})\boldsymbol{\eta}=\boldsymbol{0}$，故$\boldsymbol{\eta}=\boldsymbol{BA\eta}$. 因为$\boldsymbol{\eta}\neq\boldsymbol{0}$，故$\boldsymbol{A\eta}\neq\boldsymbol{0}$.

对于齐次方程组$(\boldsymbol{E}-\boldsymbol{AB})\boldsymbol{x}=\boldsymbol{0}$

由于$(\boldsymbol{E}-\boldsymbol{AB})\boldsymbol{A\eta}=\boldsymbol{A\eta}-\boldsymbol{ABA\eta}=\boldsymbol{A\eta}-\boldsymbol{A}(\boldsymbol{BA\eta})=\boldsymbol{A\eta}-\boldsymbol{A\eta}=\boldsymbol{0}$

这样$(\boldsymbol{E}-\boldsymbol{AB})\boldsymbol{x}=\boldsymbol{0}$有非零解$\boldsymbol{A\eta}$，与$\boldsymbol{E}-\boldsymbol{AB}$可逆矛盾，故$\boldsymbol{E}-\boldsymbol{BA}$可逆．

充分性：同理可证明当$\boldsymbol{E}-\boldsymbol{BA}$可逆时，$\boldsymbol{E}-\boldsymbol{AB}$可逆．

10.3.3 可逆矩阵的性质

① 矩阵$\boldsymbol{A}$可逆的充分必要条件是$|\boldsymbol{A}|\neq 0$，可逆矩阵又称非奇异矩阵；

② $(\boldsymbol{A}^{-1})^{-1}=\boldsymbol{A}$，$|\boldsymbol{A}^{-1}|=\dfrac{1}{|\boldsymbol{A}|}$；

③ $(\boldsymbol{A}^{\mathrm{T}})^{-1}=(\boldsymbol{A}^{-1})^{\mathrm{T}}$；

④ $(\lambda\boldsymbol{A})^{-1}=\dfrac{1}{\lambda}\boldsymbol{A}^{-1}$；

⑤ $(\boldsymbol{AB})^{-1}=\boldsymbol{B}^{-1}\boldsymbol{A}^{-1}$；

⑥ $(\boldsymbol{A}^n)^{-1}=(\boldsymbol{A}^{-1})^n$.

10.4 求矩阵的幂

求矩阵的幂的方法：

① $\boldsymbol{A}^n=(\boldsymbol{E}+\boldsymbol{B})^n=\boldsymbol{E}^n+C_n^1\boldsymbol{E}^{n-1}\boldsymbol{B}+C_n^2\boldsymbol{E}^{n-2}\boldsymbol{B}^2+\cdots=\sum\limits_{k=0}^{n}C_n^k\boldsymbol{E}^{n-k}\boldsymbol{B}^k$

② 若 $\boldsymbol{A}$ 可相似对角化，即存在可逆矩阵 $\boldsymbol{P}$，使 $\boldsymbol{P}^{-1}\boldsymbol{A}\boldsymbol{P}=\boldsymbol{\Lambda}$.

$\boldsymbol{\Lambda}$ 是以 $\boldsymbol{A}$ 的特征值为主对角线元素的对角阵 .

∴ $\quad\boldsymbol{A}=\boldsymbol{P}\boldsymbol{\Lambda}\boldsymbol{P}^{-1}$，$\boldsymbol{A}^n=\boldsymbol{P}\boldsymbol{\Lambda}^n\boldsymbol{P}^{-1}$

③ 若 $\boldsymbol{A}$ 能分块为$\begin{pmatrix}\boldsymbol{B}&\boldsymbol{O}\\\boldsymbol{O}&\boldsymbol{C}\end{pmatrix}$，则 $\boldsymbol{A}^n=\begin{pmatrix}\boldsymbol{B}^n&\boldsymbol{O}\\\boldsymbol{O}&\boldsymbol{C}^n\end{pmatrix}$.

④ 通过计算 $\boldsymbol{A}^2$，$\boldsymbol{A}^3$，找出规律后，用数学归纳法证明 .

[例 6] 若 $\boldsymbol{A}=\begin{pmatrix}1&2&3\\0&1&4\\0&0&1\end{pmatrix}$，则 $\boldsymbol{A}^n=?$

解： $\boldsymbol{A}=\begin{pmatrix}1&0&0\\0&1&0\\0&0&1\end{pmatrix}+\begin{pmatrix}0&2&3\\0&0&4\\0&0&0\end{pmatrix}=\boldsymbol{E}+\boldsymbol{B}$

$$\boldsymbol{A}^n=(\boldsymbol{E}+\boldsymbol{B})^n=\boldsymbol{E}^n+n\boldsymbol{E}^{n-1}\boldsymbol{B}+\frac{n(n-1)}{2}\boldsymbol{E}^{n-2}\boldsymbol{B}^2$$

$$=\begin{pmatrix}1&0&0\\0&1&0\\0&0&1\end{pmatrix}+n\begin{pmatrix}0&2&3\\0&0&4\\0&0&0\end{pmatrix}+\frac{n(n-1)}{2}\begin{pmatrix}0&0&8\\0&0&0\\0&0&0\end{pmatrix}$$

$$=\begin{pmatrix}1&2n&4n^2-n\\0&1&4n\\0&0&1\end{pmatrix}.$$

[例 7] 若 $\boldsymbol{A}=\begin{pmatrix}0&-1&0\\1&0&0\\0&0&-1\end{pmatrix}$，$\boldsymbol{B}=\boldsymbol{P}^{-1}\boldsymbol{A}\boldsymbol{P}$，其中 $\boldsymbol{P}$ 为三阶可逆矩阵，则 $\boldsymbol{B}^{2004}-2\boldsymbol{A}^2=?$

解： 将 $\boldsymbol{A}$ 分块为$\begin{pmatrix}\boldsymbol{D}&\boldsymbol{O}\\\boldsymbol{O}&\boldsymbol{C}\end{pmatrix}$，其中 $\boldsymbol{D}=\begin{pmatrix}\boldsymbol{O}&-1\\1&\boldsymbol{O}\end{pmatrix}$，$\boldsymbol{C}=(-1)$

又 $\boldsymbol{D}^2=\begin{pmatrix}0&-1\\1&0\end{pmatrix}=\begin{pmatrix}-1&0\\0&-1\end{pmatrix}$

易得 $\boldsymbol{A}^2=\begin{pmatrix}-1&0&0\\0&-1&0\\0&0&1\end{pmatrix}$

从而 $A^{2004}=(A^2)^{1002}=\begin{pmatrix}(-1)^{1002} & 0 & 0\\ 0 & (-1)^{1002} & 0\\ 0 & 0 & 1^{1002}\end{pmatrix}=E$

故 $B^{2004}=P^{-1}A^{2004}P=P^{-1}EP=E$

则有 $B^{2004}-2A^2=E-\begin{pmatrix}-2 & 0 & 0\\ 0 & -2 & 0\\ 0 & 0 & 2\end{pmatrix}=\begin{pmatrix}3 & 0 & 0\\ 0 & 3 & 0\\ 0 & 0 & -1\end{pmatrix}$.

10.5 伴随矩阵（注意伴随矩阵的定义式）

10.5.1 伴随矩阵的定义

方阵 $A=\begin{bmatrix}a_{11} & a_{12} & \cdots & a_{1n}\\ a_{21} & a_{22} & \cdots & a_{2n}\\ \vdots & \vdots & \ddots & \vdots\\ a_{n1} & a_{n2} & \cdots & a_{nn}\end{bmatrix}$，伴随矩阵为 $A^*=\begin{bmatrix}A_{11} & A_{21} & \cdots & A_{n1}\\ A_{12} & A_{22} & \cdots & A_{n2}\\ \vdots & \vdots & \ddots & \vdots\\ A_{1n} & A_{2n} & \cdots & A_{nn}\end{bmatrix}$

注意：只有方阵才有伴随矩阵.

10.5.2 伴随矩阵的性质

$(A^*)^{-1}=(A^{-1})^*=\frac{1}{|A|}A$　　　$(A^*)^{\mathrm{T}}=(A^{\mathrm{T}})^*$

$(kA)^*=k^{n-1}A^*$　　　$(A^*)^n=(A^n)^*$

$|A^*|=|A|^{n-1}$　　　$(A^*)^*=|A|^{n-2}A$

$(AB)^*=B^*A^*$

$R(A^*)=\begin{cases}n & R(A)=n\\ 1 & R(A)=n-1\\ 0 & R(A)<n-1\end{cases}$

[例 8] 证明 $R(A^*)=\begin{cases}n & R(A)=n\\ 1 & R(A)=n-1.\\ 0 & R(A)<n-1\end{cases}$

证明： $|A^*|=|(A)A^{-1}|=|A|^{n-1}\neq 0\Rightarrow R(A^*)=n$

若 $R(A)<n-1$，所有 $(n-1)$ 阶子式都等于 $0\Rightarrow A_{ij}=\mathbf{0}\Rightarrow A^*=\mathbf{0}\Rightarrow R(A^*)=0$

若 $R(A)=n-1$ 时　（注：$AA^*=A|A|A^{-1}=|A|E=\mathbf{0}$ 这种说法是错误的因为 A 不可逆）

$AA^*=|A|E=0$（注：由行列式性质，矩阵 A 的对应行的元素与 A^* 的对应列的元素的乘积 $=|A|$，其余位置乘积等于 0，此处又因为 $R(A)=n-1$，$|A|=0$）

$\therefore A^*$ 的列向量是 $Ax=\mathbf{0}$.

∵R($\boldsymbol{A}$)$=n-1$

∴解的基础解系的秩为 $n-\mathrm{R}(\boldsymbol{A})=1$.

∴$\mathrm{R}(\boldsymbol{A}^*)\leqslant 1$.

又∵$\mathrm{R}(\boldsymbol{A})=n-1$

∴$\boldsymbol{A}^*$ 中至少有一个元素不为零.

∴$\mathrm{R}(\boldsymbol{A}^*)\geqslant 1$

∴$\mathrm{R}(\boldsymbol{A}^*)=1$.

[例 9] 设 $\boldsymbol{A}$、$\boldsymbol{B}$ 为 n 阶矩阵，$\boldsymbol{A}^*$、$\boldsymbol{B}^*$ 分别为 $\boldsymbol{A}$，$\boldsymbol{B}$ 对应的伴随矩阵，分块矩阵 $\boldsymbol{C}=\begin{pmatrix}\boldsymbol{A} & 0\\ 0 & \boldsymbol{B}\end{pmatrix}$，则 $\boldsymbol{C}$ 的伴随矩阵 $\boldsymbol{C}^*=$（　　）.

(A) $\begin{pmatrix}|\boldsymbol{A}|\boldsymbol{A}^* & \boldsymbol{O}\\ \boldsymbol{O} & |\boldsymbol{B}|\boldsymbol{B}^*\end{pmatrix}$　　(B) $\begin{pmatrix}|\boldsymbol{B}|\boldsymbol{B}^* & \boldsymbol{O}\\ \boldsymbol{O} & |\boldsymbol{A}|\boldsymbol{A}^*\end{pmatrix}$

(C) $\begin{pmatrix}|\boldsymbol{A}|\boldsymbol{B}^* & \boldsymbol{O}\\ \boldsymbol{O} & |\boldsymbol{B}|\boldsymbol{A}^*\end{pmatrix}$　　(D) $\begin{pmatrix}|\boldsymbol{B}|\boldsymbol{A}^* & \boldsymbol{O}\\ \boldsymbol{O} & |\boldsymbol{A}|\boldsymbol{B}^*\end{pmatrix}$

答案：(D).

解：方法 1：由于 $\boldsymbol{C}\boldsymbol{C}^*=|\boldsymbol{C}|\boldsymbol{E}_{2n}=|\boldsymbol{A}||\boldsymbol{B}|\boldsymbol{E}_{2n}$

而 $\begin{pmatrix}\boldsymbol{A} & \boldsymbol{O}\\ \boldsymbol{O} & \boldsymbol{B}\end{pmatrix}\begin{pmatrix}|\boldsymbol{B}|\boldsymbol{A}^* & \boldsymbol{O}\\ \boldsymbol{O} & |\boldsymbol{A}|\boldsymbol{B}^*\end{pmatrix}=\begin{pmatrix}|\boldsymbol{B}|\boldsymbol{A}\boldsymbol{A}^* & \boldsymbol{O}\\ \boldsymbol{O} & |\boldsymbol{A}|\boldsymbol{B}\boldsymbol{B}^*\end{pmatrix}$

$=\begin{pmatrix}|\boldsymbol{B}||\boldsymbol{A}|\boldsymbol{E}_n & \boldsymbol{O}\\ \boldsymbol{O} & |\boldsymbol{A}||\boldsymbol{B}|\boldsymbol{E}_n\end{pmatrix}=|\boldsymbol{A}||\boldsymbol{B}|\boldsymbol{E}_{2n}$

方法 2：当 $\boldsymbol{A}$，$\boldsymbol{B}$ 可逆时，$\boldsymbol{C}$ 可逆，则有

$$\boldsymbol{C}^*=|\boldsymbol{C}|\boldsymbol{C}^{-1}=\begin{vmatrix}\boldsymbol{A} & \boldsymbol{O}\\ \boldsymbol{O} & \boldsymbol{B}\end{vmatrix}\begin{pmatrix}\boldsymbol{A} & \boldsymbol{O}\\ \boldsymbol{O} & \boldsymbol{B}\end{pmatrix}^{-1}=|\boldsymbol{A}||\boldsymbol{B}|\begin{pmatrix}\boldsymbol{A}^{-1} & \boldsymbol{O}\\ \boldsymbol{O} & \boldsymbol{B}^{-1}\end{pmatrix}$$

$$=\begin{pmatrix}|\boldsymbol{A}||\boldsymbol{B}|\boldsymbol{A}^{-1} & \boldsymbol{O}\\ \boldsymbol{O} & |\boldsymbol{A}||\boldsymbol{B}|\boldsymbol{B}^{-1}\end{pmatrix}=\begin{pmatrix}|\boldsymbol{B}|\boldsymbol{A}^* & \boldsymbol{O}\\ \boldsymbol{O} & |\boldsymbol{A}|\boldsymbol{B}^*\end{pmatrix}.$$

[例 10] 设 $\boldsymbol{A}$ 是 3 阶非零矩阵，且 $a_{ij}=A_{ij}(i,j=1,2,3)$，证明 $\boldsymbol{A}$ 可逆，并求 $|\boldsymbol{A}|$.

证明：$\boldsymbol{A}$ 是非零矩阵，不妨设 $a_{11}\neq 0$，按第一行展开有

$|\boldsymbol{A}|=a_{11}A_{11}+a_{12}A_{12}+a_{13}A_{13}=a_{11}^2+a_{12}^2+a_{13}^2\neq 0$

故 $\boldsymbol{A}$ 可逆.

$$\boldsymbol{A}^*=\begin{pmatrix}A_{11} & A_{21} & A_{31}\\ A_{12} & A_{22} & A_{32}\\ A_{13} & A_{23} & A_{33}\end{pmatrix}=\begin{pmatrix}a_{11} & a_{21} & a_{31}\\ a_{12} & a_{22} & a_{32}\\ a_{13} & a_{23} & a_{33}\end{pmatrix}=\boldsymbol{A}$$

取行列式，得 $|\boldsymbol{A}^*|=|\boldsymbol{A}|$，$|\boldsymbol{A}^2|=|\boldsymbol{A}|$，而 $|\boldsymbol{A}|\neq 0$，故 $|\boldsymbol{A}|=1$.

10.6 分块对角阵

设 $\boldsymbol{A}_1$，$\boldsymbol{A}_2$，…，$\boldsymbol{A}_r$ 均为方阵，则称矩阵 $\boldsymbol{A}=\begin{pmatrix}\boldsymbol{A}_1 & & & \\ & \boldsymbol{A}_2 & & \\ & & \ddots & \\ & & & \boldsymbol{A}_r\end{pmatrix}$ 为分块对角阵．

分块对角阵具有如下性质：

① $\boldsymbol{A}^n=\begin{pmatrix}\boldsymbol{A}_1^n & & & \\ & \boldsymbol{A}_2^n & & \\ & & \ddots & \\ & & & \boldsymbol{A}_r^n\end{pmatrix}$；

② $|\boldsymbol{A}|=|\boldsymbol{A}_1||\boldsymbol{A}_2|\cdots|\boldsymbol{A}_r|$；

③ 若 $\boldsymbol{A}_1$，$\boldsymbol{A}_2$，…，$\boldsymbol{A}_r$ 都可逆，则 $\boldsymbol{A}$ 可逆，$\boldsymbol{A}^{-1}=\begin{pmatrix}\boldsymbol{A}_1^{-1} & & & \\ & \boldsymbol{A}_2^{-1} & & \\ & & \ddots & \\ & & & \boldsymbol{A}_r^{-1}\end{pmatrix}$.

10.7 矩阵的初等变换及初等矩阵

10.7.1 矩阵的初等变换

① 对换变换：对换矩阵的两行（列）．

$$\boldsymbol{E}(i,j)=\boldsymbol{E}_{ij}=\begin{pmatrix}1 & & & & & & & & & \\ & \ddots & & & & & & & & \\ & & 1 & & & & & & & \\ & & & 0 & & \cdots & & 1 & & \\ & & & & 1 & & & & & \\ & & & \vdots & & \ddots & & \vdots & & \\ & & & & & & 1 & & & \\ & & & 1 & & \cdots & & 0 & & \\ & & & & & & & & 1 & \\ & & & & & & & & & \ddots \\ & & & & & & & & & & 1\end{pmatrix}$$

② 数乘变换：用非零常数 k 乘以某行（列）中所有元素．

$$
\boldsymbol{E}(i(k))=\boldsymbol{E}_i(k)=\begin{pmatrix}1 & & & & & & \\ & \ddots & & & & & \\ & & 1 & & & & \\ & & & k & & & \\ & & & & 1 & & \\ & & & & & \ddots & \\ & & & & & & 1\end{pmatrix}
$$

③ 倍加变换：把矩阵某行（列）所有元素的 k 倍加至另一行（列）对应的元素上去（易错）.

$$
\boldsymbol{E}(i,j(k))=\boldsymbol{E}_{ij}(k)=\begin{pmatrix}1 & & & & & & \\ & \ddots & & & & & \\ & & 1 & \cdots & k & & \\ & & & \ddots & \vdots & & \\ & & & & 1 & & \\ & & & & & \ddots & \\ & & & & & & 1\end{pmatrix}
$$

说明：$\boldsymbol{E}$ 的第 j 行乘以 k 加到第 i 行或第 i 列乘以 k 加到第 j 列.

注：①设 $\boldsymbol{A}$ 是 $m\times n$ 矩阵，对 $\boldsymbol{A}$ 施行一次初等行变换，相当于在 $\boldsymbol{A}$ 的左边乘以相应的 m 阶初等矩阵；

②设 $\boldsymbol{A}$ 是 $m\times n$ 矩阵，对 $\boldsymbol{A}$ 施行一次初等列变换，相当于在 $\boldsymbol{A}$ 的右边乘以相应的 n 阶初等矩阵.

10.7.2 初等矩阵的逆矩阵（重要）

①$\boldsymbol{E}(i,j)^{-1}=\boldsymbol{E}(i,j)$

②$\boldsymbol{E}(i(k))^{-1}=\boldsymbol{E}(i(\frac{1}{k}))$

③$\boldsymbol{E}(i,j(k))^{-1}=\boldsymbol{E}(i,j(-k))$

[例 11] 已知 $\boldsymbol{A}=\begin{pmatrix}a_{11} & a_{12} & a_{13}\\ a_{21} & a_{22} & a_{23}\\ a_{31} & a_{32} & a_{33}\end{pmatrix}$，$\boldsymbol{B}=\begin{pmatrix}a_{13} & -a_{11}+a_{12} & a_{11}\\ a_{23} & -a_{21}+a_{22} & a_{21}\\ a_{33} & -a_{31}+a_{32} & a_{31}\end{pmatrix}$，

$\boldsymbol{P}_1=\begin{pmatrix}0 & 0 & 1\\ 0 & 1 & 0\\ 1 & 0 & 0\end{pmatrix}$，$\boldsymbol{P}_2=\begin{pmatrix}1 & 1 & 0\\ 0 & 1 & 0\\ 0 & 0 & 1\end{pmatrix}$，$\boldsymbol{P}_3=\begin{pmatrix}1 & -1 & 0\\ 0 & 1 & 0\\ 0 & 0 & 1\end{pmatrix}$，其中 $\boldsymbol{A}$ 可逆，那么 $\boldsymbol{B}^{-1}=$(　　).

(A) $\boldsymbol{A}^{-1}\boldsymbol{P}_1\boldsymbol{P}_2$　　(B) $\boldsymbol{P}_1\boldsymbol{P}_2\boldsymbol{A}^{-1}$　　(C) $\boldsymbol{P}_1\boldsymbol{P}_3\boldsymbol{A}^{-1}$　　(D) $\boldsymbol{P}_3\boldsymbol{P}_1\boldsymbol{A}^{-1}$

答案：(B).

解：$\boldsymbol{B}=\boldsymbol{A}\boldsymbol{P}_3\boldsymbol{P}_1\Rightarrow\boldsymbol{B}^{-1}=\boldsymbol{P}_1^{-1}\boldsymbol{P}_3^{-1}\boldsymbol{A}^{-1}\Rightarrow\boldsymbol{B}^{-1}\boldsymbol{P}_1\boldsymbol{P}_2\boldsymbol{A}^{-1}$.

[例 12] 设 $\boldsymbol{A}$，$\boldsymbol{P}$ 均为 3 阶矩阵，$\boldsymbol{P}^T$ 为 $\boldsymbol{P}$ 的转置矩阵，且 $\boldsymbol{P}^T\boldsymbol{AP}=\begin{pmatrix}1&0&0\\0&1&0\\0&0&2\end{pmatrix}$，若 $\boldsymbol{P}=(\alpha_1,\alpha_2,\alpha_3)$，$\boldsymbol{Q}=(\alpha_1+\alpha_2,\alpha_2,\alpha_3)$，则 $\boldsymbol{Q}^T\boldsymbol{AQ}=($　　$)$.

(A) $\begin{pmatrix}2&1&0\\1&1&0\\0&0&2\end{pmatrix}$　(B) $\begin{pmatrix}1&1&0\\1&2&0\\0&0&2\end{pmatrix}$　(C) $\begin{pmatrix}2&0&0\\0&1&0\\0&0&2\end{pmatrix}$　(D) $\begin{pmatrix}1&0&0\\0&2&0\\0&0&2\end{pmatrix}$

答案：(A).

解： $\boldsymbol{Q}=\boldsymbol{PE}(2,1(1))$

$$\boldsymbol{Q}^T\boldsymbol{AQ}=\boldsymbol{E}^T(2,1(1))\boldsymbol{P}^T\boldsymbol{APE}(2,1(1))=\boldsymbol{E}(1,2(1))\boldsymbol{P}^T\boldsymbol{APE}(2,1(1))$$

$$=\begin{pmatrix}2&1&0\\1&1&0\\0&0&2\end{pmatrix}$$

$\boldsymbol{E}(1,2(1))=\begin{pmatrix}1&1&0\\0&1&0\\0&0&1\end{pmatrix}$　　$\boldsymbol{E}(2,1(1))=\begin{pmatrix}1&0&0\\1&1&0\\0&0&1\end{pmatrix}$

把第二行的一倍放到第一行上；把第二列的 1 倍放到第一列；等价关系：$\boldsymbol{A}\sim\boldsymbol{B}$.

如果矩阵 $\boldsymbol{A}$ 经过有限次初等变换化为矩阵 $\boldsymbol{B}$，则称 $\boldsymbol{A}$ 与 $\boldsymbol{B}$ 等价，记为 $\boldsymbol{A}\sim\boldsymbol{B}\Leftrightarrow \mathrm{R}(\boldsymbol{A})=\mathrm{R}(\boldsymbol{B})$ 且 $\boldsymbol{A}$ 与 $\boldsymbol{B}$ 为同型矩阵.

10.8 矩阵的秩

10.8.1 矩阵秩的概念

k 阶子式： 设 $\boldsymbol{A}$ 为 $m\times n$ 矩阵，在 $\boldsymbol{A}$ 中任取 k 行和 k 列，交叉位置上的 k^2 个元素保留原有次序得到的行列式，记作 D_k.

如：$\boldsymbol{A}=\begin{bmatrix}1&3&7&2\\3&7&9&2\\5&6&1&5\\8&3&6&9\end{bmatrix}$ 的一个 k 阶子式 $D_3=\begin{vmatrix}1&3&2\\5&6&5\\8&3&9\end{vmatrix}$

注：k 阶子式不唯一.

矩阵的秩： 设 $m\times n$ 矩阵 $\boldsymbol{A}$ 中，有一个 r 阶子式 D_r 不等于零，而所有 $r+1$ 阶子式（如果存在）全等于零，则称 D_r 为矩阵 $\boldsymbol{A}$ 的最高阶非零子式，称数 r 为矩阵 $\boldsymbol{A}$ 的秩，记为 $\mathrm{R}(\boldsymbol{A})$.

规定零矩阵的秩为零.

10.8.2 矩阵秩的性质

① $0\leqslant R(\boldsymbol{A}_{m\times n})\leqslant \min\{m,n\}$；

② $R(\boldsymbol{A})=\boldsymbol{A}$ 的列秩 $=\boldsymbol{A}$ 的行秩；

③ $k\neq 0$ 时，$R(k\boldsymbol{A})=R(\boldsymbol{A})$；

④ $R(\boldsymbol{A}^{T})=R(\boldsymbol{A})$；

⑤ $\boldsymbol{A}$ 中的一个 $D_r\neq 0\Rightarrow R(\boldsymbol{A})\geqslant r$；

⑥ $\boldsymbol{A}$ 中所有的 $D_{r+1}=0\Rightarrow R(\boldsymbol{A})\leqslant r$.

10.8.3 矩阵秩的重要结论

① $\max(R(\boldsymbol{A}),R(\boldsymbol{B}))\leqslant R(\boldsymbol{A},\boldsymbol{B})\leqslant R(\boldsymbol{A})+R(\boldsymbol{B})$；

② $R(\boldsymbol{A}+\boldsymbol{B})\leqslant R(\boldsymbol{A})+R(\boldsymbol{B})$；

③ $R(\boldsymbol{AB})\leqslant \min(R(\boldsymbol{A}),R(\boldsymbol{B}))$；

④ 若 $\boldsymbol{P},\boldsymbol{Q}$ 可逆，则 $R(\boldsymbol{PAQ})=R(\boldsymbol{PA})=R(\boldsymbol{AQ})=R(\boldsymbol{A})$；

⑤ $\boldsymbol{A}$ 若是 $m\times n$ 矩阵，$\boldsymbol{B}$ 是 $n\times s$ 矩阵，$\boldsymbol{AB}=0$，则 $R(\boldsymbol{A})+R(\boldsymbol{B})\leqslant n$；

⑥ 矩阵的初等变换不改变矩阵的秩.

10.8.4 矩阵秩的具体求法

① 初等变换法：用初等变换化为阶梯矩阵；

② 两边夹法：利用关于秩的不等式，证明 $R(\boldsymbol{A})\leqslant r$，$R(\boldsymbol{A})\geqslant r$，则 $R(\boldsymbol{A})=r$.

[例 13] 设 $\boldsymbol{A}=\begin{pmatrix}1&2&1\\2&a&3\\2&4&5\end{pmatrix}$，$\boldsymbol{B}$ 是 3×4 的非零矩阵，且 $\boldsymbol{AB}=0$，则 $R(\boldsymbol{B})=$(　　).

(A) 1　　(B) 2　　(C) 3　　(D) 4

答：(A).

解：因为 $\boldsymbol{AB}=0$，所以 $R(\boldsymbol{A})+R(\boldsymbol{B})\leqslant 3$

$$\boldsymbol{A}=\begin{pmatrix}1&2&1\\0&a-4&1\\0&0&3\end{pmatrix}$$

当 $a\neq 4$ 时，$R(\boldsymbol{A})=3\Rightarrow R(\boldsymbol{B})=0\Rightarrow \boldsymbol{B}$ 是零矩阵，矛盾；

当 $a=4$ 时 $R(\boldsymbol{A})=2\Rightarrow R(\boldsymbol{B})=1$.

[例 14] 三阶矩阵 $\boldsymbol{A}=\begin{pmatrix}a&b&b\\b&a&b\\b&b&a\end{pmatrix}$，若 $\boldsymbol{A}$ 的伴随矩阵的秩为 1，则必有（　　）.

(A) $a=b$ 或 $a+2b=0$　　(B) $a=b$ 或 $a+2b\neq 0$

(C) $a\neq b$ 且 $a+2b=0$　　(D) $a\neq b$ 且 $a+2b\neq 0$

答案：(C).

解：$\boldsymbol{A}=\begin{pmatrix} a+2b & a+2b & a+2b \\ b & a & b \\ b & b & a \end{pmatrix}$

若 $a+2b\neq0$，$\boldsymbol{A}\sim\begin{pmatrix} 1 & 1 & 1 \\ b & a & b \\ b & b & a \end{pmatrix}=\begin{pmatrix} 1 & 1 & 1 \\ 0 & a-b & 0 \\ 0 & 0 & a-b \end{pmatrix}$

∵$\boldsymbol{A}$ 的伴随矩阵的秩为 1

∴$\boldsymbol{A}$ 至少有一个余子式≠0.

∴$a\neq b$（否则 $\boldsymbol{A}^*$ 的所有元素为 0）.

∴$\mathrm{R}(\boldsymbol{A})=3\Rightarrow\boldsymbol{A}^*=3$ 这与 $\boldsymbol{A}^*$ 的秩为 1 矛盾.

∴$a+2b=0$ 且 $a\neq b$.

[例 15] 设 $\boldsymbol{A}$ 为 $m\times n$ 型矩阵，$\boldsymbol{B}$ 为 $n\times m$ 型矩阵，$\boldsymbol{E}$ 为 m 阶单位矩阵，若 $\boldsymbol{AB}=\boldsymbol{E}$，则（　　）.

(A)$\mathrm{R}(\boldsymbol{A})=m,\mathrm{R}(\boldsymbol{B})=m$　　(B)$\mathrm{R}(\boldsymbol{A})=m,\mathrm{R}(\boldsymbol{B})=n$

(C)$\mathrm{R}(\boldsymbol{A})=n,\mathrm{R}(\boldsymbol{B})=m$　　(D)$\mathrm{R}(\boldsymbol{A})=n,\mathrm{R}(\boldsymbol{B})=n$

答案：(A).

解：$m=\mathrm{R}(\boldsymbol{AB})\leqslant\min(\mathrm{R}(\boldsymbol{A}),\ \mathrm{R}(\boldsymbol{B}))$

∴$\mathrm{R}(\boldsymbol{A})\geqslant m$，$\mathrm{R}(\boldsymbol{B})\geqslant m$.

又∵$\mathrm{R}(\boldsymbol{A})\leqslant\min(m,\ n)$

$\mathrm{R}(\boldsymbol{B})\leqslant\min(n,\ m)$

∴$\mathrm{R}(\boldsymbol{A})=m\quad\mathrm{R}(\boldsymbol{B})=m$.

[例 16] 设 $\boldsymbol{A}=\boldsymbol{\alpha\alpha}^{\mathrm{T}}+\boldsymbol{\beta\beta}^{\mathrm{T}}$，$\boldsymbol{\alpha}$，$\boldsymbol{\beta}$ 是三维列向量，$\boldsymbol{\alpha}^{\mathrm{T}}$ 为 $\boldsymbol{\alpha}$ 的转置，$\boldsymbol{\beta}^{\mathrm{T}}$ 为 $\boldsymbol{\beta}$ 的转置.

(1) 证明秩 $\mathrm{R}(\boldsymbol{A})\leqslant2$；

(2) 若 $\boldsymbol{\alpha}$，$\boldsymbol{\beta}$ 线性相关，则 $\mathrm{R}(\boldsymbol{A})<2$.

证明：(1) ∵$\boldsymbol{\alpha}$，$\boldsymbol{\beta}$ 均为列向量，那么 $\boldsymbol{\alpha\alpha}^{\mathrm{T}}$，$\boldsymbol{\beta\beta}^{\mathrm{T}}$ 是三阶矩阵

且有 $\mathrm{R}(\boldsymbol{\alpha\alpha}^{\mathrm{T}})\leqslant\mathrm{R}(\boldsymbol{\alpha})\leqslant1$

$\mathrm{R}(\boldsymbol{\beta\beta}^{\mathrm{T}})\leqslant\mathrm{R}(\boldsymbol{\beta})\leqslant1$

那么 $\mathrm{R}(\boldsymbol{A})=\mathrm{R}(\mathrm{R}(\boldsymbol{\alpha\alpha}^{\mathrm{T}}+\boldsymbol{\beta\beta}^{\mathrm{T}}))\leqslant\mathrm{R}(\boldsymbol{\alpha\alpha}^{\mathrm{T}})+\mathrm{R}(\boldsymbol{\beta\beta}^{\mathrm{T}})\leqslant2$.

(2) 若 $\boldsymbol{\alpha}$，$\boldsymbol{\beta}$ 线性相关，不妨设 $\boldsymbol{\beta}=k\boldsymbol{\alpha}$，那么

$$\begin{aligned}\mathrm{R}(\boldsymbol{A})&=\mathrm{R}[\boldsymbol{\alpha\alpha}^{\mathrm{T}}+(k\boldsymbol{\alpha})(k\boldsymbol{\alpha}^{\mathrm{T}})]\\&=\mathrm{R}[(1+k^2)\boldsymbol{\alpha\alpha}^{\mathrm{T}}]\\&=\mathrm{R}(\boldsymbol{\alpha\alpha}^{\mathrm{T}})\leqslant1<2.\end{aligned}$$

第11讲 线性方程组

11.1 线性方程组的表达式

① 一般形式$\begin{cases} a_{11}x_1+a_{12}x_2+\cdots+a_{1n}x_n=0 \\ a_{21}x_1+a_{22}x_2+\cdots+a_{2n}x_n=0 \\ \vdots \\ a_{m1}x_1+a_{m2}x_2+\cdots+a_{mn}x_n=0 \end{cases}$或$\begin{cases} a_{11}x_1+a_{12}x_2+\cdots+a_{1n}x_n=b_1 \\ a_{21}x_1+a_{22}x_2+\cdots+a_{2n}x_n=b_2 \\ \vdots \\ a_{m1}x_1+a_{m2}x_2+\cdots+a_{mn}x_n=b_m \end{cases}$.

② 矩阵形式 $\boldsymbol{Ax}=\boldsymbol{0}$（$\boldsymbol{Ax}=\boldsymbol{b}$）

其中 $\boldsymbol{A}=\begin{pmatrix} a_{11} & a_{12} & \cdots & a_{1n} \\ a_{21} & a_{22} & \cdots & a_{2n} \\ \vdots & \vdots & \ddots & \vdots \\ a_{m1} & a_{m2} & \cdots & a_{mn} \end{pmatrix}$，$\boldsymbol{x}=\begin{pmatrix} x_1 \\ x_2 \\ \vdots \\ x_m \end{pmatrix}$，$\boldsymbol{b}=\begin{pmatrix} b_1 \\ b_2 \\ \vdots \\ b_m \end{pmatrix}$.

③ 向量形式 $x_1\boldsymbol{a}_1+x_2\boldsymbol{a}_2+\cdots+x_n\boldsymbol{a}_n=\boldsymbol{0}$（$x_1\boldsymbol{a}_1+x_2\boldsymbol{a}_2+\cdots+x_n\boldsymbol{a}_n=\boldsymbol{b}$）

其中$\boldsymbol{a}_j=\begin{pmatrix} a_{1j} \\ a_{2j} \\ \vdots \\ a_{mj} \end{pmatrix}$（$j=1, 2, \cdots, n$），$\boldsymbol{b}=\begin{bmatrix} b_1 \\ b_2 \\ \vdots \\ b_m \end{bmatrix}$.

11.2 齐次线性方程组

（1）齐次线性方程组$\boldsymbol{A}_{mn}\boldsymbol{x}=\boldsymbol{0}$解的判断

$\mathrm{R}(\boldsymbol{A})<n \Leftrightarrow \boldsymbol{A}_{m\times n}\boldsymbol{x}=\boldsymbol{0}$ 有非零解；

$\mathrm{R}(\boldsymbol{A})=n \Leftrightarrow \boldsymbol{A}_{m\times n}\boldsymbol{x}=\boldsymbol{0}$ 只有零解 .

特别地，当方程个数与未知数个数相等时，即$\boldsymbol{A}_{m\times n}=\boldsymbol{A}_n$ 为方阵时：

$|\boldsymbol{A}|=0 \Leftrightarrow \boldsymbol{Ax}=\boldsymbol{0}$ 有非零解；

$|\boldsymbol{A}| \neq 0 \Leftrightarrow \boldsymbol{Ax}=\boldsymbol{0}$ 只有零解 .

(2) 齐次线性方程组解的性质

若 $\boldsymbol{\xi}_1$，$\boldsymbol{\xi}_2$，…，$\boldsymbol{\xi}_m$ 是 $\boldsymbol{Ax}=\boldsymbol{0}$ 的解，则对任意常数 k_1，k_2，…，k_m，$k_1\boldsymbol{\xi}_1+k_2\boldsymbol{\xi}_2+\cdots+k_m\boldsymbol{\xi}_m$ 也是 $\boldsymbol{Ax}=\boldsymbol{0}$ 的解 .

齐次线性方程组解的线性组合还是齐次线性方程组的解 .

基础解系 . 向量组 $\boldsymbol{\eta}_1$，$\boldsymbol{\eta}_2$，…，$\boldsymbol{\eta}_t$ 满足：

① $\boldsymbol{\eta}_1$，$\boldsymbol{\eta}_2$，…，$\boldsymbol{\eta}_t$ 是 $\boldsymbol{Ax}=\boldsymbol{0}$ 的解；

② $\boldsymbol{\eta}_1$，$\boldsymbol{\eta}_2$，…，$\boldsymbol{\eta}_t$ 线性无关；

③ $\boldsymbol{Ax}=\boldsymbol{0}$ 的任一解都可由 $\boldsymbol{\eta}_1$，$\boldsymbol{\eta}_2$，…，$\boldsymbol{\eta}_t$ 线性表示 .

则称其为齐次线性方程组 $\boldsymbol{Ax}=\boldsymbol{0}$ 的基础解系 .

注：①齐次线性方程组的基础解系不唯一；

②齐次线性方程组的基础解系实际上是其齐次线性方程组解向量的一个极大无关组，且基础解系所含解向量的个数 $t=n-\mathrm{R}(\boldsymbol{A})$.

11.3 线性方程组解的讨论

11.3.1 线性方程组的求解方法

设 $\boldsymbol{A}$ 为 $m\times n$ 矩阵，当 $\mathrm{R}(\boldsymbol{A})=r<n$ 时，方程组 $\boldsymbol{Ax}=\boldsymbol{0}$ 有基础解系，求基础解系的具体方法：

① 对系数矩阵 $\boldsymbol{A}$ 作初等行变换，化为行阶梯形矩阵；

② 在每个阶梯上选出一列，剩下的 $n-\mathrm{R}(\boldsymbol{A})$ 列对应的变量就是自由变量；

③ 依次对自由变量中的一个赋值为 1，其余赋值为 0，代入阶梯形方程组中求解，得到 $n-\mathrm{R}(\boldsymbol{A})$ 个解，设为 $\boldsymbol{\xi}_1$，$\boldsymbol{\xi}_2$，…，$\boldsymbol{\xi}_{n-\mathrm{R}(\boldsymbol{A})}$，即为基础解系，$\boldsymbol{Ax}=\boldsymbol{0}$ 的通解为

$k_1\boldsymbol{\xi}_1+k_2\boldsymbol{\xi}_2+\cdots+k_{n-\mathrm{R}(\boldsymbol{A})}\boldsymbol{\xi}_{n-\mathrm{R}(\boldsymbol{A})}$，其中 k_1，k_2，…，$k_{n-\mathrm{R}(\boldsymbol{A})}$ 为任意常数；

④ 设 $\boldsymbol{\eta}$ 为 $\boldsymbol{Ax}=\boldsymbol{b}$ 的一个特解，则 $\boldsymbol{Ax}=\boldsymbol{b}$ 的通解为

$k_1\boldsymbol{\xi}_1+k_2\boldsymbol{\xi}_2+\cdots+k_{n-\mathrm{R}(\boldsymbol{A})}\boldsymbol{\xi}_{n-\mathrm{R}(\boldsymbol{A})}+\boldsymbol{\eta}$.

11.3.2 非齐次线性方程组 $\boldsymbol{A}_{m\times n}\boldsymbol{x}=\boldsymbol{b}$ 解的判断

① $\mathrm{R}(\boldsymbol{A})\neq\mathrm{R}(\boldsymbol{A},\boldsymbol{b})\Leftrightarrow\boldsymbol{A}_{m\times n}=\boldsymbol{b}$ 无解；

② $\mathrm{R}(\boldsymbol{A})=\mathrm{R}(\boldsymbol{A},\boldsymbol{b})\Leftrightarrow\boldsymbol{A}_{m\times n}=\boldsymbol{b}$ 有解；

$\mathrm{R}(\boldsymbol{A})=\mathrm{R}(\boldsymbol{A},\boldsymbol{b})<n\Leftrightarrow\boldsymbol{A}_{m\times n}=\boldsymbol{b}$ 有无穷多解；

$\mathrm{R}(\boldsymbol{A})=\mathrm{R}(\boldsymbol{A},\boldsymbol{b})=n\Leftrightarrow\boldsymbol{A}_{m\times n}=\boldsymbol{b}$ 有唯一解 .

③ $\boldsymbol{A}_{m\times n}\boldsymbol{x}=\boldsymbol{b}$ 无解 $\Leftrightarrow\mathrm{R}(\boldsymbol{A})+1=\mathrm{R}(\boldsymbol{A}+\boldsymbol{b})$（为什么）

$\Leftrightarrow\boldsymbol{b}$ 不能由 $\boldsymbol{A}$ 的列向量线性表示；

④ 若 $\boldsymbol{\eta}_1$，$\boldsymbol{\eta}_2$ 是方程组 $\boldsymbol{Ax}=\boldsymbol{b}$ 的解，则 $\boldsymbol{\eta}_1-\boldsymbol{\eta}_2$ 是 $\boldsymbol{Ax}=\boldsymbol{0}$ 的解 .

[例 1] 解方程组$\begin{cases} 2x_1-2x_2+x_3-x_4+x_5=1 \\ x_1+2x_2-x_3+x_4-2x_5=1 \\ 4x_1-10x_2+5x_3-5x_4+7x_5=1 \\ 2x_1-14x_2+7x_3-7x_4+11x_5=-1 \end{cases}$.

解：

$$(\boldsymbol{A},\boldsymbol{b})=\left(\begin{array}{ccccc:c} 2 & -2 & 1 & -1 & 1 & 1 \\ 1 & 2 & -1 & 1 & -2 & 1 \\ 4 & -10 & 5 & -5 & 7 & 1 \\ 2 & -14 & 7 & -7 & 11 & -1 \end{array}\right)$$

$$\sim\begin{pmatrix} 1 & 2 & -1 & 1 & -2 & 1 \\ 0 & -6 & 3 & -3 & 5 & -1 \\ 0 & -18 & 9 & -9 & 15 & -3 \\ 0 & -18 & 9 & -9 & 15 & -3 \end{pmatrix}$$

$$\sim\begin{pmatrix} 1 & 2 & -1 & 1 & -2 & 1 \\ 0 & 6 & -3 & 3 & -5 & 1 \\ 0 & 0 & 0 & 0 & 0 & 0 \\ 0 & 0 & 0 & 0 & 0 & 0 \end{pmatrix}$$

$$\sim\begin{pmatrix} 1 & 0 & 0 & 0 & -\frac{1}{3} & \frac{2}{3} \\ 0 & 1 & -\frac{1}{2} & \frac{1}{2} & -\frac{5}{6} & \frac{1}{6} \\ 0 & 0 & 0 & 0 & 0 & 0 \\ 0 & 0 & 0 & 0 & 0 & 0 \end{pmatrix}$$

导出对应的基础解系为：$\boldsymbol{\xi}_1=\begin{pmatrix} 0 \\ \frac{1}{2} \\ 1 \\ 0 \\ 0 \end{pmatrix}$ $\boldsymbol{\xi}_2=\begin{pmatrix} 0 \\ -\frac{1}{2} \\ 0 \\ 1 \\ 0 \end{pmatrix}$ $\boldsymbol{\xi}_3=\begin{pmatrix} \frac{1}{3} \\ \frac{5}{6} \\ 0 \\ 0 \\ 1 \end{pmatrix}$

特解 $\boldsymbol{\eta}=\begin{pmatrix} \frac{2}{3} \\ \frac{1}{6} \\ 0 \\ 0 \\ 0 \end{pmatrix}$ ∴方程组的通解为 $k_1\boldsymbol{\xi}_1+k_2\boldsymbol{\xi}_2+k_3\boldsymbol{\xi}_3+\boldsymbol{\eta}$.

[例 2] 设 $\boldsymbol{A}$ 为秩是 R 的 $m\times n$ 矩阵，非齐次线性方程组 $\boldsymbol{Ax}=\boldsymbol{b}$ 有解的充分条件是（　　）.

（A）R=m （B）$m=n$ （C）R=n （D）$m<n$

答案：（A）.

解： ∵只有系数矩阵是行满秩才能保证 $R(\boldsymbol{A})=R(\boldsymbol{A},\boldsymbol{b})$

∴$R(\boldsymbol{A})=m$.

[例 3] 设 $\boldsymbol{A}$ 是 n 阶矩阵，秩 $R(\boldsymbol{A})=n-1$.

（1）若矩阵 $\boldsymbol{A}$ 各行元素之和均为 0，则方程组 $\boldsymbol{Ax}=\boldsymbol{0}$ 的通解是多少？

（2）若行列式 $|A|$ 的代数余子式 $A_{11}\neq\boldsymbol{0}$，则方程组 $\boldsymbol{Ax}=\boldsymbol{0}$ 的通解是多少？

解：（1）∵矩阵 $\boldsymbol{A}$ 各行元素之和均为 0

$$\therefore \boldsymbol{A}\begin{pmatrix}1\\1\\\vdots\\1\end{pmatrix}=\boldsymbol{0}$$

又∵$R(\boldsymbol{A})=n-1$

∴基础解系只有 $n-R(\boldsymbol{A})=1$ 个解

$$\therefore 通解为\ k\begin{pmatrix}1\\1\\\vdots\\1\end{pmatrix}.$$

（2）∵$R(\boldsymbol{A})=n-1$

∴ $|\boldsymbol{A}|=0$

又∵$\boldsymbol{AA}^*=|\boldsymbol{A}|\boldsymbol{E}=\boldsymbol{0}$

∴$\boldsymbol{A}(A_{11},A_{12},\cdots,A_{1n})^{\mathrm{T}}=\boldsymbol{0}$

又∵$R(\boldsymbol{A})=n-1$

∴$n-R(\boldsymbol{A})=1$ 为基础解系只有一个解

∴$\boldsymbol{Ax}=\boldsymbol{0}$ 的通解为 $k(A_{11},A_{12},\cdots,A_{1n})^{\mathrm{T}}$.

[例 4] λ 取何值时，非齐次线性方程组 $\begin{cases}\lambda x_1+x_2+x_3=1\\x_1+\lambda x_2+x_3=\lambda\\x_1+x_2+\lambda x_3=\lambda^2\end{cases}$（1）有唯一解；（2）无解；（3）有无穷多解，并求其通解.

解：

$$(\boldsymbol{A},\boldsymbol{b})=\begin{pmatrix}\lambda&1&1&1\\1&\lambda&1&\lambda\\1&1&\lambda&\lambda^2\end{pmatrix}\overset{r_1\leftrightarrow r_3}{\sim}\begin{pmatrix}1&1&\lambda&\lambda^2\\1&\lambda&1&\lambda\\\lambda&1&1&1\end{pmatrix}$$

$$\sim\begin{pmatrix}1&1&\lambda&\lambda^2\\0&\lambda-1&1-\lambda&\lambda-\lambda^2\\0&1-\lambda&1-\lambda^2&1-\lambda^3\end{pmatrix}\sim\begin{pmatrix}1&1&\lambda&\lambda^2\\0&\lambda-1&1-\lambda&\lambda(1-\lambda)\\0&0&(\lambda+2)(1-\lambda)&(1-\lambda)(\lambda+1)^2\end{pmatrix}$$

当 $\lambda\neq-2$，$\lambda\neq1$ 时，$R(\boldsymbol{A})=3=R(\boldsymbol{A},\boldsymbol{b})$，方程组有唯一解；

当 $\lambda=-2$ 时，$R(\boldsymbol{A})=2\neq R(\boldsymbol{A},\boldsymbol{b})=3$，方程组有无解；

当 $\lambda=1$ 时，$R(\boldsymbol{A})=R(\boldsymbol{A},\boldsymbol{b})=1$，方程组有无穷解.

$$(\boldsymbol{A}, \boldsymbol{b})=\begin{pmatrix}1&1&1&1\\0&0&0&0\\0&0&0&0\end{pmatrix}$$

$x_1=-x_2-x_3+1$

故通解为 $\begin{pmatrix}x_1\\x_2\\x_3\end{pmatrix}=k_1\begin{pmatrix}-1\\1\\0\end{pmatrix}+k_2\begin{pmatrix}-1\\0\\1\end{pmatrix}+\begin{pmatrix}1\\0\\0\end{pmatrix}\qquad(k_1, k_2\in\boldsymbol{R})$.

11.4 线性方程组的公共解和同解

11.4.1 两个方程组的公共解

如果 α 既是方程组Ⅰ的解，又是方程组Ⅱ的解，则称 α 是方程组Ⅰ和Ⅱ的公共解.

(方程组Ⅰ和Ⅱ联立，新的方程组的解即为公共解，公共解是用来求的或者说是用来计算的.)

[例 5] 设有两个 4 元齐次线性方程组

$$\text{Ⅰ}\begin{cases}x_1+x_2=0\\x_2-x_4=0\end{cases}\text{Ⅱ}\begin{cases}x_1-x_2+x_3=0\\x_2-x_3+x_4=0\end{cases}$$

(1) 求线性方程组Ⅰ的基础解系；

(2) 试问方程组Ⅰ与Ⅱ是否有非零公共解？若有，则求出所有非零公共解；若没有，则说明理由.

解：(1) 方程组Ⅰ的系数矩阵的秩 $R(\boldsymbol{A})=2$，$n-R(\boldsymbol{A})=4-2=2$

∴Ⅰ的基础解系：$\boldsymbol{\xi}_1=\begin{pmatrix}0\\0\\1\\0\end{pmatrix}\boldsymbol{\xi}_2=\begin{pmatrix}-1\\1\\0\\1\end{pmatrix}$.

(2) 方法 1：(首选)

方程式联立，把Ⅰ和Ⅱ联立起来直接求解

$$\boldsymbol{A}=\begin{pmatrix}1&1&0&0\\0&1&0&-1\\1&-1&1&0\\0&1&-1&1\end{pmatrix}\sim\begin{pmatrix}1&1&0&0\\0&1&0&-1\\0&-2&1&0\\0&0&-1&2\end{pmatrix}\sim\begin{pmatrix}1&1&0&0\\0&1&0&-1\\0&0&1&-2\\0&0&0&0\end{pmatrix}$$

由于 $n-R(\boldsymbol{A})=1$，基础解系是 $\begin{pmatrix}-1\\1\\2\\1\end{pmatrix}$，

从而有Ⅰ，Ⅱ的公共解：$\begin{pmatrix} x_1 \\ x_2 \\ x_3 \\ x_4 \end{pmatrix}=k\begin{pmatrix} -1 \\ 1 \\ 2 \\ 1 \end{pmatrix} k\in \boldsymbol{R}$.

方法 2：(代定通解法)

通过计算Ⅰ与Ⅱ各自的通解，寻找公共解，为此，先求Ⅱ的基础解系

$$\boldsymbol{y}_1=\begin{pmatrix} 0 \\ 1 \\ 1 \\ 0 \end{pmatrix}, \boldsymbol{y}_2=\begin{pmatrix} -1 \\ -1 \\ 0 \\ 1 \end{pmatrix}$$

那么 $k_1\boldsymbol{\xi}_1+k_2\boldsymbol{\xi}_2$，$l_1\boldsymbol{y}_1+l_2\boldsymbol{y}_2$ 分别是Ⅰ，Ⅱ的通解，令其相等，即有

$$k_1\begin{pmatrix} 0 \\ 0 \\ 1 \\ 0 \end{pmatrix}+k_2\begin{pmatrix} -1 \\ 1 \\ 0 \\ 1 \end{pmatrix}=l_1\begin{pmatrix} 0 \\ 1 \\ 1 \\ 0 \end{pmatrix}+l_2\begin{pmatrix} -1 \\ -1 \\ 0 \\ 1 \end{pmatrix}$$

由此得 $\begin{pmatrix} -k_2 \\ k_2 \\ k_1 \\ k_2 \end{pmatrix}=\begin{pmatrix} -l_2 \\ l_1-l_2 \\ l_1 \\ l_2 \end{pmatrix}$，比较两个向量的对应分量得 $k_1=l_1=2k_2=2l_2$

所以公共解是： $2k_2\begin{pmatrix} 0 \\ 0 \\ 1 \\ 0 \end{pmatrix}+k_2\begin{pmatrix} -1 \\ 1 \\ 0 \\ 1 \end{pmatrix}=k_2\begin{pmatrix} -1 \\ 1 \\ 2 \\ 1 \end{pmatrix}$.

方法 3：

把方程组Ⅰ的通解代入方程组Ⅱ中，如仍是解，寻找 k_1，k_2 所应满足的关系式而求出公共解.

如果 $k_1\boldsymbol{\xi}_1+k_2\boldsymbol{\xi}_2=\begin{pmatrix} -k_2 \\ k_2 \\ k_1 \\ k_2 \end{pmatrix}$ 是Ⅱ的解，那么应满足Ⅱ的方程，故

$$\begin{cases} -k_2-k_2+k_1=0 \\ k_2-k_1+k_2=0 \end{cases}$$ 解出：$k_1=2k_2$，下略.

[例 6] 设 $\boldsymbol{A}$ 与 $\boldsymbol{B}$ 均是 n 阶矩阵，且 $\mathrm{R}(\boldsymbol{A})+\mathrm{R}(\boldsymbol{B})<n$，证明方程组 $\boldsymbol{Ax}=\boldsymbol{0}$ 与 $\boldsymbol{Bx}=\boldsymbol{0}$ 有非零公共解.

证明：构造齐次线性方程组 $\begin{cases} \boldsymbol{Ax}=\boldsymbol{0} \\ \boldsymbol{Bx}=\boldsymbol{0} \end{cases}$

$$\mathrm{R}\begin{pmatrix} \boldsymbol{A} \\ \boldsymbol{B} \end{pmatrix}\leqslant \mathrm{R}(\boldsymbol{A})+\mathrm{R}(\boldsymbol{B})<n$$

∴有非零解．

即 $\boldsymbol{Ax}=\boldsymbol{0}$ 与 $\boldsymbol{Bx}=\boldsymbol{0}$ 有非零公共解．

11.4.2 两个方程组的同解

如果方程组Ⅰ的每个解都是方程组Ⅱ的解，而且方程组Ⅱ的每个解也都是方程组Ⅰ的解，则方程组Ⅰ和Ⅱ同解．（同解是用来判断的）

关于方程组同解的结论：

① 方程组 $\boldsymbol{Ax}=\boldsymbol{0}$ 与 $\boldsymbol{Bx}=\boldsymbol{0}$ 同解 $\Rightarrow \mathrm{R}(\boldsymbol{A})=\mathrm{R}(\boldsymbol{B})$；

② 方程组 $\boldsymbol{Ax}=\boldsymbol{0}$ 与 $\boldsymbol{Bx}=\boldsymbol{0}$ 同解 $\Leftrightarrow \mathrm{R}(\boldsymbol{A})=\mathrm{R}(\boldsymbol{B})=\mathrm{R}\begin{pmatrix}\boldsymbol{A}\\ \boldsymbol{B}\end{pmatrix}$.

[例 7] 设有齐次线性方程组 $\boldsymbol{Ax}=\boldsymbol{0}$ 与 $\boldsymbol{Bx}=\boldsymbol{0}$，其中 $\boldsymbol{A}$，$\boldsymbol{B}$ 均为 $m\times n$ 矩阵，现有 4 个命题：

(1) 若 $\boldsymbol{Ax}=\boldsymbol{0}$ 的解均是 $\boldsymbol{Bx}=\boldsymbol{0}$ 的解，则 $\mathrm{R}(\boldsymbol{A})\geqslant\mathrm{R}(\boldsymbol{B})$；

(2) 若 $\mathrm{R}(\boldsymbol{A})\geqslant\mathrm{R}(\boldsymbol{B})$，则 $\boldsymbol{AX}=\boldsymbol{0}$ 的解均是 $\boldsymbol{Bx}=\boldsymbol{0}$ 的解；

(3) 若 $\boldsymbol{Ax}=\boldsymbol{0}$ 与 $\boldsymbol{Bx}=\boldsymbol{0}$ 同解，则 $\mathrm{R}(\boldsymbol{A})=\mathrm{R}(\boldsymbol{B})$；

(4) 若 $\mathrm{R}(\boldsymbol{A})=\mathrm{R}(\boldsymbol{B})$，则 $\boldsymbol{Ax}=0$ 与 $\boldsymbol{Bx}=0$ 同解．

以上命题中正确的是（　　）．

(A) (1) (2)　　(B) (1) (3)　　(C) (2) (4)　　(D) (3) (4)

答案：(B)．

解：$\boldsymbol{Ax}=\boldsymbol{0}$ 的解都是 $\boldsymbol{Bx}=\boldsymbol{0}$ 的解

$\Rightarrow \boldsymbol{Ax}=\boldsymbol{0}$ 的基础解系可由 $\boldsymbol{B}$ 的基础解系表示

$\Rightarrow n-\mathrm{R}(\boldsymbol{A})\leqslant n-\mathrm{R}(\boldsymbol{B})$

$\Rightarrow \mathrm{R}(\boldsymbol{A})\geqslant\mathrm{R}(\boldsymbol{B})$.

[例 8] 已知齐次方程组

$$\text{Ⅰ}\begin{cases}x_1+2x_2+3x_3=0\\ 2x_1+3x_2+5x_3=0\\ x_1+x_2+ax_3=0\end{cases}\text{和Ⅱ}\begin{cases}x_1+bx_2+cx_3=0\\ 2x_1+b^2x_2+(c+1)x_3=0\end{cases}$$

同解，求 a，b，c 的值．

解：利用 $\mathrm{R}(\boldsymbol{A})=\mathrm{R}(\boldsymbol{B})=\mathrm{R}\begin{pmatrix}\boldsymbol{A}\\ \boldsymbol{B}\end{pmatrix}$

因为方程组Ⅱ中方程的个数小于未知量的个数，故方程组Ⅱ必有无穷多解，那么由Ⅰ与Ⅱ同解，知方程组Ⅰ必有无穷多解，于是

$$|\boldsymbol{A}|=\begin{vmatrix}1&2&3\\ 2&3&5\\ 1&1&a\end{vmatrix}=2-a=0\text{，从而 } a=2$$

此时方程组Ⅰ的系数矩阵可化为

$$\boldsymbol{A}=\begin{pmatrix}1&2&3\\ 2&3&5\\ 1&1&2\end{pmatrix}\sim\begin{pmatrix}1&0&1\\ 0&1&1\\ 0&0&0\end{pmatrix}$$

故 $k\begin{pmatrix}-1\\-1\\1\end{pmatrix}$ 是Ⅰ的通解，把 $x_1=-k, x_2=-k, x_3=k$ 代入方程组Ⅱ有

$$\begin{cases}(-1-b+c)k=0\\(-2-b^2+c+1)k=0\end{cases}$$

那么 $b^2-b=0$，可得 $b=1$，$c=2$ 或 $b=0$，$c=1$.

当 $b=1$，$c=2$，对方程组Ⅱ的系数矩阵 $\boldsymbol{B}$ 作初等行变换，有

$$\boldsymbol{B}=\begin{pmatrix}1&1&2\\2&1&3\end{pmatrix}\sim\begin{pmatrix}1&0&1\\0&1&1\end{pmatrix}$$

故方程组Ⅰ与Ⅱ同解.

当 $b=0$，$c=1$ 时，$\boldsymbol{B}=\begin{pmatrix}1&0&1\\2&0&2\end{pmatrix}\sim\begin{pmatrix}1&0&1\\0&0&0\end{pmatrix}$

故方程组Ⅰ与Ⅱ不同解.

综上所述，当 $a=2, b=1, c=2$ 时，方程组Ⅰ与Ⅱ同解.

11.5 克拉默法则

非齐次线性方程组 $\begin{cases}a_{11}x_1+a_{12}x_2+\cdots+a_{1n}x_n=b_1\\a_{21}x_1+a_{22}x_2+\cdots+a_{2n}x_n=b_2\\\qquad\vdots\\a_{n1}x_1+a_{n2}x_2+\cdots+a_{nn}x_n=b_n\end{cases}$，如果系数行列式 $D=|\boldsymbol{A}|\neq0$，则有唯一解 $x_1=\dfrac{D_1}{D}$，$x_2=\dfrac{D_2}{D}$，…，$x_n=\dfrac{D_n}{D}$.

其中 $D_i=\begin{vmatrix}a_{11}&\cdots&a_{1i-1}&b_1&a_{1i+1}&\cdots&a_{1n}\\a_{21}&\cdots&a_{2i-1}&b_2&a_{2i+1}&\cdots&a_{2n}\\\vdots&\cdots&\vdots&\vdots&\vdots&\cdots&\vdots\\a_{n1}&\cdots&a_{ni-1}&b_n&a_{ni+1}&\cdots&a_{nm}\end{vmatrix}$ $(i=1,2,\cdots,n)$

注：① 使用克拉默法则的条件：

a. n 个方程 n 个未知数；

b. 系数矩阵的行列式不等于零.

② 使用克拉默法则的缺点：运算量大，需要计算 D，D_1，$D_2\cdots$

③ 能用克拉默法则求解的非齐次线性方程组只有唯一解.

[例 9] 设 $\boldsymbol{A}=\begin{pmatrix}1&1&1&\cdots&1\\a_1&a_2&a_3&\cdots&a_n\\a_1^2&a_2^2&a_3^2&\cdots&a_n^2\\\vdots&\vdots&\vdots&\ddots&\vdots\\a_1^{n-1}&a_2^{n-1}&a_3^{n-1}&\cdots&a_n^{n-1}\end{pmatrix}$，$x=\begin{pmatrix}x_1\\x_2\\x_3\\\vdots\\x_n\end{pmatrix}$，$b=\begin{pmatrix}1\\1\\1\\\vdots\\1\end{pmatrix}$，其中 $a_i\neq a_j$ (i

$\neq j;i,j=1,2,\cdots,n$)，则线性方程组 $\boldsymbol{A}^{\mathrm{T}}\boldsymbol{x}=\boldsymbol{b}$ 的解是________.

（提示：应用范德蒙行列式和克拉默法则得唯一解为 $\boldsymbol{x}=(1,0,0,\cdots,0)^{\mathrm{T}}$.）

[例 10] 设 n 元线性方程组 $\boldsymbol{Ax}=\boldsymbol{b}$，其中 $\boldsymbol{A}=\begin{pmatrix} 2a & 1 & & & & \\ a^2 & 2a & 1 & & & \\ & a^2 & 2a & 1 & & \\ & & \ddots & \ddots & \ddots & \\ & & & a^2 & 2a & 1 \\ & & & & a^2 & 2a \end{pmatrix}$，$\boldsymbol{b}=\begin{pmatrix} 1 \\ 0 \\ 0 \\ 0 \\ \vdots \\ 0 \end{pmatrix}$

(1) 证明 $|\boldsymbol{A}|=(n+1)a^n$；(2) 当 a 为何值时，该方程组有唯一解，并求 x_1.

解： (1) $D=|\boldsymbol{A}|=\begin{vmatrix} 2a & 1 & & & & \\ a^2 & 2a & 1 & & & \\ & a^2 & 2a & 1 & & \\ & & \ddots & \ddots & \ddots & \\ & & & a^2 & 2a & 1 \\ & & & & a^2 & 2a \end{vmatrix}=\begin{vmatrix} 2a & 1 & & & & \\ 0 & 3a/2 & 1 & & & \\ & a^2 & 2a & 1 & & \\ & & \ddots & \ddots & \ddots & \\ & & & a^2 & 2a & 1 \\ & & & & a^2 & 2a \end{vmatrix}=$

$$\begin{vmatrix} 2a & 1 & & & & \\ 0 & 3a/2 & 1 & & & \\ & 0 & 4a/3 & 1 & & \\ & & \ddots & \ddots & \ddots & \\ & & & 0 & na/(n-1) & 1 \\ & & & & 0 & (n+1)a/n \end{vmatrix}=(n+1)a^n.$$

(2) 当 $|\boldsymbol{A}|\neq 0$，即 $a\neq 0$ 时，$\boldsymbol{Ax}=\boldsymbol{b}$ 有唯一解，由克拉默法则可得

$$D_1=\begin{vmatrix} 1 & 1 & & & & \\ 0 & 2a & 1 & & & \\ & a^2 & 2a & 1 & & \\ & & \ddots & \ddots & \ddots & \\ & & & a^2 & 2a & 1 \\ & & & & a^2 & 2a \end{vmatrix}=na^{n-1},\text{则 } x_1=\frac{D_1}{D}=\frac{na^{n-1}}{(n+1)a^n}=\frac{n}{(n+1)a}.$$

第12讲 向量组的线性相关性

12.1 向量的线性组合、线性表示

12.1.1 线性组合及线性表示

(1) 线性组合

给定向量组 A：$\boldsymbol{\alpha}_1,\boldsymbol{\alpha}_2,\cdots,\boldsymbol{\alpha}_m$，对于任何一组实数 $k_1,\cdots,k_m$，表达式 $k_1\alpha_1+k_2\alpha_2+\cdots+k_m\alpha_m$ 称为向量组 A 的一个线性组合，$k_1,\cdots,k_m$ 称为这个线性组合的系数．

(2) 线性表示

给定向量组 A：$\boldsymbol{\alpha}_1,\boldsymbol{\alpha}_2,\cdots,\boldsymbol{\alpha}_m$，和向量 $\boldsymbol{b}$，若有数组 $k_1,\cdots,k_m$ 使得 $\boldsymbol{b}=k_1\boldsymbol{\alpha}_1+k_2\boldsymbol{\alpha}_2+\cdots+k_m\boldsymbol{\alpha}_m$，称 $\boldsymbol{b}$ 为 $\boldsymbol{\alpha}_1,\boldsymbol{\alpha}_2,\cdots,\boldsymbol{\alpha}_m$ 的线性组合，或 $\boldsymbol{b}$ 可由 $\boldsymbol{\alpha}_1,\boldsymbol{\alpha}_2,\cdots,\boldsymbol{\alpha}_m$ 线性表示．

注：线性表示的表示法不唯一．

例如 $\boldsymbol{\alpha}_1=(1,0)^{\mathrm{T}},\boldsymbol{\alpha}_2=(2,1)^{\mathrm{T}},\boldsymbol{\alpha}_3=(1,-1)^{\mathrm{T}},\boldsymbol{\beta}=(3,2)^{\mathrm{T}}$，则

$$\boldsymbol{\beta}=-\boldsymbol{\alpha}_1+2\boldsymbol{\alpha}_2+0\boldsymbol{\alpha}_3=2\boldsymbol{\alpha}_1+\boldsymbol{\alpha}_2-\boldsymbol{\alpha}_3=5\boldsymbol{\alpha}_1+0\boldsymbol{\alpha}_2-2\boldsymbol{\alpha}_3=\cdots$$

(3) 等价向量组 [强化记忆 $\mathrm{R}(\boldsymbol{A})=\mathrm{R}(\boldsymbol{B})=\mathrm{R}(\boldsymbol{A},\boldsymbol{B})$]

若向量组 T_1 和 T_2 可以互相线性表示，称 T_1 与 T_2 等价．

等价向量组的性质：

① 自反性：T_1 与 T_1 等价；

② 对称性：T_1 与 T_2 等价$\Rightarrow T_2$ 与 T_1 等价；

③ 传递性：T_1 与 T_2 等价，T_2 与 T_3 等价$\Rightarrow T_1$ 与 T_3 等价．

12.1.2 线性相关与线性无关

(1) 线性相关

对 n 维向量组 $\boldsymbol{\alpha}_1,\boldsymbol{\alpha}_2,\cdots,\boldsymbol{\alpha}_m$，若有数组 $k_1,k_2,\cdots,k_m$ 不全为零，使得 $k_1\boldsymbol{\alpha}_1,\cdots,k_m\boldsymbol{\alpha}_m=0$，称向量组 $\boldsymbol{\alpha}_1,\boldsymbol{\alpha}_2,\cdots,\boldsymbol{\alpha}_m$ 线性相关．

(2) 线性无关

对 n 维向量组 $\boldsymbol{\alpha}_1,\boldsymbol{\alpha}_2,\cdots,\boldsymbol{\alpha}_m$，要使 $k_1\boldsymbol{\alpha}_1+k_2\boldsymbol{\alpha}_2+\cdots+k_m\boldsymbol{\alpha}_m=0$ 只有 $k_1=k_2=\cdots=k_m=0$，则称 $\boldsymbol{\alpha}_1,\cdots,\boldsymbol{\alpha}_m$ 线性无关．

[例 1] 判断 $\boldsymbol{\alpha}_1=(1,0,2,a)^{\mathrm{T}},\boldsymbol{\alpha}_2=(1,1,2,1)^{\mathrm{T}},\boldsymbol{\alpha}_3=(1,-1,a,1)^{\mathrm{T}},\boldsymbol{\alpha}_4=(1,2,4,a)^{\mathrm{T}}$ 的线性相关性.

解：判断 $k_1\boldsymbol{\alpha}_1+k_2\boldsymbol{\alpha}_2+k_3\boldsymbol{\alpha}_3+k_4\boldsymbol{\alpha}_4=0$ 成立时，k_1，k_2，k_3，k_4 的情况，即 $\boldsymbol{Ax}=\boldsymbol{0}$ 解的情况.

$$\boldsymbol{A}=\begin{pmatrix}1&1&1&1\\0&1&-1&2\\2&2&a&4\\a&1&1&a\end{pmatrix}\sim\begin{pmatrix}1&1&1&1\\0&1&-1&2\\0&0&1&-a-1\\0&0&0&a^2-a\end{pmatrix}$$

当 $a=0$ 或 $a=1$ 时 $\mathrm{R}(\boldsymbol{A})=3<4$ 有非零解，向量组线性相关.

当 $a\neq0$ 且 $a\neq1$ 时 $\mathrm{R}(\boldsymbol{A})=4$，只有零解，向量组线性无关.

12.1.3 线性相关与线性表示的关系

① 如果 $\boldsymbol{\alpha}_1,\boldsymbol{\alpha}_2,\cdots\boldsymbol{\alpha}_s$ 线性相关，则其中必有一个向量可用其余的向量线性表示；反之，若有一个向量可用其余的 $s-1$ 个向量线性表示，则这 s 个向量必线性相关.

② 向量 $\boldsymbol{\beta}$ 可由向量组 $\boldsymbol{\alpha}_1,\boldsymbol{\alpha}_2,\cdots\boldsymbol{\alpha}_s$ 线性表示

$\Leftrightarrow$非齐次方程组 $\boldsymbol{\alpha}_1,\boldsymbol{\alpha}_2,\cdots\boldsymbol{\alpha}_s\begin{pmatrix}x_1\\x_2\\\vdots\\x_s\end{pmatrix}=\boldsymbol{\beta}$ 有解

$\Leftrightarrow$秩 $\mathrm{R}(\boldsymbol{\alpha}_1,\boldsymbol{\alpha}_2,\cdots,\boldsymbol{\alpha}_s)=\mathrm{R}(\boldsymbol{\alpha}_1,\boldsymbol{\alpha}_2,\cdots,\boldsymbol{\alpha}_s,\boldsymbol{\beta})$.

③ 如果 $\boldsymbol{\alpha}_1,\boldsymbol{\alpha}_2,\cdots,\boldsymbol{\alpha}_s$ 线性无关，$\boldsymbol{\alpha}_1,\boldsymbol{\alpha}_2,\cdots,\boldsymbol{\alpha}_s,\boldsymbol{\beta}$ 线性相关，则 $\boldsymbol{\beta}$ 可由 $\boldsymbol{\alpha}_1,\boldsymbol{\alpha}_2,\cdots,\boldsymbol{\alpha}_s$ 线性表示，且表示法唯一.

④ 如果向量组 $\boldsymbol{\beta}_1,\boldsymbol{\beta}_2,\cdots,\boldsymbol{\beta}_s$ 可由 $\boldsymbol{\alpha}_1,\boldsymbol{\alpha}_2,\cdots,\boldsymbol{\alpha}_t$ 线性表示，而且 $s>t$，那么 $\boldsymbol{\beta}_1,\boldsymbol{\beta}_2,\cdots,\boldsymbol{\beta}_s$ 线性相关.

即如果向量个数多的向量组可以用向量个数少的向量组线性表示，那么向量个数多的向量一定线性相关.

⑤ 如 $\boldsymbol{\beta}_1,\boldsymbol{\beta}_2,\cdots,\boldsymbol{\beta}_s$ 线性无关，且它由 $\boldsymbol{\alpha}_1,\boldsymbol{\alpha}_2,\cdots,\boldsymbol{\alpha}_t$ 线性表出，则 $s\leqslant t$.

12.2 线性相关与线性无关的判定

12.2.1 线性相关的判定

(1) n 维向量组 $\boldsymbol{\alpha}_1,\boldsymbol{\alpha}_2,\cdots,\boldsymbol{\alpha}_s$ 线性相关的充分必要条件

① 存在不全为 0 的数 $k_1,k_2,\cdots,k_s$，使得 $k_1\boldsymbol{\alpha}_1+k_2\boldsymbol{\alpha}_2+\cdots+k_s\boldsymbol{\alpha}_s=\boldsymbol{0}$（定义法）；

② 线性齐次方程组$(\boldsymbol{\alpha}_1,\boldsymbol{\alpha}_2,\cdots,\boldsymbol{\alpha}_s)\begin{pmatrix}x_1\\x_2\\\vdots\\x_s\end{pmatrix}=\boldsymbol{0}$，有非零解；

③ 向量组的秩 $R(\boldsymbol{\alpha}_1,\boldsymbol{\alpha}_2,\cdots,\boldsymbol{\alpha}_s)<s$（向量的个数）；

④ 存在某向量 $\boldsymbol{\alpha}_i$ 可由其余 $s-1$ 个向量线性表示；

⑤ n 个 n 维向量线性相关⇔ $|\boldsymbol{\alpha}_1,\boldsymbol{\alpha}_2,\cdots,\boldsymbol{\alpha}_s|=0$.

(2) n 维向量组 $\boldsymbol{\alpha}_1,\boldsymbol{\alpha}_2,\cdots,\boldsymbol{\alpha}_s$ 线性相关的充分条件

① 向量组有零向量或有坐标成比例的向量；

② 向量个数 $s>n$（个数大于维数）；

③ 向量组中有一部分线性相关；

④ $\boldsymbol{\alpha}_1,\boldsymbol{\alpha}_2,\cdots,\boldsymbol{\alpha}_s$ 的延伸组线性相关（延伸组是指增加向量组中的向量维数）.

12.2.2 线性无关的判定

(1) n 维向量组 $\boldsymbol{\alpha}_1,\boldsymbol{\alpha}_2,\cdots,\boldsymbol{\alpha}_s$ 线性无关的充要条件

①只存在全为零的数 $k_1,k_2,\cdots,k_s$，使得 $k_1\boldsymbol{\alpha}_1+k_2\boldsymbol{\alpha}_2+\cdots+k_s\boldsymbol{\alpha}_s=\mathbf{0}$（定义法）；

② 线性齐次方程组 $(\boldsymbol{\alpha}_1,\boldsymbol{\alpha}_2,\cdots,\boldsymbol{\alpha}_s)\begin{pmatrix}x_1\\x_2\\\vdots\\x_s\end{pmatrix}=\mathbf{0}$，只有零解；

③ 向量组的秩 $R(\boldsymbol{\alpha}_1,\boldsymbol{\alpha}_2,\cdots,\boldsymbol{\alpha}_s)=s$（向量的个数）；

④ 每一个向量 $\boldsymbol{\alpha}_i(i=1,2,\cdots,s)$ 都不能由其余 $s-1$ 个向量线性表示；

⑤ n 个 n 维向量线性无关⇔ $|\boldsymbol{\alpha}_1,\boldsymbol{\alpha}_2,\cdots,\boldsymbol{\alpha}_s|\neq 0$.

(2) 有关向量组线性无关的其他结论

① 如果 $\boldsymbol{\alpha}_1,\boldsymbol{\alpha}_2,\cdots,\boldsymbol{\alpha}_s$ 线性无关，那么它的任一部分组都线性无关（部分组是指减少向量的个数）；

② 如果 $\boldsymbol{\alpha}_1,\boldsymbol{\alpha}_2,\cdots,\boldsymbol{\alpha}_s$ 线性无关，则其延伸组亦线性无关.

(3) 向量组的等价性

① 任一向量组和它的极大无关组等价；

② 向量组的任意两个极大无关组等价；

③ 两个等价的线性无关的向量组所含向量的个数相同；

④ 向量组 $\boldsymbol{\alpha}_1,\boldsymbol{\alpha}_2,\cdots\boldsymbol{\alpha}_s$ 的任意两个极大线性无关组所含向量的个数相等；

⑤ $R(\boldsymbol{A})=R(\boldsymbol{B})=R(\boldsymbol{A},\boldsymbol{B})$.

12.2.3 向量组的秩与极大无关组

(1) 向量组的秩与极大无关组的概念

设向量组为 T，若①在 T 中有 r 个向量 $\boldsymbol{\alpha}_1$，$\boldsymbol{\alpha}_2$，…，$\boldsymbol{\alpha}_r$ 线性无关；

②在 T 中任意 $r+1$ 个向量线性相关（如果有 r+1 个向量的话）；

称 $\boldsymbol{\alpha}_1,\boldsymbol{\alpha}_2,\cdots,\boldsymbol{\alpha}_r$ 为向量组中的一个极大线性无关组，称 r 为向量组的秩，记作 $R(T)=r$.

注：① 向量组中的向量都是零向量时，其秩为 0；

② 秩 $R(T)=r$ 时，T 中任意 r 个线性无关的向量都是 T 的一个极大无关组；

③ 极大无关组不唯一．

（2）向量组的秩与矩阵的秩的关系

① $R(\boldsymbol{A})=\boldsymbol{A}$ 的行秩（矩阵 $\boldsymbol{A}$ 的行向量组的秩）$=\boldsymbol{A}$ 的列秩．

② 经初等变换，矩阵和向量组的秩均不变．

③ 若向量组Ⅰ可由向量组Ⅱ线性表出，则 $R(\text{Ⅰ})\leqslant R(\text{Ⅱ})$，特别地，等价的向量组有相同的秩．

注：秩相同的向量组不一定等价如 $\boldsymbol{\alpha}_1=\begin{pmatrix}1\\0\end{pmatrix}$，$\boldsymbol{\alpha}_2=\begin{pmatrix}2\\0\end{pmatrix}$与$\boldsymbol{\beta}_1=\begin{pmatrix}0\\1\end{pmatrix}$，$\boldsymbol{\beta}_2=\begin{pmatrix}0\\2\end{pmatrix}$.

$$R(\boldsymbol{A})=R(\boldsymbol{B})=R(\boldsymbol{A},\boldsymbol{B}).$$

④ 若向量组Ⅰ、可由向量组Ⅱ线性表示，且 $R(\text{Ⅰ})=R(\text{Ⅱ})$，则Ⅰ与Ⅱ等价．

[例 2] 下列向量组中线性无关的是（　　）．

(A) $(1,2,3,4)^T$，$(2,3,4,5)^T$，$(0,0,0,0)^T$

(B) $(1,2,-1)^T$，$(3,5,6)^T$，$(0,7,9)^T$，$(1,0,2)^T$

(C) $(a,1,2,3)^T$，$(b,1,2,3)^T$，$(c,3,4,5)^T$，$(d,0,0,0)^T$

(D) $(a,1,b,0,0)^T$，$(c,0,d,6,0)^T$，$(a,0,c,5,6)^T$

答案：(D)．

解：(A) 中含有零向量，(B) 向量的个数大于维数，(C) 向量 1 可由向量 3、4 表示．

[例 3] 设 $\boldsymbol{A}$ 是 $m\times n$ 矩阵，$\boldsymbol{B}$ 是 $n\times m$ 矩阵，且满足 $\boldsymbol{AB}=\boldsymbol{E}$，则（　　）．

(A) $\boldsymbol{A}$ 的列向量组线性无关，$\boldsymbol{B}$ 的行向量组线性无关

(B) $\boldsymbol{A}$ 的列向量组线性无关，$\boldsymbol{B}$ 的列向量组线性无关

(C) $\boldsymbol{A}$ 的行向量组线性无关，$\boldsymbol{B}$ 的列向量组线性无关

(D) $\boldsymbol{A}$ 的行向量组线性无关，$\boldsymbol{B}$ 的行向量组线性无关

答案：(C)．

解：$\because \boldsymbol{AB}=\boldsymbol{E}$

$\therefore R(\boldsymbol{AB})=m\leqslant \min(R(\boldsymbol{A}),R(\boldsymbol{B}))$

$\therefore R(\boldsymbol{A})=m$，$R(\boldsymbol{B})=m$

$\therefore \boldsymbol{A}$ 的行向量组线性无关，$\boldsymbol{B}$ 的列向量组线性无关．

[例 4] 设 n 维向量组 $\boldsymbol{\alpha}_1,\boldsymbol{\alpha}_2,\cdots,\boldsymbol{\alpha}_m(m<n)$线性无关，则 n 维向量组 $\boldsymbol{\beta}_1,\boldsymbol{\beta}_2,\cdots,\boldsymbol{\beta}_m$ 线性无关的充分必要条件是（　　）．

(A) 向量组 $\boldsymbol{\alpha}_1,\boldsymbol{\alpha}_2,\cdots,\boldsymbol{\alpha}_m$ 可由向量组 $\boldsymbol{\beta}_1,\boldsymbol{\beta}_2,\cdots,\boldsymbol{\beta}_m$ 线性表示

(B) 向量组 $\boldsymbol{\beta}_1,\boldsymbol{\beta}_2,\cdots,\boldsymbol{\beta}_m$ 可由向量组 $\boldsymbol{\alpha}_1,\boldsymbol{\alpha}_2,\cdots,\boldsymbol{\alpha}_m$ 线性表示

(C) 向量组 $\boldsymbol{\alpha}_1,\boldsymbol{\alpha}_2,\cdots,\boldsymbol{\alpha}_m$ 与向量组 $\boldsymbol{\beta}_1,\boldsymbol{\beta}_2,\cdots,\boldsymbol{\beta}_m$ 等价

(D) 矩阵 $\boldsymbol{A}=(\boldsymbol{\alpha}_1,\boldsymbol{\alpha}_2,\cdots,\boldsymbol{\alpha}_m)$与矩阵 $\boldsymbol{B}=(\boldsymbol{\beta}_1,\boldsymbol{\beta}_2,\cdots,\boldsymbol{\beta}_m)$等价

答案：(D)．

解：记向量组 $\boldsymbol{\alpha}_1,\boldsymbol{\alpha}_2,\cdots\boldsymbol{\alpha}_m$ 为Ⅰ，向量组 $\boldsymbol{\beta}_1,\boldsymbol{\beta}_2,\cdots,\boldsymbol{\beta}_m$ 为Ⅱ，那么Ⅱ线性无关$\Leftrightarrow R(\text{Ⅱ})=m$.

选项 (A) 中若Ⅰ可由Ⅱ线性表示，则 $R(\text{Ⅰ})\leqslant R(\text{Ⅱ})$，又因为向量组Ⅰ线性无关，有 $m=R(\text{Ⅰ})\leqslant R(\text{Ⅱ})\leqslant m$.

从而，秩 $R(\text{Ⅱ})=m$ 即 $\boldsymbol{\beta}_1,\boldsymbol{\beta}_2,\cdots,\boldsymbol{\beta}_m$ 线性无关，充分性成立．

设 $\boldsymbol{\alpha}_1=\begin{pmatrix}1\\0\\0\end{pmatrix}\boldsymbol{\alpha}_2=\begin{pmatrix}0\\1\\0\end{pmatrix}\boldsymbol{\beta}_1=\begin{pmatrix}1\\0\\0\end{pmatrix}\boldsymbol{\beta}_2=\begin{pmatrix}0\\0\\1\end{pmatrix}$

则 $\boldsymbol{\alpha}_1,\boldsymbol{\alpha}_2$ 与 $\boldsymbol{\beta}_1,\boldsymbol{\beta}_2$ 均线性无关，但 $\boldsymbol{\alpha}_1,\boldsymbol{\alpha}_2$ 不能由 $\boldsymbol{\beta}_1,\boldsymbol{\beta}_2$ 线性表示，故（A）不是必要条件，仅是充分条件．

选项（B）中若Ⅱ可由Ⅰ线性表示则 $R(\text{Ⅱ})\leqslant R(\text{Ⅰ})=m$.

即有 $R(\boldsymbol{\beta}_1,\cdots,\boldsymbol{\beta}_m)\leqslant m$.

所以 $\boldsymbol{\beta}_1,\boldsymbol{\beta}_2,\cdots,\boldsymbol{\beta}_m$ 线性无关不能确定，（B）选项不是充分条件，（A）选项中的反例说明（B）也不是必要条件，因此条件既不充分也不必要．

选项（C）中向量组Ⅰ与Ⅱ等价，即Ⅰ与Ⅱ可以互相线性表示，由(A),(B)可知（C）只是充分条件．

选项（D）中矩阵 $\boldsymbol{A}$ 与 $\boldsymbol{B}$ 等价是指初等变换矩阵 $\boldsymbol{A}$ 可转换为矩阵 $\boldsymbol{B}$，$\boldsymbol{A}$ 与 $\boldsymbol{B}$ 等价的充分必要条件是 $R(\boldsymbol{A})=R(\boldsymbol{B})$.

因为向量组 $\boldsymbol{\alpha}_1$，$\boldsymbol{\alpha}_2$，$\cdots$，$\boldsymbol{\alpha}_m$ 线性无关，秩 $R(\boldsymbol{\alpha}_1,\boldsymbol{\alpha}_2,\cdots,\boldsymbol{\alpha}_m)=m$，从而 $R(\boldsymbol{\beta}_1,\boldsymbol{\beta}_2,\cdots,\boldsymbol{\beta}_m)=m$，因此向量组 $\boldsymbol{\beta}_1,\boldsymbol{\beta}_2,\cdots,\boldsymbol{\beta}_m$ 线性无关，充分性成立．

反之，若向量组 $\boldsymbol{\alpha}_1,\boldsymbol{\alpha}_2,\cdots,\boldsymbol{\alpha}_m$ 与 $\boldsymbol{\beta}_1,\boldsymbol{\beta}_2,\cdots,\boldsymbol{\beta}_m$ 线性无关，则 $R(\boldsymbol{\alpha}_1,\boldsymbol{\alpha}_2,\cdots,\boldsymbol{\alpha}_m)=R(\boldsymbol{\beta}_1,\cdots,\boldsymbol{\beta}_m)=m$，从而秩 $R(\boldsymbol{A})=R(\boldsymbol{B})$，即矩阵 $\boldsymbol{A}$ 与 $\boldsymbol{B}$ 等价，必要性成立，所以选（D）．

[例 5] 设向量组 $\boldsymbol{\alpha}_1,\boldsymbol{\alpha}_2,\boldsymbol{\alpha}_3$ 线性相关，向量组 $\boldsymbol{\alpha}_2,\boldsymbol{\alpha}_3,\boldsymbol{\alpha}_4$ 线性无关，则（　　）．

（A）$\boldsymbol{\alpha}_1$ 必能由 $\boldsymbol{\alpha}_2,\boldsymbol{\alpha}_3,\boldsymbol{\alpha}_4$ 线性表示

（B）$\boldsymbol{\alpha}_2$ 必能由 $\boldsymbol{\alpha}_1,\boldsymbol{\alpha}_3,\boldsymbol{\alpha}_4$ 线性表示

（C）$\boldsymbol{\alpha}_3$ 必能由 $\boldsymbol{\alpha}_1,\boldsymbol{\alpha}_2,\boldsymbol{\alpha}_4$ 线性表示

（D）$\boldsymbol{\alpha}_4$ 必能由 $\boldsymbol{\alpha}_1,\boldsymbol{\alpha}_2,\boldsymbol{\alpha}_3$ 线性表示

答案：(A)．

解： 由于向量组 $\boldsymbol{\alpha}_2,\boldsymbol{\alpha}_3,\boldsymbol{\alpha}_4$ 线性无关，可知向量组 $\boldsymbol{\alpha}_2,\boldsymbol{\alpha}_3$ 线性无关，且由于向量组 $\boldsymbol{\alpha}_1$，$\boldsymbol{\alpha}_2,\boldsymbol{\alpha}_3$ 线性相关，$k_1\boldsymbol{\alpha}_1+k_2\boldsymbol{\alpha}_2+k_3\boldsymbol{\alpha}_3=\boldsymbol{0},k\neq0$，否则与 $\boldsymbol{\alpha}_2,\boldsymbol{\alpha}_3$ 无关，$\boldsymbol{\alpha}_1$ 必能由 $\boldsymbol{\alpha}_2,\boldsymbol{\alpha}_3$ 线性表示

$\therefore\boldsymbol{\alpha}_1$ 必能由 $\boldsymbol{\alpha}_2,\boldsymbol{\alpha}_3,\boldsymbol{\alpha}_4$ 线性表示．

[例 6] 设向量组Ⅰ可由向量组Ⅱ线性表示，且秩 $R(\text{Ⅰ})=R(\text{Ⅱ})$，证明：向量组Ⅰ与Ⅱ等价．

证明： 设 $R(\text{Ⅰ})=R(\text{Ⅱ})=r$，且 $\boldsymbol{\alpha}_1,\boldsymbol{\alpha}_2,\cdots,\boldsymbol{\alpha}_r$ 与 $\boldsymbol{\beta}_1,\boldsymbol{\beta}_2,\cdots,\boldsymbol{\beta}_r$ 分别是向量组Ⅰ与Ⅱ的极大线性无关组，由于Ⅰ可由Ⅱ线性表示，故 $\boldsymbol{\alpha}_1,\boldsymbol{\alpha}_2,\cdots,\boldsymbol{\alpha}_r$ 可由 $\boldsymbol{\beta}_1,\boldsymbol{\beta}_2,\cdots,\boldsymbol{\beta}_r$ 线性表示，那么

$$R(\boldsymbol{\alpha}_1,\boldsymbol{\alpha}_2,\cdots,\boldsymbol{\alpha}_r,\boldsymbol{\beta}_1,\boldsymbol{\beta}_2,\cdots,\boldsymbol{\beta}_r)=R(\boldsymbol{\beta}_1,\boldsymbol{\beta}_2,\cdots,\boldsymbol{\beta}_r)=r$$

又因为 $\boldsymbol{\alpha}_1,\boldsymbol{\alpha}_2,\cdots,\boldsymbol{\alpha}_r$ 线性无关，于是 $\boldsymbol{\alpha}_1,\boldsymbol{\alpha}_2,\cdots,\boldsymbol{\alpha}_r$ 是向量组 $\boldsymbol{\alpha}_1,\boldsymbol{\alpha}_2,\cdots,\boldsymbol{\alpha}_r,\boldsymbol{\beta}_1,\boldsymbol{\beta}_2,\cdots\boldsymbol{\beta}_r$ 的极大线性无关组，从而 $\boldsymbol{\beta}_1,\boldsymbol{\beta}_2,\cdots,\boldsymbol{\beta}_r$ 可由 $\boldsymbol{\alpha}_1,\boldsymbol{\alpha}_2,\cdots,\boldsymbol{\alpha}_r$ 线性表示，进而向量组Ⅱ可由 $\boldsymbol{\alpha}_1,\boldsymbol{\alpha}_2,\cdots,\boldsymbol{\alpha}_r$ 线性表示，也就是Ⅱ可由Ⅰ线性表示，

又已知Ⅰ可由Ⅱ线性表示，所以Ⅰ与Ⅱ等价．

[例 7] 设 $\boldsymbol{A}$ 是 $m\times n$ 矩阵，$\boldsymbol{B}$ 是 $n\times s$ 矩阵，若 $\boldsymbol{AB}=\boldsymbol{0}$，证明：$R(\boldsymbol{A})+R(\boldsymbol{B})\leqslant n$.

证明： 对矩阵 $\boldsymbol{B}$ 按列分块，记 $\boldsymbol{B}=(\boldsymbol{\beta}_1,\boldsymbol{\beta}_2,\cdots,\boldsymbol{\beta}_s)$

则 $\boldsymbol{AB}=\boldsymbol{A}(\boldsymbol{\beta}_1,\boldsymbol{\beta}_2,\cdots,\boldsymbol{\beta}_s)=(\boldsymbol{A\beta}_1,\boldsymbol{A\beta}_2,\cdots,\boldsymbol{A\beta}_s)=(0,0,\cdots,0)$

于是$\boldsymbol{A}\boldsymbol{B}_j=\mathbf{0}(j=1,2,\cdots,s)$

即 $\boldsymbol{B}$ 的列向量均是齐次方程 $\boldsymbol{Ax}=\mathbf{0}$ 的解

由于方程组 $\boldsymbol{Ax}=\mathbf{0}$ 基础解系的秩为 $n-\mathrm{R}(\boldsymbol{A})$

所以 $\mathrm{R}(\boldsymbol{\beta}_1,\boldsymbol{\beta}_2,\cdots,\boldsymbol{\beta}_s)\leqslant n-\mathrm{R}(\boldsymbol{A})$

又因秩 $\mathrm{R}(\boldsymbol{\beta}_1,\boldsymbol{\beta}_2,\cdots,\boldsymbol{\beta}_s)=\mathrm{R}(\boldsymbol{B})$，从而有 $\mathrm{R}(\boldsymbol{A})+\mathrm{R}(\boldsymbol{B})\leqslant n$.

第13讲 特征值与特征向量

13.1 矩阵的特征值和特征向量

13.1.1 矩阵特征值与特征向量的概念

对于 n 阶方阵 $\boldsymbol{A}$，若有 λ 和向量 $\boldsymbol{x}\neq\boldsymbol{0}$，满足 $\boldsymbol{A}\boldsymbol{x}=\lambda\boldsymbol{x}$，则称 λ 为 $\boldsymbol{A}$ 的特征值，$\boldsymbol{x}$ 称为 $\boldsymbol{A}$ 的属于特征值 λ 的特征向量.

行列式 $f(\lambda)=|\boldsymbol{A}-\lambda\boldsymbol{E}|$ 或 $f(\lambda)=|\lambda\boldsymbol{E}-\boldsymbol{A}|$ 称为矩阵 $\boldsymbol{A}$ 的特征多项式.

$|\boldsymbol{A}-\lambda\boldsymbol{E}|=0$ 或 $|\lambda\boldsymbol{E}-\boldsymbol{A}|=0$ 称为矩阵 $\boldsymbol{A}$ 的特征方程.

13.1.2 矩阵特征值与特征向量的求法

设 λ 是 $\boldsymbol{A}$ 的一个特征值，$\boldsymbol{x}$ 是 $\boldsymbol{A}$ 的属于 λ 的特征向量，λ 是特征方程 $|\boldsymbol{A}-\lambda\boldsymbol{E}|=0$ 的根，$\boldsymbol{x}$ 是齐次方程组 $|\lambda\boldsymbol{E}-\boldsymbol{A}|=0$ 的非零解.

计算步骤如下：

① 计算 $|\boldsymbol{A}-\lambda\boldsymbol{E}|=0$ 的全部根 λ_0，即为 $\boldsymbol{A}$ 的全部特征值；

② 对于每一个特征值 λ_0，求出 $|\boldsymbol{A}-\lambda_0\boldsymbol{E}|x=0$ 的一个基础解系 $\boldsymbol{y}_1,\boldsymbol{y}_2,\cdots,\boldsymbol{y}_{n-r}$，其中 r 为矩阵 $(\boldsymbol{A}-\lambda_0\boldsymbol{E})$ 的秩，则 $\boldsymbol{A}$ 属于 λ_0 的全部特征向量为 $k_1\boldsymbol{y}_1+k_2\boldsymbol{y}_2+\cdots+k_{n-r}\boldsymbol{y}_{n-r}$，其中 $k_1,k_2,\cdots,k_{n-r}$ 是不全为零的任意常数.

13.1.3 特征值和特征向量的性质

（1）特征值

已知 λ 是 $\boldsymbol{A}$ 矩阵的特征值，其对应的特征向量为 $\boldsymbol{\alpha}$，则

① λ^k 是 $\boldsymbol{A}^k$ 的特征值，λ^k 所对应的特征向量为 $\boldsymbol{\alpha}$；

② $\dfrac{1}{\lambda}$ 是 $\boldsymbol{A}^{-1}$ 的特征值，$\dfrac{1}{\lambda}$ 所对应的特征向量为 $\boldsymbol{\alpha}$；

③ $\dfrac{|\boldsymbol{A}|}{\lambda}$ 是 $\boldsymbol{A}^*$ 的特征值，$\dfrac{|\boldsymbol{A}|}{\lambda}$ 所对应的特征向量为 $\boldsymbol{\alpha}$；

④ $\varphi(\lambda)=a_0+a_1\lambda+a_2\lambda^2+\cdots+a_m\lambda^m$ 是 $\varphi(\boldsymbol{A})=a_0\boldsymbol{E}+a_1\boldsymbol{A}+a_2\boldsymbol{A}^2+\cdots+a_m\boldsymbol{A}^m$ 的特征值，$\varphi(\lambda)=a_0+a_1\lambda+a_2\lambda^2+\cdots+a_m\lambda^m$ 所对应的特征向量为 $\boldsymbol{\alpha}$；

⑤ 设 $\boldsymbol{P}$ 是 n 阶可逆矩阵，则 λ 是 $\boldsymbol{P}^{-1}\boldsymbol{AP}$ 的特征值，特征向量为 $\boldsymbol{P}^{-1}\boldsymbol{\alpha}$；

证明：$\boldsymbol{A\alpha}=\lambda\boldsymbol{\alpha}\Rightarrow\boldsymbol{AP}(\boldsymbol{P}^{-1}\boldsymbol{\alpha})=\lambda\boldsymbol{\alpha}\Rightarrow\boldsymbol{P}^{-1}\boldsymbol{AP}(\boldsymbol{P}^{-1}\boldsymbol{x})=\lambda\boldsymbol{P}^{-1}\boldsymbol{x}$；

⑥ 如果 $\boldsymbol{A}$ 的特征值为 $\lambda_1,\lambda_2,\cdots,\lambda_m$，则 $\boldsymbol{A}^{\mathrm{T}}$ 的特征值也为 $\lambda_1,\lambda_2,\cdots,\lambda_m$.

证明：$\because|\boldsymbol{A}^{\mathrm{T}}-\lambda\boldsymbol{E}|=|(\boldsymbol{A}-\lambda\boldsymbol{E})^{\mathrm{T}}|=|\boldsymbol{A}-\lambda\boldsymbol{E}|$

$\therefore\lambda_1,\lambda_2,\cdots,\lambda_m$ 也是 $\boldsymbol{A}^{\mathrm{T}}$ 的特征值.

当 $\boldsymbol{A}$ 为实对称矩阵，特征向量不变，否则特征向量有可能改变.

（2）特征值的重要结论

① 若 $\boldsymbol{n}$ 阶方阵 $\boldsymbol{A}=(a_{ij})$ 的全部特征值为 $\lambda_1,\lambda_2,\cdots,\lambda_n$（$\boldsymbol{k}$ 重特征值算作 $\boldsymbol{k}$ 个特征值），则 a. $\lambda_1+\lambda_2+\cdots+\lambda_n=a_{11}+a_{22}+\cdots+a_{nn}$；b. $\lambda_1,\lambda_2,\cdots,\lambda_{\mathrm{n}}=|\boldsymbol{A}|$.

② 设 $\boldsymbol{A}=(a_{ij})_{n\times n}$ 的秩 $\mathrm{R}(\boldsymbol{A})=1$，则 $\boldsymbol{A}$ 的 n 个特征值为

$\lambda_1=a_{11}+a_{22}+\cdots+a_{nn}$，$\lambda_2=\lambda_3=\cdots=\lambda_n=0$.

（3）特征向量的重要性质

对应同一特征向量的特征值相等，即对应于互不相同特征值的特征向量线性无关.

[例 1] 已知 $\boldsymbol{\xi}=\begin{pmatrix}1\\1\\-1\end{pmatrix}$是矩阵 $\boldsymbol{A}=\begin{pmatrix}2&-1&2\\5&a&3\\-1&b&-2\end{pmatrix}$的一个特征向量，试确定参数 a，b 及特征向量 $\boldsymbol{\xi}$ 所对应的特征值.

解：由 $\boldsymbol{A\xi}=\lambda\boldsymbol{\xi}$，得

$$\begin{pmatrix}2&-1&2\\5&a&3\\-1&b&-2\end{pmatrix}\begin{pmatrix}1\\1\\-1\end{pmatrix}=\lambda\begin{pmatrix}1\\1\\-1\end{pmatrix}\text{即}\begin{cases}\lambda=2-1-2\\\lambda=5+a-3\\-\lambda=-1+b+2\end{cases}$$

解得 $\lambda=-1$，$a=-3$，$b=0$.

[例 2] 求 $\boldsymbol{A}=\begin{pmatrix}1&2&2\\2&1&2\\2&2&1\end{pmatrix}$的特征值与特征向量.

解：$$f(\lambda)=|\boldsymbol{A}-\lambda\boldsymbol{E}|=\begin{vmatrix}1-\lambda&2&2\\2&1-\lambda&2\\2&2&1-\lambda\end{vmatrix}=(5-\lambda)(\lambda+1)^2=0$$

$\therefore\lambda_1=5$，$\lambda_2=\lambda_3=-1$

当 $\lambda_1=5$ 时 $(\boldsymbol{A}-5\boldsymbol{E})\boldsymbol{x}=\boldsymbol{0}$ 得基础解系 $\boldsymbol{\xi}_1=\begin{pmatrix}1\\1\\1\end{pmatrix}$

$\therefore$特征向量为 $\boldsymbol{x}=k_1\boldsymbol{\xi}_1$

当 $\lambda_2=\lambda_3=-1$ 时 $(\boldsymbol{A}-(-1)\boldsymbol{E})\boldsymbol{x}=\boldsymbol{0}$ 得基础解系 $\boldsymbol{\xi}_2=\begin{pmatrix}-1\\1\\0\end{pmatrix}$，$\boldsymbol{\xi}_3=\begin{pmatrix}-1\\0\\1\end{pmatrix}$

$\therefore$ 特征向量为 $\boldsymbol{x}=k_2\boldsymbol{\xi}_2+k_3\boldsymbol{\xi}_3$.

[例 3] 求 $\boldsymbol{A}=\begin{pmatrix}-1&1&0\\-4&3&0\\1&0&2\end{pmatrix}$ 的特征值与特征向量.

解：$|\boldsymbol{A}-\lambda\boldsymbol{E}|=\begin{vmatrix}-1-\lambda&1&0\\-4&3-\lambda&0\\1&0&2-\lambda\end{vmatrix}=(2-\lambda)(\lambda-1)^2=0$

$\therefore\lambda_1=2$，$\lambda_2=\lambda_3=1$

当 $\lambda_1=2$ 时，$(\boldsymbol{A}-2\boldsymbol{E})=\begin{pmatrix}-3&1&0\\-4&1&0\\1&0&0\end{pmatrix}\sim\begin{pmatrix}1&0&0\\0&1&0\\0&0&0\end{pmatrix}$ $\quad\boldsymbol{\xi}_1=\begin{pmatrix}0\\0\\1\end{pmatrix}$

$\therefore$ 特征向量为 $\boldsymbol{x}=k_1\boldsymbol{\xi}_1$

当 $\lambda_2=\lambda_3=1$ 时

$(\boldsymbol{A}-\boldsymbol{E})=\begin{pmatrix}-2&1&0\\-4&2&0\\1&0&1\end{pmatrix}\sim\begin{pmatrix}1&0&1\\0&1&2\\0&0&0\end{pmatrix}$ $\qquad\boldsymbol{\xi}_2=\begin{pmatrix}-1\\-2\\1\end{pmatrix}$

$\therefore\boldsymbol{x}=k_2\boldsymbol{\xi}_2$.

对比上面两个例题，说明：

① n 阶实对称矩阵一定有 n 个线性无关的特征向量；

② 不是 n 阶实对称矩阵不一定有 n 个线性无关的特征向量.

13.1.4 求抽象矩阵的特征值和特征向量

[例 4] 设 3 阶矩阵 $\boldsymbol{A}$ 的特征值为 1，-1，2，求 $|\boldsymbol{A}^*+3\boldsymbol{A}-2\boldsymbol{E}|$.

解：$\because\boldsymbol{A}$ 的特征值都不为零

$\therefore\boldsymbol{A}$ 可逆，故 $\boldsymbol{A}^*=|\boldsymbol{A}|\boldsymbol{A}^{-1}$，而

$|\boldsymbol{A}|=\lambda_1\lambda_2\lambda_3=1\times(-1)\times2=-2$

$\therefore\boldsymbol{A}^*+3\boldsymbol{A}-2\boldsymbol{E}=-2\boldsymbol{A}^{-1}+3\boldsymbol{A}-2\boldsymbol{E}$

$\varphi(\lambda)=-\dfrac{2}{\lambda}+3\lambda-2$

$\therefore\varphi(1)=-1,\varphi(-1)=-3,\varphi(2)=3$

于是有 $|\boldsymbol{A}^*+3\boldsymbol{A}-2\boldsymbol{E}|=(-1)\times(-3)\times3=9$.

[例 5] 设 $\boldsymbol{A}$ 是 n 阶矩阵，$|\boldsymbol{A}|=2$，若矩阵 $\boldsymbol{A}+\boldsymbol{E}$ 不可逆，则矩阵 $\boldsymbol{A}$ 的伴随矩阵 $\boldsymbol{A}^*$ 必有特征值________.

解：$\boldsymbol{A}+\boldsymbol{E}$ 不可逆，$|\boldsymbol{A}+\boldsymbol{E}|=0$

$\Rightarrow\boldsymbol{A}$ 的特征值为 $\lambda=-1$

$\Rightarrow\boldsymbol{A}^*$ 的特征值为 $|\boldsymbol{A}|\dfrac{1}{\lambda}=\dfrac{2}{-1}=-2$.

[例 6] 设 $\boldsymbol{A}$ 为 2 阶矩阵，$\boldsymbol{\alpha}_1,\boldsymbol{\alpha}_2$ 为线性无关的二维列向量，且 $\boldsymbol{A}\boldsymbol{\alpha}_1=\boldsymbol{0},\boldsymbol{A}\boldsymbol{\alpha}_2=2\boldsymbol{\alpha}_1+\boldsymbol{\alpha}_2$，则 $\boldsymbol{A}$ 的非零特征值为________.

解： $\because A(2\boldsymbol{\alpha}_1+\boldsymbol{\alpha}_2)=2A\boldsymbol{\alpha}_1+A\boldsymbol{\alpha}_2=\mathbf{0}+A\boldsymbol{\alpha}_2=2\boldsymbol{\alpha}_1+\boldsymbol{\alpha}_2$

$\therefore A$ 的非零特征值为 1.

13.1.5 有关特征值与特征向量的证明

[例 7] 设 A 为 3 阶方阵，有三个不同的特征值 $\lambda_1,\lambda_2,\lambda_3$，对应的特征向量依次为 $\boldsymbol{\alpha}_1,\boldsymbol{\alpha}_2,\boldsymbol{\alpha}_3$，令 $\boldsymbol{\beta}=\boldsymbol{\alpha}_1+\boldsymbol{\alpha}_2+\boldsymbol{\alpha}_3$，证明：$\boldsymbol{\beta},A\boldsymbol{\beta},A^2\boldsymbol{\beta}$ 线性无关.

证明：

因为 $A\boldsymbol{\alpha}_1=\lambda_1\boldsymbol{\alpha}_1$，$A\boldsymbol{\alpha}_2=\lambda_2\boldsymbol{\alpha}_2$，$A\boldsymbol{\alpha}_3=\lambda_3\boldsymbol{\alpha}_3$

所以 $A\boldsymbol{\beta}=A(\boldsymbol{\alpha}_1+\boldsymbol{\alpha}_2+\boldsymbol{\alpha}_3)=\lambda_1\boldsymbol{\alpha}_1+\lambda_2\boldsymbol{\alpha}_2+\lambda_3\boldsymbol{\alpha}_3$

$$A^2\boldsymbol{\beta}=A(A\boldsymbol{\beta})=A(\lambda_1\boldsymbol{\alpha}_1+\lambda_2\boldsymbol{\alpha}_2+\lambda_3\boldsymbol{\alpha}_3)=\lambda_1^2\boldsymbol{\alpha}_1+\lambda_2^2\boldsymbol{\alpha}_2+\lambda_3^2\boldsymbol{\alpha}_3$$

设存在三个常数 k_1,k_2,k_3，使 $k_1\boldsymbol{\beta}+k_2A\boldsymbol{\beta}+k_3A^2\boldsymbol{\beta}=\mathbf{0}$

即 $k_1(\boldsymbol{\alpha}_1+\boldsymbol{\alpha}_2+\boldsymbol{\alpha}_3)+k_2(\lambda_1\boldsymbol{\alpha}_1+\lambda_2\boldsymbol{\alpha}_2+\lambda_3\boldsymbol{\alpha}_3)+k_3(\lambda_1^2\boldsymbol{\alpha}_1+\lambda_2^2\boldsymbol{\alpha}_2+\lambda_3^2\boldsymbol{\alpha}_3)=\mathbf{0}$

$=(k_1+k_2\lambda_1+k_3\lambda_1^2)\boldsymbol{\alpha}_1+(k_1+k_2\lambda_2+k_3\lambda_2^2)\boldsymbol{\alpha}_2+(k_1+k_2\lambda_3+k_3\lambda_3^2)\boldsymbol{\alpha}_3=\mathbf{0}$

由于不同的特征值的特征向量线性无关

所以 $\boldsymbol{\alpha}_1,\boldsymbol{\alpha}_2,\boldsymbol{\alpha}_3$ 线性无关，于是

$$\begin{cases}k_1+k_2\lambda_1+k_3\lambda_1^2=0\\ k_1+k_2\lambda_2+k_3\lambda_2^2=0\\ k_1+k_2\lambda_3+k_3\lambda_3^2=0\end{cases}$$

其系数行列式

$$\begin{vmatrix}1 & \lambda_1 & \lambda_1^2\\ 1 & \lambda_2 & \lambda_2^2\\ 1 & \lambda_3 & \lambda_3^2\end{vmatrix}=\begin{vmatrix}1 & 1 & 1\\ \lambda_1 & \lambda_2 & \lambda_3\\ \lambda_1^2 & \lambda_2^2 & \lambda_3^2\end{vmatrix}=(\lambda_2-\lambda_1)(\lambda_3-\lambda_1)(\lambda_3-\lambda_2)\neq 0$$

因此方程组仅有零解.

$k_1=k_2=k_3=0$，故 $\boldsymbol{\beta}$，$A\boldsymbol{\beta}$，$A^2\boldsymbol{\beta}$ 线性无关.

13.2 相似矩阵和矩阵的对角化

13.2.1 相似矩阵的概念与性质

(1) 定义

设 A,B 为两个 n 阶方阵，如果存在一个可逆矩阵 P 使得 $B=P^{-1}AP$ 成立，则称矩阵 A 与 B 相似，记为 $A\cong B$.

(2) 性质

如果 $A\cong B$ 则有：

① $A^{\mathrm{T}}\cong B^{\mathrm{T}}$；

② $\boldsymbol{A}^{-1} \cong \boldsymbol{B}^{-1}$；

③ $\boldsymbol{A}^{k} \cong \boldsymbol{B}^{k}$；

④ $\boldsymbol{A}+k\boldsymbol{E} \cong \boldsymbol{B}+k\boldsymbol{E}$；

⑤ $|\boldsymbol{A}-\lambda\boldsymbol{E}|=|\boldsymbol{B}-\lambda\boldsymbol{E}|$，从而 $\boldsymbol{A}$，$\boldsymbol{B}$ 有相同的特征值；

⑥ $|\boldsymbol{A}|=|\boldsymbol{B}|$，从而 $\boldsymbol{A}$，$\boldsymbol{B}$ 同时可逆或同时不可逆；

⑦ $\sum_{i=1}^{n} a_{ii}=\sum_{i=1}^{n} b_{ii}$（$\boldsymbol{A}$，$\boldsymbol{B}$ 有相同的迹）；

⑧ 秩 $\mathrm{R}(\boldsymbol{A})=\mathrm{R}(\boldsymbol{B})$.

注：⑤⑥⑦⑧都是必要条件，而非充分条件.

13.2.2 矩阵可相似对角化

（1）相似对角化的定义

若 n 阶矩阵 $\boldsymbol{A}$ 与对角矩阵 $\boldsymbol{\Lambda}$ 相似，则称可以相似对角化，记为 $\boldsymbol{A} \cong \boldsymbol{\Lambda}$，并称 $\boldsymbol{\Lambda}$ 是 $\boldsymbol{A}$ 的相似标准型.

证明两个矩阵相似，最常用的方法就是证明两个矩阵与同一个对角阵相似.

（2）矩阵 $\boldsymbol{A}$ 与对角阵相似的充要条件

① n 阶矩阵 $\boldsymbol{A}$ 有 n 个线性无关的特征向量；

② 对 $\boldsymbol{A}$ 的每个特征值，线性无关的特征向量的个数恰好等于该特征值的重根数.

（3）矩阵 $\boldsymbol{A}$ 与对角阵相似的充分条件

若有 n 个互不相等的特征值 $\lambda_1,\lambda_2,\cdots,\lambda_n$，则 $\boldsymbol{A}$ 必与对角矩阵相似.

（4）相似对角化 $\boldsymbol{A}$ 为对角阵 $\boldsymbol{\Lambda}$ 的解题步骤

第一步，先求出 $\boldsymbol{A}$ 的特征值 $\lambda_1,\lambda_2,\cdots,\lambda_n$；

第二步，再求对应的线性无关的特征向量 $\boldsymbol{\alpha}_1,\boldsymbol{\alpha}_2,\cdots,\boldsymbol{\alpha}_n$（基础解系的解向量）；

第三步，构造可逆矩阵 $\boldsymbol{P}=(\boldsymbol{\alpha}_1,\boldsymbol{\alpha}_2,\cdots,\boldsymbol{\alpha}_n)$，则 $\boldsymbol{P}^{-1}\boldsymbol{A}\boldsymbol{P}=\boldsymbol{\Lambda}$.

注：$\boldsymbol{\alpha}$ 的排列顺序与 $\boldsymbol{\Lambda}$ 中主对角线上特征值的排列顺序一致.

13.2.3 实对称矩阵

（1）性质

设 $\boldsymbol{A}$ 为实对称矩阵（$\boldsymbol{A}^{\mathrm{T}}=\boldsymbol{A}$），则

① $\boldsymbol{A}$ 的特征值为实数，且 $\boldsymbol{A}$ 的特征向量为实向量；

② $\boldsymbol{A}$ 的不同特征值对应的特征向量必正交；

③ $\boldsymbol{A}$ 一定有 n 个线性无关的特征向量，从而 $\boldsymbol{A}$ 相似于对角阵，且存在正交矩阵 $\boldsymbol{P}$，使 $\boldsymbol{P}^{-1}\boldsymbol{A}\boldsymbol{P}=\boldsymbol{P}^{\mathrm{T}}\boldsymbol{A}\boldsymbol{P}=\mathrm{diag}(\lambda_1,\lambda_2,\cdots,\lambda_n)$，其中 $\lambda_1,\lambda_2,\cdots,\lambda_n$ 为 $\boldsymbol{A}$ 的特征值；

④ 实对称矩阵必可对角化；

⑤ k 重特征值必存在 k 个线性无关的特征向量，即 $\mathrm{R}(\boldsymbol{A}-\lambda\boldsymbol{E})=n-k$.

（2）用正交矩阵把实对称矩阵 $\boldsymbol{A}$ 化为对角阵的步骤

① 求矩阵 $\boldsymbol{A}$ 的特征值；

② 求矩阵 $\boldsymbol{A}$ 的特征向量；

③ 单位化，当特征值有重根时，可能还要施密特正交化；

④ 构造正交矩阵 $\boldsymbol{P}$，得 $\boldsymbol{P}^{-1}\boldsymbol{AP}=\boldsymbol{P}$（$\boldsymbol{P}$ 与 $\boldsymbol{\Lambda}$ 次序协调一致）.

[例 8] 设矩阵 $\boldsymbol{A}$ 与 $\boldsymbol{B}$ 相似，其中

$$\boldsymbol{A}=\begin{pmatrix}-2&0&0\\2&x&2\\3&1&1\end{pmatrix},\ \boldsymbol{B}=\begin{pmatrix}-1&0&0\\0&2&0\\0&0&y\end{pmatrix}$$

则 $x=$______$y=$______.

解：

$\boldsymbol{A}$ 与 $\boldsymbol{B}$ 相似，则 $\boldsymbol{A}$，$\boldsymbol{B}$ 有相同的迹，即 $-2+x+1=-1+2+y$.

$\boldsymbol{A}$ 与 $\boldsymbol{B}$ 相似，有相同的特征值，$\boldsymbol{B}$ 有特征值 -1，所以 $\boldsymbol{A}$ 也有特征值 -1.

$|\boldsymbol{A}+\boldsymbol{E}|=0$，解得 $x=0$，从而 $y=-2$.（相似矩阵性质⑦+⑤）

[例 9] 已知 $\boldsymbol{B}=\begin{pmatrix}0&0&1\\0&1&0\\1&0&0\end{pmatrix}$，矩阵 $\boldsymbol{A}$ 相似于 $\boldsymbol{B}$，则秩 $\mathrm{R}(\boldsymbol{A}-2\boldsymbol{E})$ 与 $\mathrm{R}(\boldsymbol{A}-\boldsymbol{E})$ 之和等于（　　）.

(A) 2　　(B) 3　　(C) 4　　(D) 5

答案：(C).

解： $\mathrm{R}(\boldsymbol{A}-2\boldsymbol{E})=\mathrm{R}(\boldsymbol{B}-2\boldsymbol{E})$，$\mathrm{R}(\boldsymbol{A}-\boldsymbol{E})=\mathrm{R}(\boldsymbol{B}-\boldsymbol{E})$　　（相似矩阵性质④+⑧）

[例 10] 在下列矩阵中，两两相似的矩阵是（　　）.

$$\boldsymbol{A}=\begin{pmatrix}3&2&1\\0&0&0\\0&0&0\end{pmatrix}\quad \boldsymbol{B}=\begin{pmatrix}3&2&0\\0&0&1\\0&0&0\end{pmatrix}\quad \boldsymbol{C}=\begin{pmatrix}2&3&1\\0&0&0\\0&0&0\end{pmatrix}\quad \boldsymbol{D}=\begin{pmatrix}0&0&1\\0&0&2\\0&0&3\end{pmatrix}$$

答案：$\boldsymbol{A}\cong\boldsymbol{D}$.　　（相似矩阵性质⑦+⑧）

[例 11] 设 $\boldsymbol{A}$ 是 3 阶矩阵，其特征值是 1，3，-2，相应的特征向量依次为 $\boldsymbol{\alpha}_1,\boldsymbol{\alpha}_2,\boldsymbol{\alpha}_3$，若 $\boldsymbol{P}=(\boldsymbol{\alpha}_1,2\boldsymbol{\alpha}_3,-\boldsymbol{\alpha}_2)$，则 $\boldsymbol{P}^{-1}\boldsymbol{AP}=$______.

解： $2\boldsymbol{\alpha}_3$ 是 -2 的特征向量，$-\boldsymbol{\alpha}_2$ 是 3 的特征向量.

$$\therefore \boldsymbol{P}^{-1}\boldsymbol{AP}=\begin{pmatrix}1&&\\&-2&\\&&3\end{pmatrix}$$

[例 12] 设 3 阶矩阵 $\boldsymbol{A}$ 满足 $\boldsymbol{A\alpha}_i=i\boldsymbol{\alpha}_i\ (i=1,2,3)$，其中列向量 $\boldsymbol{\alpha}_1=(1,2,2)^{\mathrm{T}}$，$\boldsymbol{\alpha}_2=(2,-2,1)^{\mathrm{T}}$，$\boldsymbol{\alpha}_3=(-2,-1,2)^{\mathrm{T}}$，试求矩阵 $\boldsymbol{A}$.

解： 方法 1：$\because \boldsymbol{A\alpha}_1=\boldsymbol{\alpha}_1$，$\boldsymbol{A\alpha}_2=2\boldsymbol{\alpha}_2$，$\boldsymbol{A\alpha}_3=3\boldsymbol{\alpha}_3$，$\boldsymbol{\alpha}_1$，$\boldsymbol{\alpha}_2$，$\boldsymbol{\alpha}_3$ 是矩阵 $\boldsymbol{A}$ 不同特征值的特征向量，它们线性无关.

$$\therefore \boldsymbol{A}(\boldsymbol{\alpha}_1,\boldsymbol{\alpha}_2,\boldsymbol{\alpha}_3)=(\boldsymbol{\alpha}_1,2\boldsymbol{\alpha}_2,3\boldsymbol{\alpha}_3)$$

$$\therefore \boldsymbol{A}=(\boldsymbol{\alpha}_1,2\boldsymbol{\alpha}_2,3\boldsymbol{\alpha}_3)(\boldsymbol{\alpha}_1,\boldsymbol{\alpha}_2,\boldsymbol{\alpha}_3)^{-1}$$

$$=\begin{pmatrix}1&4&-6\\2&-4&-3\\2&2&6\end{pmatrix}\times\frac{1}{9}\begin{pmatrix}1&2&2\\2&-2&1\\-2&-1&2\end{pmatrix}=\frac{1}{3}\begin{pmatrix}7&0&-2\\0&5&-2\\-2&-2&6\end{pmatrix}$$

方法 2：因为矩阵有 3 个不同的特征值，所以可相似对角化，有 $\boldsymbol{P}^{-1}\boldsymbol{A}\boldsymbol{P}=\boldsymbol{\Lambda}=\begin{pmatrix}1&&\\&2&\\&&3\end{pmatrix}$，

$\boldsymbol{P}=(\boldsymbol{\alpha}_1,\boldsymbol{\alpha}_2,\boldsymbol{\alpha}_3)$

那么 $\boldsymbol{A}=\boldsymbol{P}^{-1}\boldsymbol{\Lambda}\boldsymbol{P}=\boldsymbol{\Lambda}$，下略．

[例 13] 设 $\boldsymbol{A}$ 为 4 阶实对称矩阵，且 $\boldsymbol{A}^2+\boldsymbol{A}=\boldsymbol{0}$，若 $\boldsymbol{A}$ 的秩为 3，则 $\boldsymbol{A}$ 相似于（　　）．

(A) $\begin{pmatrix}1&&&\\&1&&\\&&1&\\&&&0\end{pmatrix}$ (B) $\begin{pmatrix}1&&&\\&1&&\\&&-1&\\&&&0\end{pmatrix}$ (C) $\begin{pmatrix}1&&&\\&-1&&\\&&-1&\\&&&0\end{pmatrix}$ (D) $\begin{pmatrix}-1&&&\\&-1&&\\&&-1&\\&&&0\end{pmatrix}$

答案：(D)．

解：方法 1：$\boldsymbol{A}(\boldsymbol{A}+\boldsymbol{E})=\boldsymbol{0}$

$\therefore |\boldsymbol{A}|=0$ 或 $|\boldsymbol{A}+\boldsymbol{E}|=0$　$\mathrm{R}(\boldsymbol{A})+\mathrm{R}(\boldsymbol{A}+\boldsymbol{E})\leqslant n=4$

$\therefore \mathrm{R}(\boldsymbol{A}+\boldsymbol{E})=1(\because \mathrm{R}(\boldsymbol{A})=3)$

$(\mathrm{R}(\boldsymbol{A})=3\Rightarrow \boldsymbol{A}\boldsymbol{x}=\boldsymbol{0}$ 的基础解系只有 $4-\mathrm{R}(\boldsymbol{A})=4-3=1$ 个列向量)

又 $\because (\boldsymbol{A}+\boldsymbol{E})\boldsymbol{x}=\boldsymbol{0}$ 的解向量的个数为 $n-\mathrm{R}(\boldsymbol{A}-\boldsymbol{E})=4-1=3$

$\therefore \lambda=-1$ 是三重根．($\because$ 有 3 个线性无关解向量，$\therefore$ 对应有 $\lambda=-1$ 是三重根)

方法 2：$\boldsymbol{A}^2+\boldsymbol{A}=\boldsymbol{0}$，$\lambda^2+\lambda=0\Rightarrow\lambda=0$ 或 $\lambda=-1$.

$\because \mathrm{R}(\boldsymbol{A})=3$

$\therefore \lambda_1=\lambda_2=\lambda_3=-1$.

[例 14] 设 $\boldsymbol{A}$ 是 3 阶实对称矩阵，秩 $\boldsymbol{R}(\boldsymbol{A})=2$，若 $\boldsymbol{A}^2=\boldsymbol{A}$，则 $\boldsymbol{A}$ 的特征值是______.

解：方法 1：$\boldsymbol{A}^2-\boldsymbol{A}=\boldsymbol{0}$

$\boldsymbol{A}(\boldsymbol{A}-\boldsymbol{E})=\boldsymbol{0}$

$|\boldsymbol{A}||\boldsymbol{A}-\boldsymbol{E}|=0$

$\therefore \lambda=0,\lambda=1$ 是特征值

$\because \mathrm{R}(\boldsymbol{A})=2$

$\therefore \lambda=0$ 是单根，重根是 1，1.

方法 2：$\boldsymbol{A}^2-\boldsymbol{A}=\boldsymbol{0}$

$\therefore \lambda^2-\lambda=0$

$\therefore \lambda=1,\lambda=0$

又 $\because \mathrm{R}(\boldsymbol{A})=2$

$\therefore \lambda_1=\lambda_2=1,\lambda_3=0$.

第14讲 二次型

14.1 二次型的基本概念

14.1.1 二次型的定义

① 形如：$f(x_1,x_2,\cdots,x_n)=a_{11}x_1^2+a_{22}x_2^2+\cdots+a_{nn}x_n^2+2a_{12}x_1x_2+2a_{13}x_1x_3+\cdots+2a_{n-1,n}x_{n-1}x_n$，则称 $f(x_1,x_2,\cdots,x_n)$ 为实二次型．

② 称 $f=k_1y_1^2+k_2y_2^2+\cdots+k_ny_n^2$ 为二次型的标准型．

③ $f(x_1,x_2,\cdots,x_n)=(x_1,x_2,\cdots,x_n)\begin{pmatrix} a_{11} & a_{12} & \cdots & a_{1n} \\ a_{21} & a_{22} & \cdots & a_{2n} \\ \vdots & \vdots & & \vdots \\ a_{n1} & a_{n2} & \vdots & a_{nn} \end{pmatrix}\begin{pmatrix} x_1 \\ x_2 \\ \vdots \\ x_n \end{pmatrix}$，称 $f=\boldsymbol{x}^{\mathrm{T}}\boldsymbol{A}\boldsymbol{x}$ 为二次型的矩阵形式．

④ 实对称矩阵 $\boldsymbol{A}$ 的秩称为二次型的秩．

14.1.2 矩阵合同

定义：设有两个矩阵 $\boldsymbol{A}$，$\boldsymbol{B}$ 为 n 阶矩阵，如果存在一个可逆矩阵 $\boldsymbol{C}$，使得 $\boldsymbol{B}=\boldsymbol{C}^{\mathrm{T}}\boldsymbol{A}\boldsymbol{C}$，则称矩阵 $\boldsymbol{A}$ 与 $\boldsymbol{B}$ 合同，记作 $\boldsymbol{A}\simeq\boldsymbol{B}$.

矩阵合同具有：反身性、对称性、传递性．

14.2 化二次型为标准型

14.2.1 配方法

① 若二次型含有平方项，则先把含有平方项的项合在一起，然后配方；接着再对其余的变量进行同样过程，直到所有变量都配成平方项为止，经过可逆线性变换，就得到标

准型.

② 若二次型中不含有平方项，但是 $a_{ij}\neq 0(i\neq j)$，则先作可逆变换

$$\begin{cases} x_i=y_i-y_j \\ x_j=y_i+y_j \quad (k=1,2,\cdots,n,\text{且 } k\neq i,j) \\ x_k=y_k \end{cases}$$

化二次型为含有平方项的二次型，然后再按①配方.

注：配方法是一种可逆线性变化，但平方项系数与 $\boldsymbol{A}$ 的特征值无关.

14.2.2 正交变换法化二次型为标准型

① 写出二次型的对应对称矩阵 $\boldsymbol{A}$；

② 求出所有的特征值 λ_1，λ_2，…，λ_n；

③ 求出对应特征值的特征向量 $\boldsymbol{\xi}_1$，$\boldsymbol{\xi}_2$，…，$\boldsymbol{\xi}_n$；

④ 将特征向量 $\boldsymbol{\xi}_1$，$\boldsymbol{\xi}_2$，…，$\boldsymbol{\xi}_n$ 正交化、单位化，得 $\boldsymbol{P}_1$，$\boldsymbol{P}_2$，…，$\boldsymbol{P}_n$，记 $\boldsymbol{P}=(\boldsymbol{P}_1,\boldsymbol{P}_2,\cdots,\boldsymbol{P}_n)$；

⑤ 做正交变换 $\boldsymbol{x}=\boldsymbol{P}\boldsymbol{y}$，则得 f 的标准型 $f=\lambda_1\boldsymbol{y}_1^2+\lambda_2\boldsymbol{y}_2^2+\cdots+\lambda_n\boldsymbol{y}_n^2$.

14.2.3 施密特正交化

$$\boldsymbol{\beta}_1=\boldsymbol{\alpha}_1$$

$$\boldsymbol{\beta}_2=\boldsymbol{\alpha}_2-\frac{(\boldsymbol{\alpha}_2,\boldsymbol{\beta}_1)}{(\boldsymbol{\beta}_1,\boldsymbol{\beta}_1)}\boldsymbol{\beta}_1$$

$$\boldsymbol{\beta}_3=\boldsymbol{\alpha}_3-\frac{(\boldsymbol{\alpha}_3,\boldsymbol{\beta}_1)}{(\boldsymbol{\beta}_1,\boldsymbol{\beta}_1)}\boldsymbol{\beta}_1-\frac{(\boldsymbol{\alpha}_3,\boldsymbol{\beta}_2)}{(\boldsymbol{\beta}_2,\boldsymbol{\beta}_2)}\boldsymbol{\beta}_2$$

$$\vdots$$

[例 1] 用配方法将二次型化为标准型.

$f(x_1,x_2,x_3)=2x_1^2+4x_1(x_2+x_3)+(x_2+x_3)^2+2x_2^2+8x_2x_3+5x_3^2$

解：先将含有的项配方

$$f(x_1,x_2,x_3)=2[x_1^2+2x_1(x_2+x_3)+(x_2+x_3)^2]-(x_2+x_3)^2+2x_2^2+8x_2x_3+5x_3^2$$
$$=2(x_1+x_2+x_3)^2+x_2^2+6x_2x_3+4x_3^2$$

再将后三项中含有的项配方

$$f(x_1,x_2,x_3)=2(x_1+x_2+x_3)^2+(x_2^2+6x_2x_3+9x_3^2)-5x_3^2$$
$$=2(x_1+x_2+x_3)^2+(x_2+3x_3)^2-5x_3^2$$

令 $\begin{cases} y_1=x_1+x_2+x_3 \\ y_2=x_2+3x_3 \\ y_3=x_3 \end{cases}$ 解出 $\begin{cases} x_1=y_1-y_2+2y_3 \\ x_2=y_2-3y_3 \\ x_3=y_3 \end{cases}$

那么$\begin{pmatrix}x_1\\x_2\\x_3\end{pmatrix}=\begin{pmatrix}1&-1&2\\0&1&-3\\0&0&1\end{pmatrix}\begin{pmatrix}y_1\\y_2\\y_3\end{pmatrix}$

标准型为 $f=2y_1^2+y_2^2-5y_3^2$.

[例 2] 设二次型 $f(x_1,x_2,x_3)=\boldsymbol{x}^{\mathrm{T}}\boldsymbol{A}\boldsymbol{x}=ax_1^2+2x_2^2-2x_3^2+2bx_1x_3(b>0)$中二次型的矩阵 $\boldsymbol{A}$ 的特征值之和为 1，特征值之积为-12.

(1) 求 a，b 的值；

(2) 利用正交变换将二次型 $f(x_1,x_2,x_3)$化为标准型，并写出所用的正交变换和对应的正交矩阵.

解：(1) 二次型 f 的矩阵为$\boldsymbol{A}=\begin{pmatrix}a&0&b\\0&2&0\\b&0&-2\end{pmatrix}$

设 $\boldsymbol{A}$ 的特征值为$\lambda_i(i=1,2,3)$，由题设，有

$$\lambda_1+\lambda_2+\lambda_3=a+2+(-2)=1$$

$$\lambda_1\lambda_2\lambda_3=\begin{vmatrix}a&0&b\\0&2&0\\b&0&-2\end{vmatrix}=-4a-2b^2=-12$$

解得 $a=1$，$b=2$.

(2) 由矩阵的特征多项式

$$|\boldsymbol{A}-\lambda\boldsymbol{E}|=\begin{vmatrix}1-\lambda&0&2\\0&2-\lambda&0\\2&0&-2-\lambda\end{vmatrix}=(\lambda-2)^2(\lambda+3)=0$$

$$\therefore\lambda_1=\lambda_2=2,\ \lambda_3=-3$$

对于 $\lambda_1=\lambda_2=2$，解齐次线性方程组$(\boldsymbol{A}-2\boldsymbol{E})\boldsymbol{x}=\boldsymbol{0}$，得其基础解系为

$$\boldsymbol{\xi}_1=(2,\ 0,\ 1)^{\mathrm{T}},\ \boldsymbol{\xi}_2=(0,\ 1,\ 0)^{\mathrm{T}}$$

对于 $\lambda_3=-3$，解齐次线性方程组$(\boldsymbol{A}+3\boldsymbol{E})\boldsymbol{x}=\boldsymbol{0}$，得其基础解系

$$\boldsymbol{\xi}_3=(1,\ 0,\ -2)^{\mathrm{T}}$$

由于 $\boldsymbol{\xi}_1$，$\boldsymbol{\xi}_2$，$\boldsymbol{\xi}_3$ 已是正交向量组，只需将 $\boldsymbol{\xi}_1$，$\boldsymbol{\xi}_2$，$\boldsymbol{\xi}_3$ 单位化，由此得

$$\boldsymbol{y}_1=\left(\frac{2}{\sqrt{5}},\ 0,\ \frac{1}{\sqrt{5}}\right)^{\mathrm{T}},\ \boldsymbol{y}_2=(0,\ 1,\ 0)^{\mathrm{T}},\ \boldsymbol{y}_3=\left(\frac{1}{\sqrt{5}},\ 0,\ -\frac{2}{\sqrt{5}}\right)^{\mathrm{T}}$$

令矩阵 $\boldsymbol{Q}=(\boldsymbol{y}_1,\ \boldsymbol{y}_2,\ \boldsymbol{y}_3)=\begin{pmatrix}\frac{2}{\sqrt{5}}&0&\frac{1}{\sqrt{5}}\\0&1&0\\\frac{1}{\sqrt{5}}&0&-\frac{2}{\sqrt{5}}\end{pmatrix}$

则 $\boldsymbol{Q}$ 为正交矩阵，在正交变换 $\boldsymbol{X}=\boldsymbol{Q}\boldsymbol{Y}$ 下，有

$$\boldsymbol{Q}^{\mathrm{T}}\boldsymbol{A}\boldsymbol{Q}=\begin{pmatrix}2&0&0\\0&2&0\\0&0&-3\end{pmatrix}$$

且二次型的标准型为 $f=2\boldsymbol{y}_1^2+2\boldsymbol{y}_2^2-3\boldsymbol{y}_3^2$.

14.2.4 惯性定理

(1) 二次型的规范形

定义：称 $f=y_1^2+\cdots+y_p^2-y_{p+1}^2-\cdots-y_{p+q}^2$ 为二次型的规范形 .

注：标准型是不唯一的，规范形是唯一的 .

定义：在二次型的标准型中，含正号的项数称为正惯性指数（p），含负号的项数称为负惯性指数（q）.

$p+q=r$，其中 r 为非零特征值的个数，等于二次型的秩（即 $\boldsymbol{X}^{\mathrm{T}}\boldsymbol{AX}$ 中 $\boldsymbol{A}$ 的秩）.

(2) 实对称矩阵是合同的充要条件

两个实对称矩阵合同的充分必要条件是它们所对应的实二次型具有相同的正惯性指数和秩，即具有相同的正惯性指数和负惯性指数 .

注：两个矩阵合同的必要条件，①两个矩阵的秩相同；②两个矩阵的行列式的符号相同 .

[例 3] 二次型 $f(x_1,x_2,x_3)=(x_1+x_2)^2+(2x_1+3x_2+x_3)^2-5(x_2+x_3)^2$ 的规范形是（　　）.

(A) $y_1^2+y_2^2-5y_3^2$ (B) $y_2^2-y_3^2$ (C) $y_1^2+y_2^2-y_3^2$ (D) $y_1^2+y_2^2$

答案：(B) .

解：$f(x_1,x_2,x_3)=(x_1+x_2)^2+(2x_1+3x_2+x_3)^2-5(x_2+x_3)^2$

$=5x_1^2+5x_2^2-4x_3^2+14x_1x_2+4x_1x_3-4x_2x_3$

由于 $\boldsymbol{A}=\begin{pmatrix}5 & 7 & 2\\ 7 & 5 & -2\\ 2 & -2 & -4\end{pmatrix}$

于是 $|\boldsymbol{A}-\lambda\boldsymbol{E}|=0$ 解得 $\lambda_1=0$，$\lambda_2=12$，$\lambda_3=-6$，故规范形为 $f=y_2^2-y_3^2$.

(3) 矩阵的等价、相似、合同的证明方法

① $\mathrm{R}(\boldsymbol{A})=\mathrm{R}(\boldsymbol{B})\Leftrightarrow\boldsymbol{A}$ 与 $\boldsymbol{B}$ 等价($\boldsymbol{A}\sim\boldsymbol{B}$)；

② $\boldsymbol{A}\cong\boldsymbol{\Lambda},\boldsymbol{B}\cong\boldsymbol{\Lambda}\Rightarrow\boldsymbol{A}$ 与 $\boldsymbol{B}$ 相似($\boldsymbol{A}\cong\boldsymbol{B}$)$\Rightarrow\mathrm{R}(\boldsymbol{A})=\mathrm{R}(\boldsymbol{B})$且特征值一样（注意是单向的）；

③ 具有相同的正负惯性指数$\Leftrightarrow\boldsymbol{A}$ 与 $\boldsymbol{B}$ 合同（$\boldsymbol{A}\simeq\boldsymbol{B}$）.

[例 4] 判断 $\boldsymbol{A}=\begin{pmatrix}1 & 1 & 1\\ 1 & 1 & 1\\ 1 & 1 & 1\end{pmatrix}$，$\boldsymbol{B}=\begin{pmatrix}3 & 0 & 0\\ 0 & 0 & 0\\ 0 & 0 & 0\end{pmatrix}$是否等价、相似、合同？

解：$\because\mathrm{R}(\boldsymbol{A})=\mathrm{R}(\boldsymbol{B})=1$

$\therefore\boldsymbol{A}$ 与 $\boldsymbol{B}$ 等价 .

由 $|\boldsymbol{A}-\lambda\boldsymbol{E}|=\lambda^3-3\lambda^2$，知矩阵的特征值是 3，0，0.

$\because\boldsymbol{A}$ 是实对称矩阵$\therefore\boldsymbol{A}$ 必能相似对角化，且 $\boldsymbol{A}\cong\begin{pmatrix}3 & & \\ & 0 & \\ & & 0\end{pmatrix}$

$\therefore\boldsymbol{A}$ 与 $\boldsymbol{B}$ 相似 .

注：①实对称矩阵 $\boldsymbol{A}\simeq\boldsymbol{B}\Rightarrow\boldsymbol{A}$ 与 $\boldsymbol{B}$ 具有相同的特征值

$\Rightarrow\boldsymbol{X}^{\mathrm{T}}\boldsymbol{AX}$ 与 $\boldsymbol{X}^{\mathrm{T}}\boldsymbol{BX}$ 有相同的正、负惯性指数

$\Rightarrow\boldsymbol{A}$ 与 $\boldsymbol{B}$ 合同

所以本题 $\boldsymbol{A}$ 与 $\boldsymbol{B}$ 相似，合同，等价均成立．

② 实对称矩阵 $\boldsymbol{A}$ 与 $\boldsymbol{B}$ 相似 $\Rightarrow\boldsymbol{A}$ 与 $\boldsymbol{B}$ 合同．

③ 但 $\boldsymbol{A}$ 与 $\boldsymbol{B}$ 合同不能推出 $\boldsymbol{A}$ 与 $\boldsymbol{B}$ 相似．

[例 5] 设矩阵 $\boldsymbol{A}=\begin{pmatrix}2&-1&-1\\-1&2&-1\\-1&-1&2\end{pmatrix}$，$\boldsymbol{B}=\begin{pmatrix}1&0&0\\0&1&0\\0&0&0\end{pmatrix}$ 则 $\boldsymbol{A}$ 与 $\boldsymbol{B}$（　　）．

(A) 合同且相似　　(B) 合同但不相似

(C) 不合同，但相似　　(D) 既不合同也不相似

答案：(B)．

解： $|\boldsymbol{A}-\lambda\boldsymbol{E}|=0$ 得 $\boldsymbol{A}$ 的特征值 0，3，3，而 $\boldsymbol{B}$ 的特征值为 0，1，1，从而 $\boldsymbol{A}$ 与 $\boldsymbol{B}$ 不相似．

又 $\mathrm{R}(\boldsymbol{A})=\mathrm{R}(\boldsymbol{B})=2$，且 $\boldsymbol{A}$，$\boldsymbol{B}$ 有相同的正惯性指数．

因此 $\boldsymbol{A}$ 与 $\boldsymbol{B}$ 合同．

[例 6] 设 $\boldsymbol{A}=\begin{pmatrix}1&2\\2&1\end{pmatrix}$，则在实数域上与 $\boldsymbol{A}$ 合同的矩阵为（　　）．

(A) $\begin{pmatrix}-2&1\\1&-2\end{pmatrix}$ (B) $\begin{pmatrix}2&-1\\-1&2\end{pmatrix}$ (C) $\begin{pmatrix}2&1\\1&2\end{pmatrix}$ (D) $\begin{pmatrix}1&-2\\-2&1\end{pmatrix}$

答案：(D)．

解： $\boldsymbol{D}$ 的特征多项式 $|\boldsymbol{D}-\lambda\boldsymbol{E}|=(1-\lambda)^2-4$

$\boldsymbol{A}$ 的特征多项式 $|\boldsymbol{A}-\lambda\boldsymbol{E}|=(1-\lambda)-4$

$\therefore\boldsymbol{A}$ 与 $\boldsymbol{D}$ 有相同的特征值．

又由于 $\boldsymbol{A}$ 与 $\boldsymbol{D}$ 为同阶实对称矩阵．

$\therefore\boldsymbol{A}$ 与 $\boldsymbol{D}$ 相似．

$\because$ 实对称矩阵相似必合同

$\therefore\boldsymbol{A}$ 与 $\boldsymbol{D}$ 合同．

$\because\boldsymbol{A}$ 与答案中的选项都是实对称矩阵

$\therefore\boldsymbol{A}$ 与谁相似 $\Rightarrow\boldsymbol{A}$ 与谁合同．

又 $\because$ 相似要求有相同的迹

$\therefore$ 选 (D)．

14.3 正定二次型与正定矩阵

14.3.1 二次型的正定性

定义： 设实二次型 $f(x_1,x_2,\cdots,x_m)=\boldsymbol{X}^{\mathrm{T}}\boldsymbol{AX}$，如果对任何非零向量 $\boldsymbol{x}$ 都有 $f(\boldsymbol{x})>0$，

则称 f 为正定二次型，并称对称矩阵 $\boldsymbol{A}$ 是正定的 .

如果对任何 $\boldsymbol{x}$ 都有 $f(\boldsymbol{x})<0$，则称为负定二次型，并称对称矩阵 $\boldsymbol{A}$ 是负定的 .

$\forall$，$f(\boldsymbol{x})\geqslant 0$ 半正定，$\forall$，$f(\boldsymbol{x})\leqslant 0$ 半负定 .

14.3.2 二次型正定的判别方法

① 其标准型的 n 个系数都大于"0"；

② 其正惯性指数 $p=n$；

③ 实对称矩阵 $\boldsymbol{A}$ 的特征值全大于零；

④ 实对称矩阵 $\boldsymbol{A}$ 的所有顺序主子式大于零；

⑤ 存在可逆矩阵 $\boldsymbol{C}$，使得 $\boldsymbol{A}=\boldsymbol{C}^{\mathrm{T}}\boldsymbol{C}$，即 $\boldsymbol{A}$ 与 $\boldsymbol{E}$ 合同 .

注：①正定的必要条件：

a. $\boldsymbol{A}$ 的主对角线上元素 $a_{ii}>0(i=1, 2, \cdots, n)$；

b. $|\boldsymbol{A}|>0$.

② 若 $\boldsymbol{A}$ 为正定矩阵，则 $k\boldsymbol{A}(k>0)$，$\boldsymbol{A}^{\mathrm{T}}$，$\boldsymbol{A}^{-1}$，$\boldsymbol{A}^{*}$ 也是正定矩阵 .

14.3.3 二次型负定的判别方法

① 标准型中的 n 个系数都小于"0"；

② 负惯性指数 $q=n$；

③ 实对称矩阵的特征值都小于"0"；

④ 实对称矩阵的奇数阶顺序主子式都小于"0"；偶数阶顺序主子式都大于"0"；

⑤ 实对称矩阵 $\boldsymbol{A}$ 与 $-\boldsymbol{E}$ 合同 .

[例 7] 若二次型 $f(x_1,x_2,x_3)=ax_1^2+4x_2^2+ax_3^2+6x_1x_2+2x_2x_3$ 是正定的，则 a 的取值范围是__________.

解： $a>\dfrac{5}{2}$（顺序主子式全为大于"0"）.

线性代数知识点总结

1. 行列式计算

（1）行（列）变换计算行列式

① 上（下）三角形行列式

$$\begin{vmatrix} a_{11} & a_{12} & \cdots & a_{1n} \\ & a_{22} & \cdots & a_{2n} \\ & & \ddots & \vdots \\ & & & a_{nn} \end{vmatrix} = \begin{vmatrix} a_{11} & & & \\ a_{21} & a_{22} & & \\ \vdots & \vdots & \ddots & \\ a_{n1} & a_{n2} & \cdots & a_{nn} \end{vmatrix} = a_{11}a_{22}\cdots a_{nn}$$

② 上（下）副对角线三角形行列式

$$\begin{vmatrix} a_{11} & \cdots & a_{1n-1} & a_{1n} \\ a_{21} & \cdots & a_{2n-1} & \\ \vdots & \iddots & & \\ a_{n1} & & & \end{vmatrix} = \begin{vmatrix} & & & a_{1n} \\ & & a_{2n-1} & a_{2n} \\ & \iddots & \cdots & \cdots \\ a_{n1} & \cdots & a_{nn-1} & a_{nn} \end{vmatrix} = (-1)^{\frac{n(n-1)}{2}} a_{1n}a_{2n-1}\cdots a_{n1}$$

③ 拉普拉斯变换

$$\begin{vmatrix} \boldsymbol{A}_{m\times m} & \boldsymbol{C} \\ \boldsymbol{O} & \boldsymbol{B}_{n\times n} \end{vmatrix} = \begin{vmatrix} \boldsymbol{A}_{m\times m} & \boldsymbol{O} \\ \boldsymbol{C} & \boldsymbol{B}_{n\times n} \end{vmatrix} = |\boldsymbol{A}_{m\times m}||\boldsymbol{B}_{n\times n}|$$

$$\begin{vmatrix} \boldsymbol{O} & \boldsymbol{A}_{m\times m} \\ \boldsymbol{B}_{n\times n} & \boldsymbol{C} \end{vmatrix} = \begin{vmatrix} \boldsymbol{C} & \boldsymbol{A}_{m\times m} \\ \boldsymbol{B}_{n\times n} & \boldsymbol{O} \end{vmatrix} = (-1)^{mn} |\boldsymbol{A}_{m\times m}||\boldsymbol{B}_{n\times n}|$$

④ 范德蒙行列式

$$D_n = \begin{vmatrix} 1 & 1 & \cdots & 1 \\ x_1 & x_2 & \cdots & x_n \\ \vdots & \vdots & & \vdots \\ x_1^{n-1} & x_2^{n-1} & \cdots & x_n^{n-1} \end{vmatrix} = \prod_{1\leqslant j<i\leqslant n} (x_i - x_j)$$

（2）用行列式的性质计算行列式

用行列式的性质将未知行列式化成已知行列式的类型，进行计算．

（3）用递推法降阶计算行列式

① 找出递推关系式（如 D_n、D_{n-1}、D_{n-2} 的关系式）．

② D_n 与 D_{n-1} 或 D_n 与 D_{n-2} 的元素有完全相同的分布规律，只是阶数不同．

（4）用矩阵知识计算行列式

① 设 $\boldsymbol{C}=\boldsymbol{AB}$，$\boldsymbol{A}$，$\boldsymbol{B}$ 为同阶方阵，则 $|\boldsymbol{C}|=|\boldsymbol{AB}|=|\boldsymbol{A}||\boldsymbol{B}|$.

② 设 $\boldsymbol{C}=\boldsymbol{A}+\boldsymbol{B}$，$\boldsymbol{A}$，$\boldsymbol{B}$ 为同阶方阵，则 $|\boldsymbol{C}|=|\boldsymbol{A}+\boldsymbol{B}|$，做恒等变形，计算行列式．

③ 设 $\boldsymbol{A}$ 为 n 阶矩阵，则 $|\boldsymbol{A}^*|=|\boldsymbol{A}|^{n-1}$，$|(\boldsymbol{A}^*)^*|=||\boldsymbol{A}|^{n-2}\boldsymbol{A}|=|\boldsymbol{A}|^{(n-1)^2}$.

（5）用相似理论计算行列式

① $|\boldsymbol{A}|=\prod_{i=1}^{n}\lambda_i$.

② 若 $\boldsymbol{A}$ 相似于 $\boldsymbol{B}$，则 $|\boldsymbol{A}|=|\boldsymbol{B}|$.

（6）用矩阵与伴随矩阵的关系计算行列式

当 $|\boldsymbol{A}|\neq 0$ 时，$\boldsymbol{A}^*=|\boldsymbol{A}|\boldsymbol{A}^{-1}$.

（7）用特征值计算代数余子式

设 $\boldsymbol{A}$ 为 3 阶矩阵，当 $\boldsymbol{A}$ 为可逆矩阵时，记其特征值为 λ_1，λ_2，λ_3，则 $\boldsymbol{A}^{-1}$ 的特征值为 λ_1^{-1}，λ_2^{-1}，λ_3^{-1}，且由 $\boldsymbol{A}^*=|\boldsymbol{A}|\boldsymbol{A}^{-1}=\lambda_1\lambda_2\lambda_3\boldsymbol{A}^{-1}$，可知 $\boldsymbol{A}^*$ 的特征值为 $\lambda_1^*=\lambda_1\lambda_2\lambda_3\lambda_1^{-1}=\lambda_2\lambda_3$，$\lambda_2^*=\lambda_1\lambda_2\lambda_3\lambda_2^{-1}=\lambda_1\lambda_3$，$\lambda_3^*=\lambda_1\lambda_2\lambda_3\lambda_3^{-1}=\lambda_1\lambda_2$

由于 $$\boldsymbol{A}^*=\begin{pmatrix}A_{11} & A_{21} & A_{31}\\ A_{12} & A_{22} & A_{32}\\ A_{13} & A_{23} & A_{33}\end{pmatrix}$$

可得 $A_{11}+A_{22}+A_{33}=\mathrm{tr}(\boldsymbol{A}^*)=\lambda_1^*+\lambda_2^*+\lambda_3^*=\lambda_2\lambda_3+\lambda_1\lambda_3+\lambda_1\lambda_2$.

2. 求矩阵 $\boldsymbol{A}$ 的 n 次幂 $\boldsymbol{A}^n$

（1）$\boldsymbol{A}$ 为方阵，$\mathrm{R}(\boldsymbol{A})=1$ 且 $\boldsymbol{A}=\begin{pmatrix}a_1b_1 & a_1b_2 & a_1b_3\\ a_2b_1 & a_2b_2 & a_2b_3\\ a_3b_1 & a_3b_2 & a_3b_3\end{pmatrix}=\begin{pmatrix}a_1\\ a_2\\ a_3\end{pmatrix}(b_1,b_2,b_3)=\boldsymbol{\alpha}\boldsymbol{\beta}^{\mathrm{T}}$

于是 $$\begin{aligned}\boldsymbol{A}^n&=(\boldsymbol{\alpha}\boldsymbol{\beta}^{\mathrm{T}})(\boldsymbol{\alpha}\boldsymbol{\beta}^{\mathrm{T}})\cdots(\boldsymbol{\alpha}\boldsymbol{\beta}^{\mathrm{T}})=\boldsymbol{\alpha}(\boldsymbol{\beta}^{\mathrm{T}}\boldsymbol{\alpha})(\boldsymbol{\beta}^{\mathrm{T}}\boldsymbol{\alpha})\cdots(\boldsymbol{\beta}^{\mathrm{T}}\boldsymbol{\alpha})\boldsymbol{\beta}^{\mathrm{T}}\\&=\left(\sum_{i=1}^{n}a_ib_i\right)^{n-1}\boldsymbol{A}=[\mathrm{tr}(\boldsymbol{A})]^{n-1}\boldsymbol{A}.\end{aligned}$$

（2）先计算 $\boldsymbol{A}^2$ 或 $\boldsymbol{A}^3$，寻找规律，计算 $\boldsymbol{A}^n$.

（3）$\boldsymbol{A}=\boldsymbol{B}+\boldsymbol{C}$ 形式.

若 $\boldsymbol{A}=\boldsymbol{B}+\boldsymbol{C}$，$\boldsymbol{BC}=\boldsymbol{CB}$（$\boldsymbol{B}$ 与 $\boldsymbol{C}$ 可交换时），则

$$\boldsymbol{A}^n=(\boldsymbol{B}+\boldsymbol{C})^n=\boldsymbol{B}^n+n\boldsymbol{B}^{n-1}\boldsymbol{C}+\frac{n(n-1)}{2!}\boldsymbol{B}^{n-2}\boldsymbol{C}^2+\cdots+\boldsymbol{C}^n$$

① 若 $\boldsymbol{B}=\boldsymbol{E}$，则 $\boldsymbol{A}^n=\boldsymbol{E}+n\boldsymbol{C}+\frac{n(n-1)}{2!}\boldsymbol{C}^2+\cdots+\boldsymbol{C}^n$；

② 若 $\boldsymbol{BC}=\boldsymbol{CB}=\boldsymbol{O}$，则 $\boldsymbol{A}^n=\boldsymbol{B}^n+\boldsymbol{C}^n$.

说明：当 $\boldsymbol{B}$ 与 $\boldsymbol{C}$ 不可交换时，上述结论不成立.

（4）用相似矩阵求 $\boldsymbol{A}^n$.

若 $\boldsymbol{A}\sim\boldsymbol{\Lambda}$，即 $\boldsymbol{P}^{-1}\boldsymbol{AP}=\boldsymbol{\Lambda}$，则 $\boldsymbol{A}=\boldsymbol{P\Lambda P}^{-1}$，$\boldsymbol{A}^n=\boldsymbol{P}\boldsymbol{\Lambda}^n\boldsymbol{P}^{-1}$.

3. 关于 $\boldsymbol{A}^*$ 的公式

设 $\boldsymbol{A}$ 为 $n(n\geqslant 2)$ 阶可逆矩阵，则

① $\boldsymbol{A}\boldsymbol{A}^*=\boldsymbol{A}^*\boldsymbol{A}=|\boldsymbol{A}|\boldsymbol{E}$；

② $|\boldsymbol{A}^*|=|\boldsymbol{A}|^{n-1}$；

③ $(\boldsymbol{A}^{\mathrm{T}})^*=(\boldsymbol{A}^*)^{\mathrm{T}}$；

④ $(k\boldsymbol{A})^*=k^{n-1}\boldsymbol{A}^*$，$(-\boldsymbol{A})^*=(-1)^{n-1}\boldsymbol{A}^*$；

⑤ $\boldsymbol{A}^{-1}=\frac{1}{|\boldsymbol{A}|}\boldsymbol{A}^*$；

⑥ $\boldsymbol{A}^{*}=|\boldsymbol{A}|\boldsymbol{A}^{-1}$；

⑦ $(\boldsymbol{A}^{*})^{-1}=\dfrac{1}{|\boldsymbol{A}|}\boldsymbol{A}=(\boldsymbol{A}^{-1})^{*}$；

⑧ $(\boldsymbol{A}^{*})^{*}=|\boldsymbol{A}|^{n-2}\boldsymbol{A}$

当 $n=2$ 时，$(\boldsymbol{A}^{*})^{*}=\boldsymbol{A}$；

当 $n>2$ 时，且 $\boldsymbol{A}$ 是可逆矩阵时，$(\boldsymbol{A}^{*})^{*}=|\boldsymbol{A}|^{n-2}\boldsymbol{A}$；

当 $n>2$ 时，且 $\boldsymbol{A}$ 是不可逆矩阵时，$(\boldsymbol{A}^{*})^{*}=\boldsymbol{O}$；

⑨ $|(\boldsymbol{A}^{*})^{*}|=|\boldsymbol{A}|^{(n-1)^2}$；

⑩ $(\boldsymbol{AB})^{*}=\boldsymbol{B}^{*}\boldsymbol{A}^{*}$.

4. 分块矩阵

（1）加法：必须同型，且分块一致，则 $\begin{pmatrix}\boldsymbol{A}_1 & \boldsymbol{A}_2\\ \boldsymbol{A}_3 & \boldsymbol{A}_4\end{pmatrix}+\begin{pmatrix}\boldsymbol{B}_1 & \boldsymbol{B}_2\\ \boldsymbol{B}_3 & \boldsymbol{B}_4\end{pmatrix}=\begin{pmatrix}\boldsymbol{A}_1+\boldsymbol{B}_1 & \boldsymbol{A}_2+\boldsymbol{B}_2\\ \boldsymbol{A}_3+\boldsymbol{B}_3 & \boldsymbol{A}_4+\boldsymbol{B}_4\end{pmatrix}$.

（2）数乘：$k\begin{pmatrix}\boldsymbol{A} & \boldsymbol{B}\\ \boldsymbol{C} & \boldsymbol{D}\end{pmatrix}=\begin{pmatrix}k\boldsymbol{A} & k\boldsymbol{B}\\ k\boldsymbol{C} & k\boldsymbol{D}\end{pmatrix}$.

（3）乘法：$\begin{pmatrix}\boldsymbol{A} & \boldsymbol{B}\\ \boldsymbol{C} & \boldsymbol{D}\end{pmatrix}\begin{pmatrix}\boldsymbol{X} & \boldsymbol{Y}\\ \boldsymbol{Z} & \boldsymbol{W}\end{pmatrix}=\begin{pmatrix}\boldsymbol{AX}+\boldsymbol{BZ} & \boldsymbol{AY}+\boldsymbol{BW}\\ \boldsymbol{CX}+\boldsymbol{DZ} & \boldsymbol{CY}+\boldsymbol{DW}\end{pmatrix}$.

（4）求逆：

① 若 $\boldsymbol{A}=\begin{pmatrix}\boldsymbol{B} & \boldsymbol{O}\\ \boldsymbol{D} & \boldsymbol{C}\end{pmatrix}$，其中 $\boldsymbol{B}$ 是 r 阶可逆矩阵，$\boldsymbol{C}$ 是 s 阶可逆矩阵，且 $\boldsymbol{A}$ 可逆，则

$$\boldsymbol{A}^{-1}=\begin{pmatrix}\boldsymbol{B}^{-1} & \boldsymbol{O}\\ -\boldsymbol{C}^{-1}\boldsymbol{D}\boldsymbol{B}^{-1} & \boldsymbol{C}^{-1}\end{pmatrix}$$

② 若$\boldsymbol{A}_1=\begin{pmatrix}\boldsymbol{B} & \boldsymbol{D}\\ \boldsymbol{O} & \boldsymbol{C}\end{pmatrix}$，$\boldsymbol{A}_2=\begin{pmatrix}\boldsymbol{O} & \boldsymbol{B}\\ \boldsymbol{C} & \boldsymbol{D}\end{pmatrix}$，$\boldsymbol{A}_3=\begin{pmatrix}\boldsymbol{D} & \boldsymbol{B}\\ \boldsymbol{C} & \boldsymbol{O}\end{pmatrix}$，其中 $\boldsymbol{B}$，$\boldsymbol{C}$ 可逆，则

$$\boldsymbol{A}_1^{-1}=\begin{pmatrix}\boldsymbol{B}^{-1} & -\boldsymbol{B}^{-1}\boldsymbol{D}\boldsymbol{C}^{-1}\\ \boldsymbol{O} & \boldsymbol{C}^{-1}\end{pmatrix},\boldsymbol{A}_2^{-1}=\begin{pmatrix}-\boldsymbol{C}^{-1}\boldsymbol{D}\boldsymbol{B}^{-1} & \boldsymbol{C}^{-1}\\ \boldsymbol{B}^{-1} & \boldsymbol{O}\end{pmatrix},\boldsymbol{A}_3^{-1}=\begin{pmatrix}\boldsymbol{O} & \boldsymbol{C}^{-1}\\ \boldsymbol{B}^{-1} & -\boldsymbol{B}^{-1}\boldsymbol{D}\boldsymbol{C}^{-1}\end{pmatrix}$$

③ 主对角线分块矩阵$\boldsymbol{P}=\begin{bmatrix}\boldsymbol{A}_1 & & & \\ & \boldsymbol{A}_2 & & \\ & & \ddots & \\ & & & \boldsymbol{A}_s\end{bmatrix}$，副对角线分块矩阵$\boldsymbol{Q}=\begin{bmatrix} & & & \boldsymbol{A}_1\\ & & \boldsymbol{A}_2 & \\ & ⋰ & & \\ \boldsymbol{A}_s & & & \end{bmatrix}$，

若$\boldsymbol{A}_i$（$i=1$，2，…，s）均可逆，且 $\boldsymbol{P}$，$\boldsymbol{Q}$ 均可逆，则

$$\boldsymbol{P}^{-1}=\begin{bmatrix}\boldsymbol{A}_1^{-1} & & & \\ & \boldsymbol{A}_2^{-1} & & \\ & & \ddots & \\ & & & \boldsymbol{A}_s^{-1}\end{bmatrix},\boldsymbol{Q}^{-1}=\begin{bmatrix} & & & \boldsymbol{A}_s^{-1}\\ & & ⋰ & \\ & \boldsymbol{A}_2^{-1} & & \\ \boldsymbol{A}_1^{-1} & & & \end{bmatrix}.$$

5. 初等矩阵的性质

① $|\boldsymbol{E}|=-1,|\boldsymbol{E}_{ij}(k)=1|,|\boldsymbol{E}_i(k)=k|$；

② $\boldsymbol{E}_{ij}^{\mathrm{T}}=\boldsymbol{E}_{ij},\boldsymbol{E}_{ij}^{\mathrm{T}}(k)=\boldsymbol{E}_{ij}(k),\boldsymbol{E}_i^{\mathrm{T}}(k)=\boldsymbol{E}_i(k)$；

③ $E_{ij}^{-1}=E_{ij}, E_{ij}^{-1}(k)=E_{ij}(-k), E_i^{-1}(k)=E_i\left(\frac{1}{k}\right)$;

④ $E_{ij}^*=|E_{ij}|E_{ij}^{-1}=-E_{ij}$,

$E_{ij}^*(k)=|E_{ij}(k)|E_{ij}^{-1}(k)=E_{ij}(-k)$,

$E_{ij}^*(k)=|E_i(k)|E_i^{-1}(k)=kE_i\left(\frac{1}{k}\right)$.

注：记住④，能很快解决问题.

6. 求解矩阵方程

根据题设条件和矩阵的运算规则，将方程进行恒等变形，使方程化成 $AX=B$，$XA=B$ 或 $AXB=C$ 的形式.

(1) 若 A 可逆或 A 和 B 可逆，则分别可得解为 $X=A^{-1}B, BX=BA^{-1}, X=A^{-1}CB^{-1}$.

(2) 对于 $AX=B$，若 A 不可逆，则将 X 和 B 按列分块，得

$A(\xi_1,\xi_2,\cdots,\xi_n)=(\beta_1,\beta_2,\cdots,\beta_n)$，即 $A\xi_i=\beta_i$，$i=1, 2, \cdots, n$

求解上述线性方程组，得解ξ_i，从而得 $X=(\xi_1,\xi_2,\cdots,\xi_n)$.

(3) 若无法化成上述几种形式，则应该设未知矩阵为 $X=(x_{ij})$，直接代入方程得到含未知量为 x_{ij} 的线性方程组，求得 X 的元素 x_{ij}，从而求得未知矩阵（即用待定元素法求 X）.

7. 矩阵的秩的 15 个公式

(1) 设 A 是 $m\times n$ 矩阵，则 $0\leqslant R(A)\leqslant \min\{m, n\}$（由定义）.

(2) 设 A 是 $m\times n$ 矩阵，则 $R(kA)=R(A)(k\neq 0)$（由定义）.

(3) 设 A 是 $m\times n$ 矩阵，P、Q 分别是 m 阶、n 阶可逆矩阵，则

$R(A)=R(PA)=R(AQ)=R(PAQ)$.

注：若 $R(AB)<R(A)$，B 为 n 阶矩阵，则 $R(B)<n$.

(4) 设 A 是 $m\times n$ 矩阵，B 是 $n\times s$ 矩阵，则 $R(AB)\leqslant \min\{R(A), R(B)\}$.

(5) 设 A，B 为同型矩阵，则 $R(A+B)\leqslant R(A \vdots B)\leqslant R(A)+R(B)$.

(6) 设 A 是 $m\times n$ 矩阵，B 是 $s\times t$ 矩阵，则 $R\left[\begin{pmatrix} A & O \\ O & B\end{pmatrix}\right]=R(A)+R(B)$.

(7) 设 A，B，C 均是 n 阶方阵，$R(A)+R(B)\leqslant \left[\begin{pmatrix} A & O \\ C & B\end{pmatrix}\right]=R(A)+R(B)+R(C)$.

(8) 设 A 是 $m\times n$ 矩阵，B 是 $s\times t$ 矩阵，则 $R(A)\geqslant R(A)+R(B)-n$.

注：特别地，当 $AB=O$ 时，$R(A)+R(B)\leqslant n$，n 是 A 的列数（或 B 的行数）.

(9) 设 A 是 $m\times n$ 矩阵，则 $R(A)=R(A^T)=R(AA^T)=R(A^TA)$.

(10) 设 A 是 n 阶方阵，A^* 是 A 的伴随矩阵，则 $R(A^*)=\begin{cases} n, & R(A)=n, \\ 1, & R(A)=n-1, \\ 0, & R(A)<n-1. \end{cases}$

注：进一步地，关于$(A^*)^*$的结论如下，设 A 为 $n(n>1)$阶方阵，则

① 当 $n=2$ 时，$(A^*)^*=A$；

② 当 $n>2$，且 A 是可逆矩阵时，$(A^*)^*=|A|^{n-2}A$；

③ 当 $n>2$，且 A 是不可逆矩阵时，$(A^*)^*=O$.

(11) 设 A 是 n 阶方阵，$A^2=A$，则 $R(A)+R(A-E)=n$.

(12) 设 $\boldsymbol{A}$ 是 n 阶方阵，$\boldsymbol{A}^2=\boldsymbol{E}$，则 $R(\boldsymbol{A}+\boldsymbol{E})+R(\boldsymbol{A}-\boldsymbol{E})=n$.

(13) $\boldsymbol{Ax}=\boldsymbol{0}$，基础解系所含向量的个数 $s=n-r(\boldsymbol{A})$.

(14) 若 $\boldsymbol{A}\sim\boldsymbol{\Lambda}$，则 $n_i=n-R(\lambda_i\boldsymbol{E}-\boldsymbol{A})$，其中 λ_i 是 n_i 重特征根.

(15) 若 $\boldsymbol{A}\sim\boldsymbol{\Lambda}$，则 $R(\boldsymbol{A})$等于非零特征值的个数，重根按重数算.

注：秩是必考点，考生应多做训练，反复运用以上公式和结论.

8. 解含参数的具体型线性方程组

(1) 将系数矩阵（齐次方程组）或增广矩阵（非齐次方程组）先用初等变换化成阶梯型，再用方程组理论判别，求解.

(2) 对“方形”（方程个数=未知数个数）的方程组

① $|\boldsymbol{A}|\neq 0\Leftrightarrow$方程组有唯一解$\Leftrightarrow\lambda$ 是 $f(\lambda)$的零点. 此时可用克拉默法则求解.

② $|\boldsymbol{A}|=0\Leftrightarrow\lambda$ 是 $f(\lambda)$的零点. 得出这些零点后，逐个代入方程组，再求解.

③ 注意这个知识点的变体形式：含参数的向量之间的关系.

9. 求解两个具体型方程组的公共解与同解问题

(1) 求两个方程组的公共解

① 线性齐次方程组$\boldsymbol{A}_{m\times n}\boldsymbol{x}=\boldsymbol{0}$ 和$\boldsymbol{B}_{m\times n}\boldsymbol{x}=\boldsymbol{0}$ 的公共解是满足方程组$\begin{pmatrix}\boldsymbol{A}\\ \boldsymbol{B}\end{pmatrix}\boldsymbol{x}=\boldsymbol{0}$ 的解，即联立求解，同理，可求 $\boldsymbol{Ax}=\boldsymbol{\alpha}$ 与 $\boldsymbol{Bx}=\boldsymbol{\beta}$ 的公共解，这里对读者的计算能力提出较高的要求，理论上没有什么难点.

② 求出 $\boldsymbol{A}_{m\times n}\boldsymbol{x}=\boldsymbol{0}$ 的通解 $k_1\boldsymbol{\xi}_1+k_2\boldsymbol{\xi}_2+\cdots+k_s\boldsymbol{\xi}_s$，代入 $\boldsymbol{B}_{m\times n}\boldsymbol{x}=\boldsymbol{0}$，求出 k_i $(i=1,2,\cdots,s)$之间的关系，代回$\boldsymbol{A}_{m\times n}\boldsymbol{x}=\boldsymbol{0}$ 的通解，即得公共解.

③ 若给出$\boldsymbol{A}_{m\times n}\boldsymbol{x}=\boldsymbol{0}$ 的基础解系$\boldsymbol{\xi}_1$，$\boldsymbol{\xi}_2$，…，$\boldsymbol{\xi}_s$ 与$\boldsymbol{B}_{m\times n}\boldsymbol{x}=\boldsymbol{0}$ 的基础解系$\boldsymbol{\eta}_1$，$\boldsymbol{\eta}_2$，…，$\boldsymbol{\eta}_t$，则公共解

$\boldsymbol{\gamma}=k_1\boldsymbol{\xi}_1+k_2\boldsymbol{\xi}_2+\cdots+k_s\boldsymbol{\xi}_s=l_1\boldsymbol{\eta}_1+l_2\boldsymbol{\eta}_2+\cdots+l_t\boldsymbol{\eta}_t$

即 $k_1\boldsymbol{\xi}_1+k_2\boldsymbol{\xi}_2+\cdots+k_s\boldsymbol{\xi}_s-l_1\boldsymbol{\eta}_1-l_2\boldsymbol{\eta}_2-\cdots-l_t\boldsymbol{\eta}_t=0$

解此式子，求出 k_i 或者 $l_i(i=1,2,\cdots,s;j=1,2,\cdots,t)$即可写出 $\boldsymbol{\gamma}$.

(2) 同解方程组

若两个方程组$\boldsymbol{A}_{m\times n}\boldsymbol{x}=\boldsymbol{0}$ 和$\boldsymbol{B}_{m\times n}\boldsymbol{x}=\boldsymbol{0}$ 有完全相同的解，则成为同解方程组，于是，$\boldsymbol{Ax}=\boldsymbol{0}$，$\boldsymbol{Bx}=\boldsymbol{0}$ 是同解方程

$\Leftrightarrow\boldsymbol{Ax}=\boldsymbol{0}$ 的解满足 $\boldsymbol{Bx}=\boldsymbol{0}$，且 $\boldsymbol{Bx}=\boldsymbol{0}$ 的解满足 $\boldsymbol{Ax}=\boldsymbol{0}$（互相把解代入求出结果即可）

$\Leftrightarrow R(\boldsymbol{A})=R(\boldsymbol{B})$，且 $\boldsymbol{Ax}=\boldsymbol{0}$ 的解满足 $\boldsymbol{Bx}=\boldsymbol{0}$（或 $\boldsymbol{Bx}=\boldsymbol{0}$ 的解满足 $\boldsymbol{Ax}=\boldsymbol{0}$）

$\Leftrightarrow R(\boldsymbol{A})=R(\boldsymbol{B})=R\left[\begin{pmatrix}\boldsymbol{A}\\ \boldsymbol{B}\end{pmatrix}\right]$（三秩相同，此方法比较方便）.

10. 抽象型方程组的解的判定

主要有以下三条：

(1) $\boldsymbol{Ax}=\boldsymbol{0}$：总有解，至少有零解.

(2) $\boldsymbol{A}_{m\times n}\boldsymbol{x}=\boldsymbol{0}$：$R(\boldsymbol{A})=0$，只有零解；$R(\boldsymbol{A})<0$，有无穷多解.

(3) $\boldsymbol{A}_{m\times n}\boldsymbol{x}=\boldsymbol{b}$：$R(\boldsymbol{A})\neq R(\boldsymbol{A}\vdots\boldsymbol{b})$，无解；$R(\boldsymbol{A})=(\boldsymbol{A}\vdots\boldsymbol{b})=n$，有唯一解；$R(\boldsymbol{A})=(\boldsymbol{A}\vdots\boldsymbol{b})=r<n$，有无穷多解.

注：常考以下结论：

① 若 $\boldsymbol{Ax}=\boldsymbol{0}$ 只有零解，则 $R(\boldsymbol{A})=n$（列满秩）$\nRightarrow R(\boldsymbol{A}\vdots\boldsymbol{b})=n$，故 $\boldsymbol{Ax}=\boldsymbol{b}$ 可能有解，

可能无解．

② 若 $\boldsymbol{Ax}=\boldsymbol{0}$ 有无穷多解（有非零解），则 $\mathrm{R}(\boldsymbol{A})<n$（列不满秩）$\nRightarrow \mathrm{R}(\boldsymbol{A})=\mathrm{R}(\boldsymbol{A}\vdots\boldsymbol{b})$，故 $\boldsymbol{Ax}=\boldsymbol{b}$ 可能有解，可能无解．

③ 若 $\boldsymbol{A}$ 行满秩，则 $\mathrm{R}(\boldsymbol{A})=\mathrm{R}(\boldsymbol{A}\vdots\boldsymbol{b})$，故 $\boldsymbol{Ax}=\boldsymbol{b}$ 必有解．

④ 若 $\boldsymbol{Ax}=\boldsymbol{b}$ 有唯一解，则 $\mathrm{R}(\boldsymbol{A})=\mathrm{R}(\boldsymbol{A}\vdots\boldsymbol{b})=\boldsymbol{A}$ 的列数，故 $\boldsymbol{Ax}=\boldsymbol{0}$ 只有零解．

⑤ 若 $\boldsymbol{Ax}=\boldsymbol{b}$ 有无穷多解，则 $\mathrm{R}(\boldsymbol{A})=\mathrm{R}(\boldsymbol{A}\vdots\boldsymbol{b})<\boldsymbol{A}$ 的列数，故 $\boldsymbol{Ax}=\boldsymbol{0}$ 有非零解．

由①、②可知，④、⑤不能倒推．

11．基础解系

（1）是否为基础解系（满足 3 条）．

（2）用基础解系表示解．

12．用定义推证线性相关与线性无关

（1）对 m 个 n 维向量 $\boldsymbol{\alpha}_1,\boldsymbol{\alpha}_2,\cdots,\boldsymbol{\alpha}_m$，设存在一组数 $k_1,k_2,\cdots,k_m$，使得线性组合 $k_1\boldsymbol{\alpha}_1+k_2\boldsymbol{\alpha}_2+\cdots+k_m\boldsymbol{\alpha}_m=\boldsymbol{0}$.

① 若 $k_1,k_2,\cdots,k_m$ 中至少有一个不为 0，则称向量组 $\boldsymbol{\alpha}_1,\boldsymbol{\alpha}_2,\cdots,\boldsymbol{\alpha}_m$ 线性相关．

② 若只有 $k_1=k_2=\cdots=k_m=0$ 时，上述等式才成立，则称向量组 $\boldsymbol{\alpha}_1,\boldsymbol{\alpha}_2,\cdots,\boldsymbol{\alpha}_m$ 线性无关．

（2）含有零向量或有成比例的向量的向量组必线性相关．

（3）单个非零向量，两个不成比例的向量均线性无关．

（4）向量组或线性相关或线性无关，二者必居其一且仅居其一．

13．$\boldsymbol{\beta}$ 与 $\boldsymbol{\alpha}_1$，$\boldsymbol{\alpha}_2$，…，$\boldsymbol{\alpha}_n$ 的关系

（1）建立方程组 $(\boldsymbol{\alpha}_1,\boldsymbol{\alpha}_2,\cdots,\boldsymbol{\alpha}_n)\begin{pmatrix}x_1\\x_2\\\vdots\\x_n\end{pmatrix}=\boldsymbol{\beta}$.

（2）化阶梯型 $(\boldsymbol{A}\vdots\boldsymbol{\beta})=(\boldsymbol{\alpha}_1,\boldsymbol{\alpha}_2,\cdots,\boldsymbol{\alpha}_n\vdots\boldsymbol{\beta})\xrightarrow{\text{初等行变换}}$ ．

（3）讨论：

① $\mathrm{R}(\boldsymbol{A})\neq\mathrm{R}(\boldsymbol{A}\vdots\boldsymbol{\beta})$ ⇔无解⇔不能表示．

② $\mathrm{R}(\boldsymbol{A})=\mathrm{R}(\boldsymbol{A}\vdots\boldsymbol{\beta})=n$ ⇔唯一解⇔唯一表示法．

③ $\mathrm{R}(\boldsymbol{A})=\mathrm{R}(\boldsymbol{A}\vdots\boldsymbol{\beta})<n$ ⇔无穷多解⇔无穷多种表示法．

注：含未知数是常考题．

14．$\boldsymbol{\alpha}_1$，$\boldsymbol{\alpha}_2$，…，$\boldsymbol{\alpha}_n$ 的向量个数与维数的关系

（1）若向量个数大于维数，则必相关．

（2）若向量个数等于维数，则 $|\boldsymbol{\alpha}_1,\boldsymbol{\alpha}_2,\cdots,\boldsymbol{\alpha}_n|=0$ ⇔线性相关；$|\boldsymbol{\alpha}_1,\boldsymbol{\alpha}_2,\cdots,\boldsymbol{\alpha}_n|\neq 0$ ⇔线性无关．

（3）若向量个数小于维数，则化阶梯型 $\boldsymbol{A}=(\boldsymbol{\alpha}_1,\boldsymbol{\alpha}_2,\cdots,\boldsymbol{\alpha}_n)\xrightarrow{\text{初等行变换}}$ 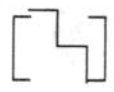

① $\mathrm{R}(\boldsymbol{A})<n$ ⇔线性相关．

② $\mathrm{R}(\boldsymbol{A})=n$ ⇔线性无关．

③ 若线性相关，问 $\boldsymbol{\alpha}_1$ 与 $\boldsymbol{\alpha}_1,\cdots,\boldsymbol{\alpha}_{s-1},\boldsymbol{\alpha}_{s+1},\cdots,\boldsymbol{\alpha}_n$ 的表示关系，则回到“13”即可．

注：含参数亦常考．

15. 求极大线性无关组

给出向量组$\boldsymbol{\alpha}_1$，$\boldsymbol{\alpha}_2$，…，$\boldsymbol{\alpha}_n$.

(1) 初等行变换不改变列向量组的线性相关性.

(2) 求此极大线性无关组.

① 构造$\boldsymbol{A}=(\boldsymbol{\alpha}_1,\boldsymbol{\alpha}_2,\cdots,\boldsymbol{\alpha}_n)$.

② $\boldsymbol{A}\xrightarrow{\text{初等行变换}}\boldsymbol{B}$（阶梯型）.

③ 算出台阶数 r，按列找出一个秩为 r 的子矩阵即可.

16. 向量组等价

给出向量组（Ⅰ）：$\boldsymbol{\alpha}_1,\boldsymbol{\alpha}_2,\cdots,\boldsymbol{\alpha}_s$，向量组(Ⅱ)：$\boldsymbol{\beta}_1,\boldsymbol{\beta}_2,\cdots,\boldsymbol{\beta}_t$，在$\boldsymbol{\alpha}_i(i=1,2,\cdots,s)$与$\boldsymbol{\beta}_j(j=1,2,\cdots,t)$同维条件下，若$\boldsymbol{\alpha}_i$均可由$\boldsymbol{\beta}_1,\boldsymbol{\beta}_2,\cdots,\boldsymbol{\beta}_t$线性表示，且$\boldsymbol{\beta}_j$均可由$\boldsymbol{\alpha}_1,\boldsymbol{\alpha}_2,\cdots,\boldsymbol{\alpha}_s$线性表示，则称（Ⅰ）与(Ⅱ)等价.

注：①向量组等价和矩阵等价是两个不同的概念，矩阵等价要同型，当然行数、列数都要相等；向量组等价要同维，但向量个数可以不等.

②$\boldsymbol{A}$，$\boldsymbol{B}$ 同型时，$\boldsymbol{A}\cong\boldsymbol{B}\Leftrightarrow \mathrm{R}(\boldsymbol{A})=\mathrm{R}(\boldsymbol{B})\Leftrightarrow \boldsymbol{PAQ}=\boldsymbol{B}$（$\boldsymbol{P}$，$\boldsymbol{Q}$ 是可逆矩阵）.

③$\boldsymbol{\alpha}_i,\boldsymbol{\beta}_j(i=1,2,\cdots,s;j=1,2,\cdots,t)$同维，则$\{\boldsymbol{\alpha}_1,\boldsymbol{\alpha}_2,\cdots,\boldsymbol{\alpha}_s\}\cong\{\boldsymbol{\beta}_1,\boldsymbol{\beta}_2,\cdots,\boldsymbol{\beta}_t\}\Leftrightarrow$ $\{\boldsymbol{\alpha}_1,\boldsymbol{\alpha}_2,\cdots,\boldsymbol{\alpha}_s\}$与$\{\boldsymbol{\beta}_1,\boldsymbol{\beta}_2,\cdots,\boldsymbol{\beta}_t\}$可以互相表出$\Leftrightarrow \mathrm{R}(\boldsymbol{\alpha}_1,\boldsymbol{\alpha}_2,\cdots,\boldsymbol{\alpha}_s)=\mathrm{R}(\boldsymbol{\beta}_1,\boldsymbol{\beta}_2,\cdots,\boldsymbol{\beta}_t)$且可单方向表出，即只需知$\boldsymbol{\alpha}_1,\boldsymbol{\alpha}_2,\cdots,\boldsymbol{\alpha}_s$与$\boldsymbol{\beta}_1,\boldsymbol{\beta}_2,\cdots,\boldsymbol{\beta}_t$这两个向量中的某一个向量组可由另一个向量组线性表出$\Leftrightarrow \mathrm{R}(\boldsymbol{\alpha}_1,\boldsymbol{\alpha}_2,\cdots,\boldsymbol{\alpha}_s)=\mathrm{R}(\boldsymbol{\beta}_1,\boldsymbol{\beta}_2,\cdots,\boldsymbol{\beta}_t)=\mathrm{R}(\boldsymbol{\alpha}_1,\boldsymbol{\alpha}_2,\cdots,\boldsymbol{\alpha}_s\vdots\boldsymbol{\beta}_1,\boldsymbol{\beta}_2,\cdots,\boldsymbol{\beta}_t)$（三秩相同）.

17. 过渡矩阵（数学一）

设$\boldsymbol{R}^n$的两个基$\boldsymbol{\eta}_1,\boldsymbol{\eta}_2,\cdots,\boldsymbol{\eta}_n,\boldsymbol{\xi}_1,\boldsymbol{\xi}_2,\cdots,\boldsymbol{\xi}_n$，有

$$(\boldsymbol{\eta}_1,\boldsymbol{\eta}_2,\cdots,\boldsymbol{\eta}_n)=(\boldsymbol{\xi}_1,\boldsymbol{\xi}_2,\cdots,\boldsymbol{\xi}_n)\boldsymbol{C}$$

则 $\boldsymbol{C}$ 称为由基$\boldsymbol{\xi}_1$，$\boldsymbol{\xi}_2$，…，$\boldsymbol{\xi}_n$ 到基$\boldsymbol{\eta}_1$，$\boldsymbol{\eta}_2$，…，$\boldsymbol{\eta}_n$（注意 $\boldsymbol{C}$ 的位置）.

18. 用特征值命题

(1) λ_0 是 $\boldsymbol{A}$ 的特征值$\Leftrightarrow|\lambda_0\boldsymbol{E}-\boldsymbol{A}|=0$（建方程求参数或证行列式$|\lambda_0\boldsymbol{E}-\boldsymbol{A}|=0$），$\lambda_0$ 不是 $\boldsymbol{A}$ 的特征值$\Leftrightarrow|\lambda_0\boldsymbol{E}-\boldsymbol{A}|\neq0$（矩阵可逆，满秩）.

注：这里常见的命题手法：若$|a\boldsymbol{A}+b\boldsymbol{E}|=0$（或 $a\boldsymbol{A}+b\boldsymbol{E}$ 不可逆），$a\neq0$，则$-\dfrac{b}{a}$是 $\boldsymbol{A}$ 的特征值.

(2) 若 λ_1，λ_2，…，λ_n 是 $\boldsymbol{A}$ 的 n 个特征值，则$\begin{cases}|\boldsymbol{A}|=\lambda_1\lambda_1\cdots\lambda_n,\\ \mathrm{tr}(\boldsymbol{A})=\lambda_1+\lambda_2+\cdots+\lambda_n.\end{cases}$

(3) 重要结论.

① 记住下表

矩阵	$\boldsymbol{A}$	$k\boldsymbol{A}$	$\boldsymbol{A}^k$	$f(\boldsymbol{A})$	$\boldsymbol{A}^{-1}$	$\boldsymbol{A}^*$	$\boldsymbol{P}^{-1}\boldsymbol{AP}$
特征值	λ	$k\lambda$	λ^k	$f(\lambda)$	$\dfrac{1}{\lambda}$	$\dfrac{\lvert A\rvert}{\lambda}$	λ
对应的特征向量	$\boldsymbol{\xi}$	$\boldsymbol{\xi}$	$\boldsymbol{\xi}$	$\boldsymbol{\xi}$	$\boldsymbol{\xi}$	$\boldsymbol{\xi}$	$\boldsymbol{P}^{-1}\boldsymbol{\xi}$

注：表中 λ 在分母上的，设 $\lambda\neq0$.

② $f(x)$为多项式，若矩阵 $\boldsymbol{A}$ 满足 $f(\boldsymbol{A})=\boldsymbol{O}$，$\lambda$ 是 $\boldsymbol{A}$ 的任一特征值，则 λ 满足 $f(\lambda)=0$.

③虽然$\boldsymbol{A}^{\mathrm{T}}$的特征值与$\boldsymbol{A}$相同，但特征向量不再是$\boldsymbol{\xi}$，要单独计算才能得出．

19. 用特征向量命题

（1）$\boldsymbol{\xi}$（$\neq 0$）是$\boldsymbol{A}$的属于特征值λ_0的特征向量$\Leftrightarrow \boldsymbol{\xi}$是$(\lambda_0\boldsymbol{E}-\boldsymbol{A})\boldsymbol{x}=\boldsymbol{0}$的非零解．

（2）重要结论

① k重特征值λ至多只有k个线性无关的特征向量．

② 若$\boldsymbol{\xi}_1$，$\boldsymbol{\xi}_2$分别是$\boldsymbol{A}$的属于不同特征值$\boldsymbol{\lambda}_1$，$\boldsymbol{\lambda}_2$的特征向量，则$\boldsymbol{\xi}_1$，$\boldsymbol{\xi}_2$线性无关．

③ 若$\boldsymbol{\xi}_1$，$\boldsymbol{\xi}_2$是$\boldsymbol{A}$的属于特征值λ的线性无关的特征向量，则$k_1\boldsymbol{\xi}_1+k_2\boldsymbol{\xi}_2(k_1,k_2$不同时为零)仍是$\boldsymbol{A}$的属于特征值$\lambda$的特征向量．[常考其中一个的系数（如$k_2$）等于0的情形]

④ 若$\boldsymbol{\xi}_1$，$\boldsymbol{\xi}_2$分别是$\boldsymbol{A}$的属于不同特征值λ_1，λ_2的特征向量，则当$k_1\neq 0$，$k_2\neq 0$时，$k_1\boldsymbol{\xi}_1+\boldsymbol{k}_2\boldsymbol{\xi}_2$不是$\boldsymbol{A}$的特征向量（常考$k_1=k_2=1$的情形）．

20. 用矩阵方程命题

（1）$\boldsymbol{AB}=\boldsymbol{O}\Rightarrow \boldsymbol{A}(\boldsymbol{\beta}_1,\boldsymbol{\beta}_2,\cdots,\boldsymbol{\beta}_n)=(\boldsymbol{0},\boldsymbol{0},\cdots,\boldsymbol{0})$，即$\boldsymbol{A}\boldsymbol{\beta}_i=\boldsymbol{0}\boldsymbol{\beta}_i(i=1,2,\cdots,n)$，若其中$\boldsymbol{\beta}_i$均为非零向量，则每一个$\boldsymbol{\beta}_i$均为$\boldsymbol{A}$的属于特征值$\lambda=0$的特征向量．

（2）$\boldsymbol{AB}=\boldsymbol{C}\Rightarrow \boldsymbol{A}(\boldsymbol{\beta}_1,\boldsymbol{\beta}_2,\cdots,\boldsymbol{\beta}_n)=(\boldsymbol{\gamma}_1,\boldsymbol{\gamma}_2,\cdots,\boldsymbol{\gamma}_n)$，若$(\boldsymbol{\gamma}_1,\boldsymbol{\gamma}_2,\cdots,\boldsymbol{\gamma}_n)=(\boldsymbol{\gamma}_1\boldsymbol{\beta}_1,\lambda_2\boldsymbol{\beta}_2,\cdots,\lambda_n\boldsymbol{\beta}_n)$，即$\boldsymbol{A}\boldsymbol{\beta}_i=\lambda\boldsymbol{\beta}_i(i=1,2,\cdots,n)$，其中$\boldsymbol{\gamma}_i=\lambda_i\boldsymbol{\beta}_i$，$\boldsymbol{\beta}_i$为非零向量，则$\boldsymbol{\beta}_i$为$\boldsymbol{A}$的属于特征值$\lambda_i$的特征向量．

（3）$\boldsymbol{AP}=\boldsymbol{PB}$，$\boldsymbol{P}$可逆$\Rightarrow \boldsymbol{P}^{-1}\boldsymbol{AP}=\boldsymbol{B}\Rightarrow \boldsymbol{A}\simeq\boldsymbol{B}\Rightarrow \lambda_{\boldsymbol{A}}=\lambda_{\boldsymbol{B}}$．

（4）若$\boldsymbol{A}$的每行元素之和均为k，则$\boldsymbol{A}\begin{pmatrix}1\\1\\\vdots\\1\end{pmatrix}=k\begin{pmatrix}1\\1\\\vdots\\1\end{pmatrix}\Rightarrow k$是特征值，$\begin{pmatrix}1\\1\\\vdots\\1\end{pmatrix}$是$\boldsymbol{A}$的属于特征值$k$的特征向量．

21. 用秩命题

若$\mathrm{R}(\boldsymbol{A})=1$，则$\lambda_1=\cdots=\lambda_{n-1}=0$，$\lambda_n=\mathrm{tr}(\boldsymbol{A})$，且$\boldsymbol{\xi}_1$，$\cdots$，$\boldsymbol{\xi}_{n-1}$是$n-1$重特征值$\lambda=0$的线性无关的特征向量．

22. $\boldsymbol{A}$的相似对角化

设$\boldsymbol{A}$为n阶矩阵．

（1）充要条件

① $\boldsymbol{A}$有n个线性无关的特征向量$\Leftrightarrow \boldsymbol{A}\simeq\boldsymbol{\Lambda}$.

② λ_i是n_i重根，则$n_i=n-\mathrm{R}(\lambda_i\boldsymbol{E}-\boldsymbol{A})\Leftrightarrow \boldsymbol{A}\simeq\boldsymbol{\Lambda}$.

（2）充分条件

① $\boldsymbol{A}$是实对称矩阵$\Rightarrow \boldsymbol{A}\simeq\boldsymbol{\Lambda}$.

② $\boldsymbol{A}$有n个互异特征值$\Rightarrow \boldsymbol{A}\simeq\boldsymbol{\Lambda}$.

③ $\boldsymbol{A}^2=\boldsymbol{A}\Rightarrow \boldsymbol{A}\simeq\boldsymbol{\Lambda}$.

④ $\boldsymbol{A}^2=\boldsymbol{E}\Rightarrow \boldsymbol{A}\simeq\boldsymbol{\Lambda}$.

⑤ $\mathrm{R}(\boldsymbol{A})=1$且$\mathrm{tr}(\boldsymbol{A})\neq 0\Rightarrow \boldsymbol{A}\simeq\boldsymbol{\Lambda}$.

（3）必要条件

$\boldsymbol{A}\simeq\boldsymbol{\Lambda}\Rightarrow \mathrm{R}(\boldsymbol{A})=$非零特征值的个数（重根按重数算）．

（4）否定条件

① $\boldsymbol{A}\neq\boldsymbol{O}$，$\boldsymbol{A}^k=\boldsymbol{O}$（$k$ 为大于 1 的整数）$\Rightarrow\boldsymbol{A}$ 不可相似对角化．

② $\boldsymbol{A}$ 的特征值全为 k，但 $\boldsymbol{A}\neq k\boldsymbol{E}\Rightarrow\boldsymbol{A}$ 不可相似对角化．

23. $\boldsymbol{A}$ 相似于 $\boldsymbol{B}$

设 $\boldsymbol{A}$，$\boldsymbol{B}$ 是两个 n 阶方阵，若存在 n 阶可逆矩阵 $\boldsymbol{P}$，使得$\boldsymbol{P}^{-1}\boldsymbol{AP}=\boldsymbol{B}$，则称 $\boldsymbol{A}$ 相似于 $\boldsymbol{B}$，记成 $\boldsymbol{A}\cong\boldsymbol{B}$.

注：若 $\boldsymbol{A}\cong\boldsymbol{B}$，$\boldsymbol{B}\cong\boldsymbol{C}$，则 $\boldsymbol{A}\cong\boldsymbol{C}$［这个性质（传递性）以后常用］．

(1) 四个性质

若 $\boldsymbol{A}\cong\boldsymbol{B}$，则：

① $|\boldsymbol{A}|=|\boldsymbol{B}|$.

② $\mathrm{R}(\boldsymbol{A})=\mathrm{R}(\boldsymbol{B})$.

③ $\mathrm{tr}(\boldsymbol{A})=\mathrm{tr}(\boldsymbol{B})$.

④ $\lambda_{\boldsymbol{A}}=\lambda_{\boldsymbol{B}}$（或 $|\lambda\boldsymbol{E}-\boldsymbol{A}|=|\lambda\boldsymbol{E}-\boldsymbol{B}|$）．

(2) 重要结论

① $\boldsymbol{A}\cong\boldsymbol{B}\Rightarrow\boldsymbol{A}^{\mathrm{T}}=\boldsymbol{B}^{\mathrm{T}}$，$\boldsymbol{A}^{-1}\cong\boldsymbol{B}^{-1}$，$\boldsymbol{A}^*\sim\boldsymbol{B}^*$（后面两个要求 $\boldsymbol{A}$ 可逆）．

② $\boldsymbol{A}\cong\boldsymbol{B}\Rightarrow\boldsymbol{A}^m=\boldsymbol{B}^m$，$f(\boldsymbol{A})\cong f(\boldsymbol{B})$.

注：由$\boldsymbol{P}^{-1}\boldsymbol{A}^m\boldsymbol{P}=\boldsymbol{B}^m$，$\boldsymbol{P}^{-1}f(\boldsymbol{A})\boldsymbol{P}=f(\boldsymbol{B})$，有$\boldsymbol{A}^m=\boldsymbol{P}\boldsymbol{B}^m\boldsymbol{P}^{-1}$，$f(\boldsymbol{A})=\boldsymbol{P}f(\boldsymbol{B})\boldsymbol{P}^{-1}$，若 $\boldsymbol{B}=\boldsymbol{\Lambda}$，则$\boldsymbol{A}^m=\boldsymbol{P}\boldsymbol{\Lambda}^m\boldsymbol{P}^{-1}$，$f(\boldsymbol{A})=\boldsymbol{P}f(\boldsymbol{\Lambda})\boldsymbol{P}^{-1}$.

③ $\boldsymbol{A}\cong\boldsymbol{B}$，$\boldsymbol{B}\cong\boldsymbol{\Lambda}\Rightarrow\boldsymbol{A}\cong\boldsymbol{\Lambda}$.

注：$\boldsymbol{P}^{-1}\boldsymbol{AP}=\boldsymbol{B}$，$\boldsymbol{Q}^{-1}\boldsymbol{BQ}=\boldsymbol{\Lambda}\Rightarrow\boldsymbol{Q}^{-1}\boldsymbol{P}^{-1}\boldsymbol{APQ}=\boldsymbol{\Lambda}\Rightarrow(\boldsymbol{PQ})^{-1}\boldsymbol{APQ}=\boldsymbol{\Lambda}$，令 $\boldsymbol{PQ}=\boldsymbol{C}$，则 $\boldsymbol{C}^{-1}\boldsymbol{AC}=\boldsymbol{\Lambda}$，考试可求 $\boldsymbol{C}$.

④ $\boldsymbol{A}\cong\boldsymbol{\Lambda}$，$\boldsymbol{B}\cong\boldsymbol{\Lambda}\Rightarrow\boldsymbol{A}\cong\boldsymbol{B}$.

注：$\boldsymbol{P}^{-1}\boldsymbol{AP}=\boldsymbol{\Lambda}$，$\boldsymbol{Q}^{-1}\boldsymbol{BQ}=\boldsymbol{\Lambda}\Rightarrow\boldsymbol{P}^{-1}\boldsymbol{AP}=\boldsymbol{Q}^{-1}\boldsymbol{BQ}\Rightarrow\boldsymbol{QP}^{-1}\boldsymbol{AP}\boldsymbol{Q}^{-1}=\boldsymbol{B}\Rightarrow(\boldsymbol{PQ})^{-1}\boldsymbol{A}(\boldsymbol{PQ}^{-1})=\boldsymbol{B}$，令$\boldsymbol{PQ}^{-1}=\boldsymbol{C}$，则$\boldsymbol{C}^{-1}\boldsymbol{AC}=\boldsymbol{B}$，考试可求 $\boldsymbol{C}$.

⑤ $\boldsymbol{A}\cong\boldsymbol{C}$，$\boldsymbol{B}\cong\boldsymbol{D}\Rightarrow\begin{pmatrix}\boldsymbol{A}&\boldsymbol{O}\\\boldsymbol{O}&\boldsymbol{B}\end{pmatrix}\cong\begin{pmatrix}\boldsymbol{C}&\boldsymbol{O}\\\boldsymbol{O}&\boldsymbol{D}\end{pmatrix}$.

24. 实对称矩阵与正交矩阵

(1) 若 $\boldsymbol{A}$ 为实对称矩阵，则：

① 特征值均为实数，特征向量均为实向量．

② 不同特征值对应的特征向量正交（即 $\lambda_1\neq\lambda_2\Rightarrow\boldsymbol{\xi}_1\perp\boldsymbol{\xi}_2\Rightarrow(\boldsymbol{\xi}_1,\boldsymbol{\xi}_2)=0$）．

③ 可用正交矩阵相似对角化（即存在正交矩阵 $\boldsymbol{P}$，使$\boldsymbol{P}^{-1}\boldsymbol{AP}=\boldsymbol{P}^{\mathrm{T}}\boldsymbol{AP}=\boldsymbol{\Lambda}$）．

(2) 若 $\boldsymbol{P}$ 为正交矩阵，则

$$\begin{aligned}\boldsymbol{P}^{\mathrm{T}}\boldsymbol{P}=\boldsymbol{E}&\Leftrightarrow\boldsymbol{P}^{-1}=\boldsymbol{P}^{\mathrm{T}}\\&\Leftrightarrow\boldsymbol{P}\text{ 由规范正交基组成}\\&\Leftrightarrow\boldsymbol{P}^{\mathrm{T}}\text{ 是正交矩阵}\\&\Leftrightarrow\boldsymbol{P}^{-1}\text{ 是正交矩阵}\\&\Leftrightarrow\boldsymbol{P}^{*}\text{ 是正交矩阵}\\&\Leftrightarrow-\boldsymbol{P}\text{ 是正交矩阵}\end{aligned}$$

(3) 若 $\boldsymbol{P}$，$\boldsymbol{Q}$ 为同阶正交矩阵，则 $\boldsymbol{PQ}$ 为正交矩阵($\boldsymbol{P}+\boldsymbol{Q}$ 不一定).

注：(2)，(3) 结合，若 $\boldsymbol{P}$，$\boldsymbol{Q}$ 为同阶正交矩阵，则$\boldsymbol{P}^{\mathrm{T}}\boldsymbol{Q}$，$\boldsymbol{P}\boldsymbol{Q}^{-1}$，$\boldsymbol{P}^*\boldsymbol{Q}$ 等均为正交矩阵．

25. 方法化二次型

（1）含平方项

将某个变量的平方项及与其有关的混合项合并在一起，配成一个完全平方项，如法炮制，直到配完．

（2）不含平方项

创造平方项，如含有 x_1，x_2 项，令 $\begin{cases} x_1=y_1+y_2 \\ x_2=y_1-y_2 \end{cases}$，使 $x_1x_2=y_1^2-y_2^2$，出现平方项，再按（1）的方法配方．

（3）常用场合

① 仅要求求出正、负惯性指数 p，q 及其反问题．

② 判断 $\boldsymbol{A}$ 的正定性．

③ 小题居多．

④ 矩阵语言．

对于实对称矩阵 $\boldsymbol{A}$，必存在可逆矩阵 $\boldsymbol{C}$，使得 $\boldsymbol{C}^{\mathrm{T}}\boldsymbol{AC}=\boldsymbol{\Lambda}$，其中 $\boldsymbol{\Lambda}$ 是对角矩阵．

注：①$\boldsymbol{\Lambda}$（标准型）不唯一，视 $\boldsymbol{C}$ 而定；

②正，负惯性指数 p，q 唯一；

③$\mathrm{R}(\boldsymbol{A})=\boldsymbol{p}+\boldsymbol{q}$.

26. 正交变换法

对于 $f=\boldsymbol{x}^{\mathrm{T}}\boldsymbol{Ax}$：

① 求 $\boldsymbol{A}$ 的特征值 λ_1，λ_2，…，λ_n；

② 求 $\boldsymbol{A}$ 对应于特征值 λ_1，λ_2，…，λ_n 的特征向量 $\boldsymbol{\xi}_1$，$\boldsymbol{\xi}_2$，…，$\boldsymbol{\xi}_n$；

③ 将 $\boldsymbol{\xi}_1$，$\boldsymbol{\xi}_2$，…，$\boldsymbol{\xi}_n$ 正交化（若需要的话），单位化为 $\boldsymbol{\eta}_1$，$\boldsymbol{\eta}_2$，…，$\boldsymbol{\eta}_n$；

④ 令 $\boldsymbol{Q}=(\boldsymbol{\eta}_1,\boldsymbol{\eta}_2,\cdots,\boldsymbol{\eta}_n)$，则 $\boldsymbol{Q}$ 为正交矩阵，且 $\boldsymbol{Q}^{-1}\boldsymbol{AQ}=\boldsymbol{Q}^{\mathrm{T}}\boldsymbol{AQ}=\boldsymbol{\Lambda}$，

于是 $f=\boldsymbol{x}^{\mathrm{T}}\boldsymbol{Ax}\xlongequal{\boldsymbol{x}=\boldsymbol{Qy}}(\boldsymbol{Qy})^{\mathrm{T}}\boldsymbol{A}(\boldsymbol{Qy})=\boldsymbol{y}^{\mathrm{T}}\boldsymbol{Q}^{\mathrm{T}}\boldsymbol{AQy}=\boldsymbol{y}^{\mathrm{T}}\boldsymbol{\Lambda y}$.

27. 实对称矩阵的合同

（1）$\boldsymbol{A}$，$\boldsymbol{B}$ 是同阶实对称矩阵，则：

$\boldsymbol{A}$，$\boldsymbol{B}$ 合同 $\Leftrightarrow$ 存在可逆矩阵 $\boldsymbol{C}$，使 $\boldsymbol{C}^{\mathrm{T}}\boldsymbol{AB}=\boldsymbol{B}\Leftrightarrow p_{\boldsymbol{A}}=p_{\boldsymbol{B}}$，$q_{\boldsymbol{A}}=q_{\boldsymbol{B}}$

注：要区分 $\boldsymbol{A}$，$\boldsymbol{B}$ 合同与 $\boldsymbol{A}$，$\boldsymbol{B}$ 的等价、相似．

① $\boldsymbol{A}$，$\boldsymbol{B}$ 同型，则 $\boldsymbol{A}$，$\boldsymbol{B}$ 等价 $\Leftrightarrow\mathrm{R}(\boldsymbol{A})=\mathrm{R}(\boldsymbol{B})$．

② $\boldsymbol{A}$，$\boldsymbol{B}$ 为同阶方阵，则 $\begin{cases} \boldsymbol{A}\text{，}\boldsymbol{B}\text{ 相似}\Leftrightarrow\text{存在可逆矩阵 }\boldsymbol{P}\text{，使}\boldsymbol{P}^{-1}\boldsymbol{AP}=\boldsymbol{B} \\ \boldsymbol{A}\text{ 相似 }\boldsymbol{\Lambda}\text{，}\boldsymbol{B}\text{ 相似 }\boldsymbol{\Lambda}\Rightarrow\boldsymbol{A}\text{ 与 }\boldsymbol{B}\text{ 相似} \end{cases}$.

（2）已知 $\boldsymbol{A}$，$\boldsymbol{B}$，求 $\boldsymbol{C}$，使得 $\boldsymbol{C}^{\mathrm{T}}\boldsymbol{AC}=\boldsymbol{B}$.

（3）$\boldsymbol{A}$ 合同于 $\boldsymbol{B}$，$\boldsymbol{B}$ 合同于 $\boldsymbol{C}$，则 $\boldsymbol{A}$ 合同于 $\boldsymbol{C}$.

注：$\boldsymbol{P}^{\mathrm{T}}\boldsymbol{AP}=\boldsymbol{B}$，$\boldsymbol{Q}^{\mathrm{T}}\boldsymbol{BQ}=\boldsymbol{C}\Rightarrow\boldsymbol{Q}^{\mathrm{T}}\boldsymbol{P}^{\mathrm{T}}\boldsymbol{APQ}=\boldsymbol{C}\Rightarrow(\boldsymbol{PQ})^{\mathrm{T}}\boldsymbol{A}(\boldsymbol{PQ})=\boldsymbol{C}$，令 $\boldsymbol{D}=\boldsymbol{PQ}$，则 $\boldsymbol{D}^{\mathrm{T}}\boldsymbol{AD}=\boldsymbol{C}$，考试可求 $\boldsymbol{D}$.

28. 正定二次型

n 元二次型 $f(x_1, x_2, \cdots, x_n)=\boldsymbol{x}^{\mathrm{T}}\boldsymbol{Ax}$. 若对任意的 $\boldsymbol{x}=(x_1, x_2, \cdots, x_n)^{\mathrm{T}}\neq0$ 均有 $\boldsymbol{x}^{\mathrm{T}}\boldsymbol{Ax}>0$，则称 f 为正定二次型，称二次型的对应矩阵 $\boldsymbol{A}$ 为正定矩阵．

（1）前提

$\boldsymbol{A}=\boldsymbol{A}^{\mathrm{T}}$（$\boldsymbol{A}$ 是对称矩阵）．

(2) 二次型正定的充要条件

n 元二次型 $f=\boldsymbol{x}^{\mathrm{T}}\boldsymbol{A}\boldsymbol{x}$ 正定

$\Leftrightarrow$对任意 $\boldsymbol{x}\neq 0$，有$\boldsymbol{x}^{\mathrm{T}}\boldsymbol{A}\boldsymbol{x}>0$（定义）

$\Leftrightarrow\boldsymbol{A}$ 的特征值$\lambda_i>0$（$i=1$，2，…，n）

$\Leftrightarrow f$ 的正惯性指数 $p=n$

$\Leftrightarrow$存在可逆矩阵 $\boldsymbol{D}$，使 $\boldsymbol{A}=\boldsymbol{D}^{\mathrm{T}}\boldsymbol{D}$

$\Leftrightarrow\boldsymbol{A}$ 与 $\boldsymbol{E}$ 合同

$\Leftrightarrow\boldsymbol{A}$ 的全部顺序主子式均大于 0

(3) 二次正定型的必要条件

① $a_{ii}>0(i=1, 2, \cdots, n)$；

② $|\boldsymbol{A}|>0$.

(4) 重要结论

① 若 $\boldsymbol{A}$ 正定，则 $k\boldsymbol{A}$，$\boldsymbol{A}^{-1}$，$\boldsymbol{A}^{*}$，$\boldsymbol{A}^{m}$，$\boldsymbol{C}^{\mathrm{T}}\boldsymbol{A}\boldsymbol{C}$ 正定（$k>0$，m 为正整数，$|\boldsymbol{C}|\neq 0$）.

② 若 $\boldsymbol{A}$，$\boldsymbol{B}$ 正定，则 $\boldsymbol{A}+\boldsymbol{B}$ 正定，$\begin{pmatrix}\boldsymbol{A} & \boldsymbol{O}\\ \boldsymbol{O} & \boldsymbol{B}\end{pmatrix}$正定.

注：①①与②结合，若 $\boldsymbol{A}$ 正定，则$\boldsymbol{A}^{3}+2\boldsymbol{A}^{2}+3\boldsymbol{E}+4\boldsymbol{A}^{-1}+5\boldsymbol{A}^{*}$ 正定，$\begin{pmatrix}2\boldsymbol{A}^{*} & \boldsymbol{O}\\ \boldsymbol{O} & \boldsymbol{A}^{-1}\end{pmatrix}$正定.

②若 $\boldsymbol{A}$，$\boldsymbol{B}$ 正定且 $\boldsymbol{AB}=\boldsymbol{BA}$，则 $\boldsymbol{AB}$ 正定.

③若 $\boldsymbol{A}$ 正定且是正交矩阵，则 $\boldsymbol{A}=\boldsymbol{E}$.

第15讲 概率论的基本概念

15.1 基本概念

随机试验 E：①可重复性，可以在相同的条件下重复进行；

② 所有可能结果已知性，每次试验的可能结果不止一个，并且能事先明确试验的所有可能结果；

③ 不确定性，进行一次试验之前不能确定哪一个结果会出现.

样本空间 S：随机试验 E 的所有可能结果组成的集合记为 S. 样本空间的元素，即 E 的每个结果，称为样本点.

随机事件 A：样本空间 S 的子集为 E 的随机事件，简称事件.

基本事件：由一个样本点组成的单点集.

必然事件：样本空间 S 是自身的子集，在每次试验中总是发生.

事件的关系：包含、互斥、对立、独立.

① 包含：事件 A 是事件 B 的子集，称 B 包含 A，记 $A\subset B$.

② 互斥：（互不相容）$A\cap B=\varnothing$ 指事件 A 与 B 不能同时发生.

③ 对立：（互为逆事件）$A\cap B=\varnothing$，$A\cup B=S$ 指每次试验中 A、B 中必有一个发生，且仅有一个发生.

④ 独立：$P(AB)=P(A)P(B)$ 指事件 A 的发不发生与 B 无关.

事件的表示：和事件、积事件、差事件、逆事件.

① 和事件：$A\cup B=\{x \mid x\in A$ 或 $x\in B\}$，A、B 有一个发生$\Rightarrow A\cup B$ 发生.

② 积事件：$A\cap B=\{x \mid x\in A$ 且 $x\in B\}$，A、B 同时发生$\Rightarrow A\cap B$ 发生.

③ 差事件：$A-B=\{x \mid x\in A$ 且 $x\notin B\}$，A 发生 B 不发生$\Rightarrow A-B$ 发生.

④ 逆事件：$\bar{A}=S-A$，$\bar{A}\cup A=S$，$\bar{A}\cap A=\varnothing$，$A$ 发生 $\bar{A}$ 不发生，A 不发生 $\bar{A}$ 发生.

事件的运算：交换律、结合律、分配律、德摩根律.

① 交换律：$A\cup B=B\cup A$　　$A\cap B=B\cap A$.

② 结合律：$A\cup(B\cup C)=(A\cup B)\cup C$　　$A\cap(B\cap C)=(A\cap B)\cap C$.

③ 分配律：$A\cup(B\cap C)=(A\cup B)\cap(A\cup C)$　$A\cap(B\cup C)=(A\cap B)\cup(A\cap C)$.

④ 德摩根律：$\overline{A\cap B}=\bar{A}\cup\bar{B}$　　$\overline{A\cup B}=\bar{A}\cap\bar{B}$.

[例 1] 将一枚硬币抛掷三次，观察正面 H、反面 T 出现的情况．

解：事件 A_1——“第一次出现的是 H”，即 $A_1=\{HHH, HHT, HTH, HTT\}$．

事件 A_2——“三次出现同一面”，即 $A_2=\{HHH, TTT, TTT\}$．

[例 2] 在例 1 中计算：

解：$A_1\cup A_2=\{HHH,HHT,HTH,HTT\}$．

$A_1\cap A_2=\{HHH\}$．

$A_2-A_1=\{TTT\}$．

$\overline{A_1\cup A_2}=\{THT,TTH,THH\}$．

15.2 概率

定义：

① 非负性：对每个事件 A，有 $P(A)\geqslant 0$；

② 规范性：对于必然事件 S，有 $P(S)=1$；

③ 可列可加性：设 A_1，A_2，…是两两互不相容（互斥）的事件，即对 $i\neq j$，$A_iA_j=\varnothing$，i，$j=1$，2，…，则有

$$P(A_1\cup A_2\cup\cdots)=P(A_1)+P(A_2)+\cdots$$

注：频率的概念——用 $f_n(A)$ 表示，当 $n\to\infty$时，$f_n(A)$ 在一定意义下接近概率 $P(A)$．

性质：

① $P(\varnothing)=0$；

② 有限可加性，A_1，A_2，…，A_n 两两互不相容（互斥的），则 $P(A_1\cup A_2\cup\cdots\cup A_n)=P(A_1)+P(A_2)+\cdots+P(A_n)$；

③ $P(A)\leqslant 1$；

④ $P(\bar{A})=1-P(A)$；

⑤ $P(A\cup B)=P(A)+P(B)-P(AB)$；

⑥ $P(A-B)=P(A)-P(AB)=P(A\bar{B})$．

等可能概型：古典概型、几何概型．

[例 3] 一口袋有 6 只球，其中 4 只白球、2 只红球，从袋中取球两次，每次随机地取一只，考虑两种取球方式：(a) 第一次取一只球观察其颜色后放回袋中，搅匀后再取一球，这种取球方式叫做放回抽样；(b) 第一次取一球不放回袋中，第二次从剩余的球中再取一球，这种取球方式叫做不放回抽样．试分别就上面两种情况求：(1) 取到的两只球都是白球的概率；(2) 取到的两只球颜色相同的概率；(3) 取到的两只球至少有一只是白球的概率．

解：

A：表示取到的两只球都是白球．

B：表示取到的两只球颜色相同．

C：表示取到的两只球至少有一只是白球．

(a) 放回抽样的情况

$$P(A)=\frac{C_4^1C_4^1}{C_6^1C_6^1}=\frac{4\times4}{6\times6}=\frac{4}{9}$$

$$P(B)=\frac{C_2^1C_2^1}{C_6^1C_6^1}+P(A)=\frac{2\times2}{6\times6}+\frac{4}{9}=\frac{5}{9}$$

$$P(C)=\frac{C_4^1C_2^1+C_2^1C_4^1+C_4^1C_4^1}{C_6^1C_6^1}=\frac{32}{36}=\frac{8}{9}.$$

（b）不放回抽样

$$P(A)=\frac{C_4^1C_3^1}{C_6^1C_5^1}=\frac{4\times3}{6\times5}=\frac{2}{5}$$

$$P(B)=\frac{C_2^1C_1^1}{C_6^1C_5^1}+P(A)=\frac{2\times1}{6\times5}+\frac{2}{5}=\frac{7}{15}$$

$$P(C)=\frac{C_4^1C_2^1+C_2^1C_4^1+C_4^1C_3^1}{C_6^1C_5^1}=\frac{14}{15}.$$

[例 4] 袋中有 a 只白球，b 只红球，k 个人依次在袋中取一只球，（1）作放回抽样，（2）作不放回抽样，求第 $i(i=1,2,\cdots,k)$ 人取得白球（记为事件 B）的概率．

解：（1）放回抽样

$$P(B)=\frac{a}{a+b}.$$

（2）不放回抽样

样本空间中的取法是：$A_{a+b}^{k}=(a+b)(a+b-1)\cdots(a+b-k+1)$

事件 B 的取法是：$C_a^1A_{a+b-1}^{k-1}=\frac{a}{a+b}$

$$P(B)=\frac{C_a^1A_{a+b-1}^{k-1}}{A_{a+b}^{k}}=\frac{a}{a+b}.$$

注：①仅仅考虑第 i 次摸到白球的概率与 i 并无关系，大家机会相同．（例如在购买福利彩票时，各人的得奖机会是一样的）

② 例 3 是摸球问题，有放回和无放回是有区别的；例 4 是抽签问题，与次序无关，有放回无放回无区别．

[例 5] 将 15 名新生随机地平均分配到三个班级中，这 15 名新生中有 3 名是优秀生，问（1）每一个班级各分配到一名优秀生的概率是多少？（2）3 名优秀生分配在同一个班级的概率是多少？

解：

$$P_1=\frac{C_3^1C_{12}^4\times C_2^1C_8^4\times C_1^1C_4^4}{C_{15}^5C_{10}^5C_5^5}=\frac{25}{91}$$

$$P_2=\frac{3C_3^3C_{12}^2\times C_{10}^5\times C_5^5}{C_{15}^5C_{10}^5C_5^5}=\frac{6}{91}.$$

[例 6]（分房问题）将 n 个人等可能地分配到 $N(n\leqslant N)$ 间房中去，试求下列事件的概率：

$A=$｛某指定的 n 个房间中各有 1 人｝

$B=$｛恰有 n 间房中各有 1 人｝

$C=$｛某指定的房间中恰有 $m(m\leqslant n)$ 人｝．

解： n 个人等可能地分配到 $N(n\leqslant N)$ 间房中，共有 N^n 种分法．

对于事件 A，第一个人有 n 种分法，第二个人有 $n-1$ 种，……

$$P(A)=\frac{n!}{N^n}$$

对于事件 B，"恰有 n 间房"，先从 N 间房中挑出 n 个

$$P(B)=\frac{C_N^n n!}{N^n}$$

对于事件 C，选出 m 个人，剩下 $n-m$ 个人，每个人都有 $N-1$ 种分法

$$P(C)=\frac{C_n^m(N-1)^{n-m}}{N^n}.$$

[例 7] （几何概型）从 $[0,1]$ 中随机地取两个数，求其积大于$\frac{1}{4}$，其和小于$\frac{5}{4}$的概率．

解： 样本空间 $S=\{(x,y)\mid 0\leqslant x\leqslant 1,0\leqslant y\leqslant 1\}$

事件 $A=\left\{(x,y)\mid x+y<\frac{5}{4},xy>\frac{1}{4}\right\}$

$$P(A)=\frac{\int_{\frac{1}{4}}^{1}\left(\frac{5}{4}-x-\frac{1}{4x}\right)\mathrm{d}x}{1\times 1}=\left[\frac{5}{4}x-\frac{x^2}{2}-\frac{1}{4}\ln x\right]_{\frac{1}{4}}^{1}=\frac{15}{32}-\frac{\ln 2}{2}.$$

15.3 条件概率

定义： 当 $P(A)>0$ 时，$P(B|A)=\frac{P(AB)}{P(A)}$.

① 非负性：对每一事件 B，有 $P(B|A)\geqslant 0$.

② 规范性：对于必然事件 S，有 $P(S|A)=1$.

③ 可列可加性：设 B_1，B_2，…是两两互不相容的，则有

$$P\left(\bigcup_{i=1}^{\infty}B_i\mid A\right)=\sum_{i=1}^{\infty}P(B_i\mid A)$$

性质 1： $P(B_1\cup B_2|A)=P(B_1|A)+P(B_2|A)-P(B_1B_2|A)$.

性质 2：乘法原理 设 $P(A)>0$，则有 $P(AB)=P(B|A)P(A)$.

[例 8] 设 10 件产品中有 3 件次品，7 件正品，现每次从中任取一件取后不放回，试求下列事件的概率．

（1）第三次取得次品；

（2）第三次才取得次品；

（3）已知前两次没有取得次品，第三次取得次品．

解： 设 $A_i=\{$第 i 次取得次品$\}(i=1,2,\cdots,10)$

（1）利用抽签原理

$$P(A_3)=\frac{3}{10}.$$

（2）第三次才取得次品，说明第一、二次取得的都是正品，这是一个积事件的概率，利用乘法定理得

$$P(\bar{A}_1\bar{A}_2\bar{A}_3)=P(\bar{A}_1)P(\bar{A}_2|\bar{A}_1)P(\bar{A}_3|\bar{A}_1\bar{A}_2)=\frac{7}{10}\times\frac{6}{9}\times\frac{3}{8}=\frac{7}{40}.$$

（3）

$$P(A_3|\bar{A}_1\bar{A}_2)=\frac{C_3^1A_7^7}{A_8^8}=\frac{C_3^1}{C_8^1}=\frac{3}{8}.$$

[例 9] 设袋中装有 r 只红球，t 只白球，每次自袋中任取一只球，观察其颜色然后放回，并再次放入 a 只与所取出的那只球同色的球，若在袋中连续取球四次，试求第一、二次取到红球且第三、四次取到白球的概率．

解： 以 $A_i(i=1,2,3,4)$表示事件第 i 次取到红球，且 $\bar{A}_3,\bar{A}_4$ 分别表示第三、四次取到白球，所求概率为

$$P(A_1A_2\bar{A}_3\bar{A}_4)=P(\bar{A}_4|A_1A_2\bar{A}_3)P(\bar{A}_3|A_1A_2)P(A_2|A_1)p(A_1)$$
$$=\frac{t+a}{r+t+3a}\times\frac{t}{r+t+2a}\times\frac{r+a}{r+t+a}\times\frac{r}{r+t}.$$

15.4 全概率公式和贝叶斯公式

定义： 设 S 为试验 E 的样本空间，$B_1,B_2,\cdots,B_n$ 为 E 的一组事件，若：

① $B_iB_j=\phi,i\neq j,i,j=1,2,\cdots,n$；

② $B_1\cup B_2\cup\cdots\cup B_n=S$；

则称 $B_1,B_2,\cdots,B_n$ 为样本空间 S 的一个划分或一个完备事件组．

定理 1： 设试验 E 的样本空间为 S，A 为 E 的事件，$B_1,B_2,\cdots,B_n$ 为 S 的一个划分，且 $P(B_i)>0(i=1,2,\cdots,n)$，则

$$P(A)=P(A|B_1)P(B_1)+P(A|B_2)P(B_2)+\cdots+P(A|B_n)P(B_n)$$

称为**全概率公式**．

定理 2： 设试验 E 的样本空间为 S，A 为 E 的事件，$B_1,B_2,\cdots,B_n$ 为 S 的一个划分，且 $P(A)>0,P(B_i)>0,(i=1,2,\cdots,n)$，则

$$P(B_i\mid A)=\frac{P(A\mid B_i)P(B_i)}{\sum_{j=1}^{n}P(A\mid B_j)P(B_j)},(i=1,2,\cdots,n)$$

称为**贝叶斯（Bayes）公式**．

[例 10] 某电子设备制造厂所用的元件是由三家元件制造厂提供的，根据以往的记录有表 15-1 所示数据．

表 15-1

元件制造厂	次品率	提供元件的份额
1	0.02	0.15
2	0.01	0.80
3	0.03	0.05

设这三家工厂的产品在仓库总是均匀混合的，且无区别的标志．

(1) 在仓库中随机地取一只元件，求它是次品的概率；

(2) 在仓库中随机地取一只元件，若已知取到的是次品，为分析此次品出自何厂，需求出此次品由三家工厂生产的概率分别是多少，试求这些概率．

解：A 表示“取到的一只是次品”，$B_i(i=1,2,3)$表示“所取到的产品是由第 i 家工厂提供的”，易知 B_1，B_2，B_3 是样本空间 S 的一个划分，且有 $P(B_1)=0.15$，$P(B_2)=0.80$，$P(B_3)=0.05$，$P(A|B_1)=0.02$，$P(A|B_2)=0.01$，$P(A|B_3)=0.03$.

(1) 由全概率公式

$$P(A)=P(A|B_1)P(B_1)+P(A|B_2)P(B_2)+P(A|B_3)P(B_3)=0.0125.$$

(2) 贝叶斯 (Bayes) 公式

$$P(B_1|A)=\frac{P(A|B_1)P(B_1)}{P(A)}=\frac{0.02\times0.15}{0.0125}=0.24$$

$$P(B_2|A)=\frac{P(A|B_2)P(B_2)}{P(A)}=\frac{0.01\times0.80}{0.0125}=0.64$$

$$P(B_3|A)=\frac{P(A|B_3)P(B_3)}{P(A)}=\frac{0.03\times0.05}{0.0125}=0.12.$$

以往数据分析结果表明，这只产品来自第二家工厂的可能性最大．

[例 11] 对以往数据分析结果表明，当机器调整得良好时，产品的合格率为 98%，而当机器发生某种故障时，其合格率为 55%，每天早上机器开动时，机器调整良好的概率为 95%，试求已知某日早上第一件产品是合格品时，机器调整得良好的概率是多少？

解：设事件 A 为“产品合格”，事件 B 为“机器调整良好”，已知 $P(A|B)=0.98$，$P(A|\bar{B})=0.55$，$P(B)=0.95$，$P(\bar{B})=0.05$，所需求的概率为 $P(B|A)$，由贝叶斯公式

$$P(B|A)=\frac{P(A|B)P(B)}{P(A|B)P(B)+P(A|\bar{B})P(\bar{B})}=\frac{0.98\times0.95}{0.98\times0.95+0.55\times0.05}.$$
$$\approx0.97$$

这就是说，当生产出第一件产品是合格品时，此时机器调整良好的概率为 0.97.

这里概率 0.95 是由以往的数据分析得到的，叫做先验概率，而在得到信息（即生产出的第一件产品是合格品）之后再重新加以修正的概率（即 0.97）叫做后验概率．

[例 12] 根据以往的临床记录，某种诊断癌症的试验具有如下的效果：若以 A 表示事件“试验反应为阳性”，以 C 表示事件“被诊断者患有癌症”，则有 $P(A|C)=0.95$，$P(\overline{A}|\overline{C})=0.95$，现在对自然人群进行普查，设被试验的人患有癌症的概率为 0.005，即 $P(C)=0.005$，试求 $P(C|A)=$？

解：已知 $P(A|C)=0.95$，$P(A|\bar{C})=1-P(\bar{A}|\bar{C})=0.05$，$P(C)=0.005$，$P(\bar{C})=0.995$，由贝叶斯公式

$$P(C|A)=\frac{P(A|C)P(C)}{P(A|C)P(C)+P(A|\bar{C})P(\bar{C})}\approx0.087.$$

本题的结果表明，虽然 $P(A|C)=0.95$，$P(\bar{A}|\bar{C})=0.95$，这两个概率都比较高，但若将此试验用于普查，则有 $P(C|A)=0.087$，亦即其正确性只有 8.7%（平均 1000 个具有阳性反应的人中约只有 87 人确患有癌症）．

15.5 独立性

定义：设 A、B 是两事件，如果满足等式

$$P(AB)=P(A)P(B)$$

则称事件 A、B 相互独立，简称 A、B 独立．

注：①两个事件：

$$P(AB)=P(A)P(B)\Leftrightarrow P(B|A)=P(B)\Leftrightarrow P(B|A)=P(B|\bar{A})=P(B)$$

② 相互独立$\underset{\not\leftarrow}{\rightarrow}$两两相互独立．

相互独立：设 A_1，A_2，…，A_n 是 n 个事件，如果对于其中任意 2 个，任意 3 个，…，任意 n 个事件的积事件的概率，都等于各事件概率之积，则称事件 A_1，A_2，…，A_n 相互独立．

设 A，B，C 三个事件，如果满足等式：

$$P(AB)=P(A)P(B)$$

$$P(BC)=P(B)P(C)$$

$$P(AC)=P(A)P(C)$$

$$P(ABC)=P(A)P(B)P(C)$$

则称事件 A，B，C 相互独立．

③ 相互独立的事件中部分事件都相互独立．

④ 相互独立的事件中部分事件的逆事件与其余事件的逆事件也相互独立．

⑤ 若 A、B 相互独立，则下列各事件也相互独立：A 与 $\bar{B}$，$\bar{A}$ 与 B，$\bar{A}$ 与 $\bar{B}$.

[例 13] 已知事件 A、B 满足概率 $P(A)=0.4$，$P(B)=0.2$，$P(A|\bar{B})=P(A|B)$，则 $P(A\cup B)=$________.

解：

$$P(A\cup B)=P(A)+P(B)-P(AB)$$

$$P(A|\bar{B})=P(A|B)\Rightarrow\frac{P(A\bar{B})}{P(\bar{B})}=\frac{P(AB)}{P(B)}$$

$$\Rightarrow\frac{P(A)-P(AB)}{1-P(B)}=\frac{P(AB)}{P(B)}$$

$$\Rightarrow P(AB)=P(A)P(B)$$

$$\therefore P(A\cup B)=0.4+0.2-0.08=0.52.$$

注：直接由 $P(A|\bar{B})=P(A|B)$ 推出 A、B 相互独立去做不对．

[例 14] 甲乙两人进行乒乓球比赛，每局甲胜的概率为 P，$P\geqslant\frac{1}{2}$，问对甲而言，采用三局两胜制有利，还是五局三胜制有利，设各局胜负相互独立．

解：三局：甲甲　　乙甲甲　　甲乙甲

$$P_3=p^2+(1-p)p^2+p(1-p)p=p^2+2p^2(1-p)$$

五局：甲甲甲　　赛四局　　赛五局

$$P_5=p^3+C_3^2p^2(1-p)p+C_4^2p^2(1-p)^2p$$

$$\therefore P_5-P_3=p^2(6p^2-15p^2+12p-3)$$
$$=3p^2(p-1)^2(2p-1)$$

当 $p>\frac{1}{2}$时，$P_5>P_3$，对甲来说五局三胜更有利；

当 $p=\frac{1}{2}$时，$P_5=P_3=\frac{1}{2}$，对甲乙来说都一样．

15.6 事件关系

[例 15]（事件表示）A、B 为任意两个事件，则事件$(A-B)\cup(B-C)$等于事件（　　）．

(A) $A-C$　　(B) $A\cup(B-C)$　　(C) $(A-B)-C$　　(D) $(A\cup B)-BC$

答案：(D)．

解：方法 1：文氏图（图 15-1）．

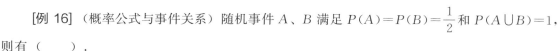

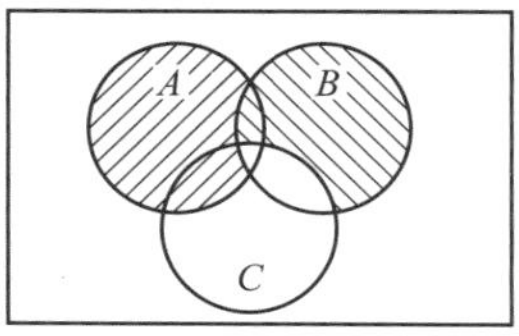

图 15-1

方法 2：

$$A-B=A-AB=A\bar{B}$$
$$\therefore (A-B)\cup(B-C)=A\bar{B}\cup B\bar{C}$$

而$(A\cup B)-BC=(A\cup B)\overline{BC}=A\cup B(\bar{B}\cup\bar{C})$

$=A\bar{B}\cup A\bar{C}\cup B\bar{B}\cup B\bar{C}$

$=A\bar{B}\cup(A\bar{B}\cup AB)\bar{C}\cup\varnothing\cup B\bar{C}$

$=(A\bar{B}\cup A\bar{B}\bar{C})\cup(AB\bar{C}\cup B\bar{C})$

（大　　小　　　　小　大）

$=A\bar{B}\cup B\bar{C}$.

[例 16]（概率公式与事件关系）随机事件 A、B 满足 $P(A)=P(B)=\frac{1}{2}$和 $P(A\cup B)=1$，则有（　　）．

(A) $A\cup B=S$　　(B) $AB=\varnothing$　　(C) $P(\bar{A}\cup\bar{B})=1$　　(D) $P(A-B)=0$

答案：(C)．

解：$P(A\cup B)=P(A)+P(B)-P(AB)$（加法公式）

$1=\frac{1}{2}+\frac{1}{2}-P(AB)$　　即 $P(AB)=0$

从而 $P(\bar{A}\cup\bar{B})=P(\overline{AB})=1-P(AB)=1$.

注：① 由 $P(A\cup B)=1$，推出 $A\cup B=S$，错误．

② 由 $P(AB)=0$，推出 $AB=\varnothing$，错误．

原因是，$P(A)=1$ 不能推出 $A=S$(A 必然发生不能说明 A 就为样本空间 S)，$P(B)=0$ 不能推出 $B=\varnothing$(B 不发生不能说明 B 是空集$\varnothing$)．

第16讲 随机变量及其分布

16.1 随机变量的定义

设随机试验的样本空间为 $S=\{e\}$，$X=X(e)$是定义在样本空间 S 上的实值单值函数，称 $X=X(e)$为随机变量．

[例 1] 将一枚硬币抛掷三次，三次投掷中出现 H(正面) 的总次数，对 H(正面) 与 T (反面) 的顺序不关心，以 X 表示三次投掷中出现 H 的总次数

样本点	HHH	HHT	HTH	THH	HTT	THT	TTH	TTT
X 的值	3	2	2	2	1	1	1	0

对于样本空间 $S=\{e\}$中每个样本点 e，X 都有一个值与之对应．

注：随机变量一般用大写的字母 X、Y、Z、W 等表示，小写的 x、y、z、w 等表示实数，是随机变量 X、Y、Z、W 的取值．

说明：$\{X=2\}$对应于样本点 $A=\{\text{HHT}, \text{HTH}, \text{THH}\}$，这是一个事件，当且仅当 A 发生时有$\{X=2\}$，$P\{X=2\}=P\{A\}=P\{\text{HHT}, \text{HTH}, \text{THH}\}=\dfrac{3}{8}$.

16.2 离散型随机变量及其分布律

随机变量的取值只能是有限个或可列无限多个，这种随机变量称为离散型随机变量．

其分布律为 $P=\{X=x_k\}=p_k$，$k=1, 2, 3, \cdots\cdots$.

描述离散型随机变量的概率分布的分布律也可用表格形式，如表 16-1.

表 16-1

X	x_1	x_2	x_3	…
P	p_1	p_2	p_3	…

分布律满足两个条件：

$$①\ p_k \geqslant 0 \quad, k=1,2,\cdots;$$

$$②\sum_{k=1}^{\infty} p_k = 1.$$

[例 2] 一袋中装 5 只球，编号是 1，2，3，4，5，在袋中同时取 3 只球，以 X 表示取出的 3 只球中的最大号码，写出随机变量 X 的分布律．

解： 随机变量 X 的可能取值为 3，4，5，

事件 $\{X=3\}$ 为 5 只球同时取 3 只球，编号为 1，2，3，即

$$P\{X=3\}=\frac{1}{C_5^3}=\frac{1}{10}.$$

事件 $\{X=4\}$ 为 5 只球取 3 只球中标有 4 号球，其余两球为 1，2，3 号，即

$$P\{X=4\}=\frac{C_3^2}{C_5^3}=\frac{3}{10}.$$

事件 $\{X=5\}$ 为 5 只球取 3 只球中标 5 号球，其余两球为 1，2，3，4 号，即

$$P\{X=5\}=\frac{C_4^2}{C_5^3}=\frac{6}{10}.$$

随机变量 X 分布律如表 16-2 所示．

表 16-2

X	3	4	5
P	$\frac{1}{10}$	$\frac{3}{10}$	$\frac{6}{10}$

16.3 五种重要的离散型随机变量的分布

(1) (0－1) 分布

随机变量 X 只能取 0 与 1 两个值，它的分布律是

$$P\{X=k\}=p^k(1-p)^{1-k}, k=0,1 \quad (0<p<1)$$

称 X 服从 (0－1) 分布或两点分布．

(0-1) 分布的分布律也可写成表 16-3 的形式．

表 16-3

X	0	1
P	$1-p$	p

实例：对新生儿的性别进行登记；检查产品的质量是否合格；抛硬币．

(2) 二项分布

伯努利试验： 设试验 E 只有两个可能结果，A 和 $\overline{A}$.

***n* 重伯努利试验：** 设 $P(A)=p(0<p<1)$，此时 $P(\overline{A})=1-p$，将试验 E 独立地重复进行 n 次，则称这一串重复的独立试验为 n 重伯努利试验．

二项分布：设 n 重伯努利试验中事件 A 发生 X 次，则 X 服从二项分布，记作 $X \sim B(n, p)$，其分布律为 $P\{X=k\}=C_n^k p^k (1-p)^{n-k}$，$k=0, 1, 2, \cdots, n$.

注：当 $n=1$ 时，二项分布为（0－1）分布.

[例 3] 某人进行射击，设每次射击的命中率为 0.02，独立射击 400 次，试求至少击中两次的概率.

解：$X \sim B(400, 0.02)$

$$
\begin{aligned}
P\{x \geqslant 2\} &= 1-P\{x=0\}-P\{x=1\} \\
&= 1-C_{400}^0 p^0 (1-p)^{400}-C_{400}^1 p^1 (1-p)^{399} \\
&= 1-(0.98)^{400}-400 \times (0.02) \times (0.98)^{399} \approx 0.9972.
\end{aligned}
$$

（3）泊松分布

设随机变量 X 的分布律为

$$P\{X=k\}=\frac{\lambda^k e^{-\lambda}}{k!}, \quad k=0,1,2\cdots$$

则称随机变量 X 服从参数为 λ 的泊松分布，记为 $X \sim P(\lambda)$ 或者 $X \sim \pi(\lambda)$.

注：在实际应用中，若 $X \sim B(n, p)$，当 n 很大时（$n>20$），p 很小时（$p<0.05$）时，有

$$C_n^k p^k (1-p)^{n-k} \approx \frac{\lambda^k e^{-\lambda}}{k!} \qquad \text{其中 } \lambda=np$$

泊松分布也称二项分布的极限分布.

对例 3 使用泊松分布计算得

$$
\begin{aligned}
P\{x \geqslant 2\} &= 1-P\{x=0\}-P\{x=1\}=1-\frac{8^0 e^{-8}}{0!}-\frac{8^1 e^{-8}}{1!} \\
&= 1-9e^{-8} \approx 0.99698.
\end{aligned}
$$

（4）几何分布

连续的独立重复试验，若成功的概率为 p（$0<p<1$），失败的概率为 $1-p$，首次取得成功所进行的试验次数 X 服从参数为 p 的几何分布，记为 $X \sim G(p)$，其分布律为 $P\{X=k\}=(1-p)^{k-1}p$，$k=1, 2, \cdots$.

（5）超几何分布

N 件产品中有 M 件次品，依次不放回取出（或任意取出）n 件，所取出次品数 X 服从超几何分布，记为 $X \sim H(N, M, n)$，分布律为 $P\{X=k\}=\dfrac{C_M^k C_{N-M}^{n-k}}{C_N^n}$.

注：其实就是古典概型.

16.4 随机变量的分布函数

定义：设 X 是一个随机变量，x 是任意实数，函数 $F(x)=P\{X \leqslant x\}$ 称为 X 的分布函数.

$$P\{x_1<X \leqslant x_2\}=P\{X \leqslant x_2\}-P\{X \leqslant x_1\}=F(x_2)-F(x_1)$$

注：① $F(x)$ 是一个不减函数；

② $0\leqslant F(x)\leqslant 1$，且 $F(-\infty)=\lim\limits_{x\to-\infty}F(x)=0$，$F(+\infty)=\lim\limits_{x\to+\infty}F(x)=1$；

③ $F(x+0)=F(x)$，即 $F(x)$ 是右连续的（指随机变量 X 取值 x 的范围时，等号写在左端，如 $a\leqslant x<b$）；

④ 离散型随机变量 X 的分布函数为

$$F(x)=P\{X\leqslant x\}=\sum_{x_k\leqslant x}P\{X=x_k\}.$$

[例 4] 设随机变量 X 的分布律如表 16-4 所示，

表 16-4

X	-1	2	3
P_k	$\frac{1}{4}$	$\frac{1}{2}$	$\frac{1}{4}$

求 X 的分布函数，并求 $P\left\{X\leqslant\frac{1}{2}\right\}$，$P\left\{\frac{3}{2}<X\leqslant\frac{5}{2}\right\}$，$P\{2\leqslant X\leqslant 3\}$.

解：

$$F(x)=\begin{cases}0, & x<-1\\ P\{X=1\}, & -1\leqslant x<2\\ P\{X=-1\}+P\{X=2\}, & 2\leqslant x<3\\ 1, & x\geqslant 3\end{cases}$$

$$F(x)=\begin{cases}0, & x<-1\\ \frac{1}{4}, & -1\leqslant x<2\\ \frac{3}{4}, & 2\leqslant x<3\\ 1, & x\geqslant 3\end{cases}$$

$$P\left\{X\leqslant\frac{1}{2}\right\}=F\left(\frac{1}{2}\right)=\frac{1}{4}$$

$$P\left\{\frac{3}{2}<X\leqslant\frac{5}{2}\right\}=F\left(\frac{5}{2}\right)-F\left(\frac{3}{2}\right)=\frac{3}{4}-\frac{1}{4}=\frac{1}{2}$$

$$P\{2\leqslant X\leqslant 3\}=F(3)-F(2)+P\{X=2\}=1-\frac{3}{4}+\frac{1}{2}=\frac{3}{4}.$$

[例 5] 设离散型随机变量 X 的分布函数为

$$F(x)=P\{X\leqslant x\}=\begin{cases}0, & x<-1\\ 0.4, & -1\leqslant x<1\\ 0.8, & 1\leqslant x<3\\ 1, & 3\leqslant x\end{cases}$$

则 X 的概率分布为多少?

$\because P\{X=x\}=P\{X\leqslant x\}-P\{X<x\}=F(x)-F(x-0)$

$\therefore$ 只有在 $F(x)$ 的不连续点（$x=-1$，1，3）上 $p\{X=x\}$ 不为零.

$$P\{X=-1\}=F(-1)-F(-1-0)=0.4$$
$$P\{X=1\}=F(1)-F(1-0)=0.8-0.4=0.4$$
$$P\{X=3\}=F(3)-F(3-0)=0.2.$$
$\therefore X$ 的分布律如表 16-5 所示 .

表 16-5

X	-1	1	3
$P\{X=x\}$	0.4	0.4	0.2

16.5 连续型随机变量及其概率密度

定义：如果对于随机变量 X 的分布函数 $F(x)$，存在非负函数 $f(x)$ 使对于任意实数 x 有
$$F(x)=\int_{-\infty}^{x} f(t)\,\mathrm{d}t$$
则称 X 为**连续型随机变量**，其中函数 $f(x)$ 称为 X 的**概率密度函数**，简称概率密度 .

注：① $f(x)\geqslant 0$；

② $\int_{-\infty}^{+\infty} f(x)\,\mathrm{d}x=1$；

③ 对于任意实数 x_1，$x_2(x_1\leqslant x_2)$
$$P\{x_1<X\leqslant x_2\}=F(x_2)-F(x_1)=\int_{x_1}^{x_2} f(x)\,\mathrm{d}x$$

④ 若 $f(x)$ 在点 x 处连续，则有 $F'(x)=f(x)$.

[例 6] 设随机变量 X 具有概率密度 $f(x)=\begin{cases} kx, & 0\leqslant x<3 \\ 2-\dfrac{x}{2}, & 3\leqslant x\leqslant 4 \\ 0, & \text{其他} \end{cases}$

求：(1) 确定常数 k；(2) X 的分布函数 $F(x)$；(3) $P\{1<x\leqslant \frac{7}{2}\}$.

解：

(1) 由 $\int_{-\infty}^{+\infty} f(x)\,\mathrm{d}x=1$ 得
$$\int_0^3 kx\,\mathrm{d}x+\int_3^4\left(2-\frac{x}{2}\right)\mathrm{d}x=1$$
$$\therefore k=\frac{1}{6}.$$

(2) X 的分布函数为
$$F(x)=\begin{cases} 0, & x<0 \\ \int_0^x \frac{x}{6}\,\mathrm{d}x, & 0\leqslant x<3 \\ \int_0^3 \frac{x}{6}\,\mathrm{d}x+\int_3^x\left(2-\frac{x}{2}\right)\mathrm{d}x, & 3\leqslant x<4 \\ 1, & x\geqslant 4 \end{cases}$$

$$F(x)=\begin{cases}0, & x<0\\ \dfrac{x^2}{12}, & 0\leqslant x<3\\ -\dfrac{x^2}{4}+2x-3, & 3\leqslant x<4\\ 1, & x\geqslant 4\end{cases}.$$

(3)

$$P\left(1<x\leqslant\frac{7}{2}\right)=F\left(\frac{7}{2}\right)-F(1)=\frac{41}{48}.$$

注：连续型随机变量 X 在某点处的概率为 0，即 $P\{X=a\}=0$.

16.6 三种重要的连续型随机变量的分布

（1）均匀分布

定义：设连续型随机变量 X 具有概率密度 $f(x)=\begin{cases}\dfrac{1}{b-a}, & a<x<b\\ 0, & \text{其他}\end{cases}$，则称 X 在区间 (a,b) 上服从均匀分布，记为 $X\sim U(a,b)$.

分布函数为：$F(x)=\begin{cases}0, & x<a\\ \dfrac{x-a}{b-a}, & a\leqslant x<b\\ 1, & x\geqslant b\end{cases}$.

[例 7] 设电阻值 R 是一个随机变量，均匀分布在 900～1100Ω，求 R 的概率密度及 R 落在 950～1050Ω 的概率.

解：R 的概率密度为

$$f(r)=\begin{cases}\dfrac{1}{1100-900}, & 900<r<1100\\ 0, & \text{其他}\end{cases}$$

故有 $P\{950<R\leqslant 1050\}=\int_{950}^{1050}\frac{1}{200}\mathrm{d}r=0.5$.

（2）指数分布

定义：设连续型随机变量 X 的概率密度为：$f(x)=\begin{cases}\dfrac{1}{\theta}\mathrm{e}^{-\frac{x}{\theta}}, & x>0\\ 0, & \text{其他}\end{cases}$，其中 $\theta>0$ 为常数，则称 X 服从参数为 θ 的指数分布.

分布函数为：$F(x)=\begin{cases}1-\mathrm{e}^{-\frac{x}{\theta}}, & x>0\\ 0, & \text{其他}\end{cases}$

注：指数分布的无记忆性 $P\{X>s+t\mid X>s\}=P\{X>t\}$.

证明：

$$P\{X>s+t \mid X>s\}=\frac{P\{X>s+t\} \cap P\{X>s\}}{P\{X>s\}}$$

$$=\frac{P\{X>s+t\}}{P\{X>s\}}=\frac{1-F(s+t)}{1-F(s)}$$

$$=\frac{\mathrm{e}^{\frac{-(s+t)}{\theta}}}{\mathrm{e}^{-\frac{s}{\theta}}}=\mathrm{e}^{-\frac{t}{\theta}}=P\{X>t\}.$$

（3）正态分布

设连续型随机变量 X 的概率密度为

$f(x)=\frac{1}{\sqrt{2\pi}\sigma}\mathrm{e}^{-\frac{(x-u)^2}{2\sigma^2}}$ $(-\infty<x<+\infty)$，其中 u，$\sigma(\sigma>0)$ 为常数，则称 X 服从参数为 u，σ 的正态分布或高斯（Gauss）分布，记作 $X\sim N(u,\sigma^2)$.

性质：①概率密度曲线关于 $x=u$ 对称

$$P\{u-h<X\leqslant u\}=P\{u<X\leqslant u+h\}$$

② 概率密度函数 $f(x)$ 在 $x=u$ 处取得最大值 $f(u)=\frac{1}{\sqrt{2\pi}\sigma}$.

a. 分布函数为 $F(x)=\frac{1}{\sqrt{2\pi}\sigma}\int_{-\infty}^{x}\mathrm{e}^{-\frac{(t-u)^2}{2\sigma^2}}\mathrm{d}t$，特别地，当 $u=0$，$\sigma=1$ 时，称 X 服从标准正态分布，记为 $X\sim N(0,\ 1)$．

b. 密度函数为 $f(x)=\frac{1}{\sqrt{2\pi}}\mathrm{e}^{-\frac{x^2}{2}}$.

c. 分布函数为 $\varphi(x)=\frac{1}{\sqrt{2\pi}}\int_{-\infty}^{x}\mathrm{e}^{-\frac{t^2}{2}}\mathrm{d}t$

$\varphi(-x)=1-\varphi(x)$.

注：若 $X\sim N(u,\ \sigma^2)$，则 $z=\frac{X-u}{\sigma}\sim N(0,\ 1)$．

$$P\{x_1<X\leqslant x_2\}=P\left\{\frac{x_1-u}{\sigma}<\frac{X-u}{\sigma}\leqslant\frac{x_2-u}{\sigma}\right\}=\varphi\left(\frac{x_2-u}{\sigma}\right)-\varphi\left(\frac{x_1-u}{\sigma}\right).$$

[例 8] 将一温度调节器放置在贮存着某种液体的容器内，调节器整定在 d℃，液体的温度 X（以℃计）是一个随机变量，且 $X\sim N(d,\ 0.5)$．

（1）若 $d=90$，求 X 小于 89 的概率；（2）若要求保持液体的温度至少为 80 的概率不低于 0.99，问 d 至少为多少？

解：（1）所求概率为

$$P\{X<89\}=P\left\{\frac{X-90}{0.5}<\frac{89-90}{0.5}\right\}$$

$$=\varphi\left(\frac{89-90}{0.5}\right)=\varphi(-2)$$

$$=1-\varphi(2)=1-0.9772=0.0228.$$

（2）

$$0.99\leqslant P\{X\geqslant 80\}=P\left\{\frac{X-d}{0.5}\geqslant\frac{80-d}{0.5}\right\}=1-P\left\{\frac{X-d}{0.5}<\frac{80-d}{0.5}\right\}$$

$$=1-\varphi\left(\frac{80-\mathrm{d}}{0.5}\right)$$

即 $$\varphi\left(\frac{80-d}{0.5}\right)\leqslant 1-0.99=1-\varphi(2.327)=\varphi(-2.327)$$

亦即 $$\frac{80-d}{0.5}\leqslant -2.327$$

$$d\geqslant 81.1635.$$

注：①设 $X\sim N\ (0,\ 1)$，若 z_α 满足条件 $P\{X>z_\alpha\}=\alpha$，$0<\alpha<1$，则称点 z_α 为标准正态分布的上 α 分位点．

②正态分布的概率密度函数曲线在 $x=u\pm\sigma$ 处曲线有拐点．

③如果固定 σ，改变 u 值，则图形沿着 x 轴平移，而不改变其形状；如果固定 u，改变 σ 值，σ 越小时图形变得越尖，因而 X 落在 u 附近的概率越大；u 为位置参数，σ^2 为形状参数．

16.7 随机变量的函数的分布

① 一维离散型随机变量函数的分布的求法为逐点法，即首先确定函数的所有可能取值，其次求解函数在各个可能取值处的概率．

[例 9] 设随机变量 X 的概率分布如表 16-6，

表 16-6

X	-2	-1	0	1	2	3
P	0.1	0.2	0.1	0.3	0.2	0.1

求随机变量 $Y=2X+1$ 及随机变量 $Z=X^2$ 的概率分布律．

解： Y 的分布律如表 16-7.

表 16-7

Y	-3	-1	1	3	5	7
P	0.1	0.2	0.1	0.3	0.2	0.1

Z 的分布律如表 16-8.

表 16-8

Z	0	1	4	9
P	0.1	0.5	0.3	0.1

② 连续型随机变量函数的分布的求法有分布函数法和公式法．

a. 分布函数法：Ⅰ．首先确定随机变量函数 $Y=g(X)$的取值范围．

Ⅱ．其次由分布函数定义

$$F_Y(y)=P\{Y\leqslant y\}=P\{g(X)\leqslant y\}=\int_{g(x)\leqslant y}f_X(x)\mathrm{d}x$$

求解随机变量 $Y=g\ (X)$ 的分布函数．

Ⅲ. 最后对分布函数求导得密度函数 $f_Y(y)=\dfrac{dF_Y(y)}{dy}$.

[例 10] 设随机变量 X 在区间(1, 2)服从均匀分布，试求随机变量 $Y=e^{2X}$ 的概率密度 $f_Y(y)$.

解：分布函数法：

$$1<x=\ln y<2$$
$$e^2<y<e^4$$

当 $y<e^2$ 时，$F_Y(y)=0$

当$e^2\leqslant y<e^4$ 时，$F_Y(y)=P(Y\leqslant y)=P(e^{2X}\leqslant y)$

$$=\int_1^{\frac{1}{2}\ln y}\frac{1}{2-1}dx=\frac{1}{2}\ln y-1$$

当 $y\geqslant e^4$ 时，$F_Y(y)=1$

$$\text{故 } F_Y(y)=\begin{cases}0, & y<e^2\\ \dfrac{1}{2}\ln y-1, & e^2\leqslant y<e^4\\ 1, & y\geqslant e^4\end{cases}$$

$$\therefore f_Y(y)=\begin{cases}\dfrac{1}{2y}, & e^2\leqslant y<e^4\\ 0, & \text{其他}\end{cases}.$$

b. 公式法：设随机变量 X 具有概率密度 $f_X(x)$，$x\in(-\infty, +\infty)$，若 $y=g(x)$ 在 $x\in(-\infty, +\infty)$ 上处处可导且严格单调，其反函数 $x=h(y)$，则 $Y=g(X)$ 是连续型随机变量，其概率密度为

$$f_Y(y)=\begin{cases}f_X[h(y)]|h'(y)| & ,\alpha<x<\beta\\ 0 & ,\text{其他}\end{cases}$$

其中 $\alpha=\min(g(-\infty), g(+\infty))$，$\beta=\max(g(-\infty), g(+\infty))$.

[例 11] 设随机变量 X 在区间(1, 2)服从均匀分布，试求随机变量 $Y=e^{2X}$ 的概率密度 $f_Y(y)$（使用公式法）.

解：易知 $y=e^{2x}$ 单调递增，其反函数为 $h(y)=\dfrac{1}{2}\ln y\ (y>0)$，$h'(y)=\dfrac{1}{2y}\ (y\neq 0)$，所以

$$f_X(h(y))>0\Rightarrow 1<\frac{1}{2}\ln y<2\Rightarrow e^2<y<e^4$$

故有

$$f_Y(y)=\begin{cases}f_X(h(y))|h'(y)|, & e^2<y<e^4\\ 0, & \text{其他}\end{cases}$$

$$=\begin{cases}\dfrac{1}{2-1}\times\dfrac{1}{2y}, & e^2<y<e^4\\ 0, & \text{其他}\end{cases}.$$

16.8 补例

[例 12] 设随机变量 X 服从正态分布 $N(0,1)$，对给定的 $\alpha(0<\alpha<1)$，数 u_α 满足 $P\{X>u_\alpha\}=\alpha$，若 $P\{|X|<x\}=\alpha$，则 x 等于（　　）.

(A) $u_{\frac{\alpha}{2}}$　　(B) $u_{1-\frac{\alpha}{2}}$　　(C) $u_{\frac{1-\alpha}{2}}$　　(D) $u_{1-\alpha}$

答案：(C).

解：$p\{|X|<x\}=p\{-x<X<x\}$

$=1-2P\{X>x\}=\alpha$

$\therefore p\{X>x\}=\dfrac{1-\alpha}{2}$（图 16-1）.

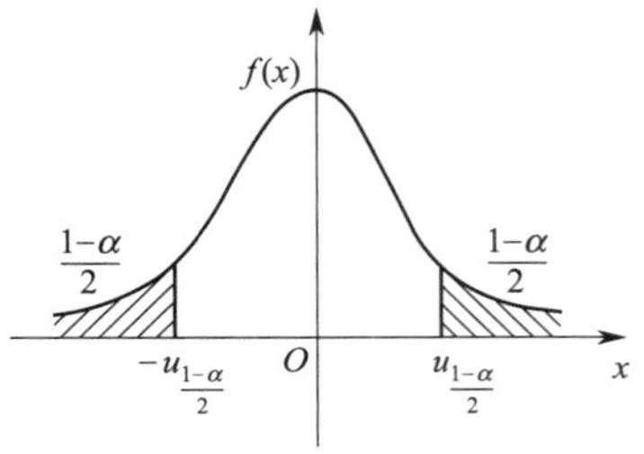

图 16-1

[例 13] 如果 $f(x)$ 是某随机变量的概率密度函数，则可以判断也为概率密度函数的为（　　）.

(A) $f(2x)$　　(B) $f^2(x)$

(C) $2xf(x^2)$　　(D) $3x^2f(x^3)$

解：

$$\int_{-\infty}^{+\infty}f(2x)\,\mathrm{d}x=\frac{1}{2}\int_{-\infty}^{+\infty}f(2x)\,\mathrm{d}2x=\frac{1}{2}\int_{-\infty}^{+\infty}f(t)\,\mathrm{d}t=\frac{1}{2}$$

$\int_{-\infty}^{+\infty}f^2(x)\,\mathrm{d}x=1$　　不一定成立

$2xf(x^2)\geqslant0$　　不一定成立

$3x^2f(x^3)\geqslant0$ 且 $\int_{-\infty}^{+\infty}3x^2f(x^3)\,\mathrm{d}x=\int_{-\infty}^{+\infty}f(x^3)\,\mathrm{d}x^3=\int_{-\infty}^{+\infty}f(t)\,\mathrm{d}t=1.$

[例 14] 设 $F_1(x)$，$F_2(x)$ 为两个分布函数，其相应的概率密度 $f_1(x)$，$f_2(x)$ 是连续函数，则必为概率密度的是（　　）.

(A) $f_1(x)f_2(x)$　　(B) $2f_2(x)F_1(x)$

(C) $f_1(x)F_2(x)$　　(D) $f_1(x)[1-F_2(x)]+f_2(x)[1-F_1(x)]$

解：$\int_{-\infty}^{+\infty}\{f_1(x)[1-F_2(x)]+f_2(x)[1-F_1(x)]\}\,\mathrm{d}x$

$=\int_{-\infty}^{+\infty}f_1(x)\,\mathrm{d}x+\int_{-\infty}^{+\infty}f_2(x)\,\mathrm{d}x-\int_{-\infty}^{+\infty}[f_1(x)F_2(x)+f_2(x)F_1(x)]\,\mathrm{d}x$

$=1+1-[F_1(x)F_2(x)]_{-\infty}^{+\infty}=1.$

[例 15] 设连续型随机变量 X 的分布函数为

$$F(x)=\begin{cases}0, & x<-\alpha\\ A+B\arcsin\dfrac{x}{\alpha}, & -\alpha\leqslant x<\alpha\\ 1, & x\geqslant\alpha\end{cases}$$

这里 $\alpha>0$，试求 (1) 常数 A，B；(2) $P\left\{|X|<\dfrac{\alpha}{2}\right\}$；(3) 密度函数 $f(x)$.

解：(1) 易知 $A-\dfrac{\pi}{2}B=0$，$A+\dfrac{\pi}{2}B=1$，所以 $A=\dfrac{1}{2}$，$B=\dfrac{1}{\pi}$

(2) $P\left\{|x|<\frac{\alpha}{2}\right\}=p\left\{-\frac{\alpha}{2}<x<\frac{\alpha}{2}\right\}=F\left(\frac{\alpha}{2}\right)-F\left(-\frac{\alpha}{2}\right)$

$$=\frac{1}{2}+\frac{1}{\pi}\arcsin\frac{1}{2}-\left[\frac{1}{2}+\frac{1}{\pi}\arcsin\left(-\frac{1}{2}\right)\right]=\frac{1}{3}$$

(3) $f(x)=F'(x)=\begin{cases}\frac{1}{\pi\sqrt{\alpha^2-x^2}}, & |x|<\alpha \\ 0, & 其他\end{cases}$

[例 16] 设随机变量 X 的概率密度为 $f(x)=\begin{cases}\frac{2x}{\pi^2} & ,0<x<\pi \\ 0 & ,其他\end{cases}$，求 $Y=\sin X$ 的概率密度.

解：方法 1：分布函数法

随机变量 Y 的取值范围(0，1)，于是当 $y\leqslant 0$ 时，$F_Y(y)=0$；当 $y\geqslant 1$ 时，$F_Y(y)=1$；当 $0<y<1$ 时，

$$F_Y(y)=P\{Y\leqslant y\}$$

$$=P\{\sin Y\leqslant y\}=P\{0<x<\arcsin y\}+P\{\pi-\mathrm{arc}\sin y\leqslant x<\pi\}$$

$$=\int_0^{\arcsin y}\frac{2x}{\pi^2}\mathrm{d}x+\int_{\pi-\arcsin y}^{\pi}\frac{2x}{\pi^2}\mathrm{d}x$$

$$=\frac{x^2}{\pi^2}\Bigg|_0^{\arcsin y}+\frac{x^2}{\pi^2}\Bigg|_{\pi-\arcsin y}^{\pi}=\frac{2}{\pi}\arcsin y$$

所以 $f_Y(y)=F_Y{}'(y)=\begin{cases}\frac{2}{\pi\sqrt{1-y^2}}, & 0<y<1 \\ 0, & 其他\end{cases}$.

方法 2：公式法

函数 $y=\sin x$ 的值域(0，1)，存在两个单调区间$\left(0，\frac{\pi}{2}\right)$和$\left(\frac{\pi}{2}，\pi\right)$，其上的反函数分别为 $x=\arcsin y$ 和 $x=\pi-\arcsin y$，且$\left|\frac{\mathrm{d}x}{\mathrm{d}y}\right|=\frac{1}{\sqrt{1-y^2}}$，根据公式法可得，当 $y\in(0，1)$时

$$f_Y(y)=f(\arcsin y)\frac{1}{\sqrt{1-y^2}}+f(\pi-\arcsin y)\frac{1}{\sqrt{1-y^2}}=\frac{2}{\pi}\frac{1}{\sqrt{1-y^2}}$$

所以 $f_Y(y)=F_Y{}'(y)=\begin{cases}\frac{2}{\pi\sqrt{1-y^2}}, & 0<y<1 \\ 0, & 其他\end{cases}$.

第17讲 多维随机变量及其分布

17.1 二维随机变量

定义：设（X，Y）是二维随机变量，对于任意实数 x、y，二元函数

$$F(x,y)=P\{(X\leqslant x)\cap(Y\leqslant y)\}=P\{X\leqslant x,Y\leqslant y\}$$

称为二维随机变量（X，Y）的分布函数，或称为随机变量 X 和 Y 的联合分布函数．

注：二维随机变量的概念，二维平面中随机点的坐标．

分布函数 $F(x, y)$ 具有以下的基本性质：

① $P\{x_1<X\leqslant x_2,y_1<Y\leqslant y_2\}=F(x_2,y_2)-F(x_2,y_1)-F(x_1,y_2)+F(x_1,y_1)$.

② $F(x, y)$ 是变量 x 和 y 的不减函数．即对于任意固定的 y，当 $x_2>x_1$ 时，$F(x_2,y)\geqslant F(x_1,y)$；对于任意固定的 x，当 $y_2>y_1$ 时，$F(x,y_2)\geqslant F(x,y_1)$.

③ $0\leqslant F(x,y)\leqslant 1$，且对于任意固定的 y，$F(-\infty,y)=0$；对于任意固定的 x，$F(x,-\infty)=0$；$F(-\infty,-\infty)=0$，$F(+\infty,+\infty)=1$.

④ $F(x,y)=F(x+0,y)$，$F(x,y)=F(x,y+0)$，即 $F(x, y)$ 关于 x 右连续，关于 y 也右连续．

[例 1] 设随机变量 X 在 1，2，3，4 四个正整数中等可能地取一个值，另一个随机变量 Y 在 $1\sim X$ 中等可能地取一整数值，试求（X，Y）的分布律．

解：由乘法公式容易求得(X, Y)的分布律，易知$\{X=i, Y=j\}$的取值情况是：$i=1$，2，3，4，j 取不大于 i 的正整数，且 $P\{X=i, Y=j\}=p\{Y=j\mid X=i\}P\{X=i\}=\frac{1}{i}\times\frac{1}{4}$，于是$(X, Y)$的分布律如表 17-1 所示．

表 17-1

Y	X			
	1	2	3	4
1	$\frac{1}{4}$	$\frac{1}{8}$	$\frac{1}{12}$	$\frac{1}{16}$
2	0	$\frac{1}{8}$	$\frac{1}{12}$	$\frac{1}{16}$
3	0	0	$\frac{1}{12}$	$\frac{1}{16}$
4	0	0	0	$\frac{1}{16}$

注：离散型随机变量求分布函数是将（X，Y）看成一个随机点的坐标，其中和式是对一切满足 $x_i \leqslant x$，$y_j \leqslant y$ 的 i，j 来求和的.

$$F(x,y)=\sum_{x_i \leqslant x}\sum_{y_j \leqslant y} p_{ij}$$

二维连续型随机变量：如果存在非负的函数 $f(x, y)$，使对于任意 x，y 有

$$F(x,y)=\int_{-\infty}^{y}\int_{-\infty}^{x} f(u,v)\mathrm{d}u\mathrm{d}v$$

则称（X，Y）是连续型的二维随机变量，函数 $f(x, y)$ 称为二维随机变量（X，Y）的**概率密度**或称为随机变量 X 和 Y 的**联合概率密度**.

概率密度 $f(x, y)$ 具有以下性质：

① $f(x, y) \geqslant 0$；

② $\int_{-\infty}^{+\infty}\int_{-\infty}^{+\infty} f(x, y)\mathrm{d}x\mathrm{d}y=F(+\infty, -\infty)=1$；

③ 设 G 是 xoy 平面上的区域，点（X，Y）落在 G 内的概率为

$$P\{(X,Y)\in G\}=\iint_G f(x,y)\mathrm{d}x\mathrm{d}y$$

④ 若 $f(x, y)$ 在点 (x, y) 连续，则有 $\dfrac{\partial^2 F(x,y)}{\partial x \partial y}=f(x,y)$.

[例 2] 设二维随机变量（X，Y）具有概率密度

$$f(x,y)=\begin{cases} 2\mathrm{e}^{-(2x+y)}, & x>0,y>0 \\ 0, & \text{其他} \end{cases}$$

(1) 求分布函数 $F(x, y)$；(2) 求概率 $P\{Y \leqslant X\}$.

解：(1)

$$F(x,y)=\int_0^y\int_0^x f(x,y)\mathrm{d}x\mathrm{d}y=\begin{cases} \int_0^y\int_0^x 2\mathrm{e}^{-(2x+y)}\mathrm{d}x\mathrm{d}y, & x>0,y>0 \\ 0, & \text{其他} \end{cases}$$

即有

$$F(x,y)=\begin{cases} (1-\mathrm{e}^{-2x})(1-\mathrm{e}^{-y}), & x>0,y>0 \\ 0, & \text{其他} \end{cases}.$$

(2)

$$P\{Y \leqslant X\}=\iint_{Y \leqslant X} f(x,y)\mathrm{d}x\mathrm{d}y=\int_0^{+\infty}\mathrm{d}x\int_0^x 2\mathrm{e}^{-(2x+y)}\mathrm{d}y=\frac{1}{3}.$$

17.2 边缘分布

二维随机变量（X，Y）的联合分布函数为 $F(x, y)$，则二维随机变量（X，Y）关于 X 的边缘分布函数为

$$F_X(x)=P\{X \leqslant x\}=P\{X \leqslant x, Y<+\infty\}=F(x,+\infty).$$

二维随机变量（X，Y）关于 Y 的边缘分布函数为

$$F_Y(y)=P\{Y\leqslant y\}=P\{X<+\infty,Y\leqslant y\}=F(+\infty,y).$$

对于离散型随机变量，$F_X(x)=F(x,+\infty)=\sum_{x_i\leqslant x}\sum_{j=1}^{\infty}p_{ij}$，边缘分布律 $P\{X=x_i\}=\sum_{j=1}^{\infty}p_{ij}=p_{i\cdot}$，$i=1,2,\cdots$；同理 $F_Y(y)=F(+\infty,y)=\sum_{y_j\leqslant y}\sum_{i=1}^{\infty}p_{ij}$，

边缘分布律为 $P\{Y=y_j\}=\sum_{i=1}^{\infty}p_{ij}=p_{\cdot j}$，$j=1,2,\cdots$.

对于连续型随机变量（X，Y），其边缘分布函数

$$F_X(x)=F(x,+\infty)=\int_{-\infty}^{x}\left[\int_{-\infty}^{+\infty}f(x,y)\mathrm{d}y\right]\mathrm{d}x$$

$$F_Y(y)=F(y,+\infty)=\int_{-\infty}^{y}\left[\int_{-\infty}^{+\infty}f(x,y)\mathrm{d}x\right]\mathrm{d}y$$

边缘概率密度为

$$f_X(x)=\int_{-\infty}^{+\infty}f(x,y)\mathrm{d}y.$$

$$f_Y(y)=\int_{-\infty}^{+\infty}f(x,y)\mathrm{d}x$$

[例 3] 整数 N 等可能在 1，2，3，…，10 十个值中取一个值，设 $D=D(N)$ 是能整除 N 的正整数的个数，$F=F(N)$ 是能整除 N 的素数的个数（大于 1 的自然数中，除 1 和它本身以外不再有其他因数，注意 1 不是素数），试写出 D 和 F 的联合分布律，并求边缘分布律.

解：先将试验的样本空间及 D、F 的取值的情况列出如下：

样本点	1	2	3	4	5	6	7	8	9	10
D	1	2	2	3	2	4	2	4	3	4
F	0	1	1	1	1	2	1	1	1	2

D 的所有可能取值为 1，2，3，4；F 的所有可能取值为 0，1，2. 容易得到(D，F)取(i，j)，$i=1,2,3,4$；$j=0,1,2$ 的概率. 例如：$P\{D=1,F=0\}=\frac{1}{10}$，$P\{D=2,F=1\}=\frac{4}{10}$.

D 和 F 的联合分布律及边缘分布率如表 17-2.

表 17-2

F	D				$P\{F=j\}$
	1	2	3	4	
0	$\frac{1}{10}$	0	0	0	$\frac{1}{10}$
1	0	$\frac{4}{10}$	$\frac{2}{10}$	$\frac{1}{10}$	$\frac{7}{10}$
2	0	0	0	$\frac{2}{10}$	$\frac{2}{10}$
$P\{D=i\}$	$\frac{1}{10}$	$\frac{4}{10}$	$\frac{2}{10}$	$\frac{3}{10}$	1

边缘分布律如表 17-3 和表 17-4.

表 17-3

D	1	2	3	4
$P\{D=i\}$	$\frac{1}{10}$	$\frac{4}{10}$	$\frac{2}{10}$	$\frac{3}{10}$

表 17-4

F	0	1	2
$P\{F=j\}$	$\frac{1}{10}$	$\frac{7}{10}$	$\frac{2}{10}$

[例 4] 设随机变量 X 和 Y 具有联合概率密度函数

$$f(x,y)=\begin{cases}6 & ,x^2\leqslant y\leqslant x(\text{图 17-1})\\0 & ,\text{其他}\end{cases}$$

求边缘概率密度 $f_X(x)$，$f_Y(y)$.

解： $f_X(x)=\int_{-\infty}^{+\infty}f(x,y)\,\mathrm{d}y=\begin{cases}\int_{x^2}^{x}6\mathrm{d}y=6(x-x^2), & 0\leqslant x\leqslant 1\\0, & \text{其他}\end{cases}$；

$$f_Y(y)=\int_{-\infty}^{+\infty}f(x,y)\,\mathrm{d}x=\begin{cases}\int_{y}^{\sqrt{y}}6\mathrm{d}x=6(\sqrt{y}-y), & 0\leqslant y\leqslant 1\\0, & \text{其他}\end{cases}.$$

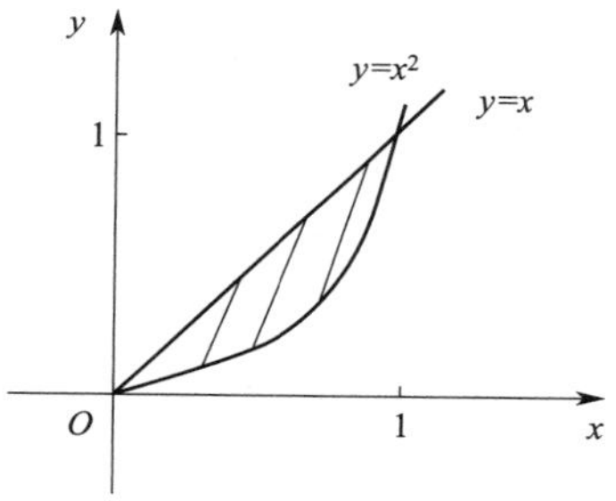

图 17-1

[例 5] 设二维随机变量（X，Y）的概率密度为

$$f(x,y)=\frac{1}{2\pi\sigma_1\sigma_2\sqrt{1-\rho^2}}\exp\left\{\frac{-1}{2(1-\rho^2)}\left[\frac{(x-u_1)^2}{\sigma_1^2}-2\rho\frac{(x-u_1)(y-u_2)}{\sigma_1\sigma_2}+\frac{(y-u_2)^2}{\sigma_2^2}\right]\right\}$$ 这里 $-\infty<x<+\infty$，$-\infty<y<+\infty$，其中 u_1，u_2，σ_1，σ_2，ρ 都是常数，且 $\sigma_1>0$，$\sigma_2>0$，$-1<\rho<1$，我们称（X，Y）为服从参数为 u_1，u_2，σ_1，σ_2，ρ 的二维正态分布，记为（X，Y）$\sim N(u_1, u_2, \sigma_1, \sigma_2, \rho)$.

试求二维正态随机变量的边缘概率密度 .

解：

$$f_X(x)=\int_{-\infty}^{+\infty}f(x,y)\,\mathrm{d}y$$

$$\frac{(y_1-y_2)^2}{\sigma_2^2}-2\rho\frac{(x-u_1)(y-u_2)}{\sigma_1\sigma_2}=\left(\frac{y-u_2}{\sigma_2}-\rho\frac{x-u_1}{\sigma_1}\right)^2-\rho^2\frac{(x-u_1)^2}{\sigma_1^2}$$

于是 $f_X(x)=\frac{1}{2\pi\sigma_1\sigma_2\sqrt{1-\rho^2}}\mathrm{e}^{-\frac{(x-u_1)^2}{2\sigma_1^2}}\int_{-\infty}^{+\infty}\mathrm{e}^{-\frac{1}{2(1-\rho^2)}\left(\frac{y-u_2}{\sigma_2}-\rho\frac{x-u_1}{\sigma_1}\right)^2}\mathrm{d}y$

令 $t=\frac{1}{\sqrt{1-\rho^2}}\left(\frac{y-u_2}{\sigma_2}-\rho\frac{x-u_1}{\sigma_1}\right)$，则有

$$f_X(x)=\frac{1}{2\pi\sigma_1}e^{-\frac{(x-u_1)^2}{2\sigma_1^2}},-\infty<x<+\infty;$$

同理，$f_Y(y)=\frac{1}{2\pi\sigma_2}e^{-\frac{(y-u_2)^2}{2\sigma_2^2}},-\infty<y<+\infty.$

17.3 条件分布

定义：设（X，Y）是二维离散型随机变量，对于固定的 j，若 $P\{Y=y_j\}>0$，则称 $P\{X=x_i\mid Y=y_j\}=\frac{P\{X=x_i,Y=y_j\}}{P\{Y=y_j\}}=\frac{p_{ij}}{p_{\cdot j}}$ （$i=1$，$2\cdots$）为在 $Y=y_j$ 条件下随机变量 X 的条件分布律．

同样对于固定的 i，若 $P\{X=x_i\}>0$,，则称 $P\{Y=y_j\mid X=x_i\}=\frac{P\{X=x_i,Y=y_j\}}{P\{X=x_i\}}=\frac{p_{ij}}{p_{i\cdot}}$ （$j=1,2\cdots$）为在 $X=x_i$ 条件下随机变量 Y 的条件分布律．

[例 6] 在一汽车工厂中，一辆汽车有两道工序是由机器人完成的，其一是紧固 3 只螺栓，其二是焊接 2 处焊点，以 X 表示由机器人紧固的螺栓紧固不良的数目，以 Y 表示由机器人焊接的不良焊点的数目，根据积累的资料知（X，Y）具有分布律如表 17-5 所示．

表 17-5

Y	X				$P\{Y=j\}$
	0	1	2	3	
0	0.840	0.030	0.020	0.010	0.900
1	0.060	0.010	0.008	0.002	0.080
2	0.010	0.005	0.004	0.001	0.020
$P\{X=i\}$	0.910	0.045	0.032	0.013	1.000

（1）求在 $X=1$ 的条件下，Y 的条件分布律；

（2）求在 $Y=0$ 的条件下，X 的条件分布律．

解：边缘分布律已经求出列在上表中，在 $X=1$ 的条件下，Y 的条件分布律为

$$P\{Y=0\mid X=1\}=\frac{P\{X=1,Y=0\}}{P\{x=1\}}=\frac{0.030}{0.045}$$

$$P\{Y=1\mid X=1\}=\frac{P\{X=1,Y=1\}}{P\{x=1\}}=\frac{0.010}{0.045}$$

$$P\{Y=2\mid X=1\}=\frac{P\{X=1,Y=2\}}{P\{x=1\}}=\frac{0.005}{0.045}$$

或写成

（1）$X=1$ 的条件下，Y 的条件分布律如表 17-6.

表 17-6

$Y=k$	0	1	2
$P\{Y=k \mid X=1\}$	$\frac{6}{9}$	$\frac{2}{9}$	$\frac{1}{9}$

（2）$Y=0$ 的条件下，X 的条件分布律如表 17-7.

表 17-7

$X=k$	0	1	2	3
$P\{X=k \mid Y=0\}$	$\frac{84}{90}$	$\frac{3}{90}$	$\frac{2}{90}$	$\frac{1}{90}$

定义：设二维随机变量（X，Y）的概率密度为 $f(x,y)$，（X，Y）关于 Y 的边缘概率密度为 $f_Y(y)$，若对于固定的 y，$f_Y(y)>0$ 则称 $\frac{f(x,y)}{f_Y(y)}$ 为在 $Y=y$ 的条件下 X 的条件概率密度，记为 $f_{X|Y}(x|y)=\frac{f(x,y)}{f_Y(y)}$；称 $\int_{-\infty}^{x} f_{X|Y}(x \mid y)\mathrm{d}x=\int_{-\infty}^{x}\frac{f(x,y)}{f_Y(y)}\mathrm{d}x$ 为在 $Y=y$ 条件下 X 的条件分布函数，记为 $P\{X\leqslant x \mid Y=y\}$ 或 $F_{X|Y}(x \mid y)$.

类似地，可以定义 $f_{Y|X}(y|x)=\frac{f(x,y)}{f_X(x)}$ 和 $F_{Y|X}(y \mid x)=\int_{-\infty}^{y}\frac{f(x,y)}{f_X(x)}\mathrm{d}y$.

[例 7] 设 G 是平面上的有界区域，其面积为 A，若二维随机变量（X，Y）具有概率密度 $f(x,y)=\begin{cases}\frac{1}{A}, & (x,y)\in G\\ 0, & 其他\end{cases}$，则称（$X$，$Y$）在 G 上服从均匀分布，现设二维随机变量（X，Y）在圆域 $x^2+y^2\leqslant 1$ 上服从均匀分布，求条件概率密度 $f_{X|Y}(x \mid y)$.

解：由假设，随机变量(X，Y)具有概率密度

$$f(x,y)=\begin{cases}\frac{1}{\pi}, & (x,y)\in G\\ 0, & 其他\end{cases}$$

且具有边缘概率密度

$$f_Y(y)=\int_{-\infty}^{+\infty} f(x,y)\,\mathrm{d}x=\begin{cases}\frac{1}{\pi}\int_{-\sqrt{1-y^2}}^{\sqrt{1-y^2}}\mathrm{d}x=\frac{2}{\pi}\sqrt{1-y^2}, & -1\leqslant y\leqslant 1\\ 0, & 其他\end{cases}$$

于是当 $-1\leqslant y\leqslant 1$ 时，有

$$f_{X|Y}(x|y)=\begin{cases}\dfrac{\frac{1}{\pi}}{\frac{2}{\pi}\sqrt{1-y^2}}=\dfrac{1}{2\sqrt{1-y^2}}, & -1\leqslant y\leqslant 1\\ 0, & 其他\end{cases}.$$

[例 8] 设数 X 在区间（0，1）上随机取值，当观察到 $X=x(0<x<1)$ 时，数 Y 在区间（x，1）上随机取值，求 Y 的概率密度 $f_Y(y)$.

解：由题意随机变量 X 具有概率密度

$$f_X(x)=\begin{cases}1, & 0<x<1\\ 0, & 其他\end{cases}$$

对任意给定的值 $x(0<x<1)$，在 $X=x$ 条件下，Y 的概率密度为

$$f_{Y|X}(y|x) = \begin{cases} 1-x, & x<y<1 \\ 0, & \text{其他} \end{cases}$$

X 和 Y 的联合概率密度为

$$f(x,y) = f_{Y|X}(y|x)f_X(x) = \begin{cases} 1-x, & 0<x<y<1 \\ 0, & \text{其他} \end{cases}$$

于是得关于 Y 的边缘概率密度为

$$f_Y(y) = \int_{-\infty}^{+\infty} f(x,y)\,\mathrm{d}x = \begin{cases} \int_0^y \dfrac{1}{1-x}\mathrm{d}x = -\ln(1-y), & 0<y<1 \\ 0, & \text{其他} \end{cases}.$$

17.4 相互独立的随机变量

定义：$P\{X\leqslant x, Y\leqslant y\} = P\{X\leqslant x\}P\{Y\leqslant y\}$ 或 $F(x,y) = F_X(x)F_Y(y)$，则称随机变量 X 和 Y 是相互独立的.

离散型随机变量相互独立 $\Leftrightarrow P\{X=x_i, Y=y_j\} = P\{X=x_i\}P\{Y=y_j\}$；

连续型随机变量相互独立 $\Leftrightarrow f(x,y) = f_X(x)f_Y(y)$.

注：①二维正态随机变量 $(X，Y)$，X 和 Y 相互独立的充要条件是参数 $\rho=0$ $\left(\dfrac{1}{2\pi\sigma_1\sigma_2\sqrt{1-\rho^2}} = \dfrac{1}{2\pi\sigma_1\sigma_2}\right)$.

②设 $(X_1，X_2，\cdots，X_m)$ 和 $(Y_1，Y_2，\cdots，Y_n)$ 相互独立，则 X_i $(i=1，2，\cdots，m)$ 和 Y_j $(j=1，2，\cdots，n)$ 相互独立，又若 $h(t)$，$g(t)$ 是连续函数，则 $h(X_1，X_2，\cdots，X_m)$ 与 $g(Y_1，Y_2，\cdots，Y_n)$ 相互独立.

[例 9] 设随机变量 $(X，Y)$ 服从二维正态分布，且 X 与 Y 不相关，$f_X(x)$，$f_Y(y)$ 分别表示 X，Y 的概率密度，则在 $Y=y$ 的条件下，X 的条件概率密度 $f_{X|Y}(x|y)$ 为（　　）.

(A)$f_X(x)$　　　　　(B)$f_Y(y)$　　　　　(C)$f_X(x)f_Y(y)$　　　　(D)$\dfrac{f_X(x)}{f_Y(y)}$

答案：（A）.

解：对于二维正态分布，X 与 Y 不相关是 X 与 Y 独立的充分必要条件.

$\because X$ 与 Y 不相关 $\therefore X$ 与 Y 独立

$\therefore f_{X|Y}(x|y) = f_X(x)$

[例 10] 设二维随机变量 $(X，Y)$ 的概率分布如表 17-8 所示，随机事件 $\{X=0\}$ 与 $\{X+Y=1\}$ 相互独立，则（　　）.

(A) $a=0.2$　$b=0.3$　　　(B) $a=0.4$　$b=0.1$

(C) $a=0.3$　$b=0.2$　　　(D) $a=0.1$　$b=0.4$

表 17-8

X	Y	
	0	1
0	0.4	a
1	b	0.1

答案：(B)．

解：

$$\sum_i \sum_j P_{ij} = 0.4 + a + b + 0.1 = 1$$

$$\therefore a + b = 0.5$$

$\because \{X=0\}$ 与 $\{X+Y=1\}$ 相互独立

$P\{X=0, X+Y=1\} = p\{X=0\}P\{X+Y=1\}$

$\because P\{X+Y=1\} = P\{X=0, Y=1\} = a$

$P\{X=0\} = P\{X=0, Y=0\} + P\{X=0, Y=1\} = 0.4 + a$

$P\{X+Y=1\} = P\{X=0, Y=1\} + P\{X=1, Y=0\} = a + b = 0.5$

$\therefore (0.4+a) \times 0.5 = a$

解方程 $\begin{cases} a+b=0.5 \\ (0.4+a)\times 0.5 = a \end{cases}$ $\quad\therefore \begin{cases} a=0.4 \\ b=0.1 \end{cases}$.

17.5 两个随机变量的函数的分布

17.5.1 Z= X+ Y 的分布

(1) 分布函数法（必须会）

设 (X, Y) 的概率密度为 $f(x, y)$，则 $Z=G(X, Y)$ 的分布函数为

$$F_Z(z) = P\{Z \leqslant z\} = P\{G(x,y) \leqslant z\} = \iint_{G(x,y)\leqslant z} f(x,y)\mathrm{d}x\mathrm{d}y$$

这里积分区域 D 为 $G(x, y) \leqslant z$ 与 $f(x, y)$ 定义域的交集.

具体 $Z=X+Y$（图 17-2）情况就是计算二重积分

$$F_Z(z) = \int_{-\infty}^{+\infty}\mathrm{d}x\int_{-\infty}^{z-x} f(x,y)\mathrm{d}y = \int_{-\infty}^{+\infty}\mathrm{d}y\int_{-\infty}^{z-y} f(x,y)\mathrm{d}x$$

对积分结果 $F_Z(z)$，求关于 z 的导数，即可得到密度函数 $f(z) = F'_Z(z)$.

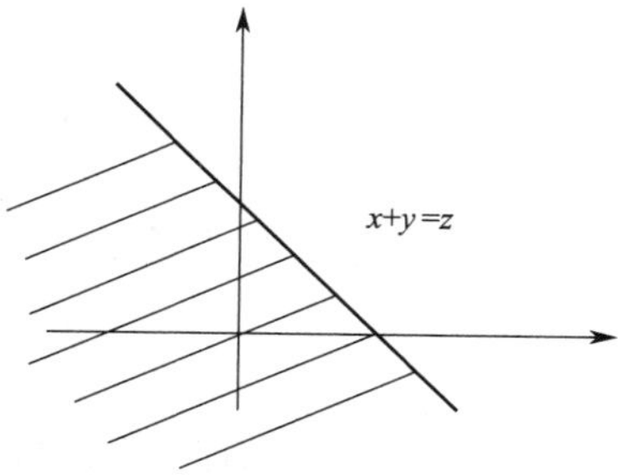

图 17-2

(2) 公式法（一般用于 $Z=X\pm Y$ 类型）

由前面的分布函数法的思路，对其进行如下分析

$$F_Z(z) = \int_{-\infty}^{+\infty}\mathrm{d}x\int_{-\infty}^{z-x} f(x,y)\mathrm{d}y = \int_{-\infty}^{+\infty}\mathrm{d}y\int_{-\infty}^{z-y} f(x,y)\mathrm{d}x$$

$$\overset{令 x=u-y}{=} \int_{-\infty}^{+\infty}\mathrm{d}y\int_{-\infty}^{z} f(u-y,y)\mathrm{d}u$$

$$= \int_{-\infty}^{z}\left[\int_{-\infty}^{+\infty} f(u-y,y)\mathrm{d}y\right]\mathrm{d}u$$

由此可以得到如下公式：

$$当 Z=X+Y 时，f(z) = \int_{-\infty}^{+\infty} f(x, z-x)\mathrm{d}x$$

$$或\ f(z)=\int_{-\infty}^{+\infty} f(z-y,y)\mathrm{d}y$$

同理可得，

当 $Z=X-Y$ 时，$f(z)=\int_{-\infty}^{+\infty} f(x,\ x-z)\mathrm{d}x$

$$或\ f(z)=\int_{-\infty}^{+\infty} f(z+y,\ y)\mathrm{d}y\ .$$

公式法一般步骤：(以 $Z=X+Y$ 为例，当 $Z=X-Y$ 时同理)

第一步：将 f（x，y）的取值范围 $D_{xy}=\{(x,y)\mid a<x<b,y_1(x)<y<y_2(x)\}$

（或 $D_{xy}=\{(x,y)\mid c<y<d,x_1(y)<x<x_2(y)\}$）

利用变换 $y=z-x$（或 $x=z-y$）转化为

$$D_{xz}=\{(x,z)\mid a<x<b,z_1(x)<z<z_2(x)\}$$

$$(或\ D_{yz}=\{(y,z)\mid c<y<d,z_1(y)<z<z_2(y)\}).$$

第二步：将 D_{xz}（或 D_{yz}）转化为 Z 型处理

$$D_{xz}=\{(x,z)\mid e_1<z<f_1,x_1(z)<x<x_2(z)\}$$

$$(或\ D_{yz}=\{(y,z)\mid e_2<z<f_2,y_1(z)<y<y_2(z)\}).$$

第三步：再利用公式：

当 $Z=X+Y$ 时，$f(z)=\int_{-\infty}^{+\infty} f(x,\ z-x)\mathrm{d}x$

（或 $f(z)=\int_{-\infty}^{+\infty} f(z-y,\ y)\mathrm{d}y$）.

卷积公式：当 X 和 Y 相互独立时，X，Y 的边缘概率密度分别为 $f_X(x)$，$f_Y(y)$，则上述概率密度公式为：(以 $Z=X+Y$ 为例)

$$f(z)=\int_{-\infty}^{+\infty} f_X(z-y)f_Y(y)\mathrm{d}y$$

$$或\ f(z)=\int_{-\infty}^{+\infty} f_X(x)f_Y(z-x)\mathrm{d}x$$

以上两个公式称为卷积公式，记为 $f_X * f_Y$，即 $f_X * f_Y=\int_{-\infty}^{+\infty} f_X(z-y)f_Y(y)\mathrm{d}y=\int_{-\infty}^{+\infty} f_X(x)f_Y(z-x)\mathrm{d}x$.

[例 11] 设二维连续型随机变量（X，Y）的密度函数为

$$f(x,y)=\begin{cases}2-x-y, & 0<x<1,0<y<1\\ 0, & 其他\end{cases}$$

令 $Z=X+Y$，求函数 Z 的密度函数 $f_Z(z)$（图 17-3）.

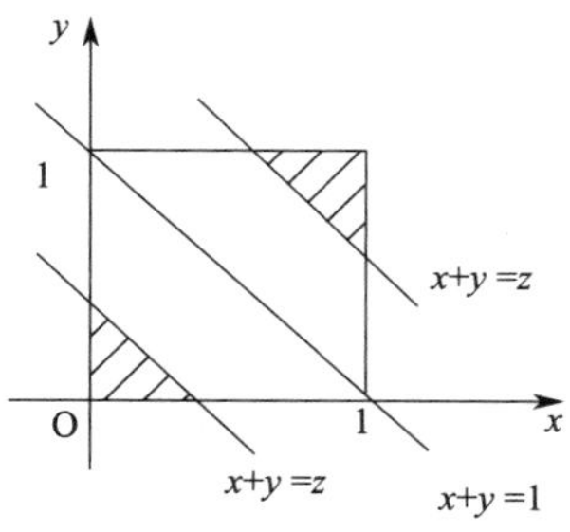

图 17-3

解：方法 1：分布函数法

由题意可知 $Z\in(0,\ 2)$，函数 Z 的分布函数为

$$F_Z(z)=P\{Z\leqslant z\}=P\{X+Y\leqslant z\}=\iint_{x+y\leqslant z} f(x,y)\mathrm{d}x\mathrm{d}y$$

当 $z<0$ 时，$F_Z(z)=0$

当 $0\leqslant z<1$ 时，$F_Z(z)=P\{Z\leqslant z\}=P\{X+Y\leqslant z\}$

$$=\int_0^z dx\int_0^{z-x}(2-x-y)dy=z^2-\frac{1}{3}z^3$$

当 $1\leqslant z<2$ 时，$F_Z(z)=P\{Z\leqslant z\}=P\{X+Y\leqslant z\}$

$$=1-\int_{z-1}^1 dx\int_{z-x}^1(2-x-y)dy=1-\frac{1}{3}(2-z)^3$$

当 $z\geqslant 2$ 时，$F_Z(z)=1$

于是 $f_Z(z)=F'_Z(z)=\begin{cases}2z-z^2, & 0\leqslant z<1\\(2-z)^2, & 1\leqslant z<2\\0, & \text{其他}\end{cases}$.

方法 2：公式法

$D=\{(x,y)\mid 0<x<1,0<y<1\}$

转化 $D_z=\{(x,z)\mid 0<x<1,x<z<1+x\}$

$D_z=\{(x,z)\mid 0<z<1,0<x<z\}\cup\{(x,z)\mid 1\leqslant z<2,z-1<x<1\}$

利用公式

$$f_Z(z)=\begin{cases}\int_0^z(2-z)dx=2z-z^2, & 0\leqslant z<1\\\int_{z-1}^1(2-z)dx=(2-z)^2, & 1\leqslant z<2\\0, & \text{其他}\end{cases}.$$

[例 12] 设随机变量（X，Y）的概率密度为

$$f(x,y)=\begin{cases}x+y, & 0<x<1,0<y<1\\0, & \text{其他}\end{cases}$$

求 $Z=XY$ 的概率密度 .

解：分布函数法

$$F_Z(z)=P\{Z\leqslant z\}=P\{XY\leqslant z\}$$

又∵Z 的取值范围为 $(0,1)$

当 $z<0$ 时，$F_Z(z)=0$

当 $0\leqslant z<1$ 时，

$$F_Z(z)=\iint\limits_{xy\leqslant z}f(x,y)dxdy$$

$$=\int_0^z dx\int_0^1(x+y)dy+\int_z^1 dx\int_0^{\frac{z}{x}}(x+y)dy=2z-z^2$$

当 $z\geqslant 1$ 时，$F_Z(z)=1$

$$\therefore F_Z(z)=\begin{cases}0, & z<0\\2z-z^2, & 0\leqslant z<1\\1, & \text{其他}\end{cases}$$

$$\therefore f_Z(z)=F'_Z(z)=\begin{cases}2-2z, & 0<z<1\\0, & \text{其他}\end{cases}$$

公式法　$D=\{(x,y)\mid 0<x<1,0<y<1\}$，令 $z=xy$

于是 $D=\{(x,z)\mid 0<x<1,0<z<x\}$

进而 $D=\{(x, z) \mid 0<z<1, z<x<1\}$

当 $0 \leqslant z<1$ 时，$f_Z(z)=\int_1^z\left(x+\frac{z}{x}\right) \frac{1}{x} \mathrm{d} x=2(1-z)$

$$\therefore f_Z(z)=\begin{cases}2-2z, & 0<z<1 \\ 0, & \text{其他}\end{cases}$$

对公式法的进一步理解

$$F_Z(z)=\int_{-\infty}^{+\infty} \mathrm{d} x \int_{-\infty}^{\frac{z}{x}} f(x, y) \mathrm{d} y \overset{y=\frac{u}{x}}{=} \int_{-\infty}^{+\infty} \mathrm{d} x \int_{-\infty}^{\frac{z}{x}} f\left(x, \frac{u}{x}\right) \frac{1}{x} \mathrm{d} u$$
$$=\int_{-\infty}^{z}\left[\int_{-\infty}^{+\infty} f\left(x, \frac{u}{x}\right) \frac{1}{x} \mathrm{d} x\right] \mathrm{d} u$$

所以 $f(z)=\int_{-\infty}^{+\infty} f\left(x, \frac{z}{x}\right) \frac{1}{x} \mathrm{d} x$，这里$\frac{1}{x}$相当于 $\mathrm{d} y=\frac{1}{x} \mathrm{d} z$ 中的$\frac{1}{x}$.

[例 13] 设随机变量 X，Y 相互独立，它们的概率密度为

$$f(x, y)=\begin{cases}\mathrm{e}^{-x}, & x>0 \\ 0, & \text{其他}\end{cases}$$

求 $Z=\frac{Y}{X}$的概率密度.

解：(卷积公式)

$$D=\{(x, y) \mid x>0, y>0\}$$
$$D=\left\{(x, z) \mid x>0, z=\frac{y}{x}>0\right\}$$
$$D=\{(x, z) \mid z>0, x>0\}$$

当 $z>0$ 时，

$$\begin{aligned} f_Z(z) &=\int_0^{+\infty} \mathrm{e}^{-x} \mathrm{e}^{-z x} x \mathrm{d} x \\ &=\int_0^{+\infty} x \frac{-1}{1+z} \mathrm{d} \mathrm{e}^{-(1+z) x} \\ &=-\frac{x}{1+z} \mathrm{e}^{-(1+z) x}+\int_0^{+\infty} \frac{1}{1+z} \mathrm{e}^{-(1+z) x} \mathrm{d} x \\ &=\left[\frac{-1}{(1+z)^2} \mathrm{e}^{-(1+z) x}\right]_0^{+\infty} \\ &=\frac{1}{(1+z)^2} \end{aligned}$$

$$\therefore f_Z(z)=\begin{cases}\frac{1}{(1+z)^2}, & z>0 \\ 0, & \text{其他}\end{cases}.$$

注：①一般，设 X，Y 相互独立，且 $X \sim N(u_1, \sigma_1^2)$，$Y \sim N(u_2, \sigma_2^2)$，则 $Z=X+Y$ 仍然服从正态分布，且 $Z \sim N(u_1+u_2, \sigma_1^2+\sigma_2^2)$，这个结论可推广到 n 个独立正态分布随机变量之和的情况.

有限个相互独立的正态随机变量的线性组合仍然服从正态分布

$$X_i \sim N(u_i, \sigma_i^2),(i=1,2, \cdots, n)$$

则 $Z=X_1+X_2+\cdots+X_n\sim N(u_1+u_2+\cdots+u_n,\sigma_1^2+\sigma_2^2+\cdots+\sigma_n^2)$.

②X，Y 是相互独立的随机变量

$$X\sim P(\lambda_1),Y\sim P(\lambda_2),\text{则}$$

$X+Y\sim P(\lambda_1+\lambda_2)$.

③X，Y 是相互独立的随机变量

$$X\sim b(n_1,p),Y\sim b(n_2,p),\text{则}$$

$X+Y\sim b(n_1+n_2,p)$.

17.5.2 极值分布 [$M=\max(X,Y)$及 $Y=\min(X,Y)$的分布]

设 X，Y 是相互独立的随机变量，它们的分布函数分别为 $F_X(x)$ 和 $F_Y(y)$，则，$F_{\max}(z)=F_X(z)F_Y(z)$，$F_{\min}(z)=1-[1-F_X(z)][1-F_Y(z)]$.

证明：$F_{\max}(z)=P\{M\leqslant z\}=P\{X\leqslant z,\ Y\leqslant z\}$

$$=P\{X\leqslant z\}=P\{Y\leqslant z\}$$

$$=F_X(z)F_Y(z)$$

$$F_{\min}(z)=P\{N\leqslant z\}=1-P\{N>z\}$$

$$=1-P\{X>z,\ Y>z\}$$

$$=1-P\{X>z\}P\{Y>z\}$$

$$=1-[1-P\{X\leqslant z\}][1-P\{Y\leqslant z\}]$$

$$=1-[1-F_X(z)][1-F_Y(z)].$$

推广：若 X_1，X_2，…，X_n 相互独立，则

$F_{\max}(z)=F_{X_1}(z)F_{X_2}(z)\cdots F_{X_n}(z)$；

$F_{\min}(z)=1-[1-F_{X_1}(z)][1-F_{X_2}(z)]\cdots[1-F_{X_n}(z)]$.

若 X_1，X_2，…，X_n 相互独立，且同分布，则

$F_{\max}(z)=[F(z)]^n$；

$F_{\min}(z)=1-[1-F(z)]^n$.

[例 14] 设 X，Y 为随机变量，已知 $P\{X\leqslant 1,Y\leqslant 1\}=\dfrac{4}{9}$，$P\{X\leqslant 1\}=P\{Y\leqslant 1\}=\dfrac{5}{9}$，求 $P\{\min(X,Y)\leqslant 1\}$.

解：X，Y 没有相互独立，不能用公式.

设 $A=\{X\leqslant 1\}$，$B=\{Y\leqslant 1\}$，$P(AB)=\dfrac{4}{9}$，$P(A)=\dfrac{5}{9}=P(B)$

$P\{\min(X,\ Y)\leqslant 1\}=1-P\{X>1,\ Y>1\}$

$=1-P(\bar{A}\bar{B})=1-P(\overline{A\cup B})=P(A\cup B)=P(A)+P(B)-P(AB)$

$$=\frac{5}{9}+\frac{5}{9}-\frac{4}{9}=\frac{6}{9}=\frac{2}{3}.$$

[例 15] 设随机变量（X，Y）的联合概率密度为

$$f(x,y)=\begin{cases}cx\mathrm{e}^{-y} & ,0<x<y<+\infty\\ 0 & ,\text{其他}\end{cases}$$

求：(1) 常数 c；

(2) 关于 X 和关于 Y 的边缘概率密度；

(3) $f_{X|Y}(x \mid y)$，$f_{Y|X}(y \mid x)$；

(4) (X, Y) 的联合分布函数；

(5) $Z=X+Y$ 的概率密度；

(6) $Z_1=\max\{X, Y\}$ 和 $Z_2=\min\{X, Y\}$ 的概率密度；

(7) $P\{X+Y<1\}$.

解：(1) 由题意得

$$\int_{-\infty}^{+\infty}\mathrm{d}x\int_{-\infty}^{+\infty}f(x,y)\,\mathrm{d}y=1$$

$$\int_{0}^{+\infty}\mathrm{d}y\int_{0}^{y}cx\mathrm{e}^{-y}\,\mathrm{d}x=1$$

$$c\int_{0}^{+\infty}\mathrm{e}^{-y}\,\mathrm{d}y\int_{0}^{y}x\,\mathrm{d}x=\frac{c}{2}\int_{0}^{+\infty}y^2\mathrm{e}^{-y}\,\mathrm{d}y=\frac{c}{2}\tau(3)=\frac{c}{2}\times 2!\ =1$$

$$c=1.$$

(2)
$$f_X(x)=\begin{cases}\int_0^x x\mathrm{e}^{-y}\,\mathrm{d}y=x\mathrm{e}^{-x} & ,x\geqslant 0\\ 0 & ,x<0\end{cases};$$

$$f_Y(y)=\begin{cases}\int_0^y x\mathrm{e}^{-y}\,\mathrm{d}x=\frac{y^2}{2}\mathrm{e}^{-y} & ,y\geqslant 0\\ 0 & ,y<0\end{cases}.$$

(3)
$$f_{X|Y}(x|y)=\frac{f(x,y)}{f_Y(y)}=\begin{cases}\frac{2x}{y^2} & ,0<x<y<+\infty\\ 0 & ,\text{其他}\end{cases};$$

$$f_{Y|X}(y|x)=\frac{f(x,y)}{f_X(y)}=\begin{cases}\mathrm{e}^{x-y} & ,0<x<y<+\infty\\ 0 & ,\text{其他}\end{cases}.$$

(4) 当 $x<0$ 或者 $y<0$ 时，

$$F(x,y)=P\{X\leqslant X,Y\leqslant y\}=0$$

当 $0\leqslant x<y<+\infty$ 时，

$$F(x,y)=P\{X\leqslant x,Y\leqslant y\}=\int_0^x\mathrm{d}u\int_u^y u\mathrm{e}^{-v}\,\mathrm{d}v$$

$$=\int_0^x u(\mathrm{e}^{-u}-\mathrm{e}^{-y})\,\mathrm{d}u$$

$$=1-(x+1)\mathrm{e}^{-x}-\frac{1}{2}x^2\mathrm{e}^{-y}$$

当 $0\leqslant y<x<+\infty$ 时，

$$F(x,y)=P\{X\leqslant x,Y\leqslant y\}$$

$$=\int_0^y\mathrm{d}v\int_u^{-v}u\mathrm{e}^{-v}\,\mathrm{d}v$$

$$=\frac{1}{2}\int_0^y v^2\mathrm{e}^{-v}\,\mathrm{d}v$$

$$=1-\frac{1}{2}y^2\mathrm{e}^{-y}-y\mathrm{e}^{-y}-\mathrm{e}^{-y}$$

$$=1-\left(\frac{1}{2}y^2+y+1\right)e^{-y}$$

$$F(x,y)=\begin{cases}0 & ,x<0\text{ 或 }y<0\\ 1-(x+1)e^{-x}-\frac{1}{2}x^2e^{-y} & ,0\leqslant x<y<+\infty\\ 1-\left(\frac{1}{2}y^2+y+1\right)e^{-y} & ,0\leqslant y<x<+\infty\end{cases}.$$

(5) 公式法

$$f_Z(z)=\int_{-\infty}^{+\infty}f(x,z-x)\,dx$$

$$D_{xy}=\{(x,y)\mid 0<x<y<+\infty\}$$

$$D_{xz}=\{(x,z)\mid 0<x<z<+\infty\}$$

$$D_z=\left\{(x,z)\mid 0<z<+\infty,0<x<\frac{z}{2}\right\}$$

当 $z<0$ 时，$f_Z(z)=0$

当 $z\geqslant 0$ 时，$f_Z(z)=\int_0^{\frac{z}{2}}xe^{-(z-x)}\,dx=e^{-z}\int_0^{\frac{z}{2}}xe^x\,dx$

$$=e^{-z}\{[xe^x]_0^{\frac{z}{2}}-[e^x]_0^{\frac{z}{2}}\}$$

$$=\frac{z}{2}e^{-\frac{z}{2}}-e^{-z}(e^{\frac{z}{2}}-1)$$

$$=\frac{z}{2}e^{-\frac{z}{2}}-e^{-\frac{z}{2}}+e^{-z}$$

所以 $f_Z(z)=\begin{cases}e^{-\frac{z}{2}}\left(\frac{z}{2}-1\right)+e^{-z} & ,\ z\geqslant 0\\ 0 & ,\ z<0\end{cases}$

分布函数法

$$F_Z(z)=\iint\limits_{x+y\leqslant z}xe^{-y}\,dx\,dy=\int_0^{\frac{z}{2}}dx\int_x^{z-x}xe^{-y}\,dy=1-e^{-z}-ze^{-\frac{z}{2}}$$

$$f_Z(z)=\begin{cases}e^{-\frac{z}{2}}\left(\frac{z}{2}-1\right)+e^{-z} & ,z\geqslant 0\\ 0 & ,z<0\end{cases}.$$

(6) 先求 $Z_1=\max\{X,\ Y\}$ 的分布函数

当 $z\geqslant 0$ 时，$F_{Z_1}(z)=P\{Z_1\leqslant z\}=P\{X\leqslant z,Y\leqslant z\}$

$$=\int_0^z dx\int_x^z xe^{-y}\,dy$$

$$=\int_0^z x(e^{-x}-e^{-z})\,dx$$

$$=1-\left(\frac{1}{2}z^2+z+1\right)e^{-z}$$

$$F_{Z_1}(z)=\begin{cases}1-\left(\frac{1}{2}z^2+z+1\right)e^{-z}, & z\geqslant 0\\ 1, & z<0\end{cases}$$

$$f_{Z_1}(z)=\begin{cases}\dfrac{1}{2}z^2e^{-z}, & z\geqslant 0\\ 0, & z<0\end{cases}$$

再求 $Z_2=\min\{X,Y\}$ 的分布函数

$$\begin{aligned}F_{Z_2}(z)&=P\{Z_2\leqslant z\}=1-P\{Z_2>z\}\\&=1-P\{X>z,Y>z\}\\&=1-\int_z^{+\infty}dy\int_z^y xe^{-y}dx\\&=1-\int_z^{+\infty}e^{-y}\ \frac{1}{2}(y^2-z^2)dy\\&=1-\frac{1}{2}\int_z^{+\infty}e^{-y}y^2dy+\frac{z^2}{2}\int_z^{+\infty}e^{-y}dy\\&=1-\left(\frac{1}{2}z^2+z+1\right)e^{-z}+\frac{1}{2}z^2e^{-z}\end{aligned}$$

$$f_{Z_2}(z)=\begin{cases}ze^{-z}, & z\geqslant 0\\ 0, & z<0\end{cases}.$$

(7)

$$\begin{aligned}P\{X+Y\leqslant 1\}&=\int_0^{\frac{1}{2}}dx\int_x^{1-x}xe^{-y}dy\\&=\int_0^{\frac{1}{2}}x(e^{-x}-e^{-1+x})dx\\&=\int_0^{\frac{1}{2}}xe^{-x}dx-e^{-1}\int_0^{\frac{1}{2}}xe^{x}dx\\&=1-e^{-\frac{1}{2}}-e^{-1}\end{aligned}$$

或直接代入 $X+Y$ 的分部函数公式 $P\{X+Y\leqslant z\}=1-e^{-z}-ze^{-\frac{z}{2}}$，则有 $P\{X+Y\leqslant 1\}=1-e^{-1}-e^{-\frac{1}{2}}$.

第 18 讲

随机变量的数字特征

18.1 数学期望

定义：设离散型随机变量 X 的分布律为 $P\{X=x_k\}=p_k$，$k=1$，2，…，

则 $\sum\limits_{k=1}^{\infty}x_k p_k$ 称为随机变量 X 的数学期望，记为 $E(X)$，即

$$E(X)=\sum_{k=1}^{\infty}x_k p_k .$$

设连续型随机变量 X 的概率密度为 $f(x)$，则称积分 $\int_{-\infty}^{+\infty}xf(x)\mathrm{d}x$ 的值为随机变量 X 的数学期望，记为 $E(X)$，即

$$E(X)=\int_{-\infty}^{+\infty}xf(x)\mathrm{d}x$$

数学期望简称期望，又称为均值．

[例 1] 甲、乙两人进行打靶，所得分数分别记为 X_1，X_2，它们的分布律分别为表 18-1 和表 18-2.

表 18-1

X_1	0	1	2
p_k	0	0.2	0.8

表 18-2

X_2	0	1	2
p_k	0.6	0.3	0.1

试评定他们的成绩的好坏．

$$E(X_1)=0\times0+1\times0.2+2\times0.8=1.8$$
$$E(X_2)=0\times0.6+1\times0.3+2\times0.1=0.5$$

∴甲的成绩好．

[例 2] 有两个相互独立工作的电子装置，它们的寿命 $X_k(k=1,2)$，服从同一指数分布，其概率密度为 $f(x)=\begin{cases}\dfrac{1}{\theta}\mathrm{e}^{-\frac{x}{\theta}} & ,x>0\\ 0 & ,x\leqslant 0\end{cases}$，$\theta>0$，若将这两个电子装置串联组成整机，求整机寿命（以小时计）N 的数学期望．

解：$X_k(k=1,2)$的分布函数

$$F(x)=\begin{cases}1-e^{-\frac{x}{\theta}}, & x>0\\ 0, & x\leqslant 0\end{cases}$$

$N=\min(x_1, x_2)$的分布函数为

$$F_{\min}(x)=1-[1-F(x)]^2=\begin{cases}1-e^{-\frac{2x}{\theta}}, & x>0\\ 0, & x\leqslant 0\end{cases}$$

$$f_{\min}(x)=\begin{cases}\dfrac{2}{\theta}e^{-\frac{2x}{\theta}}, & x>0\\ 0, & x\leqslant 0\end{cases}$$

于是 N 的数学期望为

$$\begin{aligned}E(N)&=\int_{-\infty}^{+\infty}xf_{\min}(x)\mathrm{d}x\\&=\int_{-\infty}^{+\infty}\frac{2x}{\theta}e^{-\frac{2x}{\theta}}\mathrm{d}x\\&=\frac{\theta}{2}.\end{aligned}$$

[例 3] 设 $X\sim P(\lambda)$，求 $E(X)$．

解： X 的分布律为

$$P\{X=k\}=\frac{\lambda^k e^{-\lambda}}{k!}, k=0,1,2\cdots,\lambda>0$$

X 的数学期望为

$$E(x)=\sum_{k=0}^{\infty}k\frac{\lambda^k e^{-\lambda}}{k!}=\lambda e^{-\lambda}\sum_{k=0}^{\infty}\frac{\lambda^{k-1}}{(k-1)!}=\lambda e^{-\lambda}e^{\lambda}=\lambda$$

即 $E(x)=\lambda$.

[例 4] 设 $X\sim U(a, b)$，求 $E(X)$．

解： X 的概率密度为

$$f(x)=\begin{cases}\dfrac{1}{b-a}, & a<x<b\\ 0, & \text{其他}\end{cases}$$

X 的数学期望为

$$E(X)=\int_{-\infty}^{+\infty}xf(x)\mathrm{d}x=\int_a^b\frac{x}{b-a}\mathrm{d}x=\frac{a+b}{2}.$$

定理： 设 Y 是随机变量 X 的函数：$Y=g(X)$（g 是连续函数）

① X 是离散型随机变量，它的分布律为 $P\{X=x_k\}=p_k(k=1, 2\cdots)$，则有 $E(Y)=E(g(X))=\sum\limits_{k=1}^{\infty}g(x_k)p_k$；

② X 是连续型随机变量，它的概率密度为 $f(x)$，则有 $E(Y)=E(g(X))=\int_{-\infty}^{+\infty}g(x)f(x)\mathrm{d}x$．

推广： 设 Z 是随机变量 X，Y 的函数 $Z=g(X, Y)$（g 是连续函数），则

$$E(Z)=E(g(X,Y))=\int_{-\infty}^{+\infty}\int_{-\infty}^{+\infty}g(x,y)f(x,y)\mathrm{d}x\mathrm{d}y$$

$$E(Z)=E(g(X,Y))=\sum_{j=1}^{\infty}\sum_{i=1}^{\infty}g(x_i,y_j)p_{ij}.$$

[例 5] 设随机变量（X，Y）的概率密度 $f(x,y)=\begin{cases}\dfrac{3}{2x^3y^2}, & \dfrac{1}{x}<y<x, x>1 \\ 0, & \text{其他}\end{cases}$，求数学期望 E（Y），$E\left(\dfrac{1}{XY}\right)$.

解：$f_Y(y)=\int_{-\infty}^{+\infty}f(x,y)\mathrm{d}x$

$$E(Y)=\int_{-\infty}^{+\infty}y\left[\int_{-\infty}^{+\infty}f(x,y)\mathrm{d}x\right]\mathrm{d}y=\int_1^{+\infty}\mathrm{d}x\int_{\frac{1}{x}}^{x}\frac{3}{2x^3y}\mathrm{d}y=\frac{3}{2}\int_1^{+\infty}\frac{1}{x^2}[\ln y]_{\frac{1}{x}}^{x}\mathrm{d}y$$

$$=3\int_1^{+\infty}\frac{\ln x}{x^2}\mathrm{d}x=\left[-\frac{3}{2}\frac{\ln x}{x^2}\right]_1^{+\infty}+\frac{3}{2}\int_1^{+\infty}\frac{1}{x^2}\mathrm{d}x$$

$$=\frac{3}{4}E\left(\frac{1}{XY}\right)=\int_{-\infty}^{+\infty}\frac{1}{xy}f(x,y)\mathrm{d}x=\int_1^{+\infty}\mathrm{d}x\int_{\frac{1}{x}}^{x}\frac{3}{2x^4y^3}\mathrm{d}y=\frac{3}{5}.$$

数学期望的性质：

① 设 C 是常数，则有 $E(C)=C$；

② 设 X 是一个随机变量，C 是常数，则有 $E(CX)=CE(X)$；

③ 设 X，Y 是两个随机变量，则有 $E(X+Y)=E(X)+E(Y)$，这一性质可以推广到任意有限个随机变量之和的情况；

④ 设 X，Y 是相互独立的随机变量，则有 $E(XY)=E(X)E(Y)$，这一性质可以推广到任意有限个相互独立的随机变量之积的情况.

18.2 方差

定义：设 X 是一个随机变量，若 $E\{[X-E(X)]^2\}$存在，则称 $E\{[X-E(X)]^2\}$为 X 的方差，记为 $D(X)$ 或 $\mathrm{Var}(X)$，即

$$D(X)=\mathrm{Var}(X)=E\{[X-E(X)]^2\}$$

$\sqrt{D(X)}$记为 $\sigma(X)$，称为标准差或均方差.

对于离散型随机变量，有 $D(X)=\sum_{k=1}^{\infty}[x_k-E(X)]^2p_k$，其中 $P\{X=x_k\}=p_k(k=1,2,\cdots)$ 是 X 的分布律.

对于连续型随机变量，有 $D(X)=\int_{-\infty}^{+\infty}[x-E(X)]^2f(x)\mathrm{d}x$，其中 $f(x)$ 是 X 的概率密度.

随机变量 X 的方差也可按下列公式计算

$$D(X)=E(X^2)-[E(X)]^2.$$

[例 6] 设随机变量 X 具有数学期望 $E(X)=u$，方差 $D(X)=\sigma^2\neq 0$，记 $X^*=\dfrac{X-u}{\sigma}$，求 $E(X^*)$，$D(X^*)$.

解： $E(X^*)=\dfrac{1}{\sigma}E(X-u)=\dfrac{1}{\sigma}[E(X)-u]=0$

$$D(X^*)=E(X^{*2})-[E(X^*)]^2=E\left[\left(\frac{x-u}{\sigma}\right)^2\right]$$
$$=\frac{1}{\sigma^2}E[(x-u)^2]=\frac{D(x)}{\sigma^2}=1$$

即 $X^*=\dfrac{X-u}{\sigma}$的数学期望为 0，方差为 1，称 X^* 为 X 的标准代变量 .

[例 7] 设随机变量 X 具有（0−1）分布，其分布律为 $P\{X=0\}=1-p$，$P\{X=1\}=p$，求 $D(X)$.

解：
$$E(X)=0(1-p)+1p=p$$
$$E(X^2)=0^2(1-p)+1^2p=p$$
$$D(X)=E(X^2)-[E(X)]^2=p-p^2=p(1-p).$$

[例 8] 设 $X\sim P$（λ），求 D（X）.

解：
$$E(X)=\lambda(\text{前面算过})$$
$$\begin{aligned}E(x^2)&=E[x(x-1)+x]\\&=E[x(x-1)]-E(x)\\&=\sum_{k=0}^{\infty}k(k-1)\frac{\lambda^k e^{-\lambda}}{k!}+\lambda\\&=\lambda^2e^{-\lambda}\sum_{k=2}^{\infty}\frac{\lambda^{k-2}}{(k-2)!}+\lambda\\&=\lambda^2e^{-\lambda}e^{\lambda}+\lambda=\lambda^2+\lambda\end{aligned}$$

方差为 $D(X)=E(X^2)-[E(X)]^2=\lambda$.

[例 9] 设 $X\sim U(a,b)$，求 $D(X)$.

解：

$$f(x)=\begin{cases}\dfrac{1}{b-a}, & a<x<b\\ 0, & \text{其他}\end{cases}$$

$$E(X)=\frac{a+b}{2}$$

$$\begin{aligned}D(X)&=E(X^2)-[E(X)]^2\\&=\int_a^b x^2\frac{1}{b-a}dx-\left(\frac{a+b}{2}\right)^2\\&=\frac{(b-a)^2}{12}.\end{aligned}$$

[例 10] 设随机变量 X 服从指数分布，其概率密度为 $f(x)=\begin{cases}\dfrac{1}{\theta}e^{-\frac{x}{\theta}}, & x>0\\ 0, & x\leqslant 0\end{cases}$其中

$\theta>0$，求 $E(X)$，$D(X)$.

解：

$$E(X)=\int_{-\infty}^{+\infty}xf(x)\,\mathrm{d}x=\int_{0}^{+\infty}\frac{x}{\mathrm{e}}\mathrm{e}^{-\frac{x}{\theta}}\mathrm{d}x$$

$$=-x\mathrm{e}^{-\frac{x}{\theta}}\Big|_{0}^{+\infty}+\int_{0}^{+\infty}\mathrm{e}^{-\frac{x}{\theta}}\mathrm{d}x=\theta$$

$$E(x^2)=\int_{-\infty}^{+\infty}x^2f(x)\,\mathrm{d}x=\int_{0}^{+\infty}x^2\frac{1}{\theta}\mathrm{e}^{-\frac{x}{\theta}}\mathrm{d}x$$

$$=-x^2\mathrm{e}^{-\frac{x}{\theta}}\Big|_{0}^{+\infty}+\int_{0}^{+\infty}2x\mathrm{e}^{-\frac{x}{\theta}}\mathrm{d}x=2\theta^2$$

$$D(X)=E(X^2)-[E(X)]^2=2\theta^2-\theta^2=\theta^2.$$

方差的性质：

① 设 C 是常数，则 $D(C)=0$；

② 设 X 是随机变量，C 是常数，则有 $D(CX)=C^2D(X)$；

③ 设 X，Y 是两个随机变量，则有

$$D(X+Y)=D(X)+D(Y)+2E\{[X-E(X)][Y-E(Y)]\}$$

特别地，若 X，Y 相互独立，则有

$$D(X+Y)=D(X)+D(Y)$$

这一性质可以推广到任意有限多个相互独立的随机变量之和；

④ $D(X)=0$ 的充要条件是 X 以概率 1 取常数 C，即 $P\{X=C\}=1$，显然，这里 $E(X)=C$.

[例 11] 设 $X\sim B(n, p)$，求 $E(X)$，$D(X)$.

解： n 重伯努利试验

$$X_k=\begin{cases}1 & \text{，}A\text{ 在第 }k\text{ 次试验发生}\\0 & \text{，}A\text{ 在第 }k\text{ 次试验不发生}\end{cases}，k=1，2，\cdots，n$$

$$X=X_1+X_2+\cdots+X_n\text{（表 18-3）}$$

表 18-3

X_k	1	0
P_k	p	$1-p$

$$E(X_k)=p, D(X_k)=p(1-p)$$

$$E(X)=E\left(\sum_{k=1}^{n}X_k\right)=\sum_{k=1}^{n}E(X_k)=np$$

又由于 X_1，X_2，…，X_n 相互独立

$$D(X)=D\left(\sum_{k=1}^{n}X_k\right)=\sum_{k=1}^{n}D(X_k)=np(1-p)\ .$$

[例 12] 设 $X\sim N(u, \sigma^2)$，求 $E(X)$，$D(X)$.

解： 先求标准正态变量

$$Z=\frac{X-u}{\sigma}$$

Z 的概率密度为 $\varphi(t)=\frac{1}{\sqrt{2\pi}}e^{-\frac{t^2}{2}}$

$$E(Z)=\frac{1}{\sqrt{2\pi}}\int_{-\infty}^{+\infty}te^{-\frac{t^2}{2}}dt=\frac{1}{\sqrt{2\pi}}e^{-\frac{t^2}{2}}\Big|_{-\infty}^{+\infty}=0$$

$$\begin{aligned}D(Z)&=E(Z^2)-[E(Z)]^2\\&=E(Z^2)=\frac{1}{\sqrt{2\pi}}\int_{-\infty}^{+\infty}t^2e^{-\frac{t^2}{2}}dt\\&=\frac{-1}{\sqrt{2\pi}}te^{-\frac{t^2}{2}}\Big|_{-\infty}^{+\infty}+\frac{1}{\sqrt{2\pi}}\int_{-\infty}^{+\infty}e^{-\frac{t^2}{2}}dt=1\end{aligned}$$

$$\because X=u+\sigma Z$$

$$\therefore E(X)=E(u+\sigma Z)=u$$

$$\begin{aligned}D(X)&=D(u+\sigma Z)=E\{[u+\sigma Z-E(u+\sigma Z)]^2\}\\&=E(\sigma^2Z^2)=\sigma^2E(Z^2)=\sigma^2D(Z)=\sigma^2.\end{aligned}$$

注：若 $X_i\sim N(u_i,\sigma_i^2)$，$i=1,2,\cdots,n$，且它们相互独立，则它们的线性组合：$C_1X_1+C_2X_2+\cdots+C_nX_n$（$C_1,C_2,\cdots,C_n$ 不全为零的常数）仍然服从正态分布，于是由数学期望和方差的性质可知

$$C_1X_1+C_2X_2+\cdots+C_nX_n\sim N\left(\sum_{i=1}^{n}C_iu_i,\sum_{i=1}^{n}C_i^2\sigma_i^2\right)$$

例如 $X\sim N(1,3)$，$Y\sim N(2,4)$ 且 X，Y 相互独立，则 $Z=2X-3Y$ 也服从正态分布，$E(Z)=2\times1-3\times2=-4$，$D(Z)=4D(X)+9D(Y)=48$，所以 $Z\sim N(-4,48)$．

定理：设随机变量 X 具有数学期望 $E(X)=u$，方差 $D(X)=\sigma^2$，则对于任意正数 ε，不等式

$$P\{|X-u|\geqslant\varepsilon\}\leqslant\frac{\sigma^2}{\varepsilon^2}$$

成立，这一不等式称为切比雪夫不等式．

[例 13] 设随机变量 X 的方差为 2，则根据切比雪夫不等式有 $P\{|X-E(X)|\geqslant2\}\leqslant$ ________.

解：根据切比雪夫不等式

$$P\{|X-E(X)|\geqslant\varepsilon\}\leqslant\frac{D(X)}{\varepsilon^2}$$

$$P\{|X-E(X)|\geqslant2\}\leqslant\frac{D(X)}{2^2}=\frac{2}{4}=\frac{1}{2}.$$

[例 14]（涉及相关系数）设随机变量 X 和 Y 的数学期望分别是 -2 和 2，方差分别为 1 和 4，而相关系数为 0.5，则根据切比雪夫不等式有 $P\{|X+Y|\geqslant6\}\leqslant$ ________.

解：令 $Z=X+Y$

则 $E(Z)=E(X)+E(Y)=-2+2=0$，而

$$\begin{aligned}D(z)&=D(X)+D(Y)=D(X)+D(Y)+2\mathrm{Cov}(X,Y)\\&=D(X)+D(Y)+2\rho_{XY}\sqrt{D(X)}\sqrt{D(Y)}\end{aligned}$$

$$=1+4+2\times(-0.5)\times1\times2=3$$

根据切比雪夫不等式

$$P\{|Z-E(Z)|\geqslant\varepsilon\}\leqslant\frac{D(Z)}{\varepsilon^2}$$

$$P\{|X+Y|\geqslant6\}=P\{|Z-E(Z)|\geqslant6\}\leqslant\frac{D(Z)}{6^2}=\frac{3}{36}=\frac{1}{12}.$$

18.3 协方差及相关系数

定义：量 $E\{[X-E(X)][Y-E(Y)]\}$ 称为随机变量 X 与 Y 的协方差，记为 $\mathrm{Cov}(X,Y)$，即 $\mathrm{Cov}(X,Y)=E\{[X-E(X)][Y-E(Y)]\}$.

而 $\rho_{XY}=\dfrac{\mathrm{Cov}(X,Y)}{\sqrt{D(X)}\sqrt{D(Y)}}$ 称为随机变量 X 与 Y 的相关系数．

（ρ_{XY} 是一个无量纲的量）

注：①$\mathrm{Cov}(X,Y)=\mathrm{Cov}(Y,X)$，

$\mathrm{Cov}(X,X)=D(X)$；

② $D(X+Y)=D(X)+D(Y)+2\mathrm{Cov}(X,Y)$；

③ $\mathrm{Cov}(X,Y)=E(XY)-E(X)E(Y)$.

性质：①$\mathrm{Cov}(aX,bY)=ab\mathrm{Cov}(X,Y)$，$a$，$b$ 是常数；

②$\mathrm{Cov}(X_1+X_2,Y)=\mathrm{Cov}(X_1,Y)+\mathrm{Cov}(X_2,Y)$；

③$\mathrm{Cov}(X,C)=0$.

定理：① $|\rho_{XY}|\leqslant1$；

② $|\rho_{XY}|=1$ 的充要条件是存在常数 a，b 使 $P\{Y=a+bX\}=1$；

③ $\rho_{XY}=0\Leftrightarrow X$，$Y$ 不相关 $\Leftrightarrow\begin{cases}\mathrm{Cov}(X,Y)=0\\E(XY)=E(X)E(Y)\\D(X\pm Y)=D(X)+D(Y)\end{cases}$；

④ 二维正态分布 $\rho=0\Leftrightarrow X$，Y 独立（注：其他情况 $\rho=0$ 推不出 X，Y 独立）．

[例 15] 设 (X,Y) 的分布律如表 18-4 所示．

表 18-4

Y	X				$P\{Y=j\}$
	-2	-1	1	2	
1	0	1/4	1/4	0	1/2
4	1/4	0	0	1/4	1/2
$P\{X=i\}$	1/4	1/4	1/4	1/4	1

试问 X 与 Y 是否相关？是否相互独立？

解：

$$E(X)=0,E(Y)=\frac{1}{2}\times1+\frac{1}{2}\times4=\frac{5}{2},E(XY)=0$$

于是 $\rho_{XY}=0$，X，Y 不相关，这表示 X，Y 不存在线性关系．

但由 $P\{X=-2, Y=1\}=0 \neq P\{X=0\}P\{Y=1\}=\dfrac{1}{3}$知

X，Y 不是相互独立的．

[例 16] 已知随机变量 X 服从标准正态分布，$Y=2X^2+X+3$，则 X 与 Y（　　）．

(A) 不相关且相互独立　　(B) 不相关且相互不独立

(C) 相关且相互独立　　(D) 相关且相互不独立

解： 由于 $X \sim N(0,1)$，所以 $E(X)=0$，$D(X)=E(x^2)=1$，$E(X^3)=0$

$$E(XY)=E[X(2X^2+X+3)]=2E(X^3)+E(X^2)+3E(X)+1=1$$

$$\operatorname{cov}(X,Y)=E(XY)-E(X)E(Y)=1\neq 0$$

$\therefore X$ 与 Y 相关 $\Rightarrow X$ 与 Y 不独立．

$$\left(E(X^3)=\int_{-\infty}^{+\infty} x^3 \frac{1}{\sqrt{2\pi}} e^{-\frac{x^2}{2}} dx=0\right)$$

18.4 矩

定义： 设 X 和 Y 是随机变量，若 $E(X^k)$ $(k=1, 2\cdots)$ 存在，称它为 X 的 k 阶原点矩，简称 k 阶矩．

若 $E\{[X-E(X)]^k\}$ $(k=2, 3\cdots)$ 存在，称它为 X 的 k 阶中心矩．

若 $E\{[X-E(X)]^k[Y-E(Y)]^l\}$ $(k, l=1, 2\cdots)$ 存在，称它为 X 和 Y 的 $k+l$ 阶混合中心矩．

期望 $E(X)$ 是 X 的一阶原点矩．

方差 $D(X)$ 是 X 的二阶中心矩．

协方差 $\operatorname{Cov}(X, Y)$ 是 X 和 Y 的二阶混合中心矩．

n 维正态变量具有以下四条重要性质：

① n 维正态变量 $(X_1, X_2, \cdots, X_n)$ 的每一个分量 X_i $(i=1, 2, \cdots, n)$ 都是正态变量；反之，若 $X_1, X_2, \cdots, X_n$ 都是正态变量，且相互独立，则 $(X_1, X_2, \cdots, X_n)$ 是 n 维正态变量．

② n 维随机变量 $(X_1, X_2, \cdots, X_n)$ 服从 n 维正态分布的充要条件是 $X_1, X_2, \cdots, X_n$ 的任意线性组合 $l_1X_1+l_2X_2+\cdots+l_nX_n$ 服从一维正态分布（其中 $l_1, l_2, \cdots, l_n$ 不全为零）．

③ 若 $(X_1, X_2, \cdots, X_n)$ 服从 n 维正态分布，设 $Y_1, Y_2, \cdots, Y_k$ 是 X_j $(j=1, 2, \cdots, n)$ 的线性函数，则 $(Y_1, Y_2, \cdots, Y_k)$ 也服从多维正态分布．

这一性质称为正态变量的线性变换不变性．

④ 设 $(X_1, X_2, \cdots, X_n)$ 服从 n 维正态分布，则"$X_1, X_2, \cdots, X_n$ 相互独立"与"$X_1, X_2, \cdots, X_n$ 两两不相关"是等价的．

第19讲 大数定律及中心极限定理

19.1 大数定律

定理1（切比雪夫大数定律）：

假设$\{X_n\}$（这里$n=1$，2…）是相互独立的随机变量序列，如果方差$D(X_k)$（$k\geqslant1$）存在且一致有上界，即存在常数C，使$D(X_k)\leqslant C$对一切$k\geqslant1$均成立，则$\{X_n\}$服从大数定律：

$$\frac{1}{n}\sum_{i=1}^{n}X_i \xrightarrow{P} \frac{1}{n}\sum_{i=1}^{n}E(X)_i .$$

定理2（伯努利大数定律）：

假设u_n是n重伯努利试验中事件A发生的次数，在每次试验中事件A发生的概率为P（$0<p<1$），则$\frac{u_n}{n}\xrightarrow{P}p$，即对任意$\varepsilon>0$，有

$$\lim_{n\to\infty}P\left\{\left|\frac{u_n}{n}-p\right|\geqslant\varepsilon\right\}=0 .$$

定理3（辛钦大数定律）：

假设$\{X_n\}$是独立同分布的随机变量序列，如果$EX_n=u$存在，则$\frac{1}{n}\sum_{i=1}^{n}X_i\xrightarrow{P}u$，即对任意$\varepsilon>0$，有

$$\lim_{n\to\infty}P\left\{\left|\frac{1}{n}\sum_{i=1}^{n}X_i-u\right|\geqslant\varepsilon\right\}=0 .$$

[例1] 将一枚骰子重复掷n次，则当$n\to\infty$时，n次掷出点数的算术平均值$\bar{X}_n$依概率收敛于______.

解：设X_1，X_2，…X_n是各次掷出的点数，显然它们是独立同分布，每次掷出点数的数学期望等于$\frac{7}{2}$，因此，根据辛钦大数定律$\bar{X}$依概率收敛于$\frac{7}{2}$.

[例2] 设总体X服从参数为2的指数分布，X_1，X_2，…，X_n为来自总体X的简单随机样本，则当$n\to\infty$时，$Y_n=\frac{1}{n}\sum_{i=1}^{n}X_i^2$依概率收敛于______.

解：本题主要考查辛钦大数定律，X_i服从参数为2的指数分布，因此

$$E(X_i^2)=D(X_i)+[E(X_i)]^2=\frac{2}{\lambda^2}=\frac{1}{2}$$

根据辛钦大数定律，若 X_1，X_2，$\cdots X_n$ 具有相同的数学期望 $E(X_i)=u$，则对任意的整数 ε，有

$$\lim_{n\to+\infty}P\left\{\left|\frac{1}{n}\sum_{i=1}^{n}x_i-u\right|<\varepsilon\right\}=1$$

而本题有

$$\lim_{n\to+\infty}P\left\{\left|\frac{1}{n}\sum_{i=1}^{n}x_i^2-\frac{1}{2}\right|<\varepsilon\right\}=1$$

即当 $n\to\infty$时，$Y_n=\frac{1}{n}\sum_{i=1}^{n}X_i^2$ 依概率收敛于$\frac{1}{2}$.

19.2 中心极限定理

定理 1（独立同分布中心极限定理）：

假设 $\{X_n\}$ 是独立同分布的随机变量序列，如果 $EX_n=u$，$DX_n=\sigma^2>0(n\geqslant1)$存在，则 $\{X_n\}$ 服从中心极限定理，即对任意的实数 x，有

$$\lim_{n\to\infty}P\left\{\frac{\sum_{i=1}^{n}X_i-nu}{\sqrt{n}\sigma}\leqslant x\right\}=\frac{1}{\sqrt{2\pi}}\int_{-\infty}^{x}\mathrm{e}^{-\frac{1}{2}t^2}\mathrm{d}t=\varphi(x).$$

注：① 定理的三个条件：独立、同分布、期望方差存在，缺一不可．

② 只要 X_n 满足定理条件，那么当 n 很大时，独立同分布随机变量的和 $\sum_{i=1}^{n}X_i$ 近似服从正态分布 $N(nu,n\sigma^2)$，由此可知，当 n 很大时，有 $P\left\{a<\sum_{i=1}^{n}X_i<b\right\}\approx\varphi\left(\frac{b-nu}{\sqrt{n}\sigma}\right)-\varphi\left(\frac{a-nu}{\sqrt{n}\sigma}\right)$.

这常常是解题的依据，只要题目涉及独立同分布随机变量的和 $\sum_{i=1}^{n}X_i$，我们就要考虑独立同分布中心极限定理．

定理 2（棣莫弗——拉普拉斯中心极限定理，二项分布中心极限定理）：

假设随机变量 $Y_n\sim B(n,p)(0<p<1,n\geqslant1)$，则对任意实数 x，有

$$\lim_{n\to\infty}P\left\{\frac{Y_n-np}{\sqrt{np(1-p)}}\leqslant x\right\}=\frac{1}{\sqrt{2\pi}}\int_{-\infty}^{x}\mathrm{e}^{-\frac{t^2}{2}}\mathrm{d}t=\varphi(x).$$

注：二项分布概率计算方法．设 $X\sim B(n,p)$，则

① 当 n 不太大时（$n\leqslant10$）（有些书上要求 $n\leqslant20$），直接计算

$$P\{X=k\}=C_n^kp^k(1-p)^{n-k},k=0,1,\cdots,n.$$

② 当 n 较大且 p 较小时（$n>10$，$p<0.1$），$\lambda=np$ 适中，根据泊松分布有近似公式

$$P\{X=k\}=C_n^kp^k(1-p)^{n-k}\approx\frac{\lambda^k}{k!}\mathrm{e}^{-\lambda},k=0,1,\cdots,n.$$

③ 当 n 较大且 p 不太大时，根据中心极限定理，有近似公式

$$P(a<x<b) \approx \varphi\left(\frac{b-np}{\sqrt{np(1-p)}}\right)-\varphi\left(\frac{a-np}{\sqrt{np(1-p)}}\right).$$

[例 3] 生产线生产的产品成箱包装，每箱重量是随机的．假设每箱平均重 50kg，标准差为 5，若用载重为 5t 的汽车承运，试用中心极限定理说明每辆车最多可以装多少箱，才能保证不超载的概率大于 0.977. [φ（2）＝0.977]

解：设 $X_i(i=1,2,\cdots,n)$ 为“第 i 箱的重量（kg）”，由题意 X_i 独立同分布，且 $E(X_i)=50$，$\sqrt{D(X_i)}=5$，n 箱总重量为

$$T_n=\sum_{i=1}^{n} X_i$$

从而有

$$E(T_n)=50n, D(T_n)=5\sqrt{n}$$

由独立同分布中心极限定理

$$T_n \sim N(50n, 25n)$$

因此有

$$P\{T_n \leqslant 5000\}=P\left\{\frac{T_n-50n}{5\sqrt{n}} \leqslant \frac{5000-50n}{5\sqrt{n}}\right\}$$

$$=\varphi\left(\frac{1000-10n}{\sqrt{n}}\right)>0.977$$

即

$$\frac{1000-10n}{\sqrt{n}}>2, n<98.0199.$$

[例 4] 设有一大批产品，次品率为 0.05.（1）若从中任取 100 只装箱，求该箱产品均为正品的概率，以及 100 只产品最多可能有多少只正品；（2）若要以 99%的概率保证每箱产品的正品数不少于 100，每箱至少要装多少只？并用中心极限定理计算结果．[φ（2.33）＝0.9901]

解：在有一大批产品的情况下，次品率为 0.05，即指从中任取一只，为次品的概率为 0.05，且各产品是否为正品相互独立．

（1）设“100 只产品中正品数”为 ξ，则 $\xi \sim B(100, 0.95)$

因此

$$P\{\xi=100\}=C_{100}^{100}(0.95)^{100}(0.05)^{0} \approx 0.006$$

100 只产品中最多可能有正品数为

$$k_0=(100+1) \times 0.95=95.$$

（2）设要取 n 只产品装箱，其中正品数为 η 个，则 $\eta \sim B(n, 0.95)$

依题意得

$$P\{\eta \geqslant 100\} \geqslant 0.99$$

$$\sum_{i=1}^{n} C_n^i 0.95^i \times 0.05^{(n-i)} \geqslant 0.99$$

依中心极限定理，近似服从正态分布

$$\eta \sim N(0.95n, 0.95 \times 0.05n)$$

因此有

$$1-\varphi\left(\frac{100-0.95n}{\sqrt{0.95\times 0.05n}}\right)\geqslant 0.99$$

即

$$\frac{0.95n-100}{\sqrt{0.95\times 0.05n}}\geqslant 2.33$$

解得 $n\geqslant 111$，也即若要以 99%的概率保证每箱产品的正品数不少于 100，每箱至少要装 111 只产品．

注：对于二项分布，$\xi\sim B(n,p)$而言，做 n 次独立重复试验，事件 A 发生的次数的最大可能值为

$$k_0=\begin{cases}(n+1)p \text{ 或 } (n+1)p-1, & (n+1)p \text{ 为整数} \\ (n+1)p & ,(n+1)p \text{ 为非整数}.\end{cases}$$

第20讲 样本及抽样分布

20.1 总体与样本

总体： 研究对象的全体称为总体．

样本： n 个相互独立且与总体 X 具有相同概率分布的随机变量 $X_1,X_2,\cdots,X_n$ 的整体 $(X_1,X_2,\cdots,X_n)$ 称为来自总体 X 容量为 n 的一个简单随机样本，简称样本．

一次抽样结果的 n 个具体数值 $(x_1,x_2,\cdots,x_n)$，称为样本 $X_1,X_2,\cdots,X_n$ 的一个观测值（或样本值）．样本 $X_1,X_2,\cdots,X_n$ 所有可能取值的全体称为样本空间（或子样空间）．

样本的分布： 对于容量为 n 的样本 $X_1,X_2,\cdots,X_n$，我们有如下定理．

定理： 假设总体 X 的分布函数为 $F(x)$ [概率密度为 $f(x)$，或概率分布为 $p_i=P\{X=a_i\}$]，$X_1,X_2,\cdots,X_n$ 是取自总体 X，容量为 n 的一个样本，则 $(X_1,X_2,\cdots,X_n)$ 的联合分布函数为

$$F(x_1,x_2,\cdots,x_n)=\prod_{i=1}^{n}F(x_i).$$

相应地，我们有：

① 对于离散型随机变量的样本 $X_1,X_2,\cdots,X_n$，有联合分布为

$$P\{X_1=x_1,X_2=x_2,\cdots,X_n=x_n\}=\prod_{i=1}^{n}P\{X_i=x_i\}.$$

② 对于连续型随机变量的样本 $X_1,X_2,\cdots,X_n$，有联合概率密度为

$$f(x_1,x_2,\cdots,x_n)=\prod_{i=1}^{n}f(x_i).$$

20.2 抽样分布

20.2.1 统计量

设 $X_1,X_2,\cdots,X_n$ 为来自总体 X 的样本，$g(x_1,x_2,\cdots,x_n)$ 为 n 元函数，如果 g 中不含任何未知参数，则称 $g(X_1,X_2,\cdots,X_n)$ 为样本 $X_1,X_2,\cdots,X_n$ 的一个统计量，若 $(x_1,$

$x_2,\cdots,x_n$)为样本值，则称 $g(x_1,x_2,\cdots,x_n)$ 为 $g(X_1,X_2,\cdots,X_n)$ 的观测值．

注：① 直观上，统计量就是由统计数据计算得来的量，数学上，统计量是样本 X_1，$X_2,\cdots,X_n$ 的函数：$T=g(X_1,X_2,\cdots,X_n)$．统计量不依赖于任何未知参数．

② 作为随机样本的函数，统计量也是随机变量．

20.2.2 常用统计量

（1）样本数字特征

设 $X_1,X_2,\cdots,X_n$ 为来自总体 X 的简单随机样本，则相应的样本数字特征定义为：

① 样本均值 $\quad \bar{X}=\dfrac{1}{n}\sum\limits_{i=1}^{n}X_i$；

② 样本方差 $\quad S^2=\dfrac{1}{n-1}\sum\limits_{i=1}^{n}(X_i-\bar{X})^2=\dfrac{1}{n-1}\left(\sum\limits_{i=1}^{n}X_i^2-n\bar{X}^2\right)$，

样本标准差 $\quad S=\sqrt{\dfrac{1}{n-1}\sum\limits_{i=1}^{n}(X_i-\bar{X})^2}$；

③ 样本（k）阶原点矩 $\quad A_k=\dfrac{1}{n}\sum\limits_{i=1}^{n}X_i^k \quad (k=1,2,\cdots)$；

④ 样本（k）阶中心矩 $\quad B_k=\dfrac{1}{n}\sum\limits_{i=1}^{n}(X_i-\bar{X})^k \quad (k=1,2,\cdots)$．

[例 1] 设总体 X 服从正态分布 $N(u,\sigma^2)(\sigma>0)$，从总体中抽取简单随机样本 $X_1,X_2,\cdots,X_{2n}(n>2)$，其样本均值为 $\bar{X}=\dfrac{1}{2n}\sum\limits_{i=1}^{2n}X_i$，求统计量 $Y=\sum\limits_{i=1}^{n}(X_i+X_{n+i}-2\bar{X})^2$ 的数学期望．

解：设 $Y_i=X_i+X_{n+i}(i=1,\ 2,\ \cdots,\ n)$

$$E(Y_i)=E(X_i+X_{n+i})=2u,D(Y_i)=D(X_i+X_{n+i})=2\sigma^2$$

故 $Y_1,Y_2,\cdots,Y_n$ 是来自正态总体 $N(2u,2\sigma^2)$ 的简单随机样本，样本均值为

$$\bar{Y}=\frac{1}{n}\sum_{i=1}^{n}Y_i=2\times\frac{1}{2n}\sum_{i=1}^{n}(X_i+X_{n+i})=2\bar{X}$$

样本方差为

$$S_Y^2=\frac{1}{n-1}\sum_{i=1}^{n}(Y_i-\bar{Y})^2=\frac{1}{n-1}\sum_{i=1}^{n}(X_i+X_{n+i}-2\bar{X})^2=\frac{1}{n-1}Y$$

由于样本方差为总体方差的无偏估计量，故有

$$E\left(\frac{1}{n-1}Y\right)=2\sigma^2$$

$$E(Y)=2(n-1)\sigma^2.$$

[例 2] 设 $X_1,X_2,\cdots,X_{2n}(n>2)$ 为独立同分布的随机变量，且均服从正态分布 $N(0,1)$，记 $\bar{X}=\dfrac{1}{n}\sum\limits_{i=1}^{n}X_i$，$Y_i=X_i-\bar{X},i=1,2,\cdots,n$，求：

（1）Y_i 的方差 $D(Y_i),i=1,2,\cdots,n$；

（2）Y_1 与 Y_n 的协方差 $\mathrm{Cov}(Y_1,Y_n)$；

（3）$P\{Y_1+Y_n\leqslant 0\}$.

解：(1)

$$D(Y_i)=D(X_i-\bar{X})$$
$$=D\left[\left(1-\frac{1}{n}\right)x_i-\frac{1}{n}\sum_{k\neq i}^{n}x_k\right]$$
$$=\left(1-\frac{1}{n}\right)^2+\frac{n-1}{n^2}\qquad i=1,2,\cdots,n.$$

(2)

$$\mathrm{Cov}(Y_1,Y_n)=E(Y_1Y_n)-E(Y_1)E(Y_n)$$
$$=E[(X_1-\bar{X})(X_n-\bar{X})]-E(X_1-\bar{X})E(X_n-\bar{X})$$
$$=E(X_1X_n)+E(\bar{X}^2)-E(X_1\bar{X})-E(X_n\bar{X})$$
$$=E(X_1)E(X_n)+D(\bar{X})+[E(\bar{X})]^2-\frac{1}{n}E(X_1^2)$$
$$-\frac{1}{n}\sum_{i=2}^{n}E(X_1X_i)-\frac{1}{n}E(X_n^2)-\frac{1}{n}\sum_{i=1}^{n-1}E(X_nX_i)$$
$$=-\frac{1}{n}$$

其中

$$E(X_1)E(X_n)=0$$
$$E(\bar{X})=\frac{1}{n}\sum_{i=1}^{n}E(X_i)=0$$
$$D(\bar{X})=\frac{1}{n^2}\sum_{i=1}^{n}D(X_i)=\frac{1}{n}$$
$$\frac{1}{n}E(X_1^2)=\frac{1}{n}D(X_1)+\frac{1}{n}[E(X_1)]^2=\frac{1}{n}$$
$$\frac{1}{n}E(X_n^2)=\frac{1}{n}D(X_n)+\frac{1}{n}[E(X_n)]^2=\frac{1}{n}$$
$$\frac{1}{n}\sum_{i=2}^{n}E(X_1X_i)=\frac{1}{n}\sum_{i=2}^{n}E(X_1)E(X_i)=0$$
$$\frac{1}{n}\sum_{i=1}^{n-1}E(X_nX_i)=\frac{1}{n}\sum_{i=1}^{n-1}E(X_n)E(X_i)=0.$$

(3) 由 $Y_1+Y_n=X_1-\bar{X}+X_n-\bar{X}=\frac{n-2}{n}X_1+\frac{n-2}{n}\bar{X}-\frac{2}{n}\sum_{i=2}^{n-1}X_i$ 知 Y_1+Y_n 为正态随机变量的线性组合，所以服从正态分布，且由 $E(Y_1+Y_n)=0$ 知 Y_1+Y_n 的概率密度函数关于原点对称．故

$$P\{Y_1+Y_n\leqslant 0\}=\frac{1}{2}.$$

(2) 经验分布函数（数三）

设 $(x_1,x_2,\cdots,x_n)$ 为样本 $X_1,X_2,\cdots,X_n$ 的一个观测值，按大小顺序排列为 $x_{(1)}\leqslant x_{(2)}\leqslant\cdots\leqslant x_{(n)}$，对任意实数 x，称函数

$$F_n(x)=\frac{x_1,x_2,\cdots,x_n\text{ 中小于等于 }x\text{ 的样本值个数}}{n}=\begin{cases}0, & x<x_{(1)}\\ \dfrac{k}{n}, & x_{(k)}\leqslant x<x_{(k+1)}\\ 1, & x\geqslant x_{(n)}\end{cases}$$

为样本$(X_1,X_2,\cdots,X_n)$的经验分布函数（或样本分布函数）.

注：$n\to\infty$时，$F_n(x)\xrightarrow{P}F(x)$，且$E[F_n(x)]=F(x)$.

[例 3] 设$(2,1,5,2,1,3,1)$是来自总体X的简单随机样本值，则总体X的经验分布函数$F_7(x)=$______.

解：将各观测值按从小到大的顺序排列，得$1,1,1,2,2,3,5$，则经验分布函数为

$$F_7(x)=\begin{cases}0, x<1\\ \frac{3}{7}, 1\leqslant x<2\\ \frac{5}{7}, 2\leqslant x<3\\ \frac{6}{7}, 3\leqslant x<5\\ 1, x\geqslant 5\end{cases}.$$

(3) 常用统计量的性质

定理：设总体X的期望$E(X)=u$，方差$D(X)=\sigma^2$，$X_1,X_2,\cdots,X_n$是取自总体X、容量为n的一个样本，$\bar{X}$、S^2分别为样本的均值和方差，则

$$E(X_i)=u, D(X_i)=\sigma^2, (i=1,2,\cdots,n)$$

$$E(\bar{X})=E(X)=u, D(\bar{X})=\frac{1}{n}D(X)=\frac{\sigma^2}{n}, E(S^2)=D(X)=\sigma^2.$$

[例 4] 已知总体X的期望$E(X)=0$，方差$D(X)=\sigma^2$，从总体X中抽取容量为n的简单随机样本，其均值、方差分别为$\bar{X}$、S^2，记$S_k^2=\frac{n}{k}\bar{X}^2+\frac{1}{k}S^2(k=1,2,3,4)$，则（ ）.

(A)$E(S_1^2)=\sigma^2$ (B)$E(S_2^2)=\sigma^2$ (C)$E(S_3^2)=\sigma^2$ (D)$E(S_4^2)=\sigma^2$

答案：(B).

解：$E(\bar{X})=E(X)=0, D(\bar{X})=\frac{\sigma^2}{n}, E(S^2)=\sigma^2$

通过计算$E(S_k^2)$来确定选项，由于

$$E(\bar{X}^2)=D(\bar{X})+(E(\bar{X}))^2$$
$$=D(\bar{X})=\frac{\sigma^2}{n}$$
$$E(S_k^2)=\frac{n}{k}\times\frac{\sigma^2}{n}+\frac{\sigma^2}{k}=\frac{2}{k}\sigma^2$$

当$k=2$时，$E(S_2^2)=\sigma^2$.

[例 5] 设$X_1,X_2,\cdots,X_n$是来自参数为λ的泊松总体的样本，其均值、方差分别为$\bar{X}$、S^2，则$E(\bar{X})=$______；$D(\bar{X})=$______；$E(S^2)=$______；样本$(X_1,X_2,\cdots,X_n)$的联合分布律为________.

解：设总体X服从泊松分布，即

$$P\{X=k\}=\frac{\lambda^k}{k!}e^{-\lambda}$$
$$E(X)=D(X)=\lambda$$

$$\Rightarrow E(\bar{X})=E(X)=\lambda$$

$$D(\bar{X})=\frac{\lambda}{n}$$

$$E(S^2)=D(X)=\lambda$$

联合分布律

$$P\{X_1=x_1,X_2=x_2,\cdots,X_n=x_n\}=\prod_{i=1}^{n}P\{X_i=x_i\}=\prod_{i=1}^{n}\frac{\lambda^{x_i}}{x_i!}e^{-\lambda}$$

$$=\frac{\lambda^{\sum_{i=1}^{n}x_i}}{x_1!\ x_2!\ \cdots x_n!}e^{-n\lambda}.$$

[例 6] 设总体 X 服从（0-1）分布，$X\sim\begin{pmatrix}0 & 1\\ 1-p & p\end{pmatrix}(0<p<1)$，$X_1,X_2,\cdots,X_n$ 是取自总体 X 的样本，$\bar{X}$ 为其均值，则 $P\{\bar{X}=\frac{k}{n}\}=$ ______ $(k=0,1,\cdots,n)$.

解：由于 $X_i\sim\begin{pmatrix}0 & 1\\ 1-p & p\end{pmatrix}$且相互独立，所以

$$\sum_{i=1}^{n}X_i\sim B(n,p)$$

即
$$P\left\{\sum_{i=1}^{n}X_i=k\right\}=C_n^k p^k(1-p)^{n-k}$$

故
$$P\left\{\bar{X}=\frac{k}{n}\right\}=P\left\{\sum_{i=1}^{n}X_i=k\right\}=C_n^k p^k(1-p)^{n-k}.$$

20.2.3 三大抽样分布

(1) χ^2 分布

若随机变量 $X_1,X_2,\cdots,X_n$ 相互独立，且都服从标准正态分布，则随机变量 $X=\sum_{i=1}^{n}X_i^2$ 服从自由度为 n 的 χ^2 分布，记为 $X\sim\chi^2(n)$.

注：① 自由度是指和式中独立变量的个数；

② χ^2 分布的性质：

a. 若 $X_1\sim\chi^2(n_1),X_2\sim\chi^2(n_2),X_1$ 与 X_2 相互独立，则 $X_1+X_2\sim\chi^2(n_1+n_2)$；

b. 若 $X\sim\chi^2(n)$，则 $E(X)=n,D(X)=2n$.

[例 7] 设总体 $X\sim N(a,2),Y\sim N(b,2)$，并且独立；基于分别来自总体 X 和 Y 的容量相应为 m 和 n 的简单随机样本，得样本方差 S_X^2 和 S_Y^2，则统计量 $T=\frac{1}{2}[(m-1)S_X^2+(n-1)S_Y^2]$服从参数为 ______ 的 ______ 分布.

解：记 $T_1=\frac{1}{2}(m-1)S_X^2,T_2=\frac{1}{2}(n-1)S_Y^2$，则它们分别服从自由度为 $m-1$，和 $n-1$ 的 χ^2 分布，并且相互独立，从而由 χ^2 分布随机变量的可加性知，T 服从自由度为 $m+n-2$ 的 χ^2 分布.

[例 8] 设 X_1,X_2,X_3,X_4 是来自正态总体 $N(0,2^2)$的简单随机样本，记

$$X=a(X_1-2X_2)^2+b(3X_3-4X_4)^2$$

则当 $a=$ ______，$b=$ ____ 时，统计量 X 服从 χ^2 分布，其自由度为______ $(ab\neq0)$.

解：X_1,X_2,X_3,X_4 相互独立且同正态分布 $N(0,2)$，因此，(X_1-2X_2)服从正态分布 $N(0,20)$，(X_3-4X_4)服从正态分布 $N(0,100)$，并且相互独立．

由 χ^2 变量的典型模型

$$T=\left(\frac{x_1-2x_2}{\sqrt{20}}\right)^2+\left(\frac{3x_3-4x_4}{\sqrt{100}}\right)^2=\sum_{i=1}^{n}x_i^2$$

服从自由度为 2 的 χ^2 分布，从而 $a=\frac{1}{20},b=\frac{1}{100}$.

（2）t 分布

设随机变量 $X\sim N(0,1),Y\sim\chi^2(n),X$ 与 Y 相互独立，则随机变量 $t=\frac{X}{\sqrt{Y/n}}$服从自由度为n 的t 分布，记为 $t\sim t(n)$ ．

注：① t 分布的期望$E(t)=0$，且当 $n\to\infty$时，t 分布变为正态分布．

② t 分布概率密度 $f(x)$ 图形关于 $x=0$ 对称．

③ $P\{t>-t_\alpha(n)\}=P\{t>t_{1-\alpha}(n)\}$，即 $t_{1-\alpha}(n)=-t_\alpha(n)$.

[例 9] 假设总体 $X\sim N(0,3^2),X_1,X_2,\cdots,X_8$ 是来自总体 X 的简单随机样本，则统计量 $Y=\frac{X_1+X_2+X_3+X_4}{\sqrt{X_5^2+X_6^2+X_7^2+X_8^2}}$服从参数为______的______分布．

解：由于独立正态分布的随机变量的线性组合仍然服从正态分布，易见

$$U=\frac{X_1+X_2+X_3+X_4}{\sqrt{D(X_1+X_2+X_3+X_4)}}=\frac{X_1+X_2+X_3+X_4}{6}\sim N(0,1)$$

作为独立标准正态随机变量的平方和

$$X^2=\frac{X_5^2}{9}+\frac{X_6^2}{9}+\frac{X_7^2}{9}+\frac{X_8^2}{9}$$

服从 χ^2 分布，自由度为 4.

随机变量 U 和 χ^2 显然互相独立，随机变量 Y 可以表示为

$$Y=\frac{(X_1+X_2+X_3+X_4)/6}{\sqrt{\frac{X_5^2+X_6^2+X_7^2+X_8^2}{9\times4}}}=\frac{U}{\sqrt{\frac{X^2}{4}}}$$

由 t 分布随机变量的典型模式，可见随机变量 Y 服从自由度为 4 的 t 分布．

[例 10] 设 $X_1,X_2,\cdots,X_9$ 为来自正态总体 X 的简单随机样本，且

$$Y_1=\frac{1}{6}(X_1+X_2+\cdots+X_6),Y_2=\frac{1}{3}(X_7+X_8+X_9),$$

$$S^2=\frac{1}{2}\sum\nolimits_{i=7}^{9}(X_i-Y_2)^2\text{ , }Z=\frac{\sqrt{2}(Y_1-Y_2)}{S}$$

证明统计量 Z 服从自由度为 2 的 t 分布．

证明：记 $D(x)=\sigma^2$，显然有 $E(Y_1)=E(Y_2),D(Y_1)=\frac{1}{6}\sigma^2,D(Y_2)=\frac{1}{3}\sigma^2$，

由于 $X_1, X_2, \cdots, X_9$ 独立同分布，Y_1, Y_2 相互独立，且有 $E(Y_1-Y_2)=0$，$D(Y_1-Y_2)=\frac{1}{2}\sigma^2$，因此

$$\frac{Y_1-Y_2}{\frac{\sigma}{\sqrt{2}}} \sim N(0,1)$$

对于正态总体的样本方差 S^2，随机变量 $X^2=\frac{2S^2}{\sigma^2}$ 服从自由度为 2 的 χ^2 分布．由于 Y_1，Y_2 相互独立，Y_1 与方差 S^2 相互独立．又由正态分布的样本均值 Y_2 与样本方差 S^2 相互独立，因此 Y_1-Y_2 与 S^2 相互独立．

根据 t 分布的典型模式统计量

$$Z=\frac{\sqrt{2}(Y_1-Y_2)}{s}=\frac{\frac{Y_1-Y_2}{\frac{\sigma}{\sqrt{2}}}}{\sqrt{\frac{\frac{2S^2}{\sigma^2}}{2}}} \sim t(2).$$

（3）F 分布

设随机变量 $X \sim \chi^2(n_1), Y \sim \chi^2(n_2)$，且 X 与 Y 相互独立，则 $F=\frac{X/n_1}{Y/n_2}$ 服从自由度为 n_1 和 n_2 的 F 分布，记为 $F \sim F(n_1, n_2)$，其中 n_1 为第一自由度，n_2 为第二自由度．

注：① 若 $F \sim F(n_1, n_2)$，则 $\frac{1}{F} \sim F(n_2, n_1)$；

② $F_{1-\alpha}(n_1, n_2)=\frac{1}{F_\alpha(n_2, n_1)}$.

[例 11] 设 $X_1, X_2, \cdots, X_{15}$ 是来自正态总体 $N(0,9)$ 的简单随机样本，则统计量 $Y=\frac{1}{2} \times \frac{X_1^2+X_2^2+\cdots+X_{10}^2}{X_{11}^2+X_{12}^2+\cdots+X_{15}^2}$ 的概率分布服从自由度为______的____分布．

解： 由 χ^2 分布的典型模型知

$$\chi_1^2=\frac{X_1^2+X_2^2+\cdots+X_{10}^2}{10} \text{和} \chi_2^2=\frac{X_{11}^2+X_{12}^2+\cdots+X_{15}^2}{5}$$

服从自由度为 10 和 5 的 χ^2 分布，并且相互独立，从而，由 F 变量的典型模型知

$$Y=\frac{1}{2} \times \frac{X_1^2+X_2^2+\cdots+X_{10}^2}{X_{11}^2+X_{12}^2+\cdots+X_{15}^2}=\frac{\frac{X_1^2}{10}}{\frac{X_2^2}{5}}$$

服从自由度为 $(10,5)$ 的 F 分布．

[例 12] 已知 (X, Y) 的概率密度为 $f(x, y)=\frac{1}{12\pi} e^{-\frac{1}{72}(9x^2+4y^2-8y+4)}$，求证：$F=$

$\dfrac{9X^2}{4(Y-1)^2}$服从参数为（1,1）的 F 分布.

证明：由 F 分布的典型模型证明，由于(X,Y)的概率密度为

$$f(x,y)=\frac{1}{2\pi\times2\times3}\exp\left\{-\frac{1}{2}\left(\frac{1}{4}x^2+\frac{1}{9}y^2-\frac{2}{9}y+\frac{1}{9}\right)\right\}$$
$$=\frac{1}{2\pi\times2\times3}\exp\left\{-\frac{1}{2}\left[\left(\frac{x}{2}\right)^2+\left(\frac{y-1}{3}\right)^2\right]\right\}$$

所以(X,Y)服从二维正态分布，且 $X\sim N(0,2^2),Y\sim N(1,3^2)$，$\rho=0$，故 X 与 Y 独立

$$\frac{X}{2}\sim N(0,1),\frac{Y-1}{3}\sim N(0,1)$$

所以$\dfrac{X^2}{4}\sim\chi^2(1)$，$\dfrac{\left(\dfrac{Y-1}{3}\right)^2}{4}\sim\chi^2(1)$

根据 F 分布的典型模型知

$$\frac{\dfrac{X^2}{4}}{\left(\dfrac{Y-1}{3}\right)^2}=\frac{9X^2}{4(Y-1)^2}=F\sim F(1,1).$$

20.2.4 正态总体条件下的样本均值与样本方差的分布

（1）单正态总体

设 $X_1,X_2,\cdots,X_n$ 是取自正态总体 $N(u,\sigma^2)$的一个样本，$\bar{X}$、S^2 分别是样本的样本均值和方差，则

① $\bar{X}\sim N(u,\sigma^2)$，即$\dfrac{\bar{X}-u}{\dfrac{\sigma}{\sqrt{n}}}=\dfrac{\sqrt{n}(\bar{X}-u)}{\sigma}\sim N(0,1)$；

② $\dfrac{1}{\sigma^2}\sum\limits_{i=1}^{n}(X_i-u)^2\sim\chi^2(n)$；

③ $\dfrac{(n-1)S^2}{\sigma^2}=\sum\limits_{i=1}^{n}\left(\dfrac{X_i-\bar{X}}{\sigma}\right)^2\sim\chi^2(n-1)$（$u$ 未知，在②中用 $\bar{X}$ 替代 u）；

④ $\bar{X}$ 与 S^2 相互独立，$\dfrac{\sqrt{n}(\bar{X}-u)}{S}\sim t(n-1)$（$\sigma$ 未知，在①中用 S 替代σ），进一步有 $\dfrac{n(\bar{X}-u)^2}{S^2}\sim F(1,n-1)$.

（2）双正态总体

设 $X_1,X_2,\cdots,X_m$ 和 $Y_1,Y_2,\cdots,Y_n$ 分别来自两个正态总体 $X\sim N(u_1,\sigma_1^2)$和 $Y\sim N(u_2,\sigma_2^2)$的两个相互独立的随机样本$(m\geqslant2,n\geqslant2)$，$\bar{X},\bar{Y}$ 相互独立，S_X^2，S_Y^2 相互独立.

① $\bar{X}-\bar{Y}\sim N\left(u_1-u_2,\dfrac{\sigma_1^2}{m}+\dfrac{\sigma_2^2}{n}\right)$，$\dfrac{(\bar{X}-\bar{Y})-(u_1-u_2)}{\sqrt{\dfrac{\sigma_1^2}{m}+\dfrac{\sigma_2^2}{n}}}\sim N(0,1)$；

② $\dfrac{\sum\limits_{i=1}^{m}(X_i-u_1)^2/(m\sigma_1^2)}{\sum\limits_{i=1}^{n}(Y_i-u_2)^2/(n\sigma_2^2)}\sim F(m,n)$；

③ $\dfrac{S_X^2/\sigma_1^2}{S_Y^2/\sigma_2^2}=\dfrac{\sum\limits_{i=1}^{m}(X_i-\bar{X})^2/[(m-1)\sigma_1^2]}{\sum\limits_{i=1}^{n}(Y_i-\bar{Y})^2/[(n-1)\sigma_2^2]}\sim F(m-1,n-1)$；

④ 当 $\sigma_1^2=\sigma_2^2=\sigma^2$ 时，记 $S_W^2=\dfrac{(m-1)S_X^2+(n-1)S_Y^2}{m+n-2}$，则

$$(m+n-2)S_W^2/\sigma^2=\frac{(m-1)S_X^2}{\sigma^2}+\frac{(n-1)S_Y^2}{\sigma^2}\sim\chi^2(m+n-2)$$

$$\frac{(\bar{X}-\bar{Y})-(u_1-u_2)}{S_W\sqrt{\dfrac{1}{m}+\dfrac{1}{n}}}\sim t(m+n-2)$$

$$\frac{S_X^2}{S_Y^2}\sim F(m-1,n-1)$$

注：① 样本相互独立是指随机变量$(X_1,X_2,\cdots,X_m)$与$(Y_1,Y_2,\cdots,Y_n)$相互独立．

② 设 X 为任意总体，$E(X)=u,D(X)=\sigma^2$ 存在，根据“独立同分布中心极限定理”知，$\dfrac{\bar{X}-u}{\dfrac{\sigma}{\sqrt{n}}}$以标准正态分布 $N(0,1)$为其极限分布，此时无须“正态总体”的假设，上述定理便有了更为广泛的使用场合．

[例 13] 设 $X_1,X_2,\cdots,X_{10}$ 是来自正态总体 X 服从 $N(0,\sigma^2)$的简单随机样本，$Y^2=\frac{1}{10}\sum_{i=1}^{10}X_i^2$，则（　）．

(A)$X^2\sim\chi^2(1)$　(B)$Y^2\sim\chi^2(10)$　(C)$\dfrac{X}{Y}\sim t(10)$　(D)$\dfrac{X^2}{Y^2}\sim F(10,1)$

答案：(C)．

解：由于总体服从正态分布 $N(0,\sigma^2)$，由 χ^2 分布定义知（A）、（B）不成立，又（D）中 F 分布自由度为$(10,1)$与$\dfrac{X^2}{Y^2}$自由度不符，所以选（C）．

事实上，由题设知$\dfrac{X}{\sigma}\sim N(0,1)$，$\dfrac{X_i}{\sigma}\sim N(0,1)$且相互独立，所以

$$\frac{X^2}{\sigma^2}\sim\chi^2(1)$$

$$\sum_{i=1}^{10}\left(\frac{x_i}{\sigma}\right)^2=\frac{10Y^2}{\sigma^2}\sim\chi^2(10)$$

又 X 与 Y^2 相互独立，故

$$\frac{\frac{X^2}{\sigma^2}\Big/1}{\frac{10Y^2}{\sigma^2}\Big/10}=\frac{X^2}{Y^2}\sim F(1,10)$$

$$\frac{\frac{X}{\sigma}}{\sqrt{\frac{10Y^2}{\sigma^2}\Big/10}}=\frac{X}{Y}\sim t(10).$$

[例 14] 设总体 X 和 Y 相互独立，且都服从正态分布 $N(0,\sigma^2)$，$X_1,X_2,\cdots,X_n$ 和 $Y_1,Y_2,\cdots,Y_n$ 分别是来自总体 X 和 Y 容量都为 n 的两个简单随机样本，样本均值和方差分别为 $\bar{X},S_X^2,\bar{Y},S_Y^2$，则（ ）.

(A) $\bar{X}-\bar{Y}\sim N(0,\sigma^2)$　　(B) $S_X^2+S_Y^2\sim \chi^2(2n-2)$

(C) $\dfrac{\bar{X}-\bar{Y}}{\sqrt{S_X^2+S_Y^2}}\sim t(2n-2)$　　(D) $\dfrac{S_X^2}{S_Y^2}\sim F(n-1,n-1)$

答案：(D).

解：

$$\bar{X}\sim N\left(0,\frac{\sigma^2}{n}\right),\bar{Y}\sim N\left(0,\frac{\sigma^2}{n}\right)$$

$$\frac{(n-1)S_X^2}{\sigma^2}\sim\chi^2(n-1),\frac{(n-1)S_Y^2}{\sigma^2}\sim\chi^2(n-1)$$

$$\bar{X}-\bar{Y}\sim N\left(0,\frac{2\sigma^2}{n}\right)\quad \text{(A)不正确}$$

$$\frac{n-1}{\sigma^2}(S_X^2+S_Y^2)\sim\chi^2(2n-2)\quad \text{(B)不正确}$$

$$\frac{\sqrt{n}(\bar{X}-\bar{Y})/\sqrt{2}\sigma}{\sqrt{\frac{n-1}{\sigma^2}(S_X^2+S_Y^2)/2(n-1)}}=\frac{\sqrt{n}(\bar{X}-\bar{Y})}{\sqrt{s_X^2+s_Y^2}}\sim t(2n-1)\quad \text{(C)不正确}$$

$$\frac{\frac{(n-1)S_X^2}{\sigma^2}\Big/(n-1)}{\frac{(n-1)s_Y^2}{\sigma^2}\Big/(n-1)}=\frac{s_X^2}{s_Y^2}\sim F(n-1,n).$$

第21讲 参数估计

21.1 矩估计

设总体 X 分布中有 k 个未知参数 $\theta_1,\theta_2,\cdots,\theta_k$，$X_1,X_2,\cdots,X_n$ 是来自总体 X 的样本，如果 X 的原点矩 $E(X^l)(l=1,2,\cdots,k)$存在，即

$E(X^l)=\int_{-\infty}^{+\infty}x^l f(x;\theta_1,\theta_2,\cdots,\theta_k)\mathrm{d}x$ 或 $E(X^l)=\sum\limits_i x_i^l P\{X=x_i;\theta_1,\cdots,\theta_k\}$ 存在，令样本矩等于总体矩，即

$$\frac{1}{n}\sum_{i=1}^{n}X_i^l=E(X^l)\ (l=1,2,\cdots,k)$$

这是包含 k 个未知参数 $\theta_1,\theta_2,\cdots,\theta_k$ 的 k 个联立方程组，由此解得

$$\hat{\theta}_l=\hat{\theta}_l(X_1,X_2,\cdots,X_n)\quad(l=1,2,\cdots,k)$$

则 $\hat{\theta}_l$ 为 θ_l 的矩估计量，$\hat{\theta}_l(x_1,x_2,\cdots,x_n)$为 θ_l 的矩估计值.

注：矩估计不要求总体服从什么分布，只要总体矩 $E(X^l)$ 存在即可.

[例 1] 设来自总体 X 的简单随机样本 $X_1,X_2,\cdots,X_n$，总体 X 的概率分布为 $X\sim\begin{pmatrix}-1 & 0 & 2\\ 2\theta & \theta & 1-3\theta\end{pmatrix}$，其中 $0<\theta<\frac{1}{3}$，试求未知参数 θ 的矩估计量.

解： $E(X)=-2\theta+0+2(1-3\theta)=2-8\theta$

由样本均值 $\bar{X}$ 估计数学期望 $E(X)$，得 θ 的矩估计量

$$\bar{X}=E(X)=2-8\theta$$

$$\hat{\theta}=\frac{2-\bar{X}}{8}.$$

[例 2] 已知总体 X 的概率密度函数为 $f(x)=\begin{cases}\frac{6x}{\theta^3}(\theta-x), & 0<x<\theta\\ 0, & 其他\end{cases}$，$X_1,X_2,\cdots,X_n$ 为来自总体 X 的一个简单随机样本.

求：(1) 参数 θ 的矩估计量 $\hat{\theta}$；

（2）$\hat{\theta}$ 的方差 $D(\hat{\theta})$．

解：（1）由 $E(x)=\int_{-\infty}^{+\infty}xf(x)\mathrm{d}x=\int_0^{\theta}\frac{6x^2}{\theta}(\theta-x)\mathrm{d}x$

$$=\frac{6}{\theta^3}\left(\frac{\theta}{3}x^3-\frac{1}{4}x^4\right)\Big|_0^{\theta}=\frac{\theta}{2}$$

$\bar{X}=E(X)$，即 $\hat{\theta}=2\bar{X}$.

（2）$D(\hat{\theta})=D(2\bar{X})=4D(\bar{X})=\frac{4}{n}D(X)$

$$D(X)=E(X^2)-[E(X)]^2=\int_0^{\theta}\frac{6x^3}{\theta^3}(\theta-x)\mathrm{d}x-\left(\frac{\theta}{2}\right)^2=\frac{\theta^2}{20}$$

$$D(\hat{\theta})=\frac{\theta^2}{5n}.$$

21.2 最大似然估计

最大似然估计步骤：

① 写出样本的似然函数

$$L(x_1,x_2,\cdots,x_n;\theta_1,\theta_2,\cdots,\theta_k)=\prod_{i=1}^{n}p(x_i;\theta_1,\theta_2,\cdots,\theta_k)\text{ 或 }\prod_{i=1}^{n}f(x_i;\theta_1,\theta_2,\cdots,\theta_k)\text{；}$$

② 采用解对数似然方程组：$\frac{\partial \ln L}{\partial \theta_i}=0(i=1,2,\cdots,k)$，

解出 θ_i 的最大似然估计量 $\hat{\theta}_i=\hat{\theta}_i(X_1,X_2,\cdots,X_n)(i=1,2,\cdots,k)$；

③ 如果 $p(x;\theta_1,\theta_2,\cdots,\theta_k)$ 或 $f(x;\theta_1,\theta_2,\cdots,\theta_k)$ 不可微，或似然方程组无解，则应由定义用其他方法求得 $\hat{\theta}_i$，例如当 $L(\theta)$ 为 θ 单调增（或减）函数时，$\hat{\theta}$ 为 θ 取值上限（或下限）．[说明：③本科不怎么使用]

[例 3] 设总体 X 的概率分布为 $X\sim\begin{pmatrix}0 & 1 & 2 & 3\\ \theta^2 & 2\theta(1-\theta) & \theta^2 & 1-2\theta\end{pmatrix}$，其中 $0<\theta<\frac{1}{2}$，θ 是未知参数，从总体 X 中抽取容量为 8 的一组样本，其样本值为 3,1,3,0,3,1,2,3. 求 θ 的矩估计值和最大似然估计值．

解：$E(X)=\bar{X}$

$$\bar{X}=\frac{1}{8}\sum_{i=1}^{8}X_i$$

$$E(X)=0\times\theta^2+1\times2\theta(1-\theta)+2\times\theta^2+3(1-2\theta)=3-4\theta$$

$$\therefore \bar{X}=E(X)=3-4\theta$$

$$\therefore \hat{\theta}=\frac{3-\bar{X}}{4}$$

$$\bar{X}=\frac{1}{8}(3+1+3+0+3+1+2+3)=2$$

$$\hat{\theta}=\frac{3-2}{4}=\frac{1}{4}.$$

$$L(\theta)=(1-2\theta)^4 4\theta^2(1-\theta)^2\theta^4\text{，}\hat{\theta}=\frac{7-\sqrt{13}}{12}$$

[例 4] 已知总体 X 的分布函数为 $F(x;\beta)=\begin{cases}1-\left(\frac{1}{x}\right)^\beta, & 1\leqslant x\\ 0, & x<1\end{cases}$，其中参数 $\beta>1$，X_1，X_2，…，X_n 为来自总体 X 的一个简单随机样本，求参数 β 的最大似然估计量．

解：X 的概率密度为

$$f(x,\beta)=\begin{cases}\frac{\beta}{x^{\beta+1}} & ,x>1\\ 0 & ,\text{其他}\end{cases}$$

似然函数为

$$L(\beta)=\begin{cases}\frac{\beta^n}{(x_1x_2x_3\cdots x_n)^{\beta+1}} & ,x_1,x_2,x_3,\cdots,x_n>1\\ 0 & ,\text{其他}\end{cases}$$

当 $x_i>1(i=1,2\cdots,n)$ 时，取对数

$$\ln L(\beta)=n\ln\beta-(\beta+1)\sum_{i=1}^n \ln x_i$$

$$\frac{\mathrm{d}\ln L(\beta)}{\mathrm{d}\beta}=\frac{n}{\beta}-\sum_{i=1}^n x_i=0$$

$$\therefore\hat{\beta}=\frac{n}{\sum_{i=1}^n \ln x_i}.$$

[例 5] 设总体 X 的概率密度函数为 $f(x;\theta)=\begin{cases}\mathrm{e}^{-(x-\theta)}, & x\geqslant 0\\ 0, & \text{其他}\end{cases}$，$X_1$，$X_2$，…，$X_n$ 为来自总体 X 的简单随机样本，则未知参数 θ 的最大似然估计量 $\hat{\theta}=$____．

解：参数 θ 的似然函数为

$$L(\theta)=\prod_{i=1}^n f(x_i,\theta)=\prod_{i=1}^n \mathrm{e}^{-(x_i-\theta)}=\mathrm{e}^{-\sum_{i=1}^n x_i+n\theta}$$

$$\frac{\mathrm{d}L(\theta)}{\mathrm{d}\theta}=\mathrm{e}^{-\sum_{i=1}^n x_i+n\theta}\times n=0$$

无解．

需直接求其似然函数 $L(\theta)=\begin{cases}\mathrm{e}^{-\sum_{i=1}^n x_i+n\theta} & ,x_1,x_2,x_3,\cdots,x_n>1\\ & 0,\text{其他}\end{cases}$

的最大值．

当 $x_1,x_2,x_3,\cdots,x_n$ 中有一个小于 0 时，$L(\theta)=0$；

当 $x_1,x_2,x_3,\cdots,x_n$ 中全都大于 0 时，即当 $\min\{x_1,x_2,x_3,\cdots,x_n\}\geqslant 0$ 时，

$L(\theta)$ 随 θ 的增大而增大．当 $\hat{\theta}=\max\{x_1,x_2,\cdots,x_n\}$ 时，$L(\theta)$ 取最大值．

概率论与数理统计知识点总结

1. 重要公式求概率

(1) 用对立

① $\overline{A \cup B}=\bar{A} \cap \bar{B}, \overline{AB}=\bar{A} \cup \bar{B}$(对偶律).

② $P(A)=1-P(\bar{A})$(逆事件概率公式).

注：①常用于抽象事件，②常用于具体复杂事件而其对立事件简单的情形.

(2) 用互斥

① $A \cup B=A \cup \bar{A}B=B \cup A\bar{B} \cup AB \cup \bar{A}B$.

② B_1, B_2, B_3 为完备事件组，$A=AB_1 \cup AB_2 \cup AB_3$.

③ $P(A\bar{B})=P(A-B)=P(A)-P(AB)$.

④ a. $P(A+B)=P(A)+P(B)-P(AB)$.

b. $P(A+B+C)=P(A)+P(B)+P(C)-P(AB)-P(BC)-P(AC)+P(ABC)$.

c. 若 $A_1, A_2, \cdots, A_n$ ($n>3$)两两互斥，则

$$P(\bigcup_{i=1}^{n} A_i)=\sum_{i=1}^{n} P(A_i)$$

注：①与②很重要，在做题中要注意总结心得.

(3) 用独立

① 若 $A_1, A_2, \cdots, A_n$ 相互独立，则

$$P(A_1, A_2, \cdots, A_n)=P(A_1)P(A_2)\cdots P(A_n).$$

② 若 $A_1, A_2, \cdots, A_n (n>3)$相互独立，则

$$P(\bigcup_{i=1}^{n} A_i)=1-P(\overline{\bigcup_{i=1}^{n} A_i})=1-P(\bigcap_{i=1}^{n} \bar{A}_i)$$

$$=1-\prod_{i=1}^{n} p(\bar{A}_i)=1-\prod_{i=1}^{n}[1-P(A_i)].$$

(4) 用条件

① $P(A|B)=\dfrac{P(AB)}{P(B)}(P(B)>0)$.

② $P(AB)=P(B)P(A|B)(P(B)>0)$

$=P(A)P(B|A)(P(A)>0)$

$=P(A)+P(B)-P(A+B)$

$=P(A)-P(A\bar{B})$.

注：$P(A_1A_2)>0$ 时，$P(A_1A_2A_3)=P(A_1)P(A_2|A_1)P(A_3|A_1A_2)$.

③ $A_1, A_2, \cdots, A_n$ 为完备事件时，$P(A_i)>0(i=1,2,\cdots,n)$，则

$$P(B)=\sum_{i=1}^{n} P(A_i)P(B|A_i).$$

④ 承接③，若已知 B 发生了，执果索因

$$P(A_j|B)=\frac{P(A_jB)}{P(B)}=\frac{P(A_j)P(B|A_j)}{\sum_{i=1}^{n}P(A_i)P(B|A_i)},j=1,2,\cdots,n.$$

(5) 用不等式或包含

① $0\leqslant P(A)\leqslant 1$.

② 若 $A\subseteq B$，则 $P(A)\leqslant P(B)$.

③ 由于 $AB\subseteq A\subseteq A+B$，故 $P(AB)\leqslant P(A)\leqslant P(A+B)$.

注：不等关系或包含关系会产生不等式，是考研的命题.

(6) 用最值

当遇到 $\max\{X,Y\}$，$\min\{X,Y\}$ 有关的事件时，下面一些关系式是经常要用到的.

$\{\max\{X,Y\}\leqslant a\}=\{X\leqslant a\}\cap\{Y\leqslant a\}$；$\{\max\{X,Y\}>a\}=\{X>a\}\cap\{Y>a\}$；

$\{\min\{X,Y\}\leqslant a\}=\{X\leqslant a\}\cup\{Y\leqslant a\}$；$\{\min\{X,Y\}>a\}=\{X>a\}\cup\{Y>a\}$；

$\{\max\{X,Y\}\leqslant a\}\subseteq\{\min\{X,Y\}\leqslant a\}$；$\{\min\{X,Y\}>a\}\subseteq\{\max\{X,Y\}>a\}$.

注：最值问题一直是命题重点.

2. 事件独立性的判定

① A 与 B 相互独立$\Leftrightarrow A$ 与 $\overline{B}$ 相互独立$\Leftrightarrow\overline{A}$ 与 B 相互独立$\Leftrightarrow\overline{A}$ 与 $\overline{B}$ 相互独立.

注：将相互独立的事件组中的任何几个事件换成各自的独立事件，所得的新事件组仍相互独立.

② 对独立事件组不含相同事件作运算，得到的新事件组仍独立，如 A,B,C,D 相互独立，则 AB 与 CD 相互独立，A 与 $BC-D$ 相互独立.

③ 若 $P(A)>0$，则 A 与 B 相互独立$\Leftrightarrow P(B|A)=P(B)$.

④ 若 $0<P(A)<1$，则 A 与 B 相互独立$\Leftrightarrow P(B|\overline{A})=P(B|A)$

$$\Leftrightarrow P(B|A)=P(\overline{B}|\overline{A})=1.$$

⑤ 若 $P(A)=0$ 或 $P(A)=1$，则 A 与任意事件 B 相互独立.

⑥ 若 $0<P(A)<1,0<P(B)<1$，且 A 与 B 互斥或存在包含关系，则 A 与 B 一定不独立.

注：这些独立性的判定要学会运用，它们经常以选择题形式出现在考卷上.

3. 一维随机变量判分布及其反问题

① $F(x)$ 是分布函数$\Leftrightarrow F(x)$ 是 x 的单调不减、右连续函数，且 $F(-\infty)=0$，$F(+\infty)=1$.

② $\{P_i\}$ 是概率分布$\Leftrightarrow P_i\geqslant 0$，且 $\sum_i P_i=1$.

③ $f(x)$ 是概率密度$\Leftrightarrow f(x)\geqslant 0$，且 $\int_{-\infty}^{+\infty}f(x)\,\mathrm{d}x=1$.

④ 反问题，用

$$\begin{cases}F(-\infty)=0\\F(+\infty)=1\\\sum\limits_i P_i=1\\\int_{-\infty}^{+\infty}f(x)\,\mathrm{d}x=1\end{cases}\quad\text{建方程，求参数.}$$

4. 混合型一维随机变量求分布

X 是混合型，则 $F(x)=P\{X\leqslant x\}$. 这里注意：

① 用定义法解决；

② 读懂题意，分段讨论；

③ 累积过程是 x 从 $-\infty$ 到 $+\infty$.

5. 用分布求概率及其反问题

(1) $X\sim F(x)$，则：

① $P\{X\leqslant a\}=F(a)$.

② $P\{X<a\}=F(a-0)$.

③ $P\{X=a\}=P\{X\leqslant a\}-P\{X<a\}=F(a)-F(a-0)$.

④ $P\{a<X<b\}=P\{X<b\}-P\{X\leqslant a\}=F(b-0)-F(a)$.

⑤ $P\{a\leqslant X\leqslant b\}=P\{X\leqslant b\}-P\{X<a\}=F(b)-F(a-0)$.

(2) $X\sim P_i$，则 $P\{X\in I\}=\sum_{x_i\in I}P\{X=x_i\}$.

(3) $X\sim f(x)$，则 $P\{X\in I\}=\int_I f(x)\mathrm{d}x$.

(4) 反问题：已知概率反求参数.

6. 随机变量 X 的函数 $Y=g(X)$ 的分布

设 X 为连续型随机变量，其分布函数、概率密度分别为 $F_X(x)$ 与 $f_X(x)$，随机变量 $Y=g(X)$ 是 X 的函数，则 Y 的分布函数或概率密度可用下面两种方法求得.

(1) 分布函数法

直接由定义求 Y 的分布函数

$$F_Y(y)=P\{Y\leqslant y\}=P\{g(x)\leqslant y\}=\int_{g(x)\leqslant y}f_X(x)\mathrm{d}x$$

如果 $F_Y(y)$ 连续，且除有限个点外，$F_Y'(y)$ 存在且连续，则 Y 的概率密度 $f_Y(y)=F_Y'(y)$.

(2) 公式法

根据上面的分布函数法，若 $y=g(x)$ 在 (a,b) 上是关于 x 的单调可导函数，则存在 $x=h(y)$ 是 $y=g(x)$ 在 (a,b) 上的可导反函数，则

$$f_Y(y)=\begin{cases}f_X[h(y)]\,|h'(y)|, & \alpha<y<\beta\\ 0, & \text{其他}\end{cases}$$

其中，$\alpha=\min\{g(a),g(b)\}$，$\beta=\max\{g(a),g(b)\}$.

7. 多维随机变量判分布问题

用 $\begin{cases}F(-\infty,y)=0,F(x,-\infty)=0\\ F(-\infty,-\infty)=0,F(+\infty,+\infty)=1\\ \sum\limits_j\sum\limits_i P_{ij}=1,\int_{-\infty}^{+\infty}\int_{-\infty}^{+\infty}f(x,y)\mathrm{d}x\mathrm{d}y=1\end{cases}$ 建方程，求参数.

8. 多维随机变量求联合分布

(1) 求 $F(x,y)$

若 $(X,Y)\sim f(x,y)$，则 $F(x,y)=P\{X\leqslant x,Y\leqslant y\}=\int_{-\infty}^{x}\int_{-\infty}^{y}f(x,y)\mathrm{d}x\mathrm{d}y$.

注：要会分区域讨论.

(2) 求 P_{ij} [常与求 $P(A)$ 结合]

9. 多为随机变量求边缘分布

$$f_X(x)=\int_{-\infty}^{+\infty} f(x,y)\,\mathrm{d}y, f_Y(y)=\int_{-\infty}^{+\infty} f(x,y)\,\mathrm{d}x$$

10. 多维随机变量求分布条件

(1) 求 $P\{Y=y_i \mid X=X_i\}, P\{X=X_i \mid Y=y_i\}$.

$$P\{Y=y_i \mid X=X_i\}=\frac{P\{X=x_i, Y=y_j\}}{P\{X=x_i\}}=\frac{p_{ij}}{p_{i.}}$$

$$P\{X=X_i \mid Y=y_i\}=\frac{P\{X=x_i, Y=y_j\}}{P\{Y=y_j\}}=\frac{p_{ij}}{p_{.j}}$$

(2) 求 $f_{Y|X}(y|x), f_{X|Y}(x|y)$.

$$f_{Y|X}(y|x)=\frac{f(x,y)}{f_X(x)}, f_{X|Y}(x|y)=\frac{f(x,y)}{f_Y(y)}$$

11. $(X,Y)\sim f(x,y)$，则 $P\{(X,Y)\in D\}=\iint_D f(x,y)\,\mathrm{d}x\mathrm{d}y$.

12. (X,Y) 为混合型，则用全概率公式.

13. 求 (X,Y) 的函数 $Z=g(X,Y)$ 的分布

(1) (离散型，离散型) →离散型

① $(X,Y)\sim p_{ij}, Z=g(X,Y)\Rightarrow Z\sim q_i$；

② $X\sim p_k, Y\sim q_k$，X，Y 独立且取值在某一集合中，可考 $Z=X+Y, XY, \max\{X,Y\}$，$\min\{X,Y\}$ 等，这是重点，比如：

a. $Z=X+Y$，且 X,Y 独立并取非负整数时：

$$\begin{aligned} P\{Z=k\} &= P\{X+Y=k\} \\ &= P\{X=0\}P\{Y=k\}+P\{X=1\}P\{Y=k-1\}+\cdots+P\{X=k\}P\{Y=0\} \\ &= p_0q_k+p_1q_{k-1}+\cdots+p_kq_0, k=0,1,2\cdots. \end{aligned}$$

b. $Z=\max\{X,Y\}$，且 X,Y 独立并取非负整数时：

$$\begin{aligned} P\{Z=k\} &= P\{\max\{X,Y\}=k\} \\ &= P\{X=k,Y=k\}+P\{X=k,Y=k-1\}+\cdots+P\{X=k,Y=0\} \\ &\quad +P\{X=k-1,Y=k\}+P\{X=k-2,Y=k\}+\cdots \\ &\quad +P\{X=0,Y=k\} \\ &= p_kq_k+p_kq_{k-1}+\cdots+p_kq_0+p_{k-1}q_k+p_{k-2}q_k+\cdots+p_0q_k, k=0,1,2\cdots. \end{aligned}$$

c. $Z=\min\{X,Y\}$，且 X,Y 独立，$0\leqslant X,Y\leqslant l$，$X,Y$ 取整数时：

$$\begin{aligned} P\{Z=k\} &= P\{\min\{X,Y\}=k\} \\ &= P\{X=k,Y=k\}+P\{X=k,Y=k+1\}+\cdots+P\{X=k,Y=l\} \\ &\quad +P\{X=k+1,Y=k\}+P\{X=k+2,Y=k\}+\cdots+P\{X=l,Y=k\} \\ &= p_kq_k+p_kq_{k+1}+\cdots+p_kq_l+p_{k+1}q_k+p_{k+2}q_k+\cdots+p_lq_k, k=0,1,2\cdots,l. \end{aligned}$$

(2) (连续型，连续型) →连续型

① 分布函数法：

$(X,Y)\sim f(x,y), Z=g(X,Y)$，则：

$$F_Z(z)=P\{g(x,y)\leqslant z\}=\iint_{g(x,y)\leqslant z} f(x,y)\,\mathrm{d}x\,\mathrm{d}y$$

$$f_Z(z)=F_z'(z).$$

② 卷积公式法：

a. 和的分布．设 $(X,Y)\sim f(x,y)$，则 $Z=X+Y$ 的概率密度为

$$f_Z(z)=\int_{-\infty}^{+\infty} f(x,z-x)\,\mathrm{d}x=\int_{-\infty}^{+\infty} f(z-y,y)\,\mathrm{d}y$$

$$\underline{\underline{独立}}\int_{-\infty}^{+\infty} f_X(x)f_Y(z-x)\,\mathrm{d}x=\int_{-\infty}^{+\infty} f_X(z-y)f_Y(y)\,\mathrm{d}y.$$

b. 差的分布．设 $(X,Y)\sim f(x,y)$，则 $Z=X-Y$ 的概率密度为

$$f_Z(z)=\int_{-\infty}^{+\infty} f(x,z-x)\,\mathrm{d}x=\int_{-\infty}^{+\infty} f(z-y,y)\,\mathrm{d}y$$

$$\underline{\underline{独立}}$$

$$\int_{-\infty}^{+\infty} f_X(x)f_Y(x-z)\,\mathrm{d}x=\int_{-\infty}^{+\infty} f_X(y+z)f_Y(y)\,\mathrm{d}y$$

c. 积的分布．设 $(X,Y)\sim f(x,y)$，则 $Z=XY$ 的概率密度为

$$f_Z(z)=\int_{-\infty}^{+\infty} \frac{1}{|x|}f\left(x,\frac{z}{x}\right)\mathrm{d}x=\int_{-\infty}^{+\infty} \frac{1}{|y|}f\left(\frac{z}{y},y\right)\mathrm{d}y$$

$$\underline{\underline{独立}}\int_{-\infty}^{+\infty} \frac{1}{|x|}f_X(x)f_Y\left(\frac{z}{x}\right)\mathrm{d}x=\int_{-\infty}^{+\infty} \frac{1}{|y|}f_X\left(\frac{z}{y}\right)f_Y(y)\,\mathrm{d}y.$$

d. 商的分布．设 $(X,Y)\sim f(x,y)$，则 $Z=\dfrac{X}{Y}$ 的概率密度为

$$f_Z(z)=\int_{-\infty}^{+\infty} |y|f(yz,y)\,\mathrm{d}y\ \underline{\underline{独立}}\int_{-\infty}^{+\infty} |y|f_X(yz)f_Y(y)\,\mathrm{d}y.$$

③ 最值函数的分布：

a. $\max\{X,Y\}$ 分布．设 $(X,Y)\sim F(x,y)$，则 $Z=\max\{X,Y\}$ 的分布函数为

$$F_{\max}(z)=P\{\max\{X,Y\}\leqslant z\}=P\{X\leqslant z,Y\leqslant z\}=F(z,z)$$

当 X 与 Y 独立时，$F_{\max}(z)=F_X(z)F_Y(z)$.

b. $\min\{X,Y\}$ 分布．设 $(X,Y)\sim F(x,y)$，则 $Z=\min\{X,Y\}$ 的分布函数为

$$\begin{aligned}F_{\min}(z)&=P\{\min\{X,Y\}\leqslant z\}=P\{\{X\leqslant z\}\cup\{Y\leqslant z\}\}\\&=P\{X\leqslant z\}+P\{Y\leqslant z\}-P\{X\leqslant z,Y\leqslant z\}\\&=F_X(z)+F_Y(z)-F(z,z)\end{aligned}$$

当 X 与 Y 独立时，

$$F_{\min}(z)=F_X(z)+F_Y(z)-F_X(z)F_Y(z)=1-[1-F_x(z)][1-F_Y(z)].$$

推广到 n 个相互独立的随机变量 $X_1,X_2,\cdots,X_n$ 的情况，即

$$F_{\min}(z)=1-[1-F_{X_1}(z)][1-F_{X_2}(z)]\cdots[1-F_{X_n}(z)].$$

特别地，当 $x_i\ (i=1,2,\cdots n)$ 相互独立且具有相同的分布函数 $F(x)$ 与概率密度 $f(x)$ 时，

$$F_{\max}(x)=[F(x)]^n,f_{\max}(x)=n[F(x)]^{n-1}f(x);$$

$$F_{\min}(x)=1-[1-F(x)]^n,f_{\min}(x)=n[1-F(x)]^{n-1}f(x).$$

这些结果极为重要．

(3)（离散型，连续型）→连续型

$X \sim P_i, Y \sim f_Y(y)$，则 $Z=g(X,Y)$（常考 $X \pm Y, XY$ 等），则：

① X，Y 独立时，可用分布函数法及全概率公式求 $F_Z(z)$；

② X，Y 不独立时，可用分布函数法．

注：常见分布的可加性．

有些相互独立且服从同类型分布的随机变量，其和的分布也是同类型的，它们分别是二项分布，泊松分布，正态分布与 χ^2 分布．

设随机变量 X 与 Y 相互独立，则：

若 $X \sim B(n,P), Y \sim B(m,p)$，则 $X+Y \sim B(n+m,p)$（注意 p 相同）；

若 $X \sim P(\lambda_1), Y \sim P(\lambda_2)$，则 $X+Y \sim P(\lambda_1+\lambda_2)$；

若 $X \sim N(u_1,\sigma_1^2), Y \sim N(u_2,\sigma_2^2)$，则 $X+Y \sim N(u_1,\sigma_1^2+u_2,\sigma_2^2)$；

若 $X \sim \chi^2(n), Y \sim \chi^2(m)$，则 $X+Y \sim \chi^2(n+m)$．

上述结果对 n 个相互独立的随机变量也成立．

14．数学期望

(1) X

① $X \sim P_i \Rightarrow E(X)=\sum_i x_i P_i \begin{cases} \text{有限项相加} \\ \text{无穷项相加(无穷级数)} \end{cases}$．

② $X \sim f(x) \Rightarrow E(X)=\int_{-\infty}^{+\infty} x f(x)\,\mathrm{d}x \begin{cases} \text{有限区间积分(定积分)} \\ \text{无穷区间积分(反常积分)} \end{cases}$．

(2) $g(X)$

g 为连续函数（或分段函数）：

① $X \sim P_i, Y=g(X) \Rightarrow E(X)=\sum_i g(x_i) P_i$．

② $X \sim f(x), Y=g(x) \Rightarrow E(Y)=\int_{-\infty}^{+\infty} g(x) f(x)\,\mathrm{d}x$．

(3) $g(X,Y)$

① $(X,Y) \sim P_{ij}$，$Z=g(X,Y) \Rightarrow E(Z)=\sum_i \sum_j g(x_i,y,1) P_{ij}$．

② $(X,Y) \sim f(x,y)$，$Z=g(X,Y) \Rightarrow E(Z)=\int_{-\infty}^{+\infty}\int_{-\infty}^{+\infty} g(x,y) f(x,y)\,\mathrm{d}x\mathrm{d}y$．

(4) 性质

① $E(a)=a, E(EX)=E(X)$．

② $E(aX+bY)=aE(Y)+bE(Y), E\left(\sum_{i=1}^{n} a_i E(x_i)\right)=\sum_{i=1}^{n} a_i E(x_i)$（无条件）．

③ 若 X,Y 相互独立，则 $E(XY)=E(X)E(Y)$．

15．方差

(1) 用公式求 $D(X)$

$D(X)=E[(X-E(X))^2]=E(X^2)-(E(X))^2$

(2) 用定义求 $D(X)$

$$\begin{cases} X \sim P_i \Rightarrow D(X)=E[(X-E(X))]^2=\sum_i (x_i-E(X))^2 P_i \\ X \sim f(x) \Rightarrow D(X)=E[(X-E(X))]^2=\int_{-\infty}^{+\infty} (x-E(X))^2 f(x)\,\mathrm{d}x \end{cases}$$

16. 协方差

$$\mathrm{Cov}(X,Y)=E(XY)-E(X)E(XY)$$

17. 相关系数

$$\rho_{xy}=\frac{\mathrm{Cov}(X,Y)}{\sqrt{D(X)}\sqrt{D(Y)}}\begin{cases}=0\Leftrightarrow X,Y\text{ 不相关}\\ \neq 0\Leftrightarrow X,Y\text{ 相关}\end{cases}$$

18. 协方差与相关系数的性质

① $\mathrm{Cov}(X,Y)=\mathrm{Cov}(Y,X)$；

② $\mathrm{Cov}(aX,bY)=ab\mathrm{Cov}(X,Y)$；

③ $\mathrm{Cov}(X_1+X_2,Y)=\mathrm{Cov}(X_1,Y)=\mathrm{Cov}(X_2,Y)$；

④ $|\rho_{xy}|\leqslant 1$；

⑤ $|\rho_{xy}|=1\Leftrightarrow P\{Y=aX+b\}=1(a>0)$，

$|\rho_{xy}|=-1\Leftrightarrow P\{Y=aX+b\}=1(a<0)$，

考试时，$Y=aX+b,a>0\Rightarrow\rho_{xy}=1$，

$Y=aX+b,a<0\Rightarrow\rho_{xy}=-1$；

⑥ X,Y 独立$\Rightarrow\rho_{xy}=0$.

19. 独立性与不相关性的判定

（1）用分布判定独立

随机变量 X 与 Y 相互独立，指对任意实数 x，y，事件 $\{X\leqslant x\}$ 与 $\{Y\leqslant y\}$ 相互独立，即（X，Y）的分布等于边缘分布相乘：$F(x,y)=F_X(x)F_Y(y)$.

若（X,Y）是连续型的，则 X 与 Y 相互独立的充要条件是

$$f(x,y)=f_X(x)f_Y(y).$$

若（X，Y）是离散型的，则 X 与 Y 相互独立的充要条件是

$$P\{X\leqslant x_i,Y\leqslant y_j\}=P\{X\leqslant x_i\}P\{Y\leqslant y_j\}.$$

（2）用数字特征判定不相关

随机变量 X 与 Y 不相关，意指 X 与 Y 之间不存在线性相依性，即

$$\rho_{xy}=0\Leftrightarrow\mathrm{Cov}(X,Y)=0\Leftrightarrow E(XY)=E(X)E(Y)$$
$$\Leftrightarrow D(X+Y)=D(X)+D(Y)\Leftrightarrow D(X-Y)=D(X)+D(Y).$$

（3）程序

先计算 $\mathrm{Cov}(X,Y)$，而后按下列程序进行判断或再计算：

$$\mathrm{Cov}(X,Y)=E(XY)-E(X)E(Y)\begin{cases}=0\Leftrightarrow X\text{ 与 }Y\text{ 不相关，通过}\begin{cases}\text{分布推断}\begin{cases}X,Y\text{ 独立}\\X,Y\text{ 不独立}\end{cases}\\ \text{反证法}\end{cases}\\ \neq 0\Leftrightarrow X\text{ 与 }Y\text{ 相关}\Rightarrow X\text{ 与 }Y\text{ 不独立}\end{cases}.$$

（4）重要结论

① 如果 X 与 Y 独立，则 X，Y 不相关，反之不然；

② 由①知，如果 X 与 Y 相关，则 X，Y 不独立；

③ 如果(X,Y)服从二维正态分布，则 X，Y 独立$\Leftrightarrow X$，Y 不相关；

④ 如果 X 与 Y 均服从（0−1）分布，则 X，Y 独立$\Leftrightarrow X$，Y 不相关.

注：上述讨论均假设方差存在并且不为零.

20. 切比雪夫不等式

设随机变量 X 的数学期望与方差存在，则对任意 $\varepsilon>0$，

$$P\{|x-E(x)|\geqslant\varepsilon\}\leqslant\frac{D(X)}{\varepsilon^2}\text{或 }P\{|x-E(x)|<\varepsilon\}\geqslant1-\frac{D(X)}{\varepsilon^2}.$$

21. 依概率收敛

设随机变量序列 $\{X_n\}(n=1,2,3,\cdots)$，a 是一个常数，如果对任意 $\varepsilon>0$，有

$$\lim_{n\to\infty}P\{|x_n-a|\geqslant\varepsilon\}=0\text{ 或}\lim_{n\to\infty}P\{|x_n-a|<\varepsilon\}=1$$

则称随机变量序列 $\{X_n\}$ 依概率收敛于 a，记为

$$\lim_{n\to\infty}x_n=a(P)\text{或}x_n\to a.$$

22. 辛钦大数定律

设 $\{X_n\}$ 是独立同分布的随机变量序列，如果 $E(X_i)=u(i=1,2,\cdots)$ 存在，则

$$\frac{1}{n}\sum_{i=1}^{n}x\xrightarrow{p}u$$

即对任意 $\varepsilon>0$，有

$$\lim_{n\to\infty}P\left\{\left|\frac{1}{n}\sum_{i=1}^{n}x_i-\mu\right|<\varepsilon\right\}=1.$$

23. 中心极限定理

设 $x_i\sim F(u,\sigma^2)$，$\mu=E(X_i)$，$\sigma^2=D(X_i)\Rightarrow\sum_{i=1}^{n}X_i\sim N(n\mu,n\sigma^2)\Rightarrow\dfrac{\sum_{i=1}^{n}X_i-n\mu}{\sqrt{n}\sigma}\sim$ $N(0,1)$，即

$$\lim_{n\to\infty}P\left\{\frac{\sum_{i=1}^{n}x_i-n\mu}{\sqrt{n}\mu}\leqslant x\right\}=\varphi(x).$$

24. χ^2 分布

(1) 典型模式

若随机变量 $X_1,X_2,\cdots,X_n$ 相互独立，且都服从标准正态分布，则随机变量 $X=\sum_{i=1}^{n}x_i^2$ 服从自由度为 n 的 χ^2 分布，记为 $x\sim\chi^2(n)$，其概率密度 $f(x)$ 的图形如下图 (a) 所示，特别地，$x_i^2\sim\chi^2(1)$.

对给定的 $a(0<a<1)$，称满足

$$P\{\chi^2>\chi_a^2(n)\}=\int_{\chi_a^2}^{+\infty}f(x)\mathrm{d}x=a$$

的 $\chi_a^2(n)$ 为 $\chi^2(n)$ 分布的上 a 分位点 [如下图(b)]，对于不同的 a,n，$\chi^2(n)$ 分布上 a 分位点可通过查表求得.

(2) χ^2 分布的性质

① 若 $X_1\sim\chi^2(n_1)$，$X_2\sim\chi^2(n_2)$，X_1 与 X_2 相互独立，则 $X_1+X_2\sim\chi^2(n_1+n_2)$.

一般地，若 $X_i\sim\chi^2(n_i)(i=1,2,\cdots,m)$，$X_1,X_2,\cdots,X_m$ 相互独立，则

$$\sum_{i=1}^{m}x_i\sim\chi^2\left(\sum_{i=1}^{m}n_i\right)$$

② 若 $X\sim\chi^2(n)$，则 $E(X)=n,D(X)=2n$.

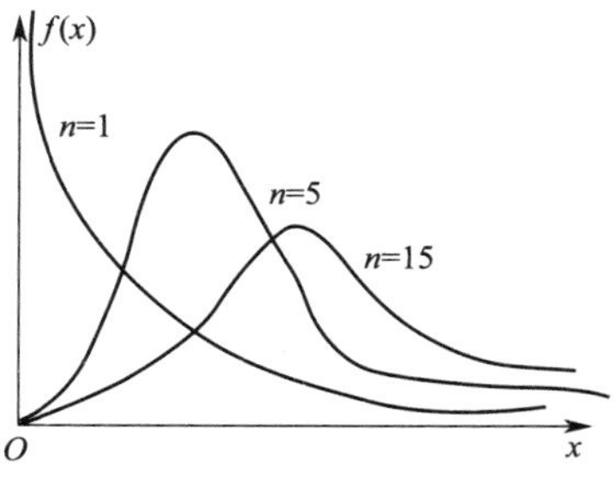

(a)

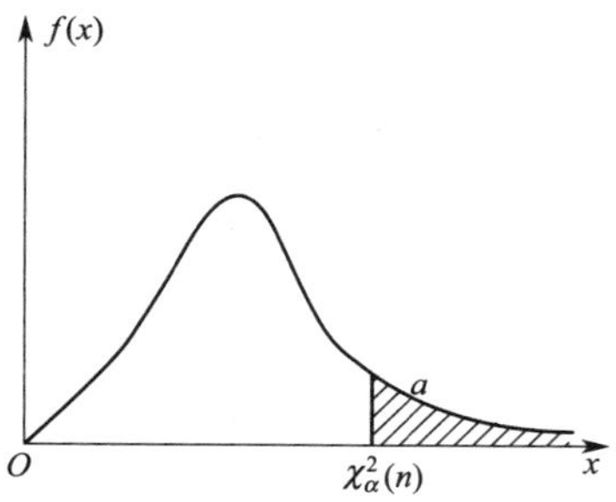

(b)

25. t 分布

（1）典型模式

设随机变量 $X \sim N(0,1)$，$Y \sim \chi^2(n)$，X 与 Y 相互独立，则随机变量 $t=\dfrac{X}{\sqrt{Y/n}}$ 服从自由度为 n 的 t 分布，记为 $t \sim t(n)$. t 分布概率密度 $f(x)$ 的图形关于 $x=0$ 对称（如右图），因此 $E(t)=0(n \geqslant 2)$.

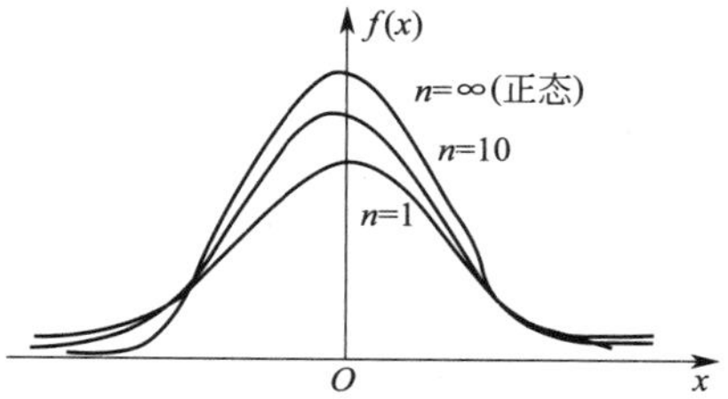

（2）t 分布的性质

由 t 分布概率密度 $f(x)$ 图形的对称性知

$$P\{t>-t_{\alpha}(n)\}=P\{t>t_{1-\alpha}(n)\}$$

故 $t_{1-\alpha}(n)=-t_{\alpha}(n)$.

当 α 值在表中没有时，可用此式求得上 α 分位点.

26. F 分布

（1）典型模式

设随机变量 $X \sim \chi^2(n_1)$，$Y \sim \chi^2(n_2)$，且 X 与 Y 相互独立，则 $F=\dfrac{X/n_1}{Y/n_2}$ 服从自由度为 (n_1,n_2) 的 F 分布，记为 $F \sim F(n_1,n_2)$，其中 n_1 称为第一自由度，n_2 称为第二自由度. F 分布的概率密度 $f(x)$ 的图形如右图所示.

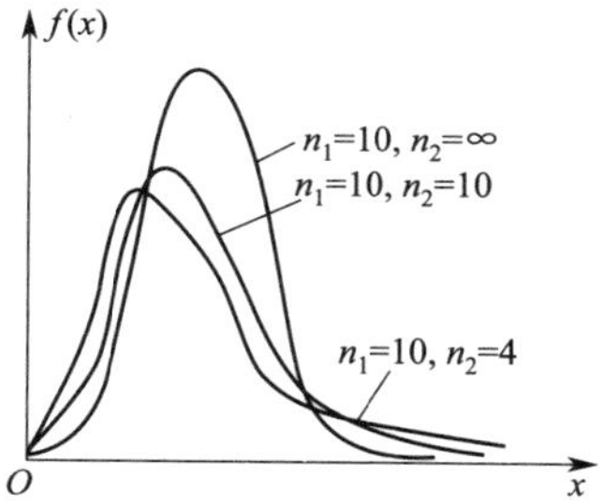

（2）F 分布的性质

① 若 $F \sim F(n_1,n_2)$，则 $\dfrac{1}{F} \sim F(n_1,n_2)$.

② $F_{1-\alpha}(n_1,n_2)=\dfrac{1}{F_{\alpha}(n_2,n_1)}$.

第二个性质常用来求 F 分布表上未列出的上 α 分位点.

27. 正态总体的常用结论

设 $X_1,X_2,\cdots,X_n$ 是取自正态总体 $N(\mu,\sigma^2)$ 的一个样本，$\bar{X}$、S^2 分别是样本均值和样本方差，则：

① $\bar{X} \sim N\left(\mu,\dfrac{\sigma^2}{n}\right)$，即 $\dfrac{\bar{X}-\mu}{\frac{\sigma}{\sqrt{n}}}=\dfrac{\sqrt{n}(\bar{X}-\mu)}{\sigma} \sim N(0,1)$；

② $\frac{1}{\sigma^2}\sum_{i=1}^{n}(x_i-\mu)^2 \sim \chi^2(n)$ ；

③ $\frac{(n-1)S^2}{\sigma^2}=\sum_{i=1}^{n}(\frac{X_i-\bar{X}}{\sigma})^2 \sim \chi^2(n-1)$（$\mu$ 未知，在②中用 $\bar{X}$ 替代 μ）；

④ $\bar{X},S^2$ 相互独立，$\frac{\sqrt{n}(\bar{X}-u)}{S}\sim t(n-1)$（$\sigma$ 未知，在①中用 S 替代 σ），进一步有

$$\frac{n(\bar{X}-\mu)^2}{S^2}\sim F(1,n-1).$$

28. 矩估计

(1) 对于一个参数 $\begin{cases}① 用一阶矩建方程：令\bar{X}=E(X).\\ ② 若①不能用，用二阶矩建方程：令\frac{1}{n}\sum_{i=1}^{n}x_i^2=E(x^2).\end{cases}$

一个方程解出一个参数即可作为矩估计.

(2) 对于两个参数，有一阶矩与二阶矩建两个方程，即①$\bar{X}=E(X)$与

② $\frac{1}{n}\sum_{i=1}^{n}x_i^2=E(x^2)$，两个方程解出两个参数即可作为矩估计.

29. 最大似然估计

(1) 写似然函数

$$L(x_1,x_2,\cdots,x_n;\theta)=\begin{cases}\prod_{i=1}^{n}p(x_i;\theta)（这是离散型总体 X 取 x_1,x_2,\cdots,x_n 的概率）\\ \prod_{i=1}^{n}f(x_i;\theta)（这是连续型总体 X 取 x_1,x_2,\cdots,x_n 的联合概率密度）.\end{cases}$$

(2) 求参数 $\begin{cases}若似然函数有驻点，则令\frac{\mathrm{d}L}{\mathrm{d}\theta}=0或\frac{\mathrm{d}\ln L}{\mathrm{d}\theta}=0，解出\hat{\theta}\\ 若似然函数无驻点（单调），则用定义求\hat{\theta}\\ 若似然函数为常数，则用定义求\hat{\theta}，此时\hat{\theta}不唯一\end{cases}$.

(3) 最大似然估计量的不变性原则.

设 $\hat{\theta}$ 是总体分布中未知参数 θ 的最大似然估计，函数 $u=u(\theta)$ 具有单值反函数 $\theta=\theta(u)$，则 $\hat{u}=u(\hat{\theta})$ 是 $u(\theta)$ 的最大似然估计.

30. 估计量的评价（数学一）

(1) 无偏性

对于估计量 $\hat{\theta}$，若 $E(\hat{\theta})=\theta$，称 $\hat{\theta}$ 为 θ 的无偏估计量.

(2) 有效性

若 $E(\hat{\theta}_1)=\theta,E(\hat{\theta}_2)=\theta$，即 $\hat{\theta}_1,\hat{\theta}_2$ 均是 θ 的无偏估计量，当 $D(\hat{\theta}_1)<D(\hat{\theta}_2)$时，称 $\hat{\theta}_1$ 比 $\hat{\theta}_2$ 有效.

(3) 一致性（相合性）（只针对大样本 $n\to\infty$）

若 $\hat{\theta}_1$ 为 θ 的估计量，对 $\forall\varepsilon>0$，有

$$\lim_{n\to\infty}P\{|\hat{\theta}-\theta|\geqslant\varepsilon\}=0$$

或

$$\lim_{n\to\infty}P\{|\hat{\theta}-\theta|<\varepsilon\}=1$$

即 $\hat{\theta}\xrightarrow{p}\theta$ 时，称 $\hat{\theta}$ 为 θ 的一致性（或相合）估计 .

31. 估计量的数字特征（数学三）

(1) 求 $E(\hat{\theta})$.

(2) 求 $D(\hat{\theta})$.

(3) 验证 $\hat{\theta}$ 是否依概率收敛于 θ，即 $\forall\varepsilon>0$，是否有

$$\lim_{n\to\infty}P\{|\hat{\theta}-\theta|\geqslant\varepsilon\}=0 \text{ 或} \lim_{n\to\infty}P\{|\hat{\theta}-\theta|<\varepsilon\}=1.$$

参考文献

[1] 同济大学数学系．高等数学［M］．7版．北京：高等教育出版社，2020.
[2] 同济大学数学系．线性代数［M］．6版．北京：高等教育出版社，2021.
[3] 盛骤，谢式千，潘承毅．概率论与数理统计［M］．5版．北京：高等教育出版社，2019.
[4] 张宇．张宇考研数学闭关修炼［M］．北京：中国政法大学出版社，2020.
[5] 张宇．张宇带你学高等数学［M］．北京：北京理工大学出版社，2018.
[6] 张宇．张宇带你学线性代数［M］．北京：北京理工大学出版社，2015.
[7] 张宇．张宇带你学概率论与数理统计［M］．北京：北京理工大学出版社，2015.
[8] 杨超．考研数学超解读［M］．北京：北京理工大学出版社，2018.
[9] 杨超，方浩，姜晓千．考研数学24堂课［M］．北京：北京理工大学出版社，2017.
[10] 李林．考研序列高等数学辅导讲义［M］．北京：中国原子能出版社，2021.
[11] 李林．考研序列线性代数辅导讲义［M］．北京：中国原子能出版社，2021.
[12] 李林．考研序列概率论与数理统计辅导讲义［M］．北京：中国原子能出版社，2021.